高职高专教育"十一五"规划教材

动物寄生虫病防治

夏艳勋　王　涛　主编

中国农业大学出版社

主　　编　夏艳勋　王　涛

副主编　陈　益　祁画丽　贺桂芬

编　　者　（以姓氏笔画为序）

王　岩　王　涛　江青东　祁画丽
杨健美　陈　益　苑纯秀　贺桂芬
赵传壁　夏艳勋

参加畜牧兽医类教材编写的学校
（按首字母拼音排序）

保定职业技术学院
北京农业职业学院
沧州职业技术学院
重庆三峡职业学院
福建农业职业技术学院
甘肃农业职业技术学院
甘肃畜牧工程职业技术学院
广西农业职业技术学院
河北科技师范学院
河北旅游职业学院
河北农业大学
河北农业大学中兽医学院
河南工业大学
河南农业职业学院
黑龙江农垦林业职业技术学院
黑龙江农业工程职业学院
黑龙江农业经济职业学院
黑龙江农业职业技术学院
黑龙江生物科技职业学院
黑龙江畜牧兽医职业学院
湖南环境生物职业技术学院
黄冈职业技术学院
佳木斯大学
江苏农林职业技术学院
江苏畜牧兽医职业技术学院
金华职业技术学院
辽宁农业职业技术学院
辽宁医学院
辽宁职业学院
辽阳职业技术学院
临沂师范学院
内蒙古乌兰察布职业学院
青海畜牧兽医职业技术学院
山东滨州职业学院
山东畜牧兽医职业学院
山西师范大学
商丘职业技术学院
沈阳农业大学
沈阳农业大学高等职业技术学院
唐山职业技术学院
信阳农业高等专科学校
杨凌职业技术学院
宜宾职业技术学院
永州职业技术学院
云南农业职业技术学院
郑州牧业工程高等专科学校

出 版 说 明

高等职业教育作为高等教育中的一个类型，肩负着培养面向生产、建设、服务和管理第一线需要的高技能人才的使命。大力提高人才培养的质量，增强人才对于就业岗位的适应性已成为高等职业教育自身发展的迫切需要。教材作为教学和课程建设的重要支撑，对于人才培养质量的影响极为深远。随着高等农业职业教育发展和改革的不断深入，各职业院校对于教材适用性的要求也越来越高。中国农业大学出版社长期致力于高等农业教育本科教材的出版，在高等农业教育领域发挥着重要的作用，积累了丰富的经验，希望充分利用自身的资源和优势，为我国高等职业教育的改革与发展做出自己的贡献。

经过深入调研和分析以往教材的优点与不足，在教育部高教司高职高专处和全国高职高专农林牧渔类专业教学指导委员会的关心和指导下，在各高职高专院校的大力支持下，中国农业大学出版社先后与100余所院校开展了合作，共同组织编写了一系列以“十一五”国家级规划教材为主体的、符合新时代高职高专教育人才培养要求的教材。这些教材从2007年3月开始陆续出版，涉及畜牧兽医类、食品类、农业技术类、生物技术类、制药技术类、财经大类和公共基础课等的100多个品种，其中普通高等教育“十一五”国家级规划教材22种。

这些教材的组织和编写具有以下特点：

精心组织参编院校和作者。每批教材的组织都经过以下步骤：首先，征集相关院校教师的申报材料。全国100余所高职高专院校的千余名教师给予了我们积极的反馈。然后，经由高职高专院校和出版社的专家组成的选题委员会的慎重审议，充分考虑不同院校的办学特色、专业优势、地域特点及教学改革进程，确定参加编写的主要院校。最后，根据申报教师提交的编写大纲、编写思路和样章，结合教师的学习培训背景、教学与科研经验和生产实践经历，遴选优秀骨干教师组建编写团队。其中，教授和副教授及有硕士以上学历的占70%。特别值得一提的是，有5%的作者是来自企业生产第一线的技术人员。

贴近国家高职教育改革的要求。我国的高等职业教育发展历史不长，很多院校的办学模式和教学理念还在探索之中。为了更好地促进教师了解和领会教育部的教学改革精神，体现基于职业岗位分析和具体工作过程的课程设计理念，以真实工作任务或社会产品为载体组织教材内容，推进适应“工学结合”人才培养模式的课程教材的编写出版，在每次编写研讨会上都邀请了教育部高教司高职高专处、全国高职高专农林牧渔类专业教学指导委员会的领导作教学改革的报告；多次邀请教育部职业教育研究所的知名专家到会，专门就课程设置和教材的体系建构作专题报告，使教材的编写视角高、理念新、有前瞻性。

注重反映教学改革的成果。教材应该不断创新，与时俱进。好的教材应该及时体现教学改革的成果，同时也是教育教学改革的重要推进器。这些教材在组织过程中特别注重发掘各校在产学结合、工学交替实践中具有创新性的教材素材，在围绕就业岗位需要进行知识的整合、与实际生产过程的接轨上具有创新性和非常鲜明的特色，相信对于其他院校的教学改革会有启发和借鉴意义。

瞄准就业岗位群需要，突出职业能力的培养。这些教材的编写指导思想是紧扣培养"高技能人才"的目标，以职业能力培养为本位，以实践技能培养为中心，体现就业和发展需求相结合的理念。

教材体系的构建依照职业教育的"工作过程导向"原则，打破学科的"系统性"和"完整性"。内容根据职业岗位（群）的任职要求，参照相关的职业资格标准，采用倒推法确定，即剖析职业岗位群对专业能力和技能的需求——→关键能力——→关键技能——→围绕技能的关键基本理论。删除假设推论，减少原理论证，尽可能多地采用生产实际中的案例剖析问题，加强与实际工作的接轨。教材反映行业中正在应用的新技术、新方法，体现实用性与先进性的结合。

创新体例，增强启发性。为了强化学习效果，在每章前面提出本章的知识目标和技能目标。有的每章设有小结和复习思考题。小结采用树状结构，将主要的知识点及其之间的关联直观表达出来，有利于提高学生的学习效果和效率，也方便教师课堂总结。部分内容增编阅读材料。

加强审稿，企业与行业专家相结合，严把质量关。从选题策划阶段就邀请行内专家把关，由来自于企业、高职院校或中国农业大学有丰富生产实践经验的教授审核编写大纲，并对后期书稿进行严格审定。每一种教材都经过作者与审稿人的多次的交流和修改，从而保证内容的科学性、先进性和对于岗位的适应性。

这些教材的顺利出版，是全国100余所高职高专院校共同努力的结果。编写出版过程中所做的很多探索，为进一步进行教材研发提供了宝贵的经验。我们希望以此为基点，进一步加强与各校的交流合作，配合各校教学改革，在教材的推广使用、修订完善、补充扩展进程中，在提高质量和增加品种的过程中，不断拓展教材合作研发的思路，创新教材开发的模式和服务方式。让我们共同努力，携手并进，为深化高职高专教育教学改革和提高人才培养质量，培养国家需要的各行各业高素质技能型专门人才，发挥积极的推动作用。

中国农业大学出版社

2008年6月

前　　言

为贯彻《国务院关于大力推进职业教育改革与发展的决定》的精神，紧紧围绕《高职高专畜牧兽医类专业人才培养指导方案》，按照以综合素质为基础、以能力为本位、以就业为导向的方针，充分反映新知识、新技术、新方法，结合各地教学改革及课程设置具体情况，在高等农业院校教学指导委员会的指导下，根据高职高专教育畜牧兽医专业的教学计划和教学大纲以及畜牧生产、兽医临床实际的需要，并针对"培养实用型、应用型人才"的目标编写了《动物寄生虫病防治》一书。全书共七篇，在介绍畜禽寄生虫病基本理论的基础上，分别论述了畜禽寄生虫病的诊断与防治。在编写过程中，我们本着理论够用、能用，传统技术与现代技术融合，加强实践技能的培养等原则，并根据畜牧业发展现状，删减了部分理论和马寄生虫病的内容，重点加强了猪、鸡、牛、羊寄生虫病的编写，并增加了犬、猫等伴侣动物重要寄生虫病的内容。

本书在编写过程中，力求做到内容丰富、简练，结合相关科研成果和生产实践，突出实用性和可操作性，并注重对学生的启发性教育和解决问题能力的培养。章末设思考题，书的最后附有各种寄生蠕虫虫卵图谱。

本教材除可供高职高专畜牧兽医类专业畜禽寄生虫病防治课程教学使用外，亦可供相关专业和不同层次的教学以及畜牧兽医技术人员和畜禽养殖人员参考。

由于编者学术水平、编写能力所限，书中定有疏漏和不妥之处，敬请有关专家、同行和广大读者斧正。

编　者

2008 年 7 月

目　　录

第一篇　总　　论

第二篇　畜禽蠕虫病

第三篇 兽医昆虫病

第四篇　兽医原虫病

第五篇　犬猫常见寄生虫病

第六篇　畜禽寄生虫病实验诊断技术

第七篇　寄生虫标本的采集、保存和观察方法

第一篇

总　论

- 第一章　寄生虫学
- 第二章　寄生虫与宿主
- 第三章　寄生虫病的流行病学
- 第四章　寄生虫感染的免疫
- 第五章　寄生虫病的诊断与综合防治

第一章 寄 生 虫 学

第一节 寄生生活与寄生虫学

一、生物间的相互关系

自然界中生物种类繁多，在漫长的生物演化过程中，生物之间的关系也变得复杂多样，有些生物可不需依赖其他生物而自立生活，有些生物则必须依赖其他生物或与其他生物互相依赖、共同生活，表现为共生现象。在共生现象中，根据两种生物之间的利害关系可粗略地分为互利共生、偏利共生、寄生等 3 种情况。

(一)互利共生

两种生物生活在一起，双方相互受益，称为互利共生。例如，寄居在牛瘤胃中的纤毛虫，以植物纤维为食物，在获得自身所需的营养物质的同时，又可帮助牛消化植物纤维；而牛的瘤胃又为纤维虫提供了生存、繁殖所需的环境条件。

(二)偏利共生(共栖)

两种生物生活在一起，其中一方受益，另一方既不受益，也不受害，这种关系称为偏利共生。例如，海洋中的鲫鱼可用其背鳍演化成的吸盘吸附在大型鱼类如鲨鱼、鲸等的腹部，周游四海，到了食物丰富的地方，鲫鱼就会自动离开觅食，有时鲫鱼也以大型鱼类吃剩下的残渣为食。这种关系对鲫鱼有利，对大鱼无利也无害。

(三)寄生

两种生物生活在一起，其中一方受益，另一方受害，这种关系称为寄生。在寄生关系中，受益的一方称为寄生物(parasite)，受害的一方称为宿主(host) 或寄主。在寄生关系中，如果寄生物为多细胞的无脊椎动物或单细胞的原生动物则称寄生虫。例如，寄生在动物肠道中的蛔虫以肠道内容物为食，夺取了宿主的大量营养，另外大量蛔虫寄生时，可能造成宿主肠梗阻、肠穿孔，甚至肠破裂等，导致宿主的死亡。

寄生关系的出现和形成是生物进化到一定阶段的产物，是长期自然选择的结果。在寄生关系形成的漫长历史过程中，对于寄生虫来说是如何适应宿主机体环境的过程，而对于宿主来说是同寄生虫斗争的过程，通过这种适应与斗争的相互统一，最终达到寄生关系的成立。

寄生虫和宿主之间是相互作用、相互影响、共同进化的，它们之间长期以来形成了一种稳定的、动态的平衡系统，共同维持着宿主寄生虫系统的平衡。

二、畜禽寄生虫学的定义和内容

(一)畜禽寄生虫学的定义

畜禽寄生虫学是研究与畜禽等有关的寄生虫的形态结构、生活活动和生存繁殖规律，阐明寄生虫与机体及外界因素三者之间相互关系的科学。它是预防兽医学和临床兽医学的一门重要的基础学科，由兽医蠕虫学、兽医昆虫学和兽医原虫学3部分内容组成。

(二)畜禽寄生虫学的研究内容

畜禽寄生虫学主要研究的是与家畜、家禽以及伴侣动物、实验动物、野生动物、水生动物等有关的寄生虫和寄生虫病。

(1)寄生虫：寄生虫的研究主要包括寄生虫的种类、形态结构、分类等，只有具备了这些方面的基础知识，才能正确地鉴别寄生虫的类别，研究其生活发育史，从而进一步研究该寄生虫病的流行病学状况，以制订正确的防治措施。

(2)寄生虫病：由寄生虫寄生于宿主体所引起的疾病称为寄生虫病。寄生虫病的研究包括流行病学特点、致病机理、症状、病理变化、诊断、治疗、预防及免疫学等方面的内容。

通过本课程的学习，要求掌握上述两方面的基本理论、基本技能，从而达到控制或消灭动物寄生虫病、保障动物和人类健康的目的。

第二节 寄生虫的分类及命名规则

一、寄生虫的分类

寄生虫属于动物界(Kingdom Animal)。在动物界中，依据各种动物间类似的程度和亲缘关系的远近，分别组成不同的分类阶元。其中种(species)是依据表型特征识别和区分动物的基本单位，也是寄生虫分类的最基本单位。相互关系密切的种归属于一个属(genus)；相互关系密切的属归属于一个科(family)；依此类推目(order)、纲(class)、门(phylum)、界(kingdom)。这样自上而下依次为界、门、纲、目、科、属、种，从而形成了一个科学的动物分类系统。有时为了更加精确地表达动物间的分类地位，可在上述主要分类阶元下设亚门(subphylum)、亚纲(subclass)、亚目(suborder)、亚科(subfamily)、亚属(subgenus)、亚种(subspecies)或变种(variety)等。

寄生虫的种类众多,数量巨大,存在的空间跨度也很大,个体变异、种群差别也较大,寄生虫分类的目的就是为了认识各虫种,了解各虫种、各类群之间的亲缘关系,寻找各种寄生虫的演化线索,从而进一步掌握寄生虫与宿主之间的关系。

根据动物分类系统,与兽医有关的寄生虫分别隶属于动物界(Kingdom Animal)的扁形动物门(Platyhelminthes)、线形动物门(Nemathelminthes)、棘头虫动物门(Acanthocephala)、节肢动物门(Arthropoda)及原生动物门(Protozoa)。习惯上将扁形动物门、线形动物门及棘头虫动物门的寄生虫统称为蠕虫。

(一)扁形动物门

虫体多为背腹扁平(少数虫体呈线状、圆柱状、梨籽状等),左右对称。体壁由皮层和肌肉层组成,称皮肌囊。无体腔,囊内含有实质,各系统的器官包埋在实质中。多为雌雄同体。

(1)吸虫纲:寄生于人、家畜、家禽等多种脊椎动物,以及软体动物、鱼类及少数爬行类动物。

(2)绦虫纲:寄生于人、家畜、家禽等多种脊椎动物,以及鱼类、龟鳖类及环节动物。

(二)线形动物门

虫体呈线状或圆柱状,体表被覆一层坚韧的角皮层。体壁包围着一个充满液体的假体腔(此腔无浆膜层),内部器官位于假体腔内。多为雌雄异体。

线虫纲 寄生于多种动物和人体内的多种器官组织。

(三)棘头虫动物门

虫体呈椭圆形、纺锤形或圆柱形。体前端有一个可自由伸缩的吻突,上有小棘或小钩。有假体腔。雌雄异体。

棘头虫纲 寄生于脊椎动物如人、猪、鸭、鼠等的小肠内。

(四)节肢动物门

躯体分节,左右对称,体表由几丁质的外骨骼构成,具有成对分节的附肢。

(1)昆虫纲:寄生于人及多种家畜、家禽的体表或体内。

(2)蛛形纲:寄生于人及多种家畜、家禽的体表。

(五)原生动物门

为单细胞的原生动物,即由一个细胞执行和完成生命活动(代谢、运动、繁殖等)的全部功能。

(1)肉足鞭毛亚门:以叶状的伪足或鞭毛作为运动细胞器。

鞭毛虫纲　寄生于多种动物的消化道、泌尿道、血液及组织内。

(2)顶复亚门：在生活发育史的某些阶段有顶复合器。顶复合器一般包括极环、棒状体、微丝体、类锥体和膜下微管。无纤毛。有性生殖为配子生殖。

孢子虫纲　寄生于多种动物的细胞内及组织内。

梨形虫纲　寄生于多种动物的红细胞及其他细胞内。

(3)纤毛亚门：在生活发育史的某一阶段有纤毛或复合纤毛细胞器。行横二分裂增殖。有性生殖包括接合生殖或自体受精、细胞受精。

纤毛虫纲　主要寄生于人、猪等的结肠和盲肠。

(4)微孢子虫亚门：主要寄生于鱼类。

(5)黏孢子虫亚门：主要寄生于鱼类。

二、寄生虫的命名规则

寄生虫的命名遵循动物命名的规则，目前全世界统一的命名规则为双名制命名法(简称“双名法”)，是由瑞典植物学家林奈创立的。用双名制命名法给一个动物规定的名称，叫做该动物的学名。一个动物的学名由属名(genus name)和种名(species name)组成，采用拉丁文或拉丁化文字表示。属名在前，种名在后，属名第一个字母采用大写，其余字母小写，种名全部字母均采用小写。如有亚种名，则放在种名之后，种名和亚种名之后是命名人和命名年代。译成中文时，则正好相反，即种名在前，属名在后。

例如，日本分体吸虫的拉丁文名为 *Schistosoma japonicum* Katsurada，1904，其中“*Schistosoma*”表示“分体属”，“*japonicum*”表示“日本种”，“Katsurada”是命名人，“1904”表明该学名是于1904年命名的。有时可略去命名人和命名年代。

Schistosoma japonicum Katsurada，1904

属名　　　种名　　　命名人　　命名年代

有时前文已经出现过属名的全称，则下文再出现该属名时，可以简写。如将“日本分体吸虫”的学名简写为“*S. japonicum*”。

在有些寄生虫的学名中有“(命名人，命名年代)”字样，则表示该命名人于该年代首先对某寄生虫定了名，后又有他人对该寄生虫进行了命名。

例如，卫氏并殖吸虫的拉丁文名为 *Paragonimus westermani*(Kerbert，1878) Braun，1899，即表示 Kerbert 于1878年曾给该吸虫进行了命名，Braun 认为 Kerbert 的命名不妥，遂于1899年又对该吸虫进行了命名。

思考题

1. 共生现象中,两种生物间的利害关系可分为哪几种?何谓寄生关系?
2. 何谓畜禽寄生虫学?其研究内容是什么?
3. 寄生虫的命名方法是什么?它是如何对寄生虫进行命名的?
4. 寄生虫分类的最基本单位是什么?

第二章　寄生虫与宿主

第一节　寄生虫的概念与类型

一、寄生虫的概念

寄生虫是指暂时或永久性地寄生在动物的体内或体表，夺取营养，并给动物造成不同程度损害的动物性寄生物，包括一些多细胞的无脊椎动物和单细胞的原生动物。

二、寄生虫的类型

在宿主和寄生虫二者关系的长期进化过程中，由于寄生虫对宿主的寄生部位、寄生时间、适应程度等因素的不同，可把寄生虫分为不同的类型。

(一)外寄生虫和内寄生虫

根据寄生部位不同，可把寄生虫分为外寄生虫和内寄生虫。

(1)外寄生虫：寄生于宿主的体表或皮内的寄生虫，如蚊、虱、蜱、螨等。

(2)内寄生虫：寄生于宿主体内(腔道、器官、组织、血液、细胞)的寄生虫，如蛔虫、球虫等。

(二)暂时性寄生虫、周期性寄生虫和永久性寄生虫

根据寄生虫在宿主体表或体内寄生时间的长短，可把寄生虫分为暂时性寄生虫、周期性寄生虫和永久性寄生虫。

(1)暂时性寄生虫：只在需要摄取食物时才与宿主短暂接触的寄生虫，如蚊、虻等。

(2)周期性寄生虫：一生中只有某一个或某几个发育阶段寄生于宿主体表或体内，其他阶段不营寄生生活的寄生虫，如蛔虫等。

(3)永久性寄生虫：从生到死，全部发育阶段均寄生于宿主，只有当宿主死亡或偶然情况下才离开宿主的寄生虫，如疥螨、旋毛虫等。

(三)专性寄生虫和兼性寄生虫

根据寄生虫对寄生生活的适应程度，可把寄生虫分为专性寄生虫和兼性寄生虫。

(1)专性寄生虫:必须在宿主体上营短期或长期寄生生活,否则就不能完成其生活发育史的寄生虫。大多数寄生虫均属此类。

(2)兼性寄生虫:既可营寄生生活,又能营自生生活的寄生虫。如粪类圆线虫(成虫),既可寄生于宿主肠道内,也可以在土壤中营自生生活。

(四)单宿主寄生虫和多宿主寄生虫

根据寄生虫整个发育过程中是需要一个宿主,还是需要多个宿主,可以把寄生虫分为单宿主寄生虫和多宿主寄生虫。

(1)单宿主寄生虫:发育过程中仅需要一个宿主的寄生虫称单宿主寄生虫。其发育过程不需要中间宿主的参与,如猪蛔虫,整个发育过程中,除猪以外,无须其他宿主参与。当猪小肠内的蛔虫达到性成熟后,即可排出蛔虫卵。卵随着猪的粪便到达外界,在外界温度、湿度适宜的条件下,蛔虫卵即可发育到感染阶段,猪食入即可感染。

(2)多宿主寄生虫:发育过程中需要两个或两个以上宿主的寄生虫称多宿主寄生虫。其发育过程中必须有中间宿主参与,如猪带绦虫,整个发育过程中,除猪以外,还需要有人的存在。

(五)专一宿主寄生虫和非专一宿主寄生虫

根据寄生虫寄生的宿主范围,可把寄生虫分为专一宿主寄生虫和非专一宿主寄生虫。

(1)专一宿主寄生虫:只寄生于某一特定的宿主,对宿主有严格选择性的寄生虫。如鸡球虫,只寄生于鸡。

(2)非专一宿主寄生虫:能够寄生于多种宿主的寄生虫。如日本分体吸虫,可以寄生于人、牛、羊、猪及啮齿类动物。

(六)其他

(1)迷路寄生虫:在宿主体正常或常见部位以外的其他部位寄生的寄生虫。如肺吸虫正常寄生在肺内,但有时会侵入脑内寄生。

(2)超寄生虫:寄生于某些寄生虫体表或体内的寄生虫。如梨形虫,可寄生于蜱的体内。

(3)机会致病寄生虫:某些寄生虫在宿主体内通常处于隐性感染状态,不表现明显的致病性,但当宿主免疫功能下降时,则出现异常增殖,且致病力增强,造成宿主出现明显的临床症状,严重时可造成死亡,如刚第弓形虫。

第二节　宿主的概念与类型

一、宿主的概念

凡体表或体内被寄生虫暂时或永久地寄生的动物称为宿主。

二、宿主的类型

(1)终末宿主:指寄生虫的成虫(性成熟阶段)或有性繁殖阶段所寄生的宿主。例如,人是血吸虫的终末宿主。

(2)中间宿主:指寄生虫的幼虫(性未成熟阶段)或无性繁殖阶段所寄生的宿主。例如,猪是猪带绦虫的中间宿主。

(3)补充宿主(第二中间宿主):某些寄生虫的幼虫阶段需要在两个中间宿主体内发育,则后一个中间宿主称为补充宿主(第二中间宿主)。例如对于华支睾吸虫来说,淡水螺是其第一中间宿主,淡水鱼是其补充宿主(第二中间宿主)。

(4)贮藏宿主(转续宿主):某些寄生虫的感染性虫卵或幼虫进入非正常宿主后,在其体内既不发育,也不繁殖,却仍保持着对易感动物的感染力,当此感染性虫卵或幼虫有机会再进入正常宿主,才可继续发育为成虫,这种非正常宿主称为贮藏(转续宿主)。

例如,寄生在鸡气管内的比翼线虫,其虫卵在外界发育到感染性阶段时,既可直接被鸡食入引起鸡的感染,又可被蚯蚓或某些软体动物吞食,暂时寄生在它们体内,当鸡啄食蚯蚓或这些软体动物时引起感染,则蚯蚓或这些软体动物就是该寄生虫的贮藏宿主(转续宿主)。

(5)保虫宿主:某些通常寄生于某种宿主的寄生虫,有时也可寄生于其他宿主,但不普遍,从流行病学的角度来看,不常被寄生的宿主称为保虫宿主。例如,血吸虫成虫可寄生于人和耕牛,从人体寄生虫学角度看,耕牛即为血吸虫的保虫宿主。如果一种多宿主寄生虫,既可寄生于家畜,又可寄生于野生动物,则从流行病学角度看,野生动物为这种家畜寄生虫的保虫宿主。又如,肝片形吸虫可寄生于牛、羊及多种野生反刍动物的体内,从流行病学角度看,野生反刍动物即为牛、羊肝片形吸虫的保虫宿主。

(6)带虫宿主(带虫者):某种寄生虫感染宿主后,由于宿主抵抗力较强或通过药物治疗,宿主处于隐性感染状态,不表现任何临床症状,但体内仍保留有一定数量的虫体,这样的宿主称为带虫宿主,宿主的这种状态称带虫现象。由于带虫者不表现明显的症状，故往往易被忽视，但带虫者会经常不断地向周围环境散播病原，因此是重要的传染源。

三、传播媒介

通常是指在脊椎动物之间传播寄生虫病的一种低等动物，特别是传播血液原虫病的吸血节肢动物。例如，蜱可以在牛之间传播梨形虫。

传播媒介既可以是寄生虫的中间宿主，也可以是终末宿主。有的传播媒介则只对寄生虫起着机械传播的作用。

第三节　寄生虫的危害

寄生虫在宿主的体表或体内寄生，可对宿主造成不同程度的危害，轻则导致宿主的生长发育受阻，重则导致宿主的发病，甚至死亡，因此严重危害着动物的健康以及畜牧业的发展。另外，有些人畜共患的寄生虫病，在危害动物的同时，也严重危害着人类的健康。

一、寄生虫对宿主的危害

寄生虫寄生于宿主的体表或体内，对宿主的影响是多方面的。由于不同寄生虫的生物学特性不同，因此寄生部位、寄生时间等均不相同，对宿主的致病作用和危害程度也不相同。

（一）夺取营养

这是寄生虫与宿主之间最本质的关系。寄生虫在宿主体内生长、发育和繁殖所需的营养物质均来源于宿主。寄生虫依靠体表吸收或经口食入的方式，吸收宿主的食物、血液、淋巴液、组织等，从而把宿主的营养变为自身的营养，引起宿主的生长发育不良、贫血、消瘦、衰弱、生产性能降低等。寄生虫的数量越多，夺取的营养也越多，对宿主的危害也越大。

胃肠道内的寄生虫有些以宿主已消化、半消化的食物为营养，如蛔虫、绦虫等；有些以吸血为生，如钩虫。有些寄生虫以宿主的组织液或被其破坏的组织为食。

（二）机械性损伤

吸血昆虫叮咬或寄生虫在宿主体内移行和寄生所产生的机械性刺激，可使宿主的器官、组织受到不同程度的损害，导致损伤、炎症、出血、堵塞、穿孔、破裂、挤压、萎缩等。尤其是寄生虫个体较大，数量较多时，这种危害是相当严重的。

（1）局部损伤：寄生虫以吸盘、小钩、口囊、逆齿等附着器官固着于宿主组织或器官时，可造成宿主局部组织或器官的炎症、充血、出血、溃疡等。

(2)造成虫道：寄生虫的幼虫在宿主体内移行可形成虫道，对宿主造成严重的损害。如猪蛔虫的幼虫在肺脏内移行时，可造成肺脏毛细血管的损伤破裂，引起肺脏出血、水肿。

(3)堵塞腔道：大量的虫体聚集时，可堵塞支气管、胆管、肠管等腔道。例如蛔虫多时，可纠结成团，引起肠梗阻、肠扭转、肠套叠，甚至肠穿孔、肠破裂；有的蛔虫经总胆管进入肝胆管时，可引起肝胆管阻塞。

(4)压迫周围组织：随着寄生虫在宿主体内的生长，虫体变大，可严重压迫周围组织。如棘球蚴寄生在肝内，起初没有明显症状，以后逐渐长大，压迫并破坏肝组织及腹腔内其他器官。

(5)吸血或破坏宿主的红细胞：有些寄生虫大量吸血或破坏宿主的红细胞，可引起宿主的贫血。

(三)毒素和抗原物质的损害作用

寄生虫在生长、发育和繁殖过程中产生的分泌物、代谢物、蜕皮液和死亡崩解产物等，可引起宿主局部或全身性中毒，导致组织和机能的损害。例如寄生在肝胆管内的华支睾吸虫，其代谢产物和分泌物可引起宿主胆管扩张，胆管上皮增生、管壁增厚，肝实质萎缩。

寄生虫的代谢产物、分泌物、蜕皮液和死亡虫体的崩解产物同时又具有抗原性，可使宿主致敏，引起局部或全身的变态反应。如血吸虫卵内的毛蚴分泌物可引起周围组织发生免疫病理变化——虫卵肉芽肿，这是血吸虫病主要的致病因素。再如棘球蚴囊壁破裂，囊液进入组织，可引起宿主发生过敏性休克，甚至死亡。

(四)引入其他病原体

某些寄生虫侵入宿主机体时，可将一些病原体如细菌、病毒等直接带入宿主体内，或造成宿主皮肤或黏膜的损伤，为其他病原体的侵入创造条件，使宿主遭受感染。此外，还有一些寄生虫其本身就是另一些微生物或寄生虫的传播者。如某些蚊虫吸血时，可传播人畜的日本乙型脑炎；某些蜱吸血时，可传播牛、羊等动物的梨形虫病；猪后圆线虫侵入猪体时，可带入猪流感病毒、猪瘟病毒等。

二、寄生虫对畜牧业的危害

由于寄生虫在畜禽体内寄生需要消耗大量的营养，因此导致畜禽生长缓慢，饲料报酬降低，从而增加了养殖成本；寄生虫在畜禽体内外寄生，还可引起畜禽生产性能降低、畜禽产品质量下降，甚至导致畜禽的大批死亡；另外，寄生虫侵入机体，有可能带来其他传染病，导致畜禽发病甚至死亡，从而对畜牧业造成巨大的经济损失。

畜禽寄生虫病引起的经济损失十分巨大。如包虫病，在青海每年仅引起废弃肝脏的经济损失就达 2 625 万元，给我国畜产品销售造成的经济损失则逾 8 亿元人民币。全国每年因囊尾蚴病造成的经济损失可达 8 000 万元以上。牛、羊最常见、危害最严重的消化道线虫病和片形吸虫病所造成的经济损失，甚至是上述几种寄生虫病的几十倍至上百倍。

在畜禽的寄生虫病中，牛羊消化道线虫病、片形吸虫病及鸡球虫病、猪蛔虫病等引起的经济损失仍是最大的；在一些经济落后的边远地方，家畜的"秋肥、冬瘦、春死亡"仍然存在；此外，一些呈地方性流行的人畜共患寄生虫病，如血吸虫病、包虫病等，在危害畜牧业的同时，也严重威胁着当地群众的健康乃至生命安全，带来的经济损失也是难以估算的。

尽管发达国家较好地控制了畜禽寄生虫病，把寄生虫病引起的经济损失降低到了尽量低的水平，但是寄生虫病引起的经济损失仍然是巨大的。以禽的球虫病为例，每年全世界用于药物预防的费用超过 3 亿美元，其中英国达 280 万英镑、美国达 9 000 万美元；猪蛔虫病每年对养猪业造成的经济损失，东欧达 1 750 万美元，美国达 6 010 万美元。

目前，我国农村特别是以畜牧经济为主的边远地区，经济条件相对落后，再加上多数畜禽还是以家庭为单位养殖，因此给寄生虫病的防治带来很大的难度，寄生虫病造成的经济损失远远高于发达国家。寄生虫病对畜牧业的危害主要表现在下述几方面：

(1)阻碍幼龄动物的生长发育，降低饲料报酬。寄生虫自身要生存、繁殖，就需要从动物机体夺取大量的营养物质，从而引起幼龄动物的慢性消耗性疾病，使幼龄动物营养不良，生长发育缓慢，并导致饲料的严重浪费，饲料报酬降低。

(2)造成动物的死亡。有些呈地方性流行的寄生虫病往往会造成畜禽的大批死亡，从而造成巨大的经济损失。

(3)降低动物生产性能。有些寄生虫病能导致动物繁殖性能及产蛋、产奶能力下降。如怀孕母牛感染胎儿毛滴虫后，可导致流产；禽感染前殖吸虫后可引起产蛋量严重下降。

(4)使动物产品质量下降。寄生虫的寄生可引起动物产品的品质下降。如山羊蠕形螨、牛皮蝇蛆可引起羊皮、牛皮穿孔，皮革质量严重下降、皮张报废；痒螨可引起绵羊背毛大片脱落，严重时全身被毛脱光，羊毛质量严重下降；囊尾蚴可导致肉品质量下降，甚至不能食用；等等。

(5)降低使役能力，缩短使役年限。在一些经济落后的农村地区，仍使用家畜进行劳动，家畜发生寄生虫病后，可大大降低其使役能力，缩短使役年限。

三、寄生虫对人类的危害

在人及脊椎动物之间自然传播的寄生虫病称为人兽共患寄生虫病。它不仅严重威胁着动物的健康，同时也严重威胁着人类的健康。寄生虫对人类的危害，主要包括其作为病原引起寄生虫病和作为疾病的传播媒介两方面。如蚊可传播日本乙型脑炎病毒，蜱可传播螺旋体等，从而造成传染病的发生和流行，严重危害人类的健康。

寄生虫病广泛流行于广大发展中国家，我国是寄生虫病严重流行的国家之一，特别是在广大农村地区，包虫病、带绦虫病、华支睾吸虫病、肺吸虫病、旋毛虫病、弓形虫病、血吸虫病等寄生虫病一直严重危害着人类的健康。

以血吸虫病为例，目前本病流行于世界上 76 个国家和地区，估计有 6.52 亿人受威胁，1.93 亿感染者，有症状病例 1.2 亿，每年死于血吸虫病的病人 50 万～100 万。目前我国慢性血吸虫病病人有 80 万左右，大部分重疫区的人畜血吸虫病感染率在 3%～5%，局部地区人畜血吸虫病感染率可高达 68%。2004 年我国共有血吸虫病病人 84.3 万人，其中晚期病人 2.9 万例，慢性病人 81.3 万例。

肠道蠕虫病，如猪带绦虫、牛带绦虫等，也在威胁着人民群众的健康。在农区，以污水灌溉、施用新鲜粪便，有利于肠道寄生虫病的传播。

随着人们生活水平的提高，对肉类的需求也在不断增加，但由于目前食品卫生监督制度不健全，很多地区仍存在私屠乱宰现象，加以生食、半生食猪肉和鱼、蟹等的人数增加，使一些经食物感染的寄生虫病，如旋毛虫病、带绦虫病、华支睾吸虫病、肺吸虫病的流行程度在有些地区有不断扩大的趋势。另外，随着家畜和人类活动范围的不断扩大，也会将许多本来和家畜及人类无关的或极少接触的寄生虫从自然界带到畜禽群和人群中，造成新的公共卫生问题。

随着对外贸易和旅游业的发展，国外的一些寄生虫和媒介节肢动物也有可能输入我国，并在一定条件下传播流行。如入侵我国的外来生物香蕉穿孔线虫、美洲斑潜蝇等，已使相应的农作物严重减产。现代工农业建设造成的大规模生态平衡破坏，也可能引起某些寄生虫病的流行。因此，寄生虫病的防治工作仍是我国乃至全世界的一项长期的、艰巨的任务。

思　考　题

1. 何谓寄生虫？寄生虫包括哪些类型？
2. 何谓宿主、中间宿主、终末宿主、补充宿主、贮藏宿主？
3. 寄生虫对宿主的危害主要表现在哪些方面？
4. 寄生虫对畜牧业有哪些危害？

第三章　寄生虫病的流行病学

第一节　寄生虫的生活史

一、寄生虫生活史的概念

寄生虫完成一代生长、发育和繁殖的整个过程称寄生虫的生活史(life cycle)或发育史。

寄生虫完成生活史除需要有适宜的宿主外,还需要有适宜的外界环境条件。寄生虫的整个生活史过程包括寄生虫发育过程中所需要的终末宿主(及保虫宿主)、中间宿主或传播媒介的种类,寄生虫的感染阶段侵入宿主的方式,在宿主体内移行的途径,正常的寄生部位,离开宿主机体的方式,环境因素,等等。只有正确认识和掌握了寄生虫生活史的规律,才能进一步掌握寄生虫的致病性、流行病学特点、诊断方法及防治措施等,从而针对寄生虫生活史的不同发育阶段,采取有效的防治措施,以达到最终消灭寄生虫感染和寄生虫病的目的。

二、寄生虫生活史的类型

寄生虫的种类繁多,生活史也复杂多样。有些寄生虫的生活史比较简单,在完成生活史过程中仅需要一种宿主,有些寄生虫的生活史则相当复杂,完成整个生活史需要两个或两个以上的宿主。根据寄生虫在完成生活史过程中是否需要中间宿主,可将其分为两种类型。

(1)直接发育型:完成生活史不需要中间宿主,虫卵或幼虫在外界直接发育到感染期后,再感染动物或人,如动物肠道寄生的蛔虫、蛲虫、鞭虫等。

(2)间接发育型:完成生活史需要中间宿主的参与,幼虫在中间宿主体内发育到感染阶段后,再感染动物或人,如血吸虫、华支睾吸虫、猪带绦虫等。

在流行病学上,常将直接发育型生活史的蠕虫称为土源性蠕虫,将间接发育型生活史的蠕虫称为生物源性蠕虫。

第二节 寄生虫病的流行病学

一、寄生虫病流行病学的概念

寄生虫病的流行病学是研究动物群体的某些寄生虫病的发病原因、发病条件、传染源、传播途径、流行过程及发生、发展、流行规律等方面特征的一门科学。尽管流行病学也对某些个体作上述方面的研究，因为个体的疾病在条件具备时有可能会发展成为群体的疾病；但流行病学更侧重于从群体的角度来研究某一种寄生虫病，以找出其内在的规律。

研究流行病学的目的在于以流行病学特点为依据，制订预防、控制及消灭寄生虫病的具体规划和措施。

二、寄生虫病流行病学的研究内容

寄生虫病的传播和流行，必须具备传染源、传播途径和易感动物 3 个基本环节，切断或控制其中的任何一个环节，就可以有效地控制某种寄生虫病的发生与流行。此外，寄生虫病的传播和流行，还受到自然因素和社会因素的影响和制约。寄生虫病的流行在数量上可表现为散发、暴发、流行、大流行，在时间上表现出季节性，在地区上表现为地方性、自然疫源性。

（一）寄生虫病流行的基本环节

1. 传染源

传染源通常是指体内有某种寄生虫存在的动物或人，包括中间宿主、终末宿主、保虫宿主、贮藏宿主、带虫者等。传染源体内的寄生虫可直接或间接地进入另一宿主体内继续发育。

病原体（虫体、虫卵或幼虫）常通过粪便、尿液及其他分泌物、排泄物等不断地排到外界环境中，污染土壤、饲料、饮水、用具等，然后经一定途径转移给易感动物。但也有一些病原体不排出宿主体外，如旋毛虫、猪囊虫、包虫等，易感动物通过食入感染动物的肌肉、内脏等感染。

研究传染源时需研究：

(1)寄生虫从进入家畜体内到发育成熟所需的时间，从而推测感染时间及幼虫在体内移行时间的长短，以制订相应的防治措施。

(2)寄生虫在宿主体内的寿命。了解寄生虫向自然界散布病原体的时间长短。

如猪带绦虫在人体内寿命可达25年之久，其间可不断地向外界散布病原体。

(3)寄生虫的散播形式及在自然界的生存条件。包括寄生虫以什么方式从宿主体内排出，排出的寄生虫处于哪个发育阶段，对外环境抵抗力如何。如蛔虫是以卵的形式经粪便排出到外界，卵壳很厚，对外界抵抗力强，在一定条件下经1个月左右发育到感染期，并保持生命力达5年之久，因此在卫生条件不良的猪场，本病具有顽固、难以消除的特点。

2. 传播途径

传播途径是指寄生虫从传染源传播到易感宿主的方式。不同的寄生虫对宿主的感染途径和方式也有所不同。

(1)经口感染：易感动物食入了被感染期幼虫或虫卵污染的饲料、饲草、饮水、土壤等，或食入了带有感染性幼虫的中间宿主、贮藏宿主或媒介等而感染。经口感染是寄生虫最常见的感染方式，多数寄生虫是经口感染的，如蛔虫、鞭虫、华支睾吸虫、猪囊尾蚴等。

(2)经皮肤感染：有的寄生虫的感染性幼虫，可主动地经皮肤侵入易感动物体内，如水中的血吸虫尾蚴可借助其钻腺分泌物及体部的伸缩和尾部的摆动，迅速经宿主皮肤钻入宿主体内。

(3)经呼吸道感染：有些寄生虫可经呼吸道感染，如羊鼻蝇蛆由羊鼻孔感染；蛔虫卵、蛲虫卵等可随飞扬的尘土被吸入鼻腔，再被咽入消化道而感染。

(4)经胎盘感染：有些寄生虫可以随母体血液通过胎盘，而使胎儿感染，如弓形虫等。

(5)经节肢动物媒介感染：有的寄生虫可通过吸血的节肢动物媒介的叮咬、吸血，进入易感动物体内。如疟原虫可经蚊传播，利什曼原虫可经白蛉传播。

(6)接触感染：寄生于生殖道的寄生虫，如牛胎儿毛滴虫，可通过交配传播。疥螨、蠕形螨、虱等可通过直接接触患畜或患者的皮肤而传播，或通过虫体污染的环境、笼具及其他用具等间接接触传播。

(7)自身感染：有些寄生虫所产的虫卵或幼虫不需要排出宿主体外，即可以使原宿主再次遭受感染。如寄生在人小肠内的猪带绦虫，其脱落的孕节或虫卵可由于患者的呕吐而逆流至胃内，经消化液作用后逸出六钩蚴，六钩蚴再钻入肠壁，随血液循环到达身体各部位，发育为囊尾蚴。

掌握了不同寄生虫的感染途径，就可以针对不同的寄生虫采取不同的措施，以切断其传播途径，从而控制寄生虫病的流行。

3.易感动物

易感动物是指对某种寄生虫缺乏免疫力的动物。宿主方面有很多因素都会影响到其对寄生虫的易感性，如营养状况、饲养管理状况等。当饲养管理不当、营养缺乏或某些基本物质缺乏时，则动物对寄生虫的抵抗力降低，易患寄生虫病。另外，动物对寄生虫的易感性还与品种、年龄等因素有关。品种、年龄不同对寄生虫的抵抗力也不同，一般幼龄动物的免疫力低于成年动物。

(二)影响寄生虫病流行的因素

1.自然因素

自然因素包括地理环境、气候和生物种群等因素。地理环境和气候不同，植被和动物区系也不同，而植被和动物区系又直接或间接地影响到寄生虫的分布及寄生虫病的传播与流行。

(1)地理环境：包括经纬度、地形、海拔、湖泊与河流分布情况、交通状况等，这些因素通过影响寄生虫、宿主及媒介节肢动物的分布而影响寄生虫病的流行。高原、山脉、丘陵、平原、湖泊、湿地等地理环境不同，寄生虫、宿主以及媒介节肢动物的分布也不同。如肺吸虫的中间宿主溪蟹和蝲蛄只适于在山区小溪生长，因此肺吸虫病大多只在丘陵、山区流行。

(2)气候：包括温度、湿度、光照、年降雨量、土壤酸碱度等。气候条件会影响到寄生虫的虫卵或幼虫在外界的生长发育，如温暖潮湿的环境有利于土壤中的虫卵和幼虫的发育。另外，气候条件也影响中间宿主及媒介节肢动物的孳生繁殖，以及其体内的寄生虫的生长发育。如温度低于15～16℃或高于37.5℃，疟原虫便不能在蚊体内发育。

(3)生物种群：包括终末宿主、中间宿主、媒介及植被等。对于生活发育史过程中需要中间宿主或节肢动物存在的寄生虫，中间宿主或节肢动物的存在与否，决定了这些寄生虫病能否流行。如日本血吸虫的中间宿主钉螺在我国的分布不超过北纬33.7°，因此我国血吸虫病在长江以南地区流行，而北方地区无血吸虫病流行，这与中间宿主钉螺的地理分布相一致。

2.社会因素

社会因素包括社会制度、经济状况、科学文化水平、医疗卫生条件、防疫保健措施，以及人民的生产方式和生活习惯、动物的饲养管理方式和条件等。社会因素与自然因素相互作用，共同影响寄生虫病的流行。经济文化的落后必然伴随着落后的生产方式和生活方式，以及不良的卫生习惯和卫生环境，从而不可避免造成许多寄生虫病的广泛流行，严重危害人和动物的健康，因此社会因素的改善对控制寄生虫病具有重要的作用。

三、寄生虫病流行的特点

（一）地方性

某种疾病在某一地区经常发生，无需自外地输入，这种情况称地方性。寄生虫病的流行与分布往往具有明显的地方性，这主要与当地的气候条件，中间宿主或媒介节肢动物的地理分布，当地的生活习惯及生产方式等有关。

一些寄生虫病在我国南方地区流行十分广泛，而在气候寒冷、干燥的北方地区很少流行，这主要与南方温暖湿润的气候条件有关。血吸虫病在我国长江以南地区广泛流行，这与中间宿主钉螺在江南分布有密切关系。有些寄生虫病，与当地居民的饮食和生活习惯密切相关。如猪带绦虫病与猪囊虫病多流行于喜生吃或半生吃猪肉的地区，在这些地区如不加强对人粪便的管理，则易使猪感染囊虫病；人群的华支睾吸虫病多流行于喜生吃或半生吃鱼虾的地区。包虫病在我国西北牧区广泛流行，人群的感染主要是由于和病犬密切接触，或食入被虫卵污染的水、蔬菜等食物，或在放牧、剪羊毛、挤奶、加工皮毛等过程中接触虫卵；牛、羊等家畜感染包虫病主要是由于食入了被病犬虫卵污染的牧草、饲料或饮水等。

（二）季节性

寄生虫病的流行往往有明显的季节性。这是由于温度、湿度、光照、雨量等气候条件可影响寄生虫、中间宿主及媒介节肢动物种群数量的消长，因而使寄生虫病的流行呈现出明显的季节性。

如温暖、潮湿的季节有利于鸡球虫卵囊在外界的发育，因此球虫感染多见于春末至秋初季节；生活发育史中需要节肢动物作为宿主或传播媒介的寄生虫，其流行季节与节肢动物的季节消长相一致，如鸡住白细胞虫病的出现与其传播媒介蠓和蚋的出现季节相一致；人和动物的生产和生活活动也会造成寄生虫感染的季节性，如夏季常发的急性血吸虫病，即因下水活动或在野外饮水接触疫水而致。

（三）自然疫源性

在原始森林或荒漠地区，有些寄生虫病可以一直在野生脊椎动物之间相互传播。当人或家畜偶然进入该地区时，则可从野生脊椎动物传播给人或家畜。这类不需要人或家畜的参与而存在于自然界的寄生虫病，称为自然疫源性寄生虫病。这种地区称为自然疫源地。寄生虫病的这种自然疫源性反映了寄生虫病在流行病学和防治方面的复杂性。

思　考　题

1.何谓寄生虫的生活发育史？

2.寄生虫生活发育史的类型有哪些？

3.何谓寄生虫的流行病学？其研究内容有哪些？

4.寄生虫病的传播途径主要有哪些？

5.影响寄生虫病流行的因素有哪些？

6.寄生虫病流行的特点是什么？

第四章　寄生虫感染的免疫

第一节　寄生虫抗原特性

寄生虫种类繁多，不同寄生虫的组织结构也不相同，而且寄生虫常具有复杂的生活发育史和不同的发育阶段，另外有些寄生虫为适应环境还能够产生一定的变异，因此寄生虫抗原十分复杂。

寄生虫抗原按化学成分可以分为蛋白质、多糖、糖脂、糖蛋白抗原等。按其在抗感染方面的功能可以分为功能抗原(保护性抗原)和非功能抗原，功能抗原能引起保护性免疫反应，而非功能抗原不能引起保护性免疫反应。按其来源可以分为结构抗原和代谢抗原。

一、结构抗原

结构抗原是由寄生虫机体结构成分所组成的抗原，又称体抗原或内抗原，其中包括来自虫体表膜的表面抗原。结构抗原刺激宿主产生的抗体可与补体或淋巴细胞共同作用，从而破坏寄生虫的虫体，减少自然感染的发生。

由于不同科、属、种的寄生虫之间常具有共同的结构抗原，因此结构抗原特异性不强。如日本血吸虫与卫氏并殖吸虫之间，马来丝虫与犬恶丝虫之间均存在共同抗原成分。另外，寄生虫生活发育史中不同发育阶段也具有共同抗原。抗原成分的部分共同性，可诱发产生相应的共同抗体，因而在免疫学试验时常出现交叉反应，从而降低了试验的特异性。

二、代谢抗原

来自寄生虫生理活性产物的抗原称代谢抗原、排泄/分泌抗原或外抗原。代谢抗原包括各腺体分泌物、消化道排泄物、线虫蜕皮液、囊液等，它们均可与宿主免疫系统直接接触，属于免疫学上重要的抗原。代谢抗原多为功能抗原，针对代谢抗原的抗体能将其中和，并能改变寄生虫的生理学特性，从而杀伤寄生虫。

代谢抗原刺激宿主产生的抗体具有高度的特异性，可以区分不同属、种或同一虫种中的不同株，甚至同一寄生虫的不同发育阶段，因而在寄生虫感染的免疫学诊断、致病机理以及疫苗研究中具有重要作用。

在免疫学上重要的抗原是可以与宿主免疫系统直接接触的抗原，如寄生虫体表的表面抗原，虫体的排泄物、分泌物、蜕皮液等。这类抗原可刺激宿主产生保护性免疫应答或引起免疫病理反应，同时又可作为免疫诊断的检测对象，因此具有重要的作用。

第二节　寄生虫免疫的特点

寄生虫的免疫与其他病原微生物的免疫不同，具有其自身的特点。

一、带虫免疫

带虫免疫，即只有当宿主体内保持一定数量虫体时，宿主对同种寄生虫的再次感染具有一定的免疫力，如果宿主体内的寄生虫完全消失，则免疫力逐渐下降乃至消失。一旦有机会，机体还会感染该种寄生虫。

二、不完全免疫

不完全免疫又称非清除性免疫，即宿主尽管能识别寄生虫，并产生一定的免疫作用，但不能将虫体完全清除，以至于仍有少量寄生虫在宿主体内生存和繁殖，宿主与寄生虫之间可维持相当长时间的寄生关系。这是寄生虫感染中常见的一种免疫状态。例如人体感染疟原虫后，机体的免疫系统不能将体内的疟原虫完全清除，而是维持低虫血症，但宿主对再次感染具有一定的抵抗力。

三、免疫的复杂性

由于多数寄生虫为多细胞动物，结构和代谢产物都很复杂，而且不同的寄生虫生活发育史、发育阶段也不相同，这些因素都造成了寄生虫抗原及寄生虫免疫的复杂性。

四、自愈现象

在某些蠕虫感染过程中，若宿主预先受到某些蠕虫感染，当再次受到同种虫体感染时，宿主可将原先寄生于其体内的该种寄生虫连同其他寄生虫一起排出体外，这种现象称为自愈现象。

此外，有些宿主感染某种寄生虫后，产生的免疫力不仅能将体内的虫体完全消灭，而且对再感染具有长期的特异性抵抗力，即清除性免疫。如大鼠感染路氏锥虫后，仅出现短时间的虫血症，接着虫体即被完全消灭，并可保持长久的免疫力。但这是寄生虫感染中少见的一种免疫状态。

第三节　抗寄生虫的免疫预防

随着科学技术的不断发展和对寄生虫研究的不断深入，抗寄生虫感染的免疫预防研究也取得了重大进展，寄生虫疫苗在预防动物寄生虫病方面，正发挥着越来越重要的作用。目前成功的寄生虫疫苗主要集中于原虫，包括球虫、弓形虫、巴贝斯虫、梨形虫、贾第虫等，而蠕虫和体外寄生虫的疫苗还很少。目前用于预防寄生虫感染的疫苗主要有下述几类。

一、灭活疫苗

采用死的寄生虫虫体或裂解物，经物理或化学方法处理后，接种动物，诱导机体产生获得性免疫力。由于灭活疫苗对大部分寄生虫病而言，其抗感染能力非常弱，且维持时间短，副作用较大，因此实用意义不大。只有激发阻碍寄生虫生命功能的反应、改变寄生虫的结构或极大地改变寄生虫生存环境的抗原才能够抵抗寄生虫的感染，具有实用意义，而这样的抗原多为代谢抗原，而非体抗原。

二、弱毒活虫苗

将不同阶段的虫体经物理或化学方法处理后，使其毒力降低，而保留免疫原性制成的活疫苗。其保护机理是模仿自然感染，接种后虫体保持一定的活力，从而激发机体产生较强的免疫应答。弱毒活虫苗的特点是免疫力强，作用时间长。目前已取得成功的弱毒活虫苗有胎生网尾线虫疫苗、丝状网尾线虫疫苗、犬钩虫疫苗、鸡球虫疫苗、弓形虫疫苗等。

在目前使用的兽医寄生虫疫苗中，致弱活疫苗占有绝对的优势。寄生虫筛选或致弱的主要方法有：通过特殊动物传代或在体外培养使毒力降低；筛选缺少某一生活阶段的虫株；筛选生活周期缩短的虫株，如早熟艾美耳球虫苗；辐射致弱；用药物进行预处理；等等。

三、虫体特异组分疫苗

从寄生虫匀浆或排泄物、分泌物中，提取出保护性抗原成分制备的疫苗。由于寄生虫的分泌物、排泄物具有较好的抗原性，这些抗原成分作用于宿主的免疫系统后，能激发宿主产生体液免疫和细胞免疫，从而有效地阻碍寄生虫的寄生。

四、基因工程苗

利用基因工程技术，将编码虫体保护性抗原的基因导入受体菌或细胞，使其在受体菌或细胞中高效表达，提纯表达产物制成的、可抵抗寄生虫感染的疫苗。

五、DNA 疫苗

DNA 疫苗又称核酸疫苗、基因疫苗，指利用基因工程技术，将编码保护性抗原的基因与能在真核细胞中表达的载体 DNA 重组，重组的 DNA 可直接注射到动物体内，被宿主细胞摄取后，目的基因可在动物体内表达，同时刺激机体产生体液免疫和细胞免疫。如用编码羊绦虫保护性抗原的基因 *40w* 构建的 DNA 疫苗接种羊后，诱导产生的特异性免疫应答可保护羊只抵抗绦虫的感染。

核酸疫苗与传统疫苗相比具有以下优点：直接接种；不需要佐剂；免疫具有持续性；表达的寄生虫的有关蛋白更接近天然构象；可与其他疫苗联合构成多价或多联疫苗；易于工业化生产，成本较低；常温下易于储存和运输等。

六、异源性虫苗

利用与强致病性寄生虫有共同保护性抗原的弱致病性异源虫株制备的疫苗，称为异源性虫苗。异源性虫苗免疫宿主后，可使机体对强致病性寄生虫产生免疫保护力。如用昆虫或土壤中的线虫接种绵羊，能使绵羊产生强烈、但短暂的针对丝状网尾线虫的抵抗力。

尽管目前对寄生虫疫苗的研究取得了重大进展，但由于活疫苗在某些情况下仍有致病的可能，加上有些疫苗生产成本较高，而且绝大多数寄生虫疫苗只能提供部分保护力，故寻找安全、高效、低成本的新型寄生虫疫苗将是当前和今后寄生虫疫苗研制工作的重点。随着生物学技术在寄生虫疫苗研制中的应用，寄生虫疫苗将会在寄生虫病的防治中发挥十分重要的作用。

思　考　题

1. 何谓结构抗原、代谢抗原？
2. 机体是如何抵抗寄生虫感染的？
3. 寄生虫免疫的特点是什么？
4. 用于寄生虫免疫预防的疫苗有哪些？

第五章　寄生虫病的诊断与综合防治

第一节　寄生虫病的诊断

在寄生虫病的早期进行快速而准确的诊断，不仅可阻断病程发展，而且可最大限度地控制寄生虫病的传播和流行，保护动物健康、减少经济损失，因此寄生虫病的诊断在寄生虫病的防治中具有重要意义。

寄生虫病的诊断方法大致分生前诊断和死后诊断两大类。其中生前诊断又包括流行病学诊断、临床诊断、实验室诊断等，寄生虫病的死后诊断主要是指通过尸体剖检发现病原及相应病变等进行诊断。

一、生前诊断

寄生虫病的生前诊断具有十分重要的实际意义，因为通过生前诊断可及时对发病动物采取相应的治疗措施，同时对受威胁动物制订切实有效的预防保护措施。

(一)流行病学诊断

由于寄生虫病的流行具有地方性、季节性和自然疫源性的特点，因此对发生于不同地区、不同季节的寄生虫病，在诊断思路上应有所区别。流行病学诊断一方面要重视对个体的流行病史的采集和分析，如了解动物的饲养环境条件、管理方式、发病季节、发病情况、流行状况、中间宿主或传播媒介的孳生及活动规律；另一方面要重视对特定群体的集体诊断，统计感染率(即检查的阳性动物与整个被检动物的数量之比)和感染强度(是表示宿主遭受某种寄生虫感染数量大小的一个标志。有平均感染强度、最大感染强度和最小感染强度之分)，从而为正确诊断提供依据。

(二)临床诊断

1.观察临床症状

多数寄生虫病在临床上仅表现消化机能障碍、生长发育受阻、贫血、消瘦、营养不良和生产性能降低等慢性、消耗性疾病的症状，虽不具有特异性，但可作为诊断的参考。另外，也有一些寄生虫病会呈现典型的临床症状，因此要仔细观察临床症状，分析病因。

2. 影像诊断

在寄生虫病的临床诊断中，往往需借助一些器械进行检查，如 X 光检查、B 超检查、CT 检查、MR(磁共振)检查等，即影像诊断，以发现寄生于骨骼、肝脏、肺脏等部位的棘球蚴，脑中的囊尾蚴等。但这些方法难以对病变的性质作出明确的诊断，确诊需依靠病原学检查。

(三)药物治疗性诊断

初步怀疑为某种寄生虫感染时，或通过病原学检查难以确诊(如肠内蠕虫在成熟前，粪便中检查不到虫卵)，而流行病学及临床症状又不能排除某种寄生虫病的可能时，可用针对某种寄生虫的特效驱虫药进行驱虫试验，然后观察疾病是否出现好转。如果临床症状减轻或消失，或从动物体内驱出虫体，进行检查鉴定后，即可作出诊断。

(四)实验室诊断

实验室诊断是诊断寄生虫病的重要依据，主要包括病原学诊断、免疫学诊断、分子生物学诊断等。

1. 病原学诊断

病原学检查是诊断寄生虫病最可靠的方法。根据寄生虫生活发育史的特点，从感染动物的血液、组织液、排泄物、分泌物或活体组织中检查到寄生虫的虫卵、幼虫、成虫、虫体节片或原虫的滋养体、包囊等，即可作出确诊，因此广泛用于寄生虫病的诊断。

(1)粪便检查：粪便检查是寄生虫病生前诊断的最基本、最常用的方法。通常寄生于消化道及肝脏、胰脏中的蠕虫，寄生于肺、气管、支气管中的线虫，寄生于肠系膜静脉的血吸虫，寄生于消化道中的球虫、结肠小袋虫，寄生于胃肠道的蝇蛆等，其某一发育阶段的病原体，常随宿主的粪便排出体外，因此可通过粪便检查，找到寄生虫的虫卵、幼虫、成虫、虫体碎片等进行确诊。常用的粪便检查方法有直接涂片法、饱和溶液漂浮法、沉淀法、贝尔曼幼虫检查法等。

(2)血液检查：用于检查血液内的寄生虫，如住白细胞虫、梨形虫、弓形虫等原虫及丝虫(微丝蚴)等。

(3)气管分泌物、鼻液检查：寄生于呼吸道、肺组织中的比翼线虫、肺线虫、并殖吸虫等，可通过检查气管分泌物、鼻液中的虫卵而确诊。

(4)尿液检查：寄生于泌尿器官中的猪肾虫等，可通过检查尿液而确诊。

(5)生殖道分泌物检查：主要用于检查生殖道内寄生的牛胎儿毛滴虫、马媾疫锥虫等。

(6)组织检查：如牛皮蝇蛆、创口蛆可通过检查患部组织，发现蝇蛆而确诊；牛环形泰勒虫、猪弓形虫可通过检查淋巴结穿刺液，发现病原而确诊；旋毛虫可通过取米粒大小肌肉，镜检而确诊，等等。

(7)体表及皮屑检查：借助肉眼可观察到寄生于动物体表的蜱、虱等，借助显微镜、放大镜可观察到皮肤深层和皮屑中的螨等。

(8)动物接种试验：将采集的动物病料接种实验动物，待实验动物发病后，查找到相应病原，即可对弓形虫病、锥虫病等进行确诊。

2.免疫学诊断

寄生虫侵入动物机体后，在整个寄生过程中，其分泌物、排泄物以及虫体死后的崩解物等，在宿主体内均具有抗原物质的作用，可刺激机体的免疫系统引起免疫应答，因此利用免疫反应的原理，可进行抗原或抗体的检测，从而达到诊断寄生虫病的目的。

由于寄生虫抗原复杂多样，且不同寄生虫间存在共同抗原，再加上一些寄生虫表面抗原不断发生变异，因此寄生虫病的免疫诊断结果往往不如病原学诊断结果可靠。但对于那些需要解剖动物或检查活组织才能发现病原的寄生虫病而言，如包虫病、旋毛虫病、猪囊虫病、住肉孢子虫病等，免疫学技术仍是比较有效的诊断方法。此外，免疫学诊断在寄生虫病的早期诊断中也具有重要意义。

随着免疫学研究的发展，一些免疫学诊断方法如酶联免疫吸附试验、间接血凝试验等，已在寄生虫病的生前诊断及流行病学调查中得到较为广泛的应用，为早期诊断、流行病学调查及制订有效的防制措施提供了重要的科学依据。目前常用的一些免疫学诊断方法主要有间接血凝试验、酶联免疫吸附试验、间接荧光抗体试验等。

(1)间接血凝试验(IHA)：已用于多种寄生虫病的诊断和流行病学调查，如血吸虫病、猪囊尾蚴病、旋毛虫病、弓形虫病等。具有较高的敏感性和一定的特异性。单克隆抗体的应用使敏感性和特异性又有所提高。

(2)酶联免疫吸附试验(ELISA)：目前已广泛应用于寄生虫病的免疫学诊断中，如血吸虫病、肺吸虫病、肝吸虫病、包虫病、弓形虫病、囊虫病等。有许多商品试剂盒供应。除传统的ELISA外，又发展了新的酶免疫测定法，如葡萄球菌A蛋白(SPA)-ELISA、亲和素-生物素(ABC)-ELISA、斑点(Dot)-ELISA、单克隆抗体(McAb)-ELISA等。

(3)荧光抗体试验(FAT)：广泛应用于寄生虫病的免疫学诊断，如血吸虫病、弓形虫病等。具有较高的敏感性和特异性。

3.分子生物学诊断

近年来飞速发展起来的分子生物学技术，如单克隆抗体(McAb)技术、DNA

限制性内切酶酶切图谱分析、DNA探针、DNA指纹分析、聚合酶链反应、核酸序列分析等，具有更高的灵敏性和特异性，正越来越广泛地用于寄生虫病的诊断。这些技术的应用，使得寄生虫病的免疫学诊断达到了简便、快速、准确、微量、经济的目的，显著地提高了诊断效果，同时也极大地推动了寄生虫病的诊断和寄生虫分类学的研究。

二、死后诊断

寄生虫病的死后诊断主要是通过剖检动物尸体，观察病理变化，查找病原体，判定感染的寄生虫种类、感染强度和对宿主危害的严重程度，分析致病和死亡原因，从而达到确诊的目的。

尸体剖检可分为完全剖检、个别系统剖检及个别器官剖检等。完全剖检可以查明动物所有器官组织中的寄生蠕虫，包括生前诊断法所不能查出的虫体，如不排虫卵的雄虫、幼虫等，并可进行蠕虫的计数与种类鉴别。此外，尸体剖检也可以检查寄生于动物体内的昆虫，如蝇蛆。因此，死后剖检是寄生虫病确诊的重要依据，也是常用的寄生虫病流行病学调查方法和药物疗效考核的主要方法。

第二节 寄生虫病的综合防治

各种寄生虫病不仅严重危害着动物及人类的健康，而且严重影响着畜牧业的发展及畜产品的质量，因此防治寄生虫病是关系到动物和人类健康及经济发展的大事。在寄生虫病的综合防治中要贯彻“预防为主，防治结合，防重于治”的方针。由于寄生虫的种类繁多，生物学特性各不相同，中间宿主及传播媒介的分布、生活习性也各不相同，加上家畜的饲养管理方式不同，以及自然因素、社会因素的差异，寄生虫病的防治是一个极其复杂的问题，必须以流行病学研究为基础，实施综合性的防治措施，才能收到较好的成效。

一、寄生虫病的综合防治措施

(一)控制和消灭传染源

采用药物杀灭或驱除宿主体内外的寄生虫是寄生虫病综合防治措施中的重要环节。通常驱虫具有双重意义：一方面，杀灭或驱除宿主体内或体表的寄生虫，对发病动物可起到治疗的作用，对感染而未发病的动物可起到阻止病程发展的作用；另一方面，可减少病原体向外界的传播，保护外界环境免受污染。

1. 驱虫

根据驱虫目的不同，可分为预防性驱虫和治疗性驱虫两类。

(1)预防性驱虫：也称计划性驱虫，即根据各种寄生虫病的流行规律及寄生虫的生长发育规律，选择适宜的驱虫时间，有计划地进行定期驱虫，而不论动物发病与否。如在肉仔鸡的饲养中，常把抗球虫药加入饲料中使用，以抵抗球虫的感染。在蚊虫活跃季节，定期给犬使用伊维菌素，可防止犬感染犬恶丝虫等。

对于放牧的马、牛、羊等草食动物而言，秋冬季驱虫是十分重要的。秋冬季用药驱除消化道内的线虫，可以使动物安全越冬，在生产中常作为一种固定实施的防治制度。因为秋冬季是家畜体质由强转弱(由肥转瘦)的时节，此时驱虫，有利于保护家畜健康。另外，秋冬季不适于虫卵和幼虫在外界发育，故秋冬季驱虫可大大减少牧场的污染。至于在放牧季节如何安排驱虫，则需根据本地区寄生虫的类型、不同寄生虫的生活发育史和流行病学特点而定。

针对某些蠕虫，常采用成熟前驱虫，即在寄生虫进入机体后但尚未发育到性成熟阶段前，用药将其驱除。这样既能减轻寄生虫对动物的损害，又能防止虫体性成熟后排出的虫卵或幼虫污染外界环境。

(2)治疗性驱虫：也称紧急性驱虫，即一旦发现动物出现临床症状，及时用药驱除或杀灭寄生于动物体内外的寄生虫。对发病动物使用药物驱虫有助于恢复机体健康，另外还可以防止病原散播，减少环境污染。对于危害严重的寄生虫病，要做到早发现、早诊断、早治疗，以尽量降低经济损失。

2. 驱虫时的注意事项

(1)驱虫应在专门的、有隔离条件的场所进行。

(2)所选择的驱虫药物，要具备安全、高效、低毒、广谱、廉价、使用方便等优点。

(3)进行大规模驱虫前，应先选择小群动物进行药效及药物安全性试验，同时应考虑中毒时的抢救措施，在取得经验之后，再进行大规模驱虫。

(4)驱虫后排出的粪便和一切含有病原的物质，均应集中无害化处理。粪便通常采用堆积发酵的方法，利用生物热杀死其中的虫卵、虫体、幼虫等，防止病原散播。

(5)动物驱虫后应隔离一定的时间，直到被驱除的虫体排完为止。

(二)切断传播途径

切断寄生虫的传播途径，可减少或消除感染机会，因此，在防治寄生虫病时，要了解寄生虫是如何传播的，从而采取有效的措施，有针对性地阻断其传播途径。

1. 搞好环境卫生

由于环境可被寄生虫的卵、幼虫、包囊等污染，造成易感动物感染，因此搞好环境卫生是减少与预防寄生虫感染的重要环节。

(1)搞好环境卫生:如每日打扫圈舍、牧草地、运动场,清除粪便等,可减少宿主与感染源的接触机会。

(2)加强粪便管理:防止动物粪便污染环境、饲料、饲草、饮水等。

(3)杀灭外界环境中的病原体:如粪便的无害化处理是预防寄生虫病流行的重要措施,因为很多寄生虫的虫卵、幼虫、卵囊等都可随宿主的粪便排到外界,对粪便进行沼气发酵或堆积发酵,可将其杀死。

2.抑制或杀灭中间宿主和传播媒介

抑制中间宿主或传播媒介可减少生活发育史中必须需要中间宿主或传播媒介的寄生虫病的传播和流行。

(1)利用化学药物杀灭传播媒介(蚊、虻等)和中间宿主(螺、甲虫、蚯蚓、蚂蚁等)。

(2)通过改善环境,使环境不利于传播媒介和中间宿主隐匿和孳生。如保持圈舍通风、干燥,光照充足;圈舍和运动场采用水泥地面,填埋水坑、洼地等,使之不利于中间宿主和传播媒介的发育、孳生。也可人工捕捉中间宿主或传播媒介。

(三)保护易感动物

保护易感动物是指采取一些措施,以提高动物抵抗寄生虫感染的能力或减少动物接触病原体的机会。

1.采取保护性措施

如把幼龄动物与成年动物分开饲养,以免成年动物将寄生虫病传给幼龄动物。对某些寄生虫病还可采取预防性服药的措施,或在动物体上喷洒杀虫剂、驱避剂,防止被吸血昆虫叮咬等。

2.提高动物自身抵抗力

给动物提供全价、优质饲料,改善饲养管理条件,减少应激因素,精心护理幼龄及怀孕动物,以提高动物自身抵抗力。

3.免疫预防

对动物进行疫苗接种,可防止寄生虫的感染。目前,寄生虫的免疫预防尚不十分普遍,主要有牛肺线虫致弱苗,鸡球虫致弱苗,牛泰勒虫、巴贝斯虫致弱苗等。近年来,基因工程苗也进入了临床应用或中试,如猪囊虫、细粒棘球绦虫、鸡球虫等基因工程苗。

由于寄生虫的生活发育史复杂,因此在控制传染源、切断传播途径和保护易感动物的同时,必须要针对生活发育史和流行病学的特点,采取综合性的防制措施,方能达到理想的效果。在寄生虫病的防治过程中,必须根据各地区的具体情况,制订具体的防治方案。

二、我国在寄生虫病防治方面的成就

新中国成立以来，我国在寄生虫病的防治与研究方面取得了显著成绩。寄生虫学工作者在寄生虫分类方面做了大量工作，具备了大量的基础资料。对一些危害严重的寄生虫的生活发育史、流行病学、地理分布情况、季节动态、传播方式、媒介、中间宿主、感染途径等方面进行了大量的研究，为寄生虫病的防治提供了科学的依据。对于广泛或严重流行的寄生虫病如血吸虫病、旋毛虫病、猪囊虫病、弓形虫病、梨形虫病等研制出了一些敏感、特异、简便的免疫学诊断方法。研制出了一些有效的寄生虫疫苗如牛肺线虫苗、鸡球虫苗、牛泰勒虫苗、巴贝斯虫苗等。研制和生产了一批新型、高效、低毒的抗寄生虫药物。

随着分子生物学技术的发展，PCR 技术、核酸探针技术、基因重组技术等已用于寄生虫的病原鉴定、实验研究及疫苗研制中。

但目前寄生虫病诊断和防治上还有许多问题亟待解决，如提高寄生虫病血清学诊断的敏感性和特异性；巩固防治工作的成果，避免已基本消灭的寄生虫病的回升；控制和消灭中间宿主和媒介节肢动物；从分子生物学水平探索寄生虫与宿主之间的相互关系，以及寄生虫疫苗研制等。这些方面都需要进一步加强科学研究来解决。

思考题

1. 寄生虫病生前诊断主要有哪些方法？
2. 寄生虫病的实验室诊断方法有哪些？
3. 驱虫的目的是什么？
4. 驱虫时有哪些注意事项？
5. 如何才能切断寄生虫病的传播途径？
6. 保护易感动物的措施有哪些？

第二篇

畜禽蠕虫病

◈ 第六章　吸虫病
◈ 第七章　绦虫病
◈ 第八章　线虫病
◈ 第九章　棘头虫病

第六章　吸　虫　病

第一节　绪　　论

吸虫属扁形动物门吸虫纲，包括单殖目吸虫、盾殖目吸虫和复殖目吸虫三大类。寄生于畜禽体内的吸虫主要是复殖目吸虫。

一、吸虫的形态结构

1. 形态

多数吸虫虫体呈背腹扁平、两侧对称的叶片状，也有的虫体近似圆柱形，个别虫体（血吸虫）则为线状。虫体为乳白色、淡红色或棕色。大小不一，有的长达 75 cm，有的仅 0.3～0.5 cm 长。吸虫一般具有肌质、发达的吸盘，为附着器官。前部有肌纤维交织而成的杯状口吸盘，多数种类在其腹面有腹吸盘，但位置不定。体表平滑或具有小刺、小棘等。排泄孔位于虫体末端。

2. 体壁

复殖吸虫的体壁由皮层和肌肉层组成，又称皮肌囊，囊内含有大量的网状组织，即实质。无体腔，各系统的器官均包埋在柔软的实质内。

3. 消化系统

一般包括口、咽、食道及盲肠（图 6-1）。口通常位于虫体前端口吸盘的中央，少数虫体位于腹面。前咽短小或缺如。口后为肌质构造的咽。咽后为或长或短的食道。肠管常分为左右两条盲肠。大多数吸虫的两条肠管不分支，但有的吸虫肠管分支，如肝片吸虫；有的吸虫左右两条肠管在后端合成一条，如血吸虫；有的末端连接成环状，如舟状嗜气管吸虫。吸虫以其寄生器官的上皮细胞、黏液、分泌物、消化道内容物或宿主的血液为食。吸虫无肛门，利用后的食物残渣，经口孔逆向吐出。

4. 生殖系统

除分体吸虫外，吸虫均为雌雄同体。生殖系统发达，占虫体的大部分。

（1）雄性生殖系统：包括睾丸、输出管、输精管、贮精囊、射精管、前列腺、雄茎、雄茎囊和生殖孔等（图 6-2）。睾丸的形态、大小和位置因种而异。吸虫通常有两

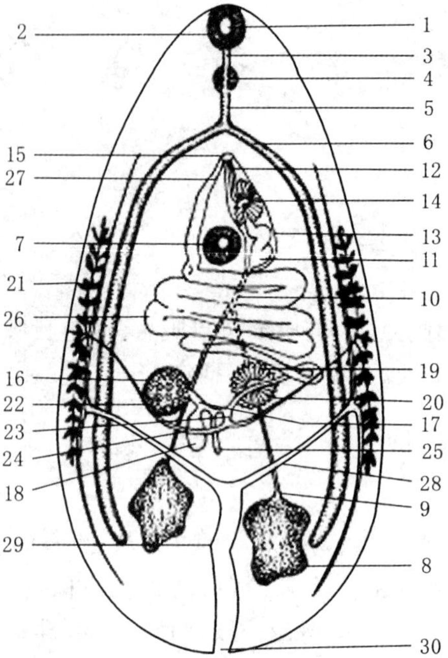

图 6-1　复殖吸虫成虫的形态

1.口　2.口吸盘　3.前咽　4.咽　5.食道　6.盲肠　7.腹吸盘　8.睾丸　9.输出管　10.输精管　11.贮精囊　12.雄茎　13.雄茎囊　14.前列腺　15.生殖孔　16.卵巢　17.输卵管　18.受精囊　19.梅氏腺　20.卵模　21.卵黄腺　22.卵黄管　23.卵黄囊　24.卵黄总管　25.劳氏管　26.子宫　27.子宫颈　28.排泄管　29.排泄囊　30.排泄孔

个圆形、椭圆形或分叶的睾丸，左右排列或前后排列在腹吸盘下方或虫体的后半部。睾丸发出的输出管汇合为输精管，其远端可以膨大及弯曲为贮精囊。贮精囊的末端为雄茎，在这些结构周围围绕着一簇由单细胞组成的前列腺。雄茎开口于生殖窦或生殖孔。

(2)雌性生殖系统：包括卵巢、输卵管、卵模、受精囊、梅氏腺、卵黄腺、子宫及生殖孔等(图 6-3)。卵巢的形态、大小及位置常因种而异。卵巢常偏于虫体的一侧，卵巢发出输卵管，输卵管远端与受精囊及卵黄总管相接。劳氏管一端连接受精囊或输卵管，另一端向背面开口或成为盲管。卵黄腺多在虫体的两侧。卵黄总管由左右两条卵黄管汇合而成。卵黄总管与输卵管汇合处的囊腔即卵模。卵黄腺分泌的卵黄颗粒进入卵模，与梅氏腺的分泌物相结合形成卵壳。子宫的长短与盘旋情

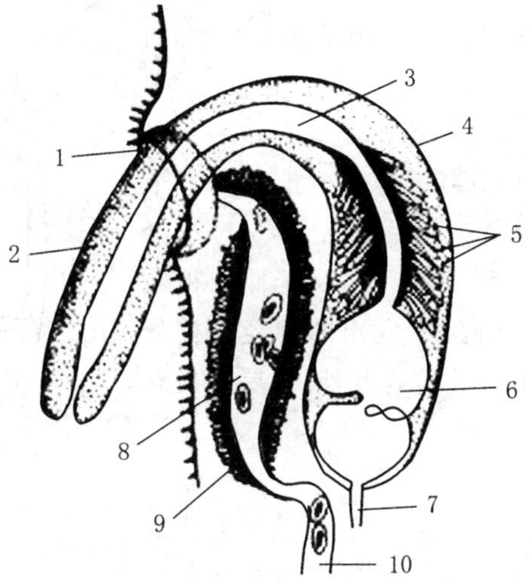

图 6-2 复殖吸虫雄性生殖器官

1. 生殖腔 2. 雄茎 3. 射精管 4. 雄茎囊 5. 前列腺 6. 贮精囊 7. 输精管 8. 子宫颈 9. 子宫颈腺 10. 子宫

图 6-3 复殖吸虫雌性生殖器官

1. 外角皮 2. 劳氏管 3. 输卵管 4. 梅氏腺分泌物 5. 卵黄总管 6. 梅氏腺细胞 7. 卵 8. 卵模 9. 卵黄细胞 10. 卵的形成 11. 腺分泌物 12. 子宫瓣 13. 子宫

况因虫种而异，接近生殖孔处多形成阴道。阴道与阴茎多数开口于一个共同的生殖窦或生殖腔，再经生殖孔通向体外。

5. 神经系统

咽的两侧各有一个相当于神经中枢的神经节(图 6-4)。从两个神经节向前后各发出 3 对神经干，分布于虫体的背、腹和侧面。向后延伸的神经干间有神经环相连。由神经干发出的神经末梢分布于口吸盘、腹吸盘、咽等器官。此外，皮层中也有许多感觉器。

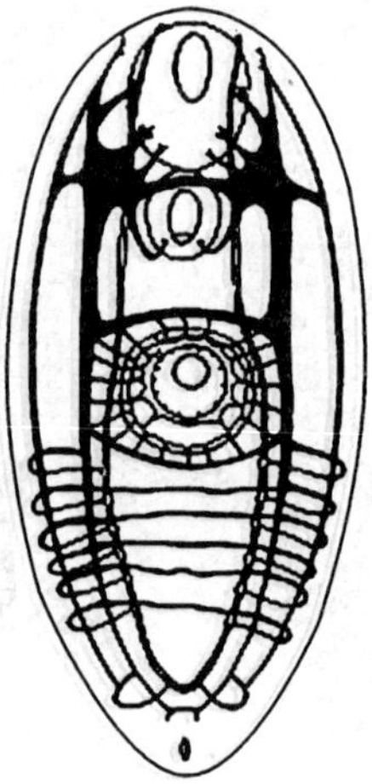

图 6-4　吸虫的神经系统

6. 淋巴系统

单盘类、对盘类等吸虫有类似淋巴系统的构造(图 6-5)。由体侧 2～4 对纵管及分支和淋巴窦相接，管内充满淋巴液，虫体的收缩可促进淋巴液被输送到各器官。

7. 排泄系统

由焰细胞、毛细管、集合管、排泄总管、排泄囊和排泄孔等部分组成(图 6-6)。

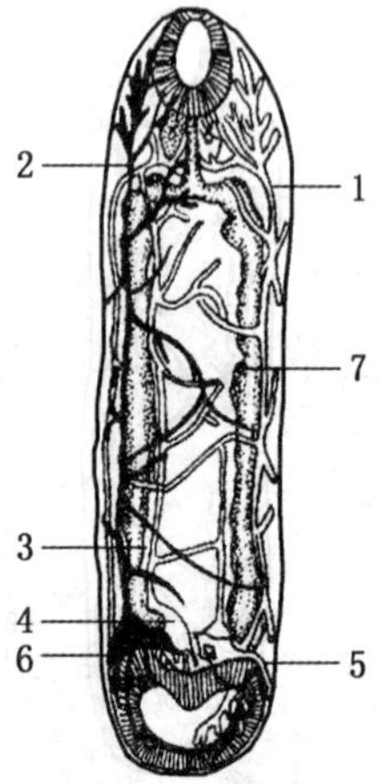

图 6-5　复殖吸虫的淋巴系统

1. 背淋巴管　2. 腹淋巴管　3. 中淋巴管　4. 后中淋巴管　5. 后背淋巴管　6. 后腹淋巴窦　7. 盲肠

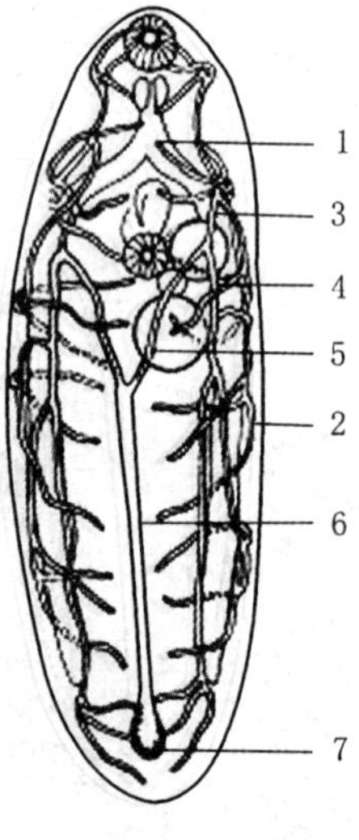

图 6-6　复殖吸虫的排泄系统

1. 焰细胞　2. 毛细管　3. 前集合管　4. 后集合管　5. 集合总管　6. 排泄囊　7. 排泄孔

位于毛细管末端的焰细胞遍布虫体的各部分。焰细胞为凹形的细胞，在凹入处有一簇纤毛，颤动时似火焰。焰细胞收集的排泄物，从毛细管到前、后集合管，再到排泄总管和排泄囊，最后经虫体末端的排泄孔排出体外，排泄液含有氨、尿素和尿酸。焰细胞的排列及数目在分类上具有重要意义。

二、吸虫的生活发育史

寄生于动物体内的复殖吸虫的生活发育史比较复杂，需要更换一个或两个中间宿主。第一中间宿主为淡水螺或陆地螺，第二中间宿主多为鱼、虾、蛙、螺或昆虫等。吸虫的发育过程包括虫卵、毛蚴、胞蚴、雷蚴、尾蚴、囊蚴和成虫各期(图 6-7)。

1. 虫卵

多数呈椭圆形或卵圆形，有卵盖(除分体吸虫外)。颜色为灰白色、淡黄色或棕色。卵在子宫内发育成熟后排出体外。有的虫卵在产出时仅含胚细胞和卵黄细胞，有的卵内已有毛蚴。卵在适宜的条件下孵化出被有纤毛的幼虫，即毛蚴。

2. 毛蚴

体形近似等边三角形，前端较宽，后段较窄，被有纤毛。卵在水中完成发育后，成熟的毛蚴即破盖而出，游于水中；无卵盖的虫卵，毛蚴则破壳而出。游于水中的毛蚴，在 1～2 d 内遇到适宜的中间宿主，即利用其头腺钻入螺体内，脱去纤毛，移行至淋巴腔内，发育为胞蚴。

3. 胞蚴

呈包囊状，内含胚细胞、胚团及简单的排泄器。进行无性繁殖，在体内生成雷蚴。

4. 雷蚴

由胞蚴分裂而来，呈管状或长袋形。营无性繁殖。雷蚴逐渐发育成尾蚴，尾蚴从产孔排出。缺产孔的雷蚴，尾蚴由母体破裂而出。尾蚴在螺体内停留一段时间，成熟后即逸出螺体，游于水中。

5. 尾蚴

由体部和尾部构成。体表具小棘，有 1～2 个吸盘。尾蚴可在某些物体上形成囊蚴而感染终末宿主；或直接经皮肤钻入终末宿主体内，脱去尾部，移行到寄生部位，发育为成虫。但有些吸虫尾蚴需进入第二中间宿主体内发育为囊蚴，才能感染终末宿主。

6. 囊蚴

呈圆形或卵圆形，系尾蚴脱去尾部，形成包囊后发育而成。囊内虫体体表常有小棘，有口、腹吸盘，还有口、咽、肠管和排泄囊等构造。囊蚴通过其附着物或第二

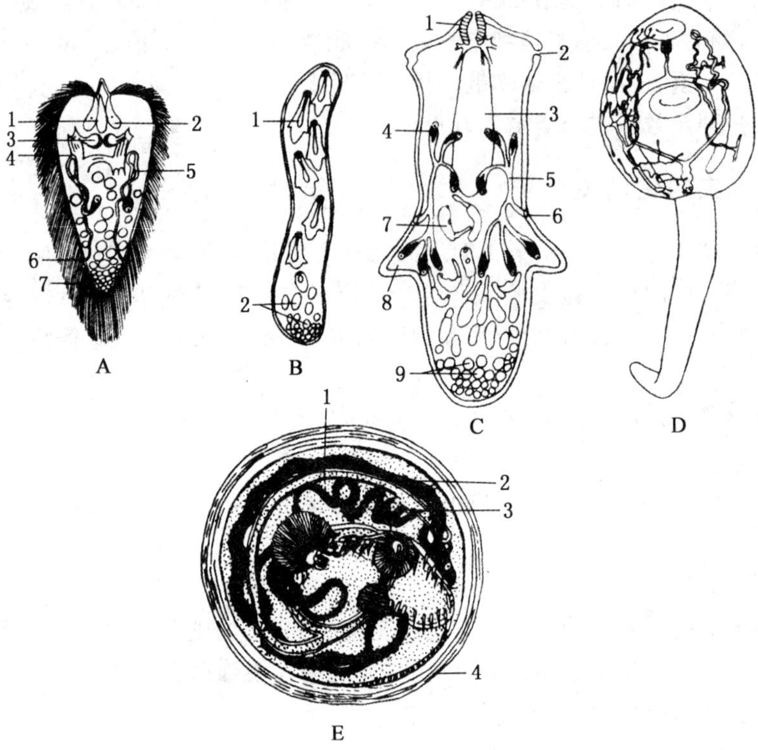

图 6-7　复殖吸虫的各期幼虫

A. 毛蚴：1. 头腺　2. 穿刺腺　3. 神经元　4. 神经中枢　5. 排泄管　6. 排泄孔　7. 胚细胞

B. 胞蚴：1. 子雷蚴　2. 胚细胞

C. 雷蚴：1. 咽　2. 产孔　3. 肠管　4. 焰细胞　5. 排泄管

6. 排泄孔　7. 尾蚴　8. 足突　9. 胚细胞

D. 尾蚴

E. 囊蚴：1. 盲肠　2. 侧排泄管　3. 侧排泄管　4. 囊壁

中间宿主进入终末宿主的消化道后，囊壁被消化液溶解，幼虫即破囊而出，移行到达寄生部位后发育为成虫。

三、吸虫的分类

吸虫属于扁形动物门吸虫纲（Trematoda）。寄生于人体、家畜等的各种吸虫均属于复殖亚纲复殖目。

1. 片形科(Fasciolidae)

包括片形属、姜片属。为大型虫体，呈扁平叶状，具有皮棘。口吸盘、腹吸盘紧靠。有咽，食道短。睾丸前后排列，分叶或分支。卵巢分支，位于睾丸之前。卵黄腺位于体两侧。生殖孔位于体中线上，开口于腹吸盘前。子宫位于睾丸前方。缺受精囊。

2. 歧腔科(Dicrocoeliidae)

包括歧腔属和阔盘属。为中、小型虫体，扁平、细长。虫体半透明，体表光滑。有口吸盘和腹吸盘。有咽和食道，肠支简单，通常不抵达体末端。排泄囊简单，呈管状。睾丸呈圆形或椭圆形，并列、斜列或前后排列于腹吸盘后。卵巢呈圆形，常居睾丸之后。生殖孔居中，开口于腹吸盘前。卵黄腺位于肠管中部两侧。子宫由许多上、下行的子宫圈组成，充满虫体的后半部，内含大量褐色虫卵。

3. 后睾科(Opisthorchiidae)

包括支睾属、后睾属、微口属等。为中、小型虫体，扁平、透明。口、腹吸盘相距较近。具咽和食道，肠支抵达虫体后端。睾丸呈球形或分支、分叶，斜列或纵列于体后部。卵巢通常在睾丸之前。卵黄腺位于体两侧。子宫盘曲于卵巢与生殖孔之间。生殖孔开口于腹吸盘前。

4. 前殖科(Prosthogonimidae)

包括前殖属。为小型虫体，前端稍尖，后端稍圆。有咽和食道，肠支简单，不抵达虫体后端。口吸盘位于虫体前端，腹吸盘位于虫体前 1/3 处。睾丸对称排列于腹吸盘之后。卵巢位于睾丸的正前方。生殖孔开口于口吸盘附近。卵黄腺位于腹吸盘后的体两侧。

5. 并殖科(Paragonimidae)

包括并殖属。为中型虫体，呈卵圆形，肥厚。具体棘。口吸盘位于亚前端腹面，腹吸盘位于体中部。生殖孔位于其后。肠管弯曲，抵达虫体后端。睾丸分支，位于体后半部。卵巢分叶，在睾丸前与子宫相对，卵黄腺分布广泛。成虫寄生于肺部。

6. 棘口科(Echinostomatidae)

包括棘口属、棘缘属、棘隙属、低颈属等。为中、小型虫体，呈长叶片状。虫体前端具有头冠，上有 1～2 行头棘。体表有鳞或棘。口吸盘较小，腹吸盘发达。具咽、食道和肠支，肠支抵达虫体末端。睾丸呈圆形或分叶，纵列或斜列于虫体后半部。卵巢位于睾丸之前，偏右侧。子宫位于卵巢前方，内含薄壳的虫卵。卵黄腺位于体两侧，并常延伸至体中央睾丸之后。生殖孔开口于腹吸盘之前。

7. 双士科(Hasstilesiidae)

包括双士属。虫体极小。口、腹吸盘大小几乎相等。具咽和食道,肠支抵达虫体后端。睾丸斜列于虫体后部。卵巢位于睾丸的前侧方。子宫位于体前部。卵黄腺位于体前半部两侧。生殖孔位于亚中央或亚边缘。

8. 前后盘科(Paramphistomatidae)

包括前后盘属、殖盘属、巨盘属等。虫体肥厚,呈圆锥形或圆柱形。腹吸盘位于虫体末端。无咽,有食道及简单的肠支。睾丸两个,前后或斜列于虫体后部。卵巢位于睾丸之后。

9. 分体科(Schistosomatidae)

包括分体属、东毕属、毛毕属。雌雄异体,一般雌虫较雄虫细。缺咽。肠支在体后部合为单管,抵达虫体后端。睾丸居于肠联合之前或之后,有的睾丸数量很多,呈颗粒状。卵巢细长、致密,位于肠联合之前。卵黄腺位于肠两侧。生殖孔开口于腹吸盘之后。

10. 双穴科(Diplostomatidae)

包括翼形属、双穴属、茎双穴属等。虫体通常分为两个部分。前体呈叶片状、匙形或萼状,后体常呈圆柱状。口吸盘两侧有一对耳状突起。有或无腹吸盘。具口吸盘和咽,食道短,肠支末端到达或靠近体后端。睾丸前后排列或并列于虫体后部。卵巢在睾丸之前。卵巢腺呈颗粒状,分布于前、后体部。

11. 背孔科(Notocotylidae)

包括背孔属、槽盘属等。为小型虫体,腹吸盘缺如。虫体腹面有 3 行或 5 行纵列的腹腺。体表前侧方有细刺。缺咽,食道短,肠支简单,延伸至体末端。睾丸并列于虫体末端肠支的外侧。卵巢位于两睾丸之间。卵黄腺占据体后部的侧方,睾丸之前。生殖孔开口于口吸盘的前后。

12. 异形科(Heterophyidae)

包括后殖属、异形属等。为小型虫体。体后部宽,体表被鳞棘。腹吸盘不发达或缺如。有口、咽、食道,肠支几乎到达体后端。睾丸呈卵圆形或稍分叶,并列或前后排列于虫体后部。贮精囊发达。卵巢为卵圆形或稍分叶,位于睾丸之前中央或偏右。卵黄腺位于体后的两侧。弯曲的子宫位于体后半部。生殖孔开口于腹吸盘附近。

13. 环肠科(Cyclocoelidae)

包括嗜气管属、环肠属等。为大、中型虫体,背腹扁平。口吸盘缺如。口孔位于体前端,咽发达,肠支在后部联合。睾丸完整或分叶,斜列于虫体后部两肠管之间。卵巢不分叶,居于两睾丸之间或其前方。卵黄腺分布于体两侧。生殖孔开口于口之后近处。

14. 枭形科(Strigeidae)

包括异幻属。虫体分前、后体两部分,前部扁平或杯状,有吸盘,后部呈圆柱状,内有生殖器官。有口吸盘,腹吸盘不发达或缺如。在腹吸盘后具有一特殊的黏着器。有口、咽、食道,肠管简单,抵达虫体后端。睾丸前后排列于虫体后部,卵巢通常在睾丸之前。子宫内含有大的虫卵。卵黄腺为颗粒状,分布于前、后体,或局限于后体。生殖孔开口于体后端的凹陷处或交合伞内。

第二节 猪吸虫病

猪吸虫病的常见病原主要有片形科姜片属的布氏姜片吸虫和后睾科支睾属的华支睾吸虫。幼龄猪感染后可影响其生长发育,严重时可导致死亡。

一、姜片吸虫病

姜片吸虫病是由布氏姜片吸虫寄生于猪和人的小肠内而引起的一种以消化机能障碍为特征的吸虫病,严重危害着幼猪的生长发育和儿童的健康。本病主要流行于亚洲的温带和亚热带地区,在我国则主要分布于长江流域以南各省,河北、山东、河南等地也时有发生。

【病原】新鲜虫体呈肉红色,宽大肥厚,像斜切的姜片,故称姜片吸虫。成虫大小为(20～75) mm×(8～20) mm。体表有小棘。口吸盘位于虫体前端,腹吸盘发达,与口吸盘相距很近(图 6-8)。左右两支盲肠呈波浪状弯曲,直达虫体后端。两个睾丸分支,前后排列于虫体后半部。卵巢分支,位于睾丸前方。子宫位于虫体前半部,弯曲于卵巢与腹吸盘之间。卵黄腺位于虫体两侧,呈颗粒状。生殖孔开口于腹吸盘前方。

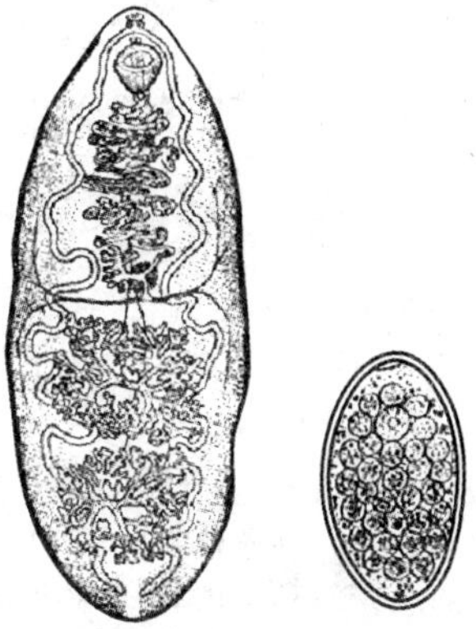

图 6-8 布氏姜片吸虫的成虫和虫卵

虫卵(图 6-8)呈卵圆形,两端钝圆,淡黄褐色,大小为(130～150) μm×(85～97) μm。有卵盖,卵内有一个卵细胞和 30～50 个卵黄细胞。

【生活发育史】姜片吸虫的成虫在猪小肠内寄生,虫卵随猪粪便排出体外,温度适宜时,在水中经 2～4 周即孵出毛蚴(图 6-9)。毛蚴遇到合适的中间宿主——扁卷螺后,即侵入其体内,经过胞蚴、母雷蚴、子雷蚴,发育到尾蚴阶段。尾蚴离开螺体,进入水中游动,遇到水生植物——水浮莲、水葫芦、浮萍、茭白、菱角等，则附于其上，尾部脱落形成囊蚴。囊蚴对外界环境抵抗力强，在湿润情况下可存活 1 年，但干燥情况下则易死亡。猪生食有囊蚴附着的水生植物而感染，经消化液作用后，幼虫在小肠内逸出，附着于肠黏膜发育为成虫。整个发育过程需 90～103 d。在猪体内的生存时间为 9～13 个月。

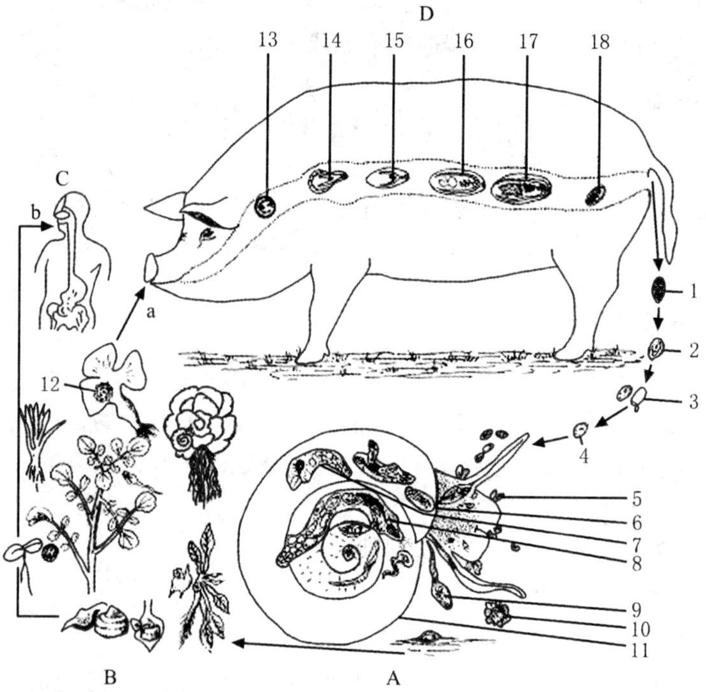

图 6-9　姜片吸虫的生活发育史

A. 虫卵和各期幼虫：1. 虫卵随粪排出　2. 已发育的虫卵　3，4. 毛蚴推盖而出，游于水中　5. 毛蚴侵入螺体　6. 胞蚴　7. 母雷蚴　8. 子雷蚴　9. 尾蚴　10. 囊蚴　11. 中间宿主——扁卷螺

B. 各种水生植物：12. 附着在水生植物上的囊蚴

C. a. 猪因生吃水生植物而感染　b. 人因食入菱角等而感染

D. 在猪肠道内的虫体：13. 囊蚴被猪食入　14～16. 童虫　17. 成虫　18. 虫卵

【流行病学】本病呈季节性流行，一般多发于秋季，有时可绵延至冬季。本病常呈地方性流行。习惯用水生植物喂猪的猪场，本病时有发生。仔猪断奶后 1～2 个月即可感染。5～8 月龄的幼猪感染率最高。人的感染多因生食菱角、荸荠等而

引起。

【症状与病变】本病主要危害幼猪。虫体以强大的吸盘吸附在宿主的肠黏膜上，造成黏膜充血、肿胀；同时夺取机体大量的养料，影响患猪生长发育。当虫体大量寄生时，可引起小肠黏膜弥漫性出血、溃疡和坏死。患猪表现精神沉郁、食欲减退、贫血、消瘦、消化不良、腹痛、腹泻等症状。严重感染时，虫体阻塞肠道，患猪可因肠套叠或肠破裂而死亡。

【诊断】根据流行病学特点和临床症状，结合粪便检查发现虫卵或剖检发现虫体，即可确诊。粪便检查常采用水洗沉淀法。

【治疗】

(1)硫双二氯酚(别丁)：100 kg 以下的猪，按每千克体重 100 mg；100 kg 以上的猪，按每千克体重 50～60 mg。

(2)硝硫氰醚：3%油剂，按每千克体重 20～30 mg，一次喂服。

(3)硝硫氰胺：按每千克体重 5～6 mg，将药一次混入少量饲料，早晨空腹喂给，1 h 后再喂饲料。

(4)吡喹酮：按每千克体重 50 mg，内服。

人体姜片吸虫病的治疗，可口服吡喹酮，每次每千克体重 10 mg，每日 3 次。

【预防】应根据本病的流行病学特点，采取综合性的预防措施，方可取得良好效果。

(1)定期驱虫。一般选择秋末进行驱虫，根据感染情况驱虫 1～2 次，可选用 2～3 种药交替使用。

(2)猪粪便的管理。在本病流行地区，猪粪应堆积发酵，利用生物热杀灭其中的虫卵。

(3)杀灭扁卷螺。可利用药物如硫酸铜、生石灰等杀灭中间宿主扁卷螺，也可以在冬季水塘干涸时，挖泥积肥。

(4)不要用生的水生植物喂猪，经青贮发酵以后喂猪。人也不吃生菱角、荸荠等，必要时应用开水烫过、去皮再吃。

二、华支睾吸虫病

华支睾吸虫病是由华支睾吸虫寄生于猪、猫、犬、鼬、貂等动物及人的胆管和胆囊内而引起的一种人畜共患寄生虫病，俗称肝吸虫病。在我国主要流行于两广地区，闽、浙、湘、鄂、川、豫等地亦有报道。

【病原】虫体狭长，似柳叶，背腹扁平，前端稍窄，后端钝圆。体表无棘。虫体透明，大小为(10～25) mm×(3～5) mm。口吸盘位于虫体前端，腹吸盘位于虫体前 1/5 处，口吸盘略大于腹吸盘(图 6-10)。消化道简单，包括口、咽、食道及两条直达虫体后端的肠支。睾丸 1 对，呈分支状，前后排列，占据虫体后 1/3。两睾丸各发出 1 条输出管，向前汇合成输精管，通贮精囊，经射精管开口于生殖腔。卵巢分叶，位于睾丸之前。输卵管远端为卵模，卵模周围为梅氏腺。子宫位于卵模之前，盘绕向前开口于生殖腔。发达的受精囊位于睾丸与卵巢之间，呈椭圆形。卵黄腺呈细小的颗粒状，分布于虫体的两侧。

虫卵黄褐色，很小，大小为(27～35) μm×(12～20) μm。外观似电灯泡状或芝麻状。顶端有卵盖，卵盖的两旁可见肩峰样小突起，下端有一小疣状突起，内含成熟的毛蚴(图 6-10)。

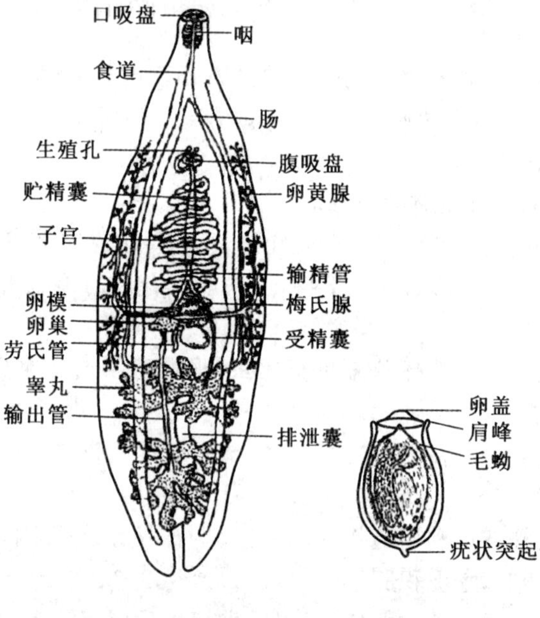

图 6-10 华支睾吸虫成虫及虫卵

【生活发育史】华支睾吸虫生活发育史为典型的复殖吸虫生活发育史，包括成虫、虫卵、毛蚴、胞蚴、雷蚴、尾蚴、囊蚴及童虫等阶段。终末宿主为人及猪、猫、犬等哺乳动物，第一中间宿主为淡水螺类(图 6-11)，第二中间宿主为淡水鱼、虾。

华支睾吸虫成虫寄生于人和猪、猫、犬等哺乳动物的肝胆管内，虫体数量多时可移居至胆总管或胆囊内。成虫产出的虫卵随胆汁进入消化道，并随粪便排出，进入水中，被第一中间宿主淡水螺吞食后，在螺类的消化道内孵出毛蚴(图 6-12)。毛蚴经胞蚴、雷蚴阶段，发育为尾蚴。成熟的尾蚴从螺体逸出，在水中遇到适宜的

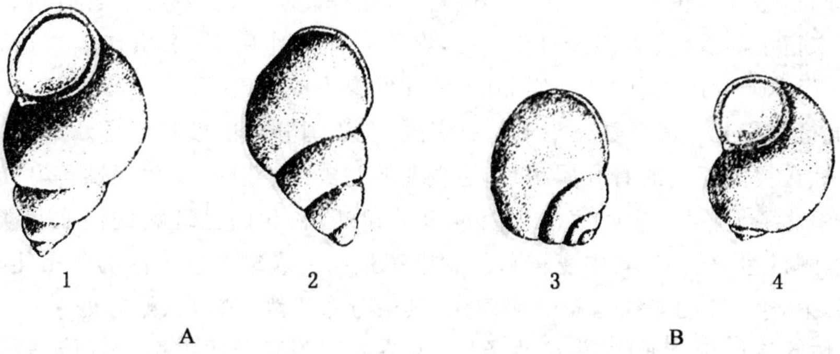

图 6-11 华支睾吸虫的中间宿主

A.纹沼螺：1.腹面 2.背面 B.赤豆螺：3.背面 4.腹面

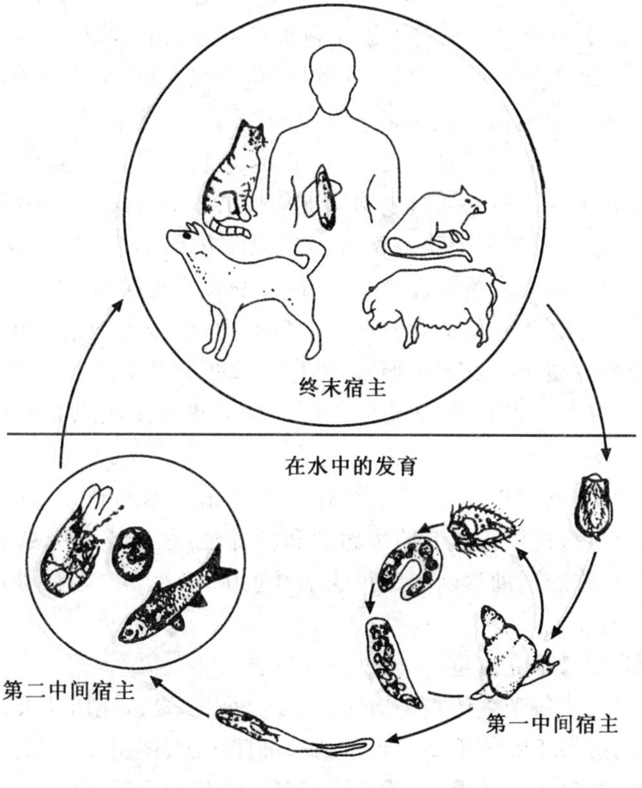

图 6-12 华支睾吸虫的生活发育史

第二中间宿主淡水鱼、虾类,则侵入其肌肉等组织,发育成为囊蚴。含有囊蚴的鱼、虾被终末宿主(人、猪、猫、犬等)食入后,在消化液的作用下,童虫在十二指肠内破囊而出,经总胆管进入肝胆管,经 20～30 d 发育为成虫,并开始产卵。

【流行病学】本病主要分布于东亚诸国,在我国分布也极其广泛。第一中间宿主淡水螺在我国证实的有 3 属 7 种,主要是赤豆螺、纹沼螺、长角涵螺等,广泛存在于我国南北各地;第二中间宿主为淡水鱼类和虾,在我国已证实的淡水鱼类有 70 余种,以鲤科鱼为最多,其中麦穗鱼的感染率最高。囊蚴在鱼体内的分布几乎遍及全身,其中 84.7%的囊蚴分布于肌肉中,其余分布于鳃、鳞、皮、鳍等处。

本病的流行与地理环境、自然条件、生活习惯等有密切关系。有传染源存在,流行地区内在鱼塘上建厕所,利用人畜粪便喂鱼,塘内有大量的中间宿主存在,终末宿主食入生鱼虾等,这些均构成本病的流行因素。

散养猪食入生鱼、虾或以生鱼及其内脏等喂猪,均可造成猪的感染。猫、犬多因食生鱼而感染。人群多因食入未煮熟的鱼、虾而感染,如食"鱼生"、蒸鱼等。

【症状与病变】胆管内成虫的机械性刺激和阻塞作用,以及虫体的代谢产物和分泌物的毒性作用,可导致胆管扩张,管壁增厚,管腔狭窄,胆汁淤积,胆囊肿大,引起阻塞性黄疸,从而影响消化机能。进而累及肝实质,造成肝脏表面结缔组织增生,肝细胞变性、萎缩,甚至引起肝硬化,使肝功能受损。此外,虫体分泌的毒素可引起贫血、消瘦和水肿。另有资料表明华支睾吸虫感染与人的肝癌有一定的关系。

病猪严重感染时表现为消化不良、食欲减退、下痢、浮肿、腹水及轻度黄疸,最后出现贫血、消瘦。病程多系慢性经过,往往并发其他疾病而死亡。

【诊断】根据动物有生食或半生食淡水鱼虾史,临床表现消化机能障碍,叩诊时肝区敏感,结合粪便检查发现虫卵,即可作出诊断。粪便检查可用直接涂片法或沉淀法。国内外调查报告表明,无论何种漂浮法对华支睾吸虫卵的检出率均不如沉淀法。

近年来随着酶、同位素、生物素和胶体金等标记技术和新方法的发展和应用,大大提高了检测血清抗体或抗原的敏感性和特异性,使华支睾吸虫病的诊断率大大提高。目前,在临床辅助诊断和流行病学调查中,免疫学方法已被广泛应用。

【治疗】

(1)吡喹酮:按每千克体重 50 mg,一次口服。

(2)阿苯哒唑:按每千克体重 10 mg,口服。每日一次,连用几天。

(3)六氯酚:按每千克体重 20 mg,口服,每日一次,连用 2～3 d。

(4)海涛林:按每千克体重 50～60 mg,混入饲料中喂服,每日一次,5 d 为一个疗程。

【预防】应采取综合性的预防措施。

(1)流行地区的猪、犬和猫均应定期进行检查和驱虫。

(2)加强粪便管理和粪便的无害化处理是切断传播途径、预防本病的重要环节。禁止在鱼塘边盖猪舍或厕所,防止未经无害化处理的粪便污染水塘。

(3)不以生的或半生的鱼、虾饲喂猪、犬、猫等动物。

(4)消灭第一中间宿主淡水螺。

第三节 禽吸虫病

禽的吸虫病,指的是由前殖科前殖属吸虫所致的禽雌性生殖器官吸虫病和棘口科棘口属、棘缘属、低颈属以及背孔科背孔属吸虫所致的肠道吸虫病。前者可以引起输卵管炎,后者可以引起幼禽消化机能障碍、生长发育受阻,严重时可以引起极度衰弱致死。

一、前殖吸虫病

前殖吸虫病是由前殖科前殖属的多种吸虫寄生于鸡、火鸡、鸭、鹅及其他禽类的输卵管、法氏囊、直肠、泄殖腔而引起的一种寄生虫病,虫体偶见于蛋内。患禽主要表现为输卵管炎症、产畸形蛋,严重时可继发腹膜炎而死亡。本病在全国各地均有发生,但主要分布于华东和华南地区。常见的病原有卵圆前殖吸虫、透明前殖吸虫、楔形前殖吸虫、鲁氏前殖吸虫等。

【病原】病原主要是卵圆前殖吸虫和透明前殖吸虫(图 6-13)。

(1)卵圆前殖吸虫:虫体扁平,呈梨形,前端尖,后端钝圆。大小为(3～6) mm×(1～2) mm。体表有小棘。口吸盘小,位于体前端;腹吸盘略大,位于虫体前1/3处。睾丸呈椭圆形,不分叶,左右并列于虫体中部。卵巢位于腹吸盘背面,呈分叶状。子宫盘曲于睾丸和腹吸盘前后。卵黄腺位于虫体前中部的两侧。生殖孔开口于虫体前端口吸盘左侧,故名前殖吸虫。

虫卵大小为(22～24) μm×13 μm,椭圆形,棕褐色,一端有卵盖,另一端有小刺。

(2)透明前殖吸虫:虫体呈梨形,前端尖,后端钝圆。虫体大小为(6.5～8.2) mm ×(2.5～4.2) mm。体表前半部有小棘。口吸盘位于体前端,腹吸盘位于体前 1/3 处,二者大小几乎相等。睾丸呈椭圆形,不分叶,左右并列于虫体中央的两侧。卵巢分叶,位于腹吸盘与睾丸之间。子宫盘曲于腹吸盘与睾丸后的广大

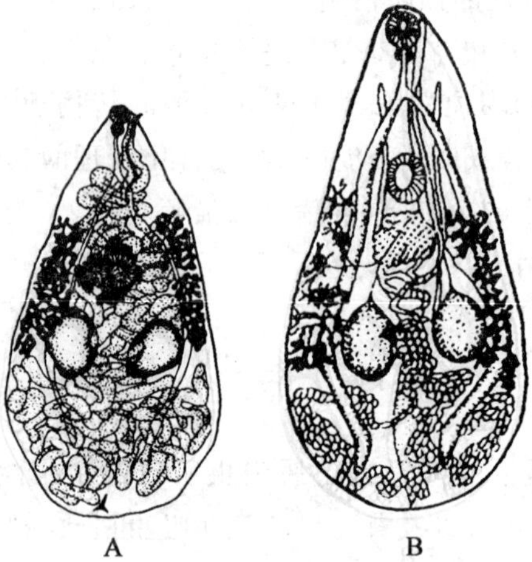

图 6-13 前殖吸虫成虫

A. 卵圆前殖吸虫 B. 透明前殖吸虫

空隙中。卵黄腺起于腹吸盘后缘，终于睾丸之后。

虫卵大小为(26～32) μm×(10～15) μm，椭圆形，深褐色，一端有卵盖，另一端有小刺。

【生活发育史】前殖吸虫的发育需要两个中间宿主，第一中间宿主为淡水螺，第二中间宿主为蜻蜓及其幼虫。虫卵随禽的粪便或排泄物排出体外，落入水中，被第一中间宿主淡水螺吞食，在其肠内孵出毛蚴(或遇水孵出毛蚴)，经胞蚴阶段，发育为尾蚴(无雷蚴阶段)；尾蚴离开螺体游于水中，遇到蜻蜓幼虫时，尾蚴经其肛孔进入肌肉组织，发育为囊蚴(图 6-14)。家禽因啄食含有囊蚴的蜻蜓幼虫或成虫而感染。囊蚴的囊壁被消化后，童虫脱囊而出，经肠道进入泄殖腔，转入输卵管或腔上囊，发育为成虫。

【流行病学】前殖吸虫病多呈地方性流行，其流行季节与蜻蜓的出现季节相一致，多发生在春季和夏季。家禽由于捕食了体内含有前殖吸虫囊蚴的各期蜻蜓而感染；含虫卵的粪便落入水中，又造成了病原的散播。此外，前殖吸虫也可感染多种野禽。

【症状与病变】前殖吸虫寄生于输卵管黏膜上，由于虫体的机械性刺激及代谢产物的作用，导致局部黏膜充血、出血，并破坏输卵管腺体的正常机能，引起蛋白分泌过多，影响输卵管的正常功能，从而产生各种畸形蛋或排出石灰质、蛋白质等半液状的物质。剖检可见直肠和输卵管发炎，输卵管黏膜充血、增厚，管壁上可见虫

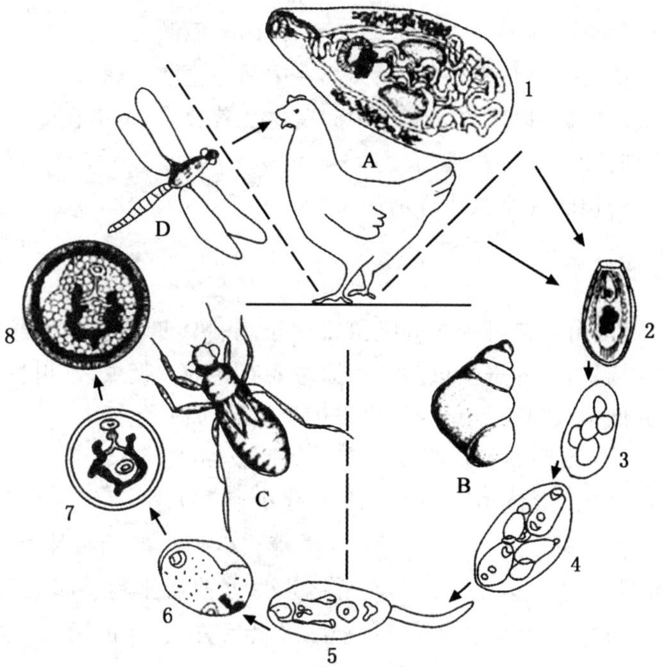

图 6-14　禽前殖吸虫的生活发育史

A. 终末宿主　B. 第一中间宿主　C,D. 第二中间宿主

1. 成虫　2. 虫卵　3,4. 胞蚴　5. 尾蚴　6～8. 囊蚴

体。严重时,输卵管破裂,引起腹膜炎,腹腔内有大量黄色混浊的渗出液。鸡蛋内有时亦可查见虫体。

前殖吸虫主要危害鸡,特别是产蛋鸡,而对鸭的致病性则不明显。临床上感染禽主要表现为产蛋率下降,产畸形蛋、薄壳蛋或无壳蛋等,或仅排石灰水样液体。病禽食欲降低,贫血,消瘦,脱羽,精神差,滞巢,腹部膨大、下垂,泄殖腔周围皮肤发红。若输卵管破裂,蛋落入腹腔,则可引起死亡。

【诊断】根据临床症状,结合剖检发现虫体,或水洗沉淀检出粪便中的虫卵,即可确诊。

【治疗】

(1)丙硫咪唑:按每千克体重 120 mg,一次性口服。

(2)吡喹酮:按每千克体重 50 mg,一次性口服。

(3)四氯化碳:2～3 mL 加等量石蜡油混合后,嗉囊内注射。

【预防】

(1)及时清除禽的粪便并进行堆积发酵,以防病原散布。

(2)改良土壤或使用化学药物,消灭第一中间宿主淡水螺。

(3)笼养或圈养禽,以防食入第二中间宿主。若放养,则不在清晨、傍晚或雨后到塘边放牧,以防食入蜻蜓及其幼虫。

(4)春末夏初预防性驱虫或查治病禽。

二、棘口吸虫病

棘口吸虫病是由棘口科的多种吸虫寄生于鸡、鸭、鹅等家禽和野禽的直肠、盲肠及小肠内而引起的一种寄生虫病。病原主要有卷棘口吸虫、宫川棘口吸虫、日本棘隙吸虫、似锥低颈吸虫等。有些种也寄生于哺乳动物(包括人)。

【病原】病原主要为卷棘口吸虫和宫川棘口吸虫(图 6-15)。

(1)卷棘口吸虫:虫体呈长叶状,体表有小刺。大小为(7.6~12.6) mm×(1.26~1.6) mm。头冠发达,具有 37 枚头棘。口吸盘位于虫体前端,小于腹吸盘。卵巢近圆形,位于虫体中部。两个椭圆形睾丸前后排列于卵巢后方。子宫盘曲于卵巢前方。卵黄腺呈颗粒状,分布于腹吸盘后方、虫体的两侧,并直达虫体后端,但不汇合。主要寄生于家禽和野禽的直肠和盲肠。

虫卵呈金黄色、椭圆形,大小为(114~126) μm×(68~72) μm,一端有卵盖,内含一个胚细胞和很多卵黄细胞。

(2)宫川棘口吸虫:又称卷棘口吸虫日本变种。大小为(8.6~18.4) mm×(1.62~2.48) mm。形态结构与卷棘口吸虫极其相似,但两个睾丸分叶,卵黄腺在睾丸后方向体中央扩展汇合。除禽、鸟类外,亦可寄生于哺乳动物和人。

【生活发育史】棘口吸虫的发育需要两个中间宿主。第一中间宿主为多种淡水螺类,如折叠萝卜螺、小土窝螺、凸旋螺等,第二中间宿主除多种淡水螺外,尚有蛙类、淡水鱼等。

成虫在禽的直肠或盲肠内产卵,虫卵随粪便排到外界,进入水中后在 30℃左右温度下仅需 7~10 d 即孵出毛蚴;毛蚴侵入第一中间宿主体内,经 32~50 d,形成尾蚴;尾蚴离开螺体,游于水中,遇第二中间宿主淡水螺、蛙类、淡水鱼等即钻入其体内形成囊蚴。终末宿主禽类因吃入含囊蚴的螺蛳、蝌蚪等而感染。囊蚴进入消化道后,囊壁被消化,童虫逸出,吸附在肠壁上,经 20 d 左右即发育成成虫。

【流行病学】棘口吸虫病在我国各地普遍流行,对雏禽的危害较为严重。家禽感染主要是由于捕食蝌蚪、螺类、小鱼等,或采食浮萍或水草饲料,因螺类、蝌蚪等

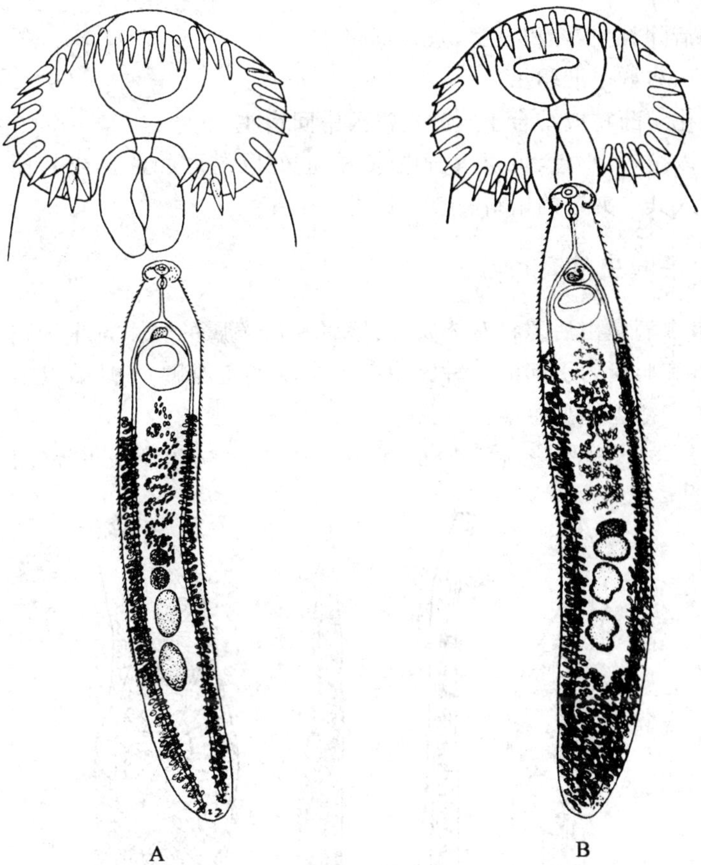

图 6-15 棘口吸虫成虫

A. 卷棘口吸虫成虫及头冠放大 B. 宫川棘口吸虫成虫及头冠放大

多与水生植物一起孳生。

【症状与病变】轻度感染仅引起轻度肠炎和腹泻。严重感染时引起食欲不振、下痢、贫血、消瘦、生长发育受阻，甚至发生死亡。剖检可见出血性肠炎，肠黏膜上附着有大量虫体，黏膜损伤和出血。

【诊断】根据症状，结合粪便检查发现虫卵，或剖检发现虫体即可确诊。

【治疗】

(1)氯硝柳胺：按每千克体重 50～60 mg，一次内服。

(2)硫双二氯酚(别丁)：按每千克体重 150～200 mg，一次内服。

【预防】

(1)勤清除粪便,堆积发酵,杀灭虫卵。

(2)对患禽群定期驱虫。

(3)用化学药物或结合土壤改良消灭中间宿主。

(4)勿以蝌蚪、小鱼、贝类等饲喂家禽,也勿以捞取的浮萍或其他水草饲喂家禽,以免食入其中夹杂的蝌蚪、小鱼、贝类。

三、后睾吸虫病

后睾吸虫病是由后睾科对体属、次睾属和后睾属的吸虫寄生于鸭、鸡、鹅等禽类的肝胆管和胆囊内引起的一种吸虫病。主要危害雏鸭,1月龄以上的雏鸭感染率最高。鸡和鹅也偶见感染。

【病原】病原主要有鸭后睾吸虫、鸭对体吸虫、东方次睾吸虫等(图6-16)。

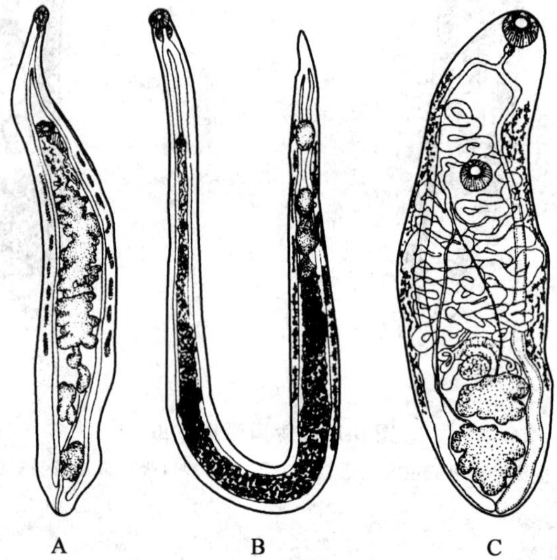

图6-16 禽后睾吸虫成虫

A.鸭后睾吸虫 B.鸭对体吸虫 C.东方次睾吸虫

(1)鸭后睾吸虫:虫体较长,前端尖细,后端钝圆。体表平滑。大小为(7~23) mm×(1~1.5) mm。口吸盘位于体前端,腹吸盘位于体前1/5处。分叶的睾丸前后排列于虫体后部。卵巢分为很多小叶。子宫发达。卵黄腺位于虫体两侧的中部。虫卵大小为(28~29) μm×(16~18) μm。

(2)鸭对体吸虫：虫体窄长，后部尖细。大小为(14～24) mm×(0.88～1.12) mm。口吸盘位于体前端，腹吸盘位于体前1/5或1/7处。两个长圆形的睾丸前后排列于虫体后部。卵巢分叶，位于睾丸之前。子宫位于肠支间，从卵巢直达腹吸盘。卵黄腺位于肠支两侧的后方。虫卵呈卵圆形，一端有卵盖，另一端有个小突起，大小为(25～28) μm×(13～14) μm。

(3)东方次睾吸虫：虫体呈叶状，体表有小刺。大小为(2.4～4.7) mm×(0.5～1.2) mm。口吸盘位于体前端，腹吸盘位于体前1/4处。睾丸大而分叶，前后排列于虫体后部。卵巢呈卵圆形，位于睾丸之前。子宫自卵巢前向上盘曲达腹吸盘前方。卵黄腺位于虫体两侧，始于肠分叉处的后方，止于睾丸前。虫卵大小为(28～31) μm×(12～15) μm，淡黄色、椭圆形，有卵盖，内含毛蚴。

【生活发育史】后睾吸虫的发育需要两个中间宿主。第一中间宿主为螺类，其中主要是纹沼螺；第二中间宿主为淡水鱼类，如麦穗鱼、爬虎鱼等。

后睾吸虫成虫在终末宿主肝胆管内产卵，卵随胆汁进入肠腔随粪便排出，落入水中，孵出毛蚴；毛蚴钻入第一中间宿主螺体内，经胞蚴、雷蚴阶段，发育为尾蚴；成熟尾蚴离开螺体，进入第二中间宿主体内，形成囊蚴；鸭、鹅等由于吞食了含囊蚴的鱼而感染。其他食鱼水禽和鸟类也可感染。

【症状与病变】后睾吸虫寄生于禽的肝胆管内，从而引起肝脏功能下降。病鸭临床主要表现为：精神沉郁，食欲下降，缩颈闭眼，在水中游走无力。随着病情发展，病鸭食欲废绝，贫血，消瘦，眼结膜发绀，呼吸困难，下痢，粪便呈灰白色或草绿色，并引起死亡。

剖检可见肝脏肿大、脂肪变性或坏死，胆管扩张，管腔狭窄甚至堵塞。胆囊肿大，囊壁增厚，胆汁变质或停止分泌。胆管内可见虫体。

【诊断】根据流行病学特点、临床症状，结合粪便检查发现虫卵，或死后剖检在肝胆管内发现虫体即可确诊。

【治疗】

(1)硫双二氯酚：每千克体重150～200 mg，一次内服。

(2)吡喹酮：每千克体重15 mg，一次内服。

(3)丙硫咪唑：每千克体重75～100 mg，一次内服。

【预防】

(1)流行地区应对禽类定期驱虫。

(2)粪便进行堆积发酵，以杀灭虫卵。

(3)用化学药物或结合土壤改良消灭中间宿主螺类。

(4)流行季节应避免到池塘放牧，以免食入小鱼。

第四节 反刍兽吸虫病

寄生于牛、羊等反刍兽的多种吸虫所引起的吸虫病，在世界及我国各地普遍存在，而且感染率高，致病力强。因其病原种类较多，发生发展条件不一，所需中间宿主不同，故某一种吸虫病常呈地方性流行，给畜牧业造成巨大的经济损失。

一、片形吸虫病

片形吸虫病是由肝片形吸虫或大片形吸虫寄生于反刍动物(黄牛、水牛、绵羊、山羊、骆驼等)肝胆管中而引起的一种寄生虫病，患畜表现急性或慢性肝炎和胆管炎，并伴发全身性中毒现象和营养障碍，导致牛、羊等消瘦，发育障碍，生产性能下降，病畜的肝脏成为废弃物，往往给畜牧业带来巨大的经济损失。幼畜和绵羊感染后，常可引起大批死亡。除反刍动物外，猪、兔、马属动物及人也可感染。

【病原】病原主要是肝片形吸虫和大片形吸虫。

(1)肝片形吸虫：虫体呈扁平叶状，大小为(21～41) mm×(9～14) mm。自胆管内取出的新鲜活虫为棕红色。体表有许多小刺。虫体前端呈圆锥状突起，称头锥(图 6-17)。头锥基部变宽，形成肩部，肩部以后逐渐变窄。口吸盘位于头锥的

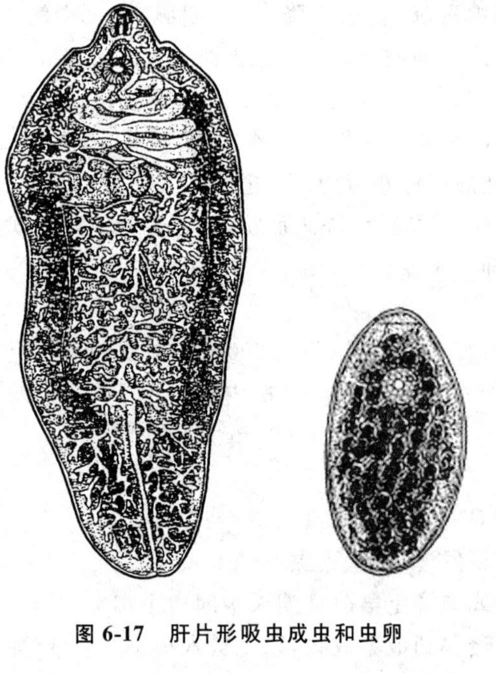

图 6-17 肝片形吸虫成虫和虫卵

前端，腹吸盘在肩部水平线中部。生殖孔位于腹吸盘前方。消化系统由口、咽、食道和左右两条肠管组成，肠管上有许多外侧枝。生殖系统为雌雄同体。两个分支状的睾丸前后排列于虫体的中后部。一个鹿角状分支的卵巢位于腹吸盘后方右侧。卵模位于紧靠睾丸前方的虫体中央。在卵模与腹吸盘之间为盘曲的子宫，其内充满黄褐色虫卵。卵黄腺由许多褐色颗粒组成，分布在虫体的两侧。

虫卵(图 6-17)呈椭圆形，黄褐色，大小为(133～157) μm×(74～91) μm。前端较窄，有一不明显的卵盖，后端较钝。卵壳较薄、半透明，卵内充满卵黄细胞和一个胚细胞。

(2)大片形吸虫：成虫呈长叶状，大小为(25～75) mm×(5～12) mm。大片形吸虫与肝片形吸虫的区别在于，虫体前端无显著的头锥突起，肩部不明显；虫体两侧缘几乎平行，前后宽度变化不大，虫体后端钝圆；腹吸盘较口吸盘大 1.5 倍；肠管、睾丸分支多而复杂。

虫卵呈深黄色，长 150～190 μm，宽 75～90 μm。

【生活发育史】片形吸虫的成虫在胆管内寄生产卵，虫卵随粪便排出体外，在温暖潮湿有适量水分的条件下，发育为毛蚴(图 6-18)。毛蚴在水中游动，遇到中间宿主——椎实螺即钻入其体内，经胞蚴、雷蚴阶段，发育成尾蚴。一个毛蚴最后可以发育成数百个甚至上千个尾蚴。尾蚴离开螺体很快变成囊蚴，囊蚴黏附于水生植物上或浮游于水中。牛、羊在吃草或饮水时因吞食囊蚴而被感染。囊蚴在动物十二指肠内脱囊，童虫穿过肠壁进入腹腔，经肝包膜进入肝脏，最终到达肝胆管发育为成虫。自动物食入囊蚴到在其体内发育为成虫需要 2～3 个月时间，成虫寿命 3～5 年，但一般 1 年左右即被牛、羊自然排除。

【流行病学】肝片形吸虫呈世界性分布，在我国分布也十分广泛，遍布全国 31 个省、市、自治区，多呈地方性流行。大片形吸虫主要分布于热带、亚热带地区，在我国主要见于南方地区。

片形吸虫的终末宿主主要是反刍动物；中间宿主为椎实螺科的淡水螺类，在我国已证实的有小土窝螺(图 6-19A)、耳萝卜螺及斯氏萝卜螺(图 6-19B)等。

片形吸虫病的流行，一般以多雨的年份特别严重，因为雨水多，水位高，螺体容易繁殖，虫卵也易于落入水中进行孵化。

牛、羊等往往因在低洼、潮湿的沼泽地带放牧或采食从低洼、潮湿地带割来的牧草而感染。因此，在气候条件适宜和中间宿主存在的情况下，牛、羊在夏秋季极易感染肝片形吸虫病。

片形吸虫病的流行与外界自然条件关系密切。虫卵对低温、高温与干燥很敏感，在结冰情况下虫卵可迅速死亡，40～50℃数分钟死亡，在干燥的环境中可迅速

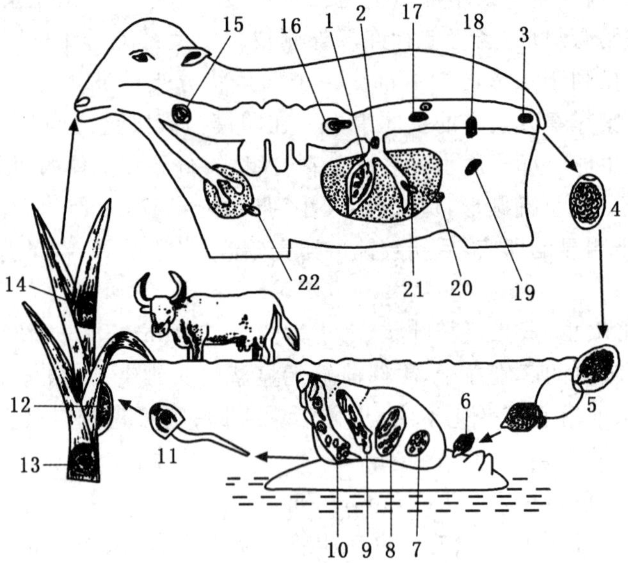

图 6-18 肝片形吸虫的生活发育史

1.成虫寄生在胆管内 2.从胆管排出的虫卵 3.随粪便排出的虫卵 4.虫卵随粪便落于水中 5.毛蚴孵化 6.毛蚴侵入螺体 7.胞蚴 8.母胞蚴内含母雷蚴 9.母雷蚴内含子雷蚴 10.子雷蚴内含尾蚴 11.尾蚴 12.附在水草上的囊蚴 13.囊蚴 14.在水面以上的囊蚴 15.囊蚴被终末宿主吞食 16.在终末宿主消化道内,童虫破囊而出 17.移行在肠道中的童虫 18.童虫穿过肠壁 19.童虫向肝脏移行 20.童虫入肝实质 21.童虫从肝实质移行到胆管 22.移行到肺的童虫

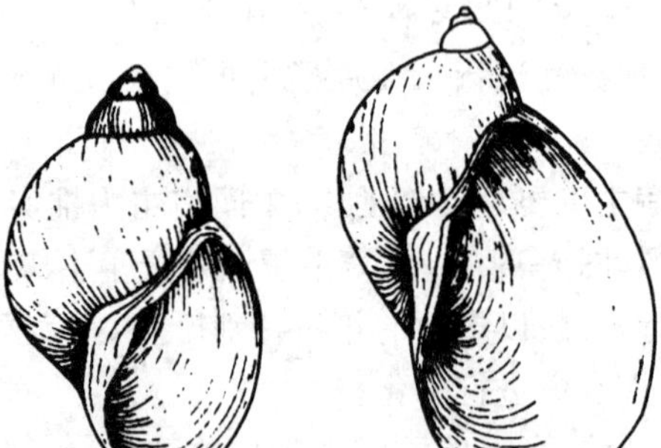

图 6-19 肝片形吸虫的中间宿主

A.小土窝螺 B.斯氏萝卜螺

死亡，在12℃以下可停止发育。1%石炭酸液3 min能杀死虫卵，2%氢氧化钾2 min即能杀死虫卵。

毛蚴的孵出与温度、光照以及水的新鲜度等因素有关。新鲜水有刺激孵出的作用。在16～30℃间均能孵出，而4～14℃时则停止孵化。春夏季的晴天上午8～10时是毛蚴孵出的高峰。此时是螺类大量繁殖的季节，成螺、幼螺感染毛蚴的机会很多。

在气温只有8～9℃的冬季，尾蚴不能逸出螺体。27～29℃时尾蚴大量逸出，33℃时又停止逸出。尾蚴喜欢浮游于水面，在自然情况下，尾蚴多于夜间脱离螺体。新鲜雨水能刺激大量成熟的尾蚴逸出，特别是久旱逢雨的温暖季节与多雨之年，常促使本病的暴发与流行。

囊蚴常附着于各种水生植物茎叶上，尤以水面附近植物茎叶附着的最多，中层次之，底部最少。在潮湿的干草和水内能存活3～5个月以上，但对干燥及直射阳光敏感。

【症状与病变】动物轻度感染时往往不表现出明显的临床症状，严重感染时表现出明显的临床症状。片形吸虫病临床症状的表现取决于动物体内寄生虫体的数量、毒素作用的强弱以及动物机体的状况。一般来说，牛体内寄生有250条成虫，羊体内有50条成虫时，即可表现出明显的临床症状，但幼畜即使轻度感染，也可能表现症状。家畜中以绵羊对片形吸虫最敏感，山羊、牛和骆驼次之，对幼畜危害特别严重，可以引起大批死亡。

绵羊和山羊感染后症状有急性型和慢性型之分。

急性型(童虫移行期)：多见于夏末至冬初。表现为体温升高，精神沉郁，食欲废绝，偶有腹泻；肝脏叩诊时，半浊音区扩大，敏感性增高；病羊迅速贫血。有些病例表现症状后3～5 d发生死亡。

慢性型(成虫胆管寄生期)：最为常见，可发生在任何季节，但多见于冬末至初春。病程发展缓慢，一般在感染囊蚴后4～5个月发病。病畜食欲不振，逐渐消瘦；贫血，黏膜苍白；被毛粗乱，无光泽，脆而易断，有局部脱毛现象；眼睑、下颌、胸下及腹下部出现水肿。3～4个月后水肿更为剧烈，病羊更加消瘦。孕羊可能生产弱羔，甚至生产死胎。如不采取治疗措施，最后常发生死亡。

牛的症状常呈慢性经过。虫体达到肝脏时往往无明显症状，但随着虫体的长大，症状日渐显著。急性症状多发生于犊牛，表现为精神沉郁、食欲减退或消失、体温升高、贫血、黄疸等，严重者可引起死亡。慢性症状常发生在成年牛，主要表现为食欲减退或消失，消瘦，贫血、黏膜苍白，眼睑及体躯下垂部位发生水肿，被毛粗乱无光泽，反刍异常、下痢等，母牛不孕、流产或产奶量下降。如不及时治疗，往往可死于恶病质。

急性病例病理变化主要表现为肠壁和肝组织的严重损伤、出血及肝脏肿大。其他器官也可因幼虫移行而出现浆膜和组织损伤、出血,“虫道”内有童虫。黏膜苍白,血液稀薄,血中嗜酸性细胞大增。

慢性感染时,由于虫体的刺激和代谢物的毒素作用,常引起慢性胆管炎、慢性肝炎和贫血现象。肝脏肿大,胆管壁增厚,胆管扩张呈绳索状突出于肝表面。胆管内壁粗糙,内含大量血性黏液和虫体及黑褐色或黄褐色的块状、粒状的磷酸盐沉积。

【诊断】根据临床症状、流行病学资料、粪便检查及死后剖检等进行综合判定。粪便检查多采用反复水洗沉淀法和尼龙绢袋集卵法来检查虫卵。片形吸虫卵较大,易于识别,但要注意与前后盘吸虫卵相区别。前后盘吸虫卵呈灰白色,卵黄细胞不饱满是其特征。急性病例死后剖检可在腹腔和肝实质中发现幼虫,慢性病例可在肝胆管内检获成虫。此外,免疫诊断法,如 ELISA、IHA 等近年来均有使用,不仅能诊断急性、慢性片形吸虫病,而且可以诊断轻度感染的患畜,可以用于成群家畜片形吸虫病的普查。

【治疗】在早期诊断的基础上及时对患病家畜进行治疗,方能取得良好的效果。用于治疗片形吸虫病的药物种类较多,可根据当地情况进行选用。

(1)丙硫苯唑(抗蠕敏):对成虫有特效,但对童虫效果稍差。牛按每千克体重 20～30 mg,羊按每千克体重 15 mg,一次口服。

(2)硝氯酚:只对成虫有效。粉剂,牛按每千克体重 3～4 mg,羊按每千克体重 4～5 mg,一次口服;针剂,牛按每千克体重 0.5～1.0 mg,羊按每千克体重 0.75～1.0 mg,深部肌肉注射。

(3)溴酚磷(蛭得净):对成虫和童虫均具有较好的杀灭效果,可用于急性病例的治疗。牛按每千克体重 12 mg,羊按每千克体重 16 mg,一次口服。

(4)三氯苯唑(肝蛭净):对成虫、童虫均有高效的驱杀作用。牛按每千克体重 10～12 mg,羊按每千克体重 8～12 mg,一次口服。患畜治疗后 14 d 肉方能食用,乳 10 d 后方能食用。

(5)碘硝酚腈:对成虫和童虫均有较好的驱杀作用,但药物在动物体内的残留时间较长,用药 1 个月后肉、乳方能食用。牛按每千克体重 10 mg,羊按每千克体重 15 mg,皮下注射;或牛按每千克体重 20 mg,羊按每千克体重 30 mg,一次口服。

【预防】

(1)及时驱虫。本病的传播主要源于病畜和带虫者,因此,驱虫不仅是治疗措施,也是积极的预防措施。驱虫的时间与次数可视流行地区的具体条件而定。在我国北部地区，每年有舍饲和放牧两种形式的轮换，因此每年应驱虫两次。一次在秋末冬初，或由放牧转为舍饲之后，这次驱虫是为了保护动物安全过冬，预防动物冬季发病；另一次在冬末春初，动物由舍饲改为放牧之前，这次驱虫可以避免动物在放牧时散播病原。南方地区终年放牧，可进行三次预防性驱虫。

(2)粪便处理。每天清除圈舍后，将粪便堆积发酵，利用生物热杀死其中的虫卵。此外，驱虫后的粪便也应堆积发酵。

(3)消灭中间宿主椎实螺。灭螺是控制片形吸虫病的重要措施。可在每年气候转暖时，采用在低洼地带、沼泽地撒生石灰灭螺，或采用化学药物灭螺，如利用1∶50 000 的硫酸铜或 20%的氨水灭螺。

(4)采取有效措施防止牛、羊、骆驼等感染囊蚴。如不在低洼、潮湿、多囊蚴的地方放牧；在牧区实行划地轮牧，降低牛、羊感染的机会；饮用井水和质量好的流水；从低洼潮湿地割来的牧草晒干后再喂牛、羊等。

二、歧腔吸虫病

歧腔吸虫病是由歧腔科歧腔属的矛形歧腔吸虫、东方歧腔吸虫或中华歧腔吸虫寄生于牛、羊、骆驼、鹿等反刍动物的胆管和胆囊内引起的一种寄生虫病。本病分布广泛，在我国西北、东北、华北及西南地区最为常见。除反刍动物外，歧腔吸虫还可感染猪、兔、犬、马属动物、人及其他动物。此外，歧腔吸虫病常和肝片吸虫病混合感染。

【病原】病原主要是矛形歧腔吸虫和中华歧腔吸虫(图 6-20)。

(1)矛形歧腔吸虫：虫体窄长，呈矛状，前端尖细，后端较钝。棕红色，扁平、透明，体表光滑，虫体长 6.67～8.34 mm，宽 1.61～2.14 mm。腹吸盘大于口吸盘。睾丸两个，近圆形或边缘具缺刻，前后排列或斜列于腹吸盘之后。卵巢呈圆形，位于后睾丸之后。卵黄腺呈小颗粒状，分布于虫体中部两侧。虫体后部为盘曲的子宫，其内充满虫卵。

虫卵呈卵圆形或椭圆形，暗褐色，一端有明显的卵盖，卵壳厚，两侧稍不对称，大小为(34～44) μm×(29～33) μm。虫卵内含毛蚴。

(2)中华歧腔吸虫：虫体扁平、透明，腹吸盘前方体部呈头锥样，其后两侧较宽似肩样突起；虫体大小为(3.54～8.96) mm×(2.03～ 3.09) mm。两个睾丸呈圆形，边缘不整齐或稍分叶，左右并列于腹吸盘之后。卵巢位于睾丸之后。虫体后部充满子宫。卵黄腺分列于虫体中部两侧。虫卵大小为(45～51) μm×(30～33) μm。

【生活发育史】歧腔吸虫的发育需要两个中间宿主，第一中间宿主是陆地螺，

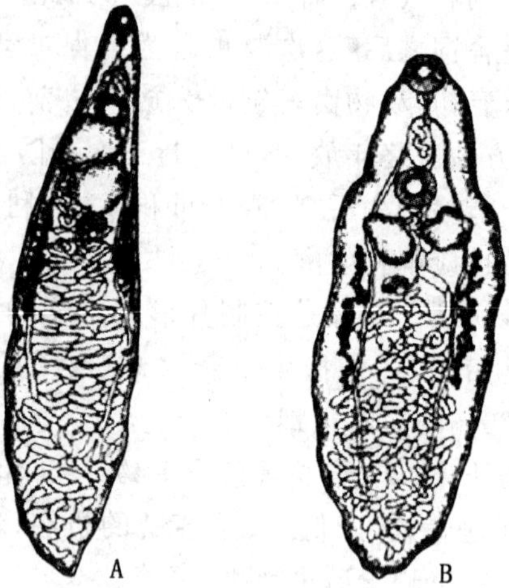

图 6-20 歧腔吸虫成虫

A. 矛形歧腔吸虫 B. 中华歧腔吸虫

第二中间宿主是蚂蚁。成虫在终末宿主的肝胆管或胆囊内寄生，虫卵随粪便排出体外之后，毛蚴并不逸出，而是被陆地螺吞食后在其肠道内孵出毛蚴，然后经母胞蚴、子胞蚴阶段，发育为尾蚴。成熟的尾蚴移行到螺的呼吸腔，在此处每几十个或几百个尾蚴集中在一起形成尾蚴囊群，外被黏性物质成为黏球，从螺的呼吸腔排出，粘在植物或其他物体上。在螺体内的发育过程需 82～150 d。黏球被第二中间宿主蚂蚁吞食后，尾蚴在其体内形成囊蚴。牛、羊吃草时，由于食入含有囊蚴的蚂蚁而被感染。幼虫在肠道脱囊，由十二指肠经总胆管到达胆管或胆囊内寄生。整个发育过程为 160～240 d。

【流行病学】本病几乎遍及世界各地，在我国的分布也极其广泛，尤以西北、内蒙古等地最为严重，多呈地方性流行。本病的流行与陆地螺和蚂蚁的广泛存在有关。在歧腔吸虫的终末宿主中，有记载的哺乳动物达 70 多种。除牛、羊、鹿、骆驼、马、猪、兔等动物外，许多野生的偶蹄类动物也可感染。在温暖潮湿的南方地区，由于陆地螺和蚂蚁可全年活动，因此动物几乎全年可以感染；而在寒冷的北方地区，中间宿主要冬眠，动物的感染明显有春、秋两季的特点，但动物发病多在冬春季节。

歧腔吸虫卵对外界环境的抵抗力很强。在土壤和粪便中可存活数月，仍具感染性；在 18～20℃时，干燥 1 周仍能存活。虫卵和在第一、第二中间宿主体内的各期幼虫均可越冬，且不丧失感染性。对低温的抵抗力很强，能耐受－50℃的低温；对高温也有较强的耐受力，50℃ 24 h 仍有活力。

【症状与病变】歧腔吸虫在胆管内寄生，由于虫体的机械性刺激和毒素作用，可引起胆管炎症、胆管壁增厚、肝肿大。轻度感染时，常无明显的临床症状。严重感染时，可表现出严重的症状。一般情况下，常表现为慢性消耗性疾病的临床症状，如精神沉郁、食欲不振、渐进性消瘦、可视黏膜黄染、贫血、颌下水肿、下痢、行动迟缓、喜卧等。最后可因恶病质而死亡。

【诊断】根据流行病学特点，结合粪便检查发现虫卵，或死后尸体剖检在胆管内发现虫体，可作出确诊。

【治疗】

(1)海涛林：牛按每千克体重 30～40 mg，羊按每千克体重 40～50 mg，配成 2%的混悬液，经口灌服有特效。

(2)丙硫咪唑：牛按每千克体重 10～15 mg，羊按每千克体重 30～40 mg，一次口服或用其油剂腹腔注射，具有很好的疗效。

(3)六氯对二甲苯(血防 846)：牛、羊按每千克体重 200～300 mg，一次口服，驱虫率可达到 90%，连用 2 次，可达到完全驱虫。

(4)吡喹酮：牛按每千克体重 35～45 mg，羊按每千克体重 60～70 mg，一次口服。

【预防】

(1)定期驱虫。对同一牧地的所有家畜，每年的秋后和冬季进行定期驱虫，驱虫后将粪便集中进行堆积发酵，利用生物热杀死虫卵。

(2)灭螺、灭蚂蚁。因地制宜，结合改良牧地，开荒种草，除去杂草、灌木丛，或采取烧荒等措施杀灭中间宿主。此外，牧场还可采取养鸡灭螺、人工捕捉蜗牛等措施。对于该病严重流行的牧场，可采用化学药物灭螺。

(3)合理放牧。在本病的流行季节，应选择开阔干燥的牧场放牧，尽量避免在中间宿主多的潮湿低洼的草地上放牧。

三、日本分体吸虫病(日本血吸虫病)

日本分体吸虫病又称日本血吸虫病，是由分体科分体属的日本分体吸虫寄生于哺乳动物(牛、羊、猪、马、犬、猫、兔、啮齿类、野生哺乳动物和人等)的门静脉-肠系膜静脉系血管内而引起的一种人畜共患寄生虫病。本病广泛分布于我国长江流域及其以南地区。

湖南长沙马王堆出土的西汉女尸和湖北江陵出土的西汉男尸(公元前 163 年)体内均发现了典型的日本血吸虫卵，由此证实，在 2 170 多年前我国已有血吸虫病流行。

【病原】

(1)成虫：日本血吸虫为雌雄异体，成虫在宿主体内呈雌雄合抱状态。虫体呈长圆柱形，似线虫(图 6-21)。雄虫乳白色，粗短，大小为(10～20) mm×(0.50～0.55) mm；口吸盘位于虫体前部，杯状的腹吸盘在其后方不远处；自腹吸盘以后，虫体两侧向腹侧卷曲，形成抱雌沟，外观呈圆筒状，雌虫居留其中；生殖系统由睾丸、贮精囊、生殖孔组成，7 个椭圆形的睾丸呈单行排列，位于腹吸盘背侧；生殖孔开口于腹吸盘下方。雌虫较雄虫细长，大小为(15～26) mm×0.3 mm，暗黑色，前端细小，后端粗圆；常居留于抱雌沟内，与雄虫合抱，交配产卵；口吸盘和腹吸盘较雄虫为小；生殖系统由卵巢、卵模、梅氏腺、子宫等组成。

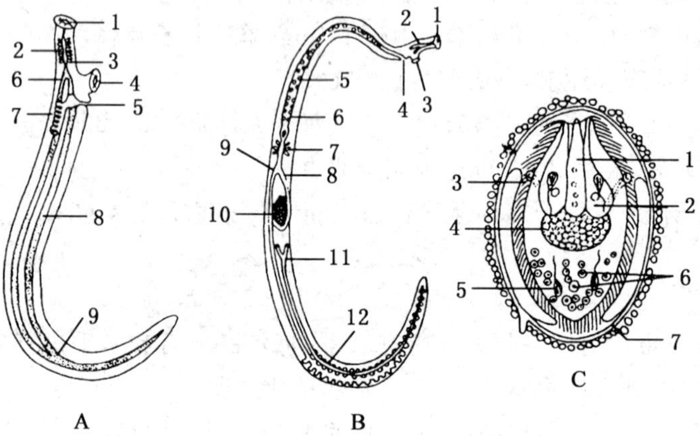

图 6-21　日本分体吸虫的雄虫、雌虫和虫卵

A. 雄虫：1. 口吸盘　2. 食道　3. 腺群　4. 腹吸盘　5. 生殖孔　6. 肠管　7. 睾丸　8. 肠管　9. 合一的肠管

B. 雌虫：1. 口吸盘　2. 肠管　3. 腹吸盘　4. 生殖孔　5,6. 虫卵与子宫　7. 梅氏腺　8. 输卵管　9. 卵黄管　10. 卵巢　11. 肠管合并处　12. 卵黄腺

C. 虫卵：1. 头腺　2. 穿刺腺　3. 神经突　4. 神经元　5. 焰细胞　6. 胚细胞　7. 卵模

(2)虫卵：成熟虫卵大小为(70～100) μm×(50～65) μm，淡黄色，椭圆形。卵壳较薄、均匀，无卵盖，卵壳一侧有一小棘，表面常附有许多宿主组织残留物(图 6-21)。卵壳内含一成熟的毛蚴。毛蚴和卵壳间常可见到大小不等的圆形或椭圆形的油滴状毛蚴分泌物。超微电镜下可见卵壳有微孔与外界相通，毛蚴分泌物可由微孔渗出。

(3)毛蚴:毛蚴(图 6-22)游动时呈长椭圆形,静止或固定后呈梨形,平均大小为 99 μm× 35 μm。周身被有纤毛。毛蚴分泌的可溶性虫卵抗原(为中性黏多糖、蛋白质和酶等物质)可经卵壳的微孔释出。

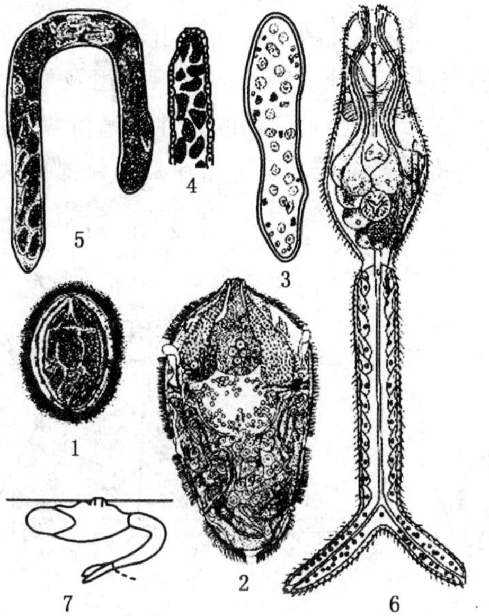

图 6-22 日本分体吸虫的虫卵及各期幼虫

1.虫卵 2.毛蚴 3.母胞蚴 4.母胞蚴的前端
5.子胞蚴 6.尾蚴 7.静止在水面上的尾蚴

(4)尾蚴:血吸虫的尾蚴属叉尾型,长 280～360 μm,分体部和尾部,尾部又分尾干和尾叉。

(5)童虫:尾蚴钻入宿主皮肤时脱去尾部,进入血流,在体内移行至寄生部位,在发育为成虫之前均被称为童虫。

【生活发育史】日本分体吸虫的生活发育史包括卵、毛蚴、母胞蚴、子胞蚴、尾蚴、童虫和成虫等阶段。

成虫寄生于人和多种哺乳动物的门静脉-肠系膜静脉系统,雌虫交配受精后产卵。产出的虫卵一部分顺血流到达肝脏,并沉积在肝组织内,另一部分逆血流到达肠壁,沉积在肠壁上。沉积的虫卵约经 11 d 发育成熟,即由卵细胞变为毛蚴。卵内毛蚴的分泌物可经卵壳渗出,引起虫卵周围组织和血管壁炎症、坏死。沉积于肠壁的虫卵,在血流的压力、肠蠕动和腹内压增加的情况下,可随破溃的肠组织落入肠腔,并随宿主粪便排出体外。不能排出的卵,沉积在肝、肠等局部组织中逐渐死亡、钙化。雌虫产出的卵大部分沉积于肠壁、肝脏等组织。据报道,感染日本血吸虫大陆株的小鼠,69.1% 的虫卵沉积在肠壁,22.5% 的虫卵沉积在肝脏,0.7%的虫卵在其他组织,仅 7.7%的虫卵自粪便排出。

成熟的虫卵必须入水,在适宜的条件下孵出毛蚴(图 6-23)。毛蚴遇到中间宿主钉螺(图 6-24),即利用其头腺分泌物的溶组织作用及纤毛的摆动和虫体的伸缩而钻入钉螺体内。再经过母胞蚴、子胞蚴的无性繁殖阶段,发育成尾蚴。一个毛蚴钻入螺体后通过无性繁殖可产生成千上万条尾蚴。尾蚴阶段对人或动物具有感染

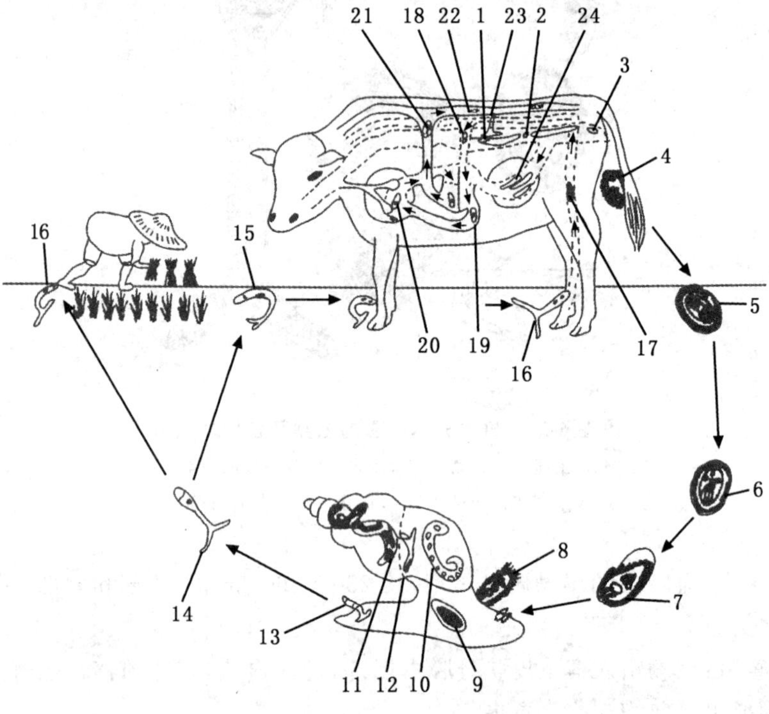

图 6-23 日本分体吸虫的生活发育史

1.寄生在肠系膜静脉的成虫 2.血管内的虫卵 3.从血管到肠壁的虫卵 4.随粪便排出的虫卵 5,6.落于水中的虫卵 7.在水中孵化的毛蚴 8.毛蚴侵入螺体 9.胞蚴 10.成熟母胞蚴 11.含尾蚴的子胞蚴 12.尾蚴 13.尾蚴离开螺体 14.在水中的尾蚴 15.静栖于水表面的尾蚴 16.尾蚴从牛或人的皮肤侵入体内 17.尾蚴脱尾 18.尾蚴随血液到心脏 19.尾蚴从右心到肺 20.尾蚴经肺到左心 21.尾蚴进入循环 22.在主动脉内的尾蚴 23.尾蚴经肠系膜动脉,再通过毛细血管到达肠系膜静脉 24.部分寄生在肝脏的成虫

性。尾蚴在水中游动，遇到终末宿主，即利用其吸盘黏附于终末宿主的皮肤表面，然后借助腺体分泌物的酶促作用、体部的强烈伸缩活动和尾部的摆动而钻穿宿主皮肤。此外，动物也可因食入含尾蚴的草或水而经口感染，或经胎盘感染。进入终末宿主体内的尾蚴脱去尾部，变为童虫。童虫经血液或淋巴循环到达门静脉和肠系膜静脉内寄生。自尾蚴侵入终末宿主体内至发育为成虫需 36～50 d 时间。成虫在动物体内的寿命一般为 3～4 年，有些可达 20～30 年，甚至更长时间。

【流行病学】日本分体吸虫分布于日本、菲律宾、印度尼西亚、马来西亚和我国，在我国分布很广泛，主要是长江流域及其以南的 13 个省、市、自治区（贵州省除外），共计 372 个县、市。

本病主要危害牛、羊等家畜和人。我国已查明，除人体外，有 40 多种哺乳动物可自然感染日本分体吸虫病。家畜中以耕牛的感染率最高；黄牛的感染率和感染强度一般均比水牛高，黄牛随年龄增大，感染率增高；水牛的感染率则有随年龄的增大而降低的趋势，而且水牛还可发生自愈现象。在长江流域及以南地区，水牛不仅数量多，而且接触尾蚴的机会频繁，故在本病的传播上可能起主导作用。

日本分体吸虫的发育必须有钉螺作为中间宿主，没有钉螺的地区，则不会发生日本分体吸虫病。在我国，日本分体吸虫的中间宿主为湖北钉螺，螺壳上有 6～8 个螺旋，螺旋上有直纹的为肋壳钉螺，无直纹的为光壳钉螺（图 6-24）。钉螺可在水、陆两种环境下生活。

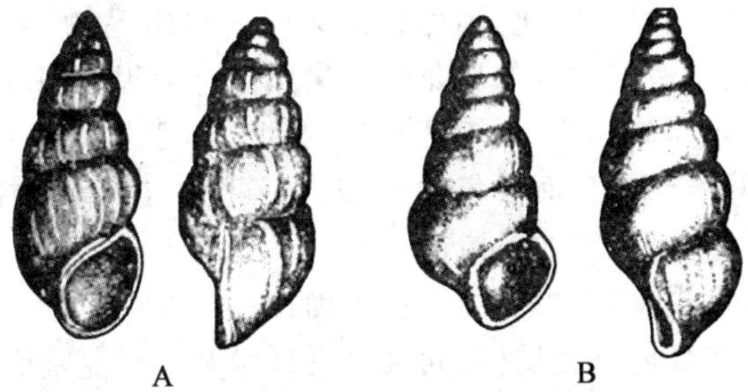

图 6-24　日本分体吸虫的中间宿主——湖北钉螺

A. 肋壳钉螺　B. 光壳钉螺

流行地区的人和动物的感染与生活生产中接触含尾蚴的疫水有关。感染途径主要是经皮肤感染，此外也可经口感染或经胎盘感染。

【症状与病变】日本分体吸虫病是一种变态反应性疾病。虫卵沉积在终末宿主的肝脏和肠壁等组织，在其周围出现细胞浸润，形成肉芽肿，破坏了正常组织。

肉芽肿破溃后，溃烂部彼此相连成为瘢痕，导致肝硬化，肠壁纤维化、增厚、硬变，消化吸收机能降低等。此外，尾蚴侵入皮肤时，还可引起变态反应性皮炎。

一般黄牛症状比水牛明显，犊牛症状比成年牛明显。严重感染的黄牛或犊牛，常呈急性经过。病牛表现为精神不振，食欲下降，体温升高达40～41℃以上，行动迟缓或呆立不动，继而严重贫血，黏膜苍白，衰竭而死。慢性病例，病畜表现食欲不振，消化不良，下痢，稀粪中含有黏液、血液或黏膜块，腥臭，甚至发生肝硬化、腹水。病牛生长发育受阻，甚至成为侏儒牛。母牛有不孕或流产现象。

轻度感染时，常无明显的临床症状，特别是成年水牛，虽诊断为阳性病牛，但常呈隐性感染，成为带虫牛。

尸体明显消瘦、贫血，腹腔内有大量腹水。本病主要的病理变化是虫卵在组织中沉积而产生的虫卵结节。肝脏和肠壁上常有数量不等的灰白色虫卵结节，心、肾、胰、脾、胃等器官有时也可发现虫卵结节的存在。

肝脏病变明显，表面或切面上有粟粒大到高粱米大的灰白色或灰黄色虫卵结节。感染初期肝脏肿大，后期萎缩、硬化。严重感染的病例，肠道各段均可找到虫卵结节，尤以直肠部分的病变最为严重，常见有出血、坏死、溃疡、瘢痕和肠黏膜肥厚。门静脉血管肥厚，门静脉和肠系膜静脉内可找到虫体。

【诊断】在流行地区，根据症状和流行病学特点综合分析，可作出初步诊断，确诊和查出隐性感染的动物，则需作病原检查或免疫学诊断。

常用的病原检查方法是虫卵毛蚴孵化法和沉淀法。虫卵毛蚴孵化法是指将含毛蚴的虫卵，在适宜的条件下孵化，则可在短时间内孵出毛蚴，毛蚴在水中呈现特殊的游泳姿态。沉淀法有经改进的尼龙绢袋集卵法。为提高现场大规模粪便检查的功效，常采用尼龙绢袋集卵法，可缩短集卵时间。由于尼龙绢袋孔径小于虫卵，在水洗过程中，虫卵不会漏出，而全集中于袋中。此法与虫卵毛蚴孵化法相结合，可提高检出率，实践中宜两者结合进行。

动物死后剖检，发现虫体、虫卵结节也可确诊。

免疫学诊断法，如环卵沉淀试验、间接血凝试验和酶联免疫吸附试验等已应用于生产实践，具有一定的诊断意义。

【治疗】

(1)吡喹酮：为治疗牛、羊血吸虫病的首选药物。黄牛、水牛按每千克体重30 mg，山羊按每千克体重20 mg，一次口服。黄牛体重以300 kg为限，水牛体重以350 kg为限。

(2)敌百虫：仅用于水牛。按每千克体重75 mg的总量，5 d分服，每日一次。片剂可直接投服，粉剂以冷水配成1%～2%溶液灌服。水牛体重以300 kg为限。

(3)硝硫氰胺(7505)：黄牛、水牛按每千克体重60 mg，一次口服。黄牛体重以

300 kg 为限，水牛体重以 400 kg 为限。亦可配成 1.5%～2.0%混悬液，黄牛按每千克体重 2 mg，水牛按每千克体重 1.5 mg，一次颈静脉注射。

(4)六氯对二甲苯（血防 846）：新血防 846 片，口服，黄牛按每千克体重 120 mg，水牛按每千克体重 90 mg，每日一次，连用 10 d。20%血防 846 油溶液，牛按每千克体重 40 mg，每日注射一次，5 d 为一个疗程，15 d 后可重复治疗。

【预防】应采取综合措施，做到人、畜同步进行防治。除积极检查和治疗病畜与病人控制感染源外，还要加强粪便和用水的管理，安全放牧和消灭钉螺。由于该病危害严重，宿主范围广泛且生活发育史复杂，因此综合防治已成为一项十分浩大的系统工程。

(1)定期驱虫。定期对人、畜进行驱虫和治疗，并做好病畜的淘汰工作。

(2)灭螺。结合水土改造工程或用灭螺药物杀灭中间宿主钉螺，阻断血吸虫的发育。

(3)粪便管理。在疫区，可将人、畜粪便进行堆肥发酵或制造沼气，既可增加肥效，又可杀灭虫卵。

(4)用水管理。选择无螺水源，实行专塘用水或用井水，以防感染尾蚴。

(5)安全放牧。全面合理规划草场建设，逐步实现划区轮牧。

四、阔盘吸虫病

阔盘吸虫病是由歧腔科阔盘属的数种吸虫寄生于牛、羊等反刍兽的胰管中所引起的一种寄生虫病，亦称胰吸虫病。此外，病原偶可寄生于胆管和十二指肠内。除牛、羊等反刍动物外，还可感染猪、兔、猴和人等。我国东北、西北及南方各省均有本病流行。患病动物表现下痢、贫血、消瘦和水肿等症状，严重时可引起死亡。

【病原】寄生于牛、羊等反刍动物的阔盘吸虫主要有胰阔盘吸虫、腔阔盘吸虫和支睾阔盘吸虫（图 6-25），其中以胰阔盘吸虫最为常见。

(1)胰阔盘吸虫：虫体扁平、较厚，呈长卵圆形，棕红色，大小为(8～16) mm×(5.0～5.8) mm。口吸盘大于腹吸盘。咽小，食道短，肠支简单。两个睾丸呈圆形或稍分叶，左右排列于腹吸盘水平线的稍后方。卵巢分 3～6 瓣，位于睾丸之后，体中线附近。卵黄腺呈颗粒状，成簇排列，分布于虫体中部两侧。子宫弯曲，位于虫体后部。生殖孔位于肠管分支处稍后方。

虫卵呈棕黄色或深褐色，椭圆形，两侧稍不对称，一端有卵盖，大小为(42～50) μm×(26～33) μm。卵壳厚，内含一个椭圆形的毛蚴。

(2)腔阔盘吸虫：虫体较为短小，呈短椭圆形，体后端有一明显的尾突，虫体大小为(7.48～8.05) mm ×(2.73～4.76) mm。卵巢多呈圆形，少数有缺刻或分叶。睾丸多为圆形或有缺刻。虫卵大小为(34～47) μm×(26～36) μm。

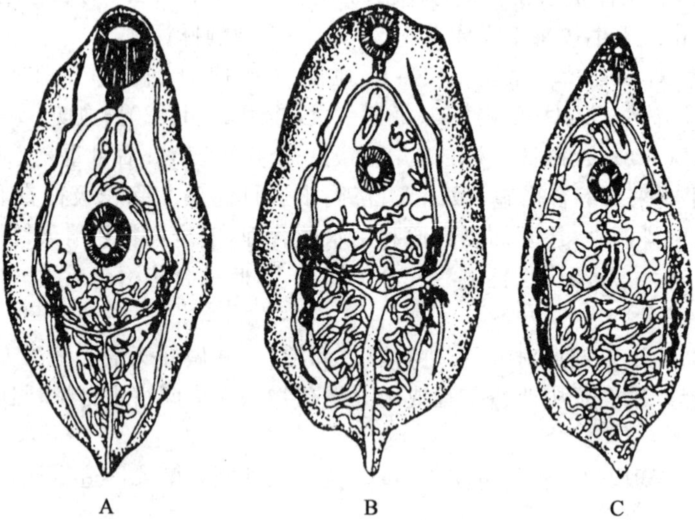

图 6-25　阔盘吸虫

A. 胰阔盘吸虫　B. 腔阔盘吸虫　C. 支睾阔盘吸虫

【生活发育史】阔盘吸虫的发育需要两个中间宿主，第一中间宿主为陆地蜗牛，第二中间宿主为草螽。寄生在胰管中的成虫产出的虫卵随胰液进入消化道，再随粪排到体外。虫卵在外界被第一中间宿主陆地蜗牛吞食后，在其体内孵出毛蚴，并依序发育为母胞蚴、子胞蚴和尾蚴(图 6-26)。含有尾蚴的成熟子胞蚴经呼吸孔排到外界，附着在草上，形成内含尾蚴的子胞蚴黏团。从蜗牛吞食虫卵至排出成熟的子胞蚴黏团，在温暖季节需 5～6 个月，夏季以后感染的蜗牛则大约经过 1 年才能发育成熟。成熟的子胞蚴被第二中间宿主草螽或针蟀吞食后，经 23～30 d 尾蚴发育为囊蚴。牛、羊等终末宿主因吃草时吞食了含有囊蚴的草螽或针蟀而感染。囊蚴在十二指肠脱囊，经胰管口进入胰脏，经 80～100 d 发育为成虫。从虫卵到成虫，全部发育过程需要 9～16 个月才能完成。

【流行病学】阔盘吸虫在我国分布很广，其中主要是胰阔盘吸虫和腔阔盘吸虫。本病的流行与其中间宿主陆地螺、草螽等的分布密切相关。牛、羊等家畜感染囊蚴多在 7～10 月份，此时，被感染的草螽易被终末宿主随草吞食。牛、羊发病多在冬春季。

【症状与病变】阔盘吸虫大量寄生时，由于虫体刺激和毒素作用，胰管发生慢性增生性炎症，胰管管腔窄小，甚至闭塞，胰消化酶的产生和分泌及糖代谢机能失

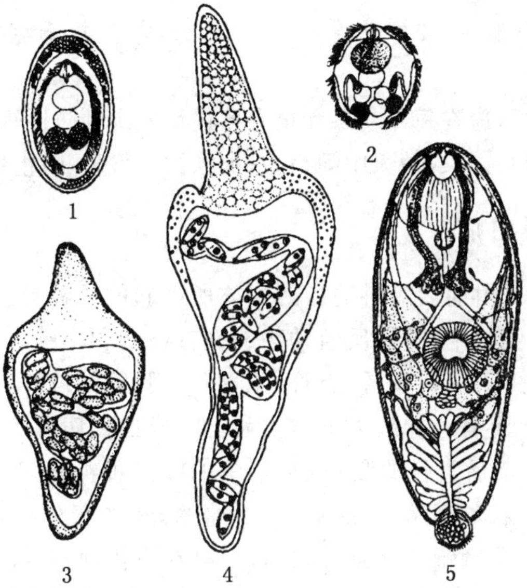

图 6-26 胰阔盘吸虫的虫卵及各期幼虫

1. 虫卵 2. 毛蚴 3. 母胞蚴 4. 子胞蚴 5. 尾蚴

调，引起动物消化机能障碍。动物表现为消化不良，消瘦，贫血，颌下及胸前水肿，衰弱，下痢，粪中常有黏液，严重时可引起死亡。

剖检尸体消瘦，胰脏肿大，胰管因高度扩张呈黑色蚯蚓状突出于胰脏表面。胰管增厚，管腔狭小，管腔黏膜不平，呈乳头状小结节突起，并有点状出血，严重时，管腔完全闭塞。胰管内含有大量虫体。慢性感染时，则因结缔组织增生而导致整个胰脏硬化、萎缩，胰管内仍有数量不等的虫体寄生。

【诊断】应用水洗沉淀法检查粪便中的虫卵，或剖检发现大量的虫体可以确诊。实验室检查粪便中的虫卵时，通常以改进的水洗沉淀法效果较好。方法是直肠取粪 3～5 g，置于 300 mL 烧杯内，加少量水捣碎搅拌混合，依次用 100 目、200 目和 250 目 3 种纱网过滤，每次滤完都要以少量净水冲洗纱网。3 次滤完后的粪液再反复水洗沉淀 4～5 次，每次 10～15 min，直到上清液清亮为止，最后吸取沉渣，镜检虫卵。

【治疗】

(1)吡喹酮：口服时，牛按每千克体重 35～45 mg，羊按每千克体重 60～70 mg，一次口服，或按每千克体重 30～50 mg，用液体石蜡或植物油配成灭菌油剂，腹腔注射，有较好疗效。

(2)六氯对二甲苯：牛按每千克体重 300 mg，羊按每千克体重 400 mg，口服，隔日一次，连用 3 次。

【预防】流行地区应在每年初冬和早春各进行一次预防性驱虫；有条件的地区可实行划区放牧，以避免感染；消灭中间宿主；加强饲养管理，防止牛、羊等家畜感染。

五、前后盘吸虫病

前后盘吸虫病是由前后盘科的各属虫体所引起的一种吸虫病的总称。前后盘吸虫的成虫主要寄生于牛、羊等反刍动物的瘤胃壁上和小肠里，有时在网胃和瓣胃也可发现。大量童虫寄生在真胃、胆管、胆囊和小肠等部位时，致病性强，可以引起严重的寄生虫病，严重者会导致大批宿主死亡。成虫致病力不强。

【病原】病原为前后盘科的吸虫，本科中的吸虫种类很多，虫体形态因种类不同而差别很大，有的长数毫米，有的达 20 余毫米；有的灰白色，有的深红色。其共同特征是虫体肥厚，呈圆锥状或圆柱状；口吸盘在虫体前端，腹吸盘较大，位于虫体后端，故称前后盘吸虫。其代表种是鹿前后盘吸虫和在我国最常见的长菲策吸虫。

(1)鹿前后盘吸虫：为乳白色，圆锥形，大小为(8.8～9.6) mm×(4.0～4.4) mm。背面稍拱起，腹面略凹陷。口吸盘位于虫体前端，腹吸盘位于虫体后端，口吸盘和腹吸盘大小比例为 1∶2(图 6-27)。无咽，两条盲肠弯曲，伸达虫体后部。有两个椭圆形的睾丸，前后排列于虫体的中部。睾丸后部有圆形的卵巢。子宫弯曲，其内充满虫卵。卵黄腺呈颗粒状，散布于虫体两侧，从口吸盘延伸到腹吸盘。

图 6-27 鹿前后盘吸虫

虫卵灰白色，椭圆形，大小为(125～132) μm×(70～80) μm，内含一个胚细胞和多个卵黄细胞，卵黄细胞不充满整个虫卵。

(2)长菲策吸虫：为深红色，长圆筒形，前端稍尖，大小为(10～23) mm×(3～5) mm。体腹面具有楔状大腹袋。两分叉的盲肠管仅达体中部。分叶状的两个睾丸斜列在腹吸盘前方。圆形的卵巢位于睾丸下方。卵黄腺呈小颗粒状，散布在虫体的两侧。子宫沿虫体中线向前通到生殖孔，开口于肠管分叉处的前方。虫卵和鹿前后盘吸虫相似。

【生活发育史】成虫寄生于反刍动物的瘤胃，虫卵随粪便排至外界，在适宜的

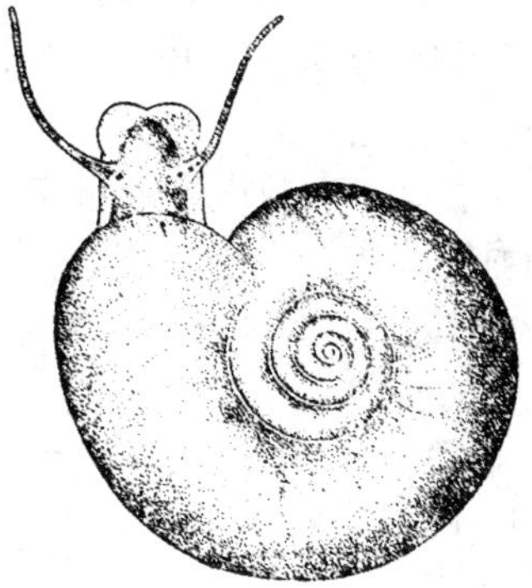

图 6-28 前后盘吸虫的中间宿主——扁卷螺

条件下约经 2 周孵出毛蚴。毛蚴在水中游动，遇到适宜的中间宿主淡水螺类，如扁卷螺(图 6-28)，即钻入体内，经胞蚴、雷蚴阶段，发育为尾蚴(图 6-29)。尾蚴大约在螺感染后 43 d 开始逸出，附着在水草上形成囊蚴。牛、羊等反刍动物由于食入含有囊蚴的水草而感染。囊蚴在肠道内脱囊，童虫在小肠、皱胃及其黏膜下组织及胆管、胆囊和腹腔等处移行寄生，经数十天到达瘤胃，在瘤胃内经 3 个月发育为成虫。

【流行病学】前后盘吸虫病在我国各地广泛流行，感染率高，感染强度大，一个宿主体内常见有成千上万条虫体寄生，而且多种虫体混合感染。

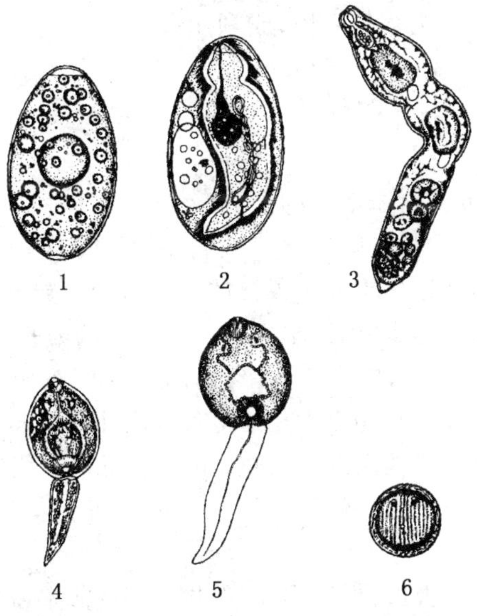

图 6-29 前后盘吸虫的虫卵和各期幼虫

1. 虫卵 2. 含毛蚴的虫卵 3. 雷蚴 4,5. 尾蚴 6. 囊蚴

流行季节取决于当地气温和中间宿主的繁殖发育季节以及牛、羊放牧情况。南方可常年感染，北方主要在 5～10 月份感染。多雨年份易造成本病的流行。

【症状与病变】童虫的移行和寄生往往可引起急性临床症状，主要表现为顽固性下痢，粪便呈粥样或水样、恶臭，有时可见幼虫，病畜精神沉郁、食欲减退。大量成虫寄生时，往往表现为慢性消耗性疾病的症状，如食欲减退、贫血、消瘦、腹泻、颌下水肿，但体温一般正常。严重时可衰竭而死。

剖检可见瘤胃壁上有大量成虫寄生，瘤胃壁肿胀、出血。小肠内有大量童虫，肠黏膜出血、坏死和纤维素性炎。胆管、胆囊膨胀，内有童虫等。

【诊断】根据临床症状、流行病学特点可作出初步判断，粪便检查发现虫卵或死后剖检发现瘤胃等处的大量虫体可以确诊。

【治疗】

(1)氯硝柳胺：牛按每千克体重 50～60 mg，羊按每千克体重 70～80 mg，一次口服。对成虫和幼虫均有良好的杀灭效果。

(2)硫双二氯酚：牛按每千克体重 40～50 mg，羊按每千克体重 80～100 mg，一次口服。

【预防】舍饲期间对动物进行预防性驱虫。改良土壤，使潮湿或沼泽地区干燥，造成不利于淡水螺类生存的环境，或利用水禽或化学药物灭螺。不在低洼、潮湿的地方放牧、饮水，以免牛、羊感染等。

六、东毕吸虫病

东毕吸虫病是由分体科东毕属的多种吸虫寄生于牛、羊等哺乳动物的门静脉及肠系膜静脉而引起的一种血吸虫病。本病在我国分布极其广泛，给畜牧业带来了极大的经济损失。同时，由于东毕吸虫的尾蚴可使人患尾蚴性皮炎，也称稻田皮炎，严重影响人类的身体健康，因此本病是一种重要的人畜共患寄生虫病。

【病原】目前普遍认为东毕属有 6 个虫种，即彭氏东毕吸虫、土耳其斯坦东毕吸虫、土耳其斯坦东毕吸虫结节变种、程氏东毕吸虫、达氏东毕吸虫、哈氏东毕吸虫。我国报道的有 4 种，即程氏东毕吸虫、土耳其斯坦东毕吸虫、土耳其斯坦东毕吸虫结节变种、彭氏东毕吸虫。仅以土耳其斯坦东毕吸虫与程氏东毕吸虫为例介绍东毕吸虫形态。

(1)土耳其斯坦东毕吸虫：虫体呈线形(图 6-30)。体表光滑。雌雄异体，但经常呈合抱状态。雄虫呈乳白色，雌虫呈暗褐色。口、腹吸盘相距较近，无咽，食道在腹吸盘前方分为两条肠管，在体后部合并为单管，抵达体末端。雄虫大小为(4.39～4.56) mm×(0.36～0.42) mm；腹面有抱雌沟；腹吸盘后侧上方有 78～80 个细小、呈颗粒状的睾丸，呈不规则的双行排列；生殖孔开口于腹吸盘后方。雌虫较雄虫纤细，但略长，大小为(3.95～5.73) mm×(0.07～0.116) mm。卵巢呈螺旋状盘曲于两肠管合并处的前方。卵黄腺在肠的两侧。子宫短，位于卵巢前方，其内通常只有一个虫卵。虫卵无卵盖，大小为(72～74) μm×(22～26) μm，一端较尖，另一端钝圆，两端各有一个附属物。

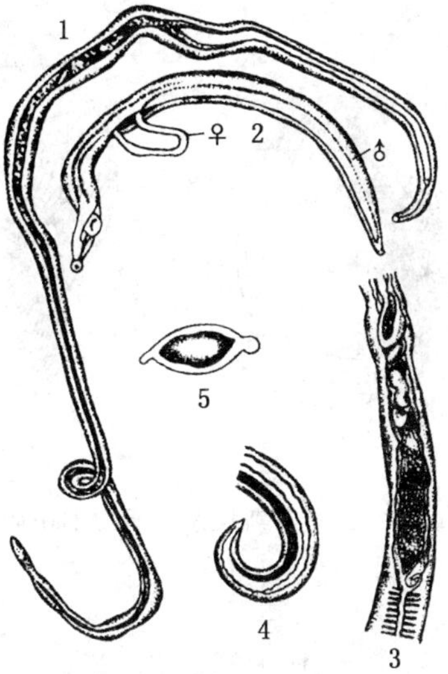

图 6-30 土耳其斯坦东毕吸虫

1.雌虫 2.雌雄合抱 3.雌虫卵巢部分 4.雌虫尾部 5.虫卵

(2)程氏东毕吸虫：体表有结节。雌雄异体。雄虫粗大，大小为(3.12～4.99) mm ×(0.23～0.34) mm，腹面有明显的抱雌沟；睾丸较大，数目在 53～99 个之间，一般都在 60 个以上，重叠呈单行排列。雌虫较雄虫细短，大小为(2.63～3.00) mm×(0.09～0.14) mm。肠管在虫体后半部合并为单管。虫卵大小为(80～130) μm×(30～50) μm。

【生活发育史】东毕吸虫的生活发育史可分为卵、毛蚴、母胞蚴、子胞蚴、尾蚴、童虫和成虫 7 个阶段。成虫雌雄异体，生活状态通常是雌雄合抱。成虫寄生于牛、羊等终末宿主的门静脉和肠系膜静脉。虫体成熟后产卵，虫卵或在肠壁黏膜或被血流冲积到肝脏内形成虫卵结节。在肠壁沉积的虫卵可因破溃而入肠腔，在肝脏处沉积的虫卵可被结缔组织包埋钙化而死亡，或随血流、胆汁入小肠，随粪便排出体外。虫卵在外界适宜的条件下，经大约 10 d 孵出毛蚴。实验室毛蚴孵出的最适宜条件是 20～24℃，pH 7.2～7.4 的水中。光对毛蚴的孵化影响不大，这一特点与日本血吸虫不同。毛蚴在水中遇到适宜的中间宿主椎实螺类(图 6-31)即钻入其体内，首先发育成母胞蚴和子胞蚴，然后发育成尾蚴。实验证明，毛蚴侵入螺蛳后经 22～25 d 可发育繁殖达到成熟尾蚴。尾蚴在水中游动，遇到牛、羊等，即经皮肤侵入其体内，并移行至门静脉和肠系膜静脉内发育为成虫。自尾蚴侵入机体至发育为成虫需1.5～2个月时间。

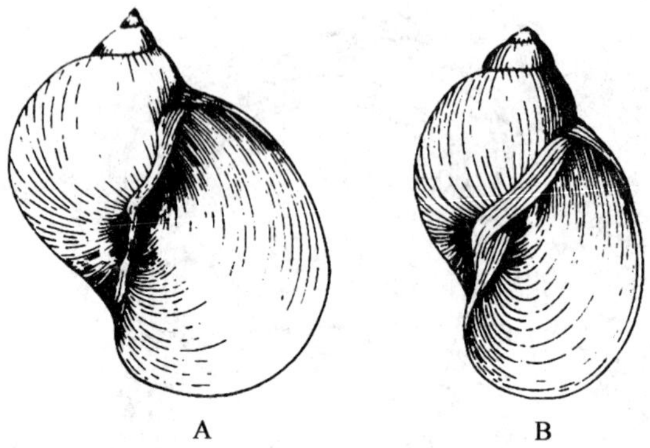

图6-31 土耳其斯坦东毕吸虫的中间宿主

A.耳萝卜螺 B.卵萝卜螺

【流行病学】东毕吸虫病在我国分布极其广泛，尤其是东北、内蒙古、西北地区发病严重。东毕吸虫的终末宿主为牛、羊、骆驼、马属动物及一些野生哺乳动物，但主要危害牛和羊，常可造成羊只的死亡。牛、羊在自然条件下感染东毕吸虫，因受地理环境的影响，感染率和感染强度也有所不同，在个别严重地区，感染强度可高达1万～2万条。

本病的流行具有一定的季节性，一般在5～10月份感染和流行，放牧的牛、羊因在水中吃草或饮水经皮肤感染。本病主要发生于低洼潮湿、降雨量充沛的地区，干燥的地区发生少。东毕吸虫的流行也与每年降雨的早晚和降雨量的多少有关，降雨越早越多，发病就越严重，这主要是因为东毕吸虫的中间宿主椎实螺生长于河流、沼泽等浅水区域。

【症状与病变】东毕吸虫病多取慢性经过，患畜表现为营养不良、日渐消瘦、贫血和腹泻，粪便常混有黏液和脱落的黏膜和血丝。可视黏膜苍白，颌下和腹下部出现水肿，成年患畜体弱无力，使役时易出汗，母畜不发情、不妊娠或流产。幼年家畜生长缓慢，发育不良。突然感染大量尾蚴或新引进家畜感染会引起急性发作，表现为体温上升到40℃以上，食欲减退，精神沉郁，呼吸促迫，腹泻，消瘦，直至死亡。

病畜尸体明显消瘦，贫血，皮下脂肪很少，腹腔内有大量积水，且混浊不清。肝脏病变明显，初期肿大，后期萎缩、硬化，表面凸凹不平，质硬，被膜下可见大小不等散在的灰白色虫卵结节。小肠壁肥厚，黏膜上有出血点或坏死灶。肠系膜淋巴结水肿。

东毕吸虫尾蚴感染人，引起人的尾蚴性皮炎，在我国也称稻田皮炎。人体与疫水接触的皮肤出现炎症，瘙痒难受，由于搔抓会出现荨麻疹和继发性脓疱等。世界各地都有尾蚴性皮炎的报道。

【诊断】根据患畜的贫血、腹泻、水肿等临床症状，结合流行病学调查、尸体解剖进行，在肠系膜内或肝脏内发现大量虫体即可确诊。

【治疗】吡喹酮：按每千克体重 60～80 mg，分 2 次口服。牛体重以 400 kg 为限。

【预防】东毕吸虫的预防应根据流行病学特点，采取综合性防治措施。

(1)定期驱虫。根据本地区的地理和气候特征，结合春秋防疫，选用吡喹酮等有效药物，给牛、羊等牲畜春秋各驱虫一次。初春驱虫可以防止东毕吸虫虫卵随粪便传播，深秋驱虫可以保证动物安全越冬。在多雨年份，应反复用药几次。驱虫时一定要在划定的干燥无积水的草场上进行。有条件的牧场，可定期采集粪便或血样进行东毕吸虫检查，随时发现随时驱虫，以减少病原的扩散。

(2)杀灭中间宿主椎实螺类。根据椎实螺的生态学特点，采取有效的措施，改变螺类的生存环境，进行灭螺。也可以使用氯乙酰胺、氯硝柳胺、五氯酚钠等杀螺剂灭螺，但是要防止人畜中毒，污染环境。同时，可以饲养水禽进行生物灭螺。

(3)加强畜粪管理。由于东毕吸虫虫卵必须接触水才可以孵出毛蚴感染椎实螺，因此防止患畜粪便污染水源是防止该病的重要环节。为此，要加强粪便管理，将粪便堆积发酵，杀灭虫卵。

(4)加强饲养管理。严禁家畜接触和饮用疫水，特别是在流行地区，不得饮用池塘、水田、沟渠、沼泽、湖泊中的水，最好给家畜设置清洁饮水槽，饮用井水或自来水。

(5)安全期放牧。根据螺类生存时间和活动规律，确定安全放牧期。在安全放牧期内，可在污染牧地上放牧，其余时间应在没有被污染的草地上放牧，有条件的牧场可以实行轮牧。

思 考 题

1. 列表说明所讲述的吸虫病的病原体、虫卵特征、中间宿主、终末宿主及寄生部位。

2. 试比较当地流行主要吸虫病的病原形态构造特点以及生活发育史的异同。

3. 试述当地重要吸虫病的诊断、治疗及防制措施。

第七章　绦　虫　病

绦虫病是由扁形动物门绦虫纲的多节绦虫亚纲所属的各种寄生性绦虫寄生于动物和人体内而引起的一类蠕虫病。其中只有圆叶目和假叶目绦虫对畜禽和人具有感染性，绦虫的成虫和绦虫蚴均可致人畜严重的疾患。

第一节　绪　　论

绦虫又称带虫，属于扁形动物门绦虫纲的多节绦虫亚纲，该纲绦虫全部营寄生生活。绦虫和其他扁形动物一样，缺乏体腔。绦虫的成虫绝大多数寄生在脊椎动物的消化道中。生活发育史均需 1～2 个中间宿主，但个别的无需中间宿主。在中间宿主中的各期称为中绦期，有不同的类型。

一、绦虫的形态结构

(一)一般形态

成虫呈背腹扁平的带状，大多分节。白色或乳白色，不透明。虫体大小有很大差异，小的仅有几毫米，大的可达 10 m 以上，最长可达 25 m 以上。雌雄同体。虫体从前至后分为头节(scolex)、颈节(neck)与体节(strobila) 3 部分。

(1)头节：细小，位于虫体前端，为固着器官，绦虫依靠头节固着在宿主肠壁上。一般分为 3 种类型，即吸盘型、吸槽型和吸叶型。吸盘型头节多呈球形，具有 4 个圆形吸盘，对称地排列在头节的四面，有的绦虫头节顶端中央有顶突，其上有一排或数排小钩；吸槽型头节呈梭形，在背腹面各具有一向内凹入的沟样吸槽；吸叶型具有 4 个长形叶状的吸着器官，分别附在可弯曲的小柄上或直接长在头节上。

(2)颈节：短而较纤细，不分节，具有生发功能，体节的节片均由颈节从前向后生长而成。

(3)体节：颈节以后是分节的体节(又称链体)，是虫体最显著部分，由 3～4 个节片至数千个节片组成，越往后越宽大。根据发育程度不同，分成 3 个部分：靠近颈节的节片较细小，其内的生殖器官尚未发育成熟，称为未成熟节片(简称幼节)；其后的节片较大，已形成两性生殖器官，故称为成熟节片(简称成节)；最后部分节片的生殖器官萎缩退化，只有充满虫卵的子宫，故称为孕卵节片(简称孕节)。末端的孕节可从链体上脱落，新的节片又不断从颈节长出，这样就使绦虫得以始终保持一定的长度。

(二)体壁

绦虫无体腔，体壁分为两层，即皮层和肌层(皮下层)。体表为皮层，其下为肌层。肌层由环肌、纵肌和少量的斜肌组成，在节片成熟后，节片间的肌纤维会逐渐退化，因而孕节能自链体脱落。

皮层外表面具有无数微小的指状细胞质突起，称微绒毛，其末端呈尖棘状。微绒毛遍被整个虫体，包括吸盘表面。

绦虫没有消化系统，通过体表的渗透作用吸收营养物质。

(三)实质

绦虫无体腔，由体壁围成一个囊状结构，称为皮肤肌肉囊，皮肌囊内充满海绵样的实质，各器官均埋藏于实质内。

(四)消化系统

无口和消化道。靠体壁微绒毛的渗透作用吸收营养。微绒毛尖端能擦伤宿主肠黏膜上皮细胞，从而使高浓度且富有营养的肠上皮细胞胞浆渗出在虫体周围。另外，微绒毛还具有吸附能力，可防止虫体被宿主从消化道排出。

(五)神经系统

神经中枢在头节中，自中枢发出两条大的和几条小的纵神经干，贯穿于各个链节，直达虫体后端。

(六)排泄系统

由若干焰细胞和与其相连的4根纵行的排泄管组成。排泄管贯穿链体，每侧有背、腹两条，腹面的较粗大。排泄系统起始于焰细胞，由焰细胞发出来的细管汇集成为较大的排泄管，与虫体两侧的纵排泄管相连，纵排泄管与每一体节后缘的横管相通，在最后体节后缘中部有一个总排泄孔通向体外。

(七)生殖系统

绦虫多为雌雄同体，每个节片中都具有雄性和雌性生殖系统各一组或两组(图7-1)。

1.雄性生殖器官

有一个至数百个圆形或椭圆形的睾丸，连接着输出管，输出管再互相连接成网状，在节片中央部附近会合成输精管。输精管曲折向节片边缘，并有两个膨大部，一个在雄茎囊外，称为外贮精囊，另一个在雄茎囊内，称为内贮精囊。输精管末端为射精管和雄茎。雄茎可自生殖腔伸出体节边缘，向生殖腔开口，生殖腔在边缘开口处为生殖孔。内贮精囊、射精管、前列腺及雄茎的大部分均包含在圆形的雄茎

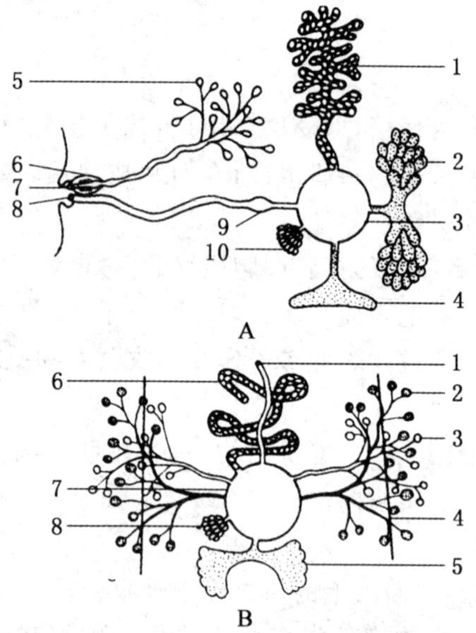

图 7-1 绦虫生殖系统构造模式图

A. 圆叶目：1. 子宫 2. 卵巢 3. 卵模 4. 卵黄腺 5. 睾丸 6. 雄茎囊 7. 雄性生殖孔 8. 雌性生殖孔 9. 受精囊 10. 梅氏腺

B. 假叶目：1. 雌性生殖孔 2. 睾丸 3. 卵黄腺 4. 排泄管 5. 卵巢 6. 子宫 7. 卵模 8. 梅氏腺

囊内。

2. 雌性生殖器官

卵模处在雌性生殖器官的中心位置。卵巢在节片的后半部，一般呈两瓣状，均为许多细胞组成，各细胞有小管，最后汇合成一支输卵管通入卵模。阴道的膨大部分为受精囊，近端通入卵模，远端开口于生殖腔的雄茎下方。卵黄腺分为两叶或一叶，位于卵巢附近(圆叶目)，或呈泡状散在(假叶目)，由卵黄管通向卵模。圆叶目绦虫的子宫一般为盲囊状，无子宫孔，故虫卵不能自动排出，随着其内虫卵的增多和发育而膨大，或向两侧分支几乎占满整个节片，等到孕卵节片脱落破裂时才散出虫卵；而假叶目绦虫子宫有子宫孔通向体外，成熟的虫卵可由子宫孔排出，故子宫不如圆叶目绦虫的子宫发达，成节和孕节结构相似。

圆叶目绦虫节片受精后，雄性生殖系统逐渐萎缩直至消失，而雌性生殖系统则加快发育，最终充满虫卵的子宫占据整个节片，而雌性器官的其他部分逐渐萎缩，直至消失，此即成为孕节。

二、绦虫的生活发育史

绦虫成虫多寄生在脊椎动物的消化道中，多数绦虫都需要一个或两个中间宿主，才能完成其整个生活发育史。绦虫的发育过程经虫卵、中绦期（绦虫蚴期）、成虫期三个阶段。在中间宿主体内发育的时期称为中绦期，各种绦虫的中绦期结构和名称不同。

（一）圆叶目绦虫的生活发育史

圆叶目绦虫生活发育史只需一个中间宿主，个别种类甚至可以无需中间宿主。

圆叶目绦虫卵的发育是在成虫体内进行的。卵内有已在母体内发育成熟的六钩蚴。卵呈圆形，无卵盖（图 7-2A）。卵壳脆弱，多在未离母体前脱落。圆叶目绦虫无子宫孔，虫卵须待孕节自链体脱落后，由于孕节的活动挤压或破裂才得以散出。

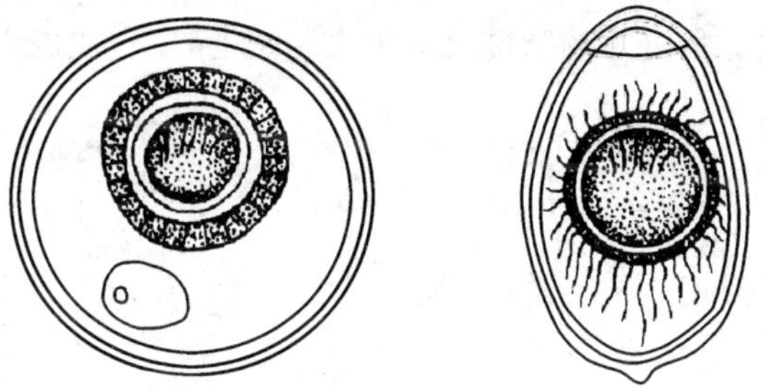

A B

图 7-2 绦虫卵模式构造

A. 圆叶目绦虫卵 B. 假叶目绦虫卵

圆叶目绦虫的中绦期有似囊尾蚴和囊尾蚴两种类型。似囊尾蚴前端为一个含有凹入头节的双层囊状体，后部则是实心的带小钩的尾状结构。囊尾蚴俗称囊虫，是半透明的囊体，其中充满囊液，囊壁上有一个向内翻转的头节；有的囊内有多个似头节样的原头蚴，称多头蚴；还有的囊内有无数生发囊，每个生发囊内有许多原头蚴，称棘球蚴；此外，还有链状囊尾蚴，其头节在体前端，小囊泡在体末端，头节与囊泡间是长且分节但无性器官的链体。多头蚴、棘球蚴、链状囊尾蚴的结构与囊尾蚴相似，故归在囊尾蚴里。

圆叶目绦虫成虫寄生于终末宿主的小肠内，孕卵节片（或孕卵节片先已破裂释放出虫卵)随粪便排出体外,被中间宿主吞食后,卵内六钩蚴(具有3对小钩的胚胎)逸出,然后钻入宿主肠壁,随血流到达组织内,发育成各种中绦期幼虫。如果以哺乳动物作为中间宿主,在其体内发育为囊尾蚴、多头蚴、棘球蚴等类型的幼虫;如果以节肢动物和软体动物等无脊椎动物作为中间宿主,则发育为似囊尾蚴。以上各种类型的中绦期幼虫被各自固有的终末宿主吞食后,在肠道内受胆汁的刺激才能翻出头节或脱囊,逐渐发育为成虫。成虫在终末宿主体内存活的时间随种类而不同,从几天到几周,甚至长达几十年。

(二)假叶目绦虫的生活发育史

假叶目绦虫的生活发育史中需要两个中间宿主。假叶目绦虫的虫卵随宿主粪便排出体外后,必须进入水中才能继续发育,孵出的幼虫亦有3对小钩,但体外被有一层纤毛,能在水中游动,称为钩毛蚴或钩球蚴。钩球蚴被第一中间宿主(甲壳纲昆虫)如剑水蚤吞食后,在其体内发育成原尾蚴(图7-3);含有原尾蚴的剑水蚤被第二中间宿主(鱼、蛙、蝌蚪等)吞食后,在第二中间宿主体内原尾蚴继续发育为实尾蚴(或称裂头蚴)。成熟的裂头蚴被终末宿主吞食后,在胃肠道内经消化液作用,蚴体逸出,头节外翻,并用附着器官吸附在肠壁上,发育成成虫。

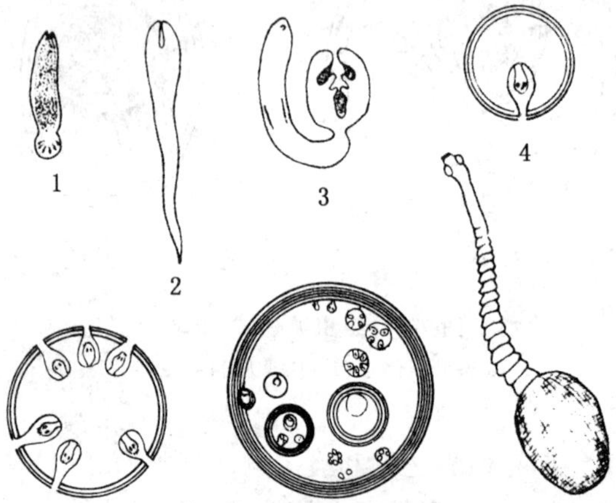

图7-3 绦虫蚴构造模式图

1.原尾蚴 2.裂头蚴 3.似囊尾蚴 4.囊尾蚴
5.多头蚴 6.棘球蚴 7.链尾蚴

假叶目绦虫卵与吸虫卵相似,呈椭圆形,卵壳厚,一端有卵盖(图7-2B)。新排出的虫卵内充满卵黄细胞,胚细胞团无六钩蚴,在外界水中经过发育,变为有3对小钩的钩毛蚴(胚膜上密布纤毛)。

假叶目绦虫的中绦期类型为实心结构的原尾蚴和实尾蚴。原尾蚴存在于第一中间宿主剑水蚤等体内,为实心结构,体后端有一小尾球,3 对小钩在尾球内。实尾蚴(或称裂头蚴)存在于第二中间宿主鱼、蛙、蝌蚪等体内,已具成虫样的头节,无小钩,白色,带状,但不分节,仅具不规则的横皱褶,链体和生殖器官尚未发育成熟。

三、绦虫的分类

绦虫隶属于扁形动物门绦虫纲(Cestoidea),与畜禽和人类关系较大的有两个目,分别是圆叶目和假叶目,其中以圆叶目绦虫为多见。

(一)圆叶目(Cyclophyllidea)

头节上有 4 个吸盘,顶端常带有顶突,其上有钩或无钩。体节明显。生殖孔开口于体节侧缘,无子宫孔。缺卵盖,卵内含六钩蚴。主要有以下几个科:

1. 裸头科(Anoplocephalidae)

裸头科为大、中型虫体。头节上有吸盘,但无顶突及小钩。每体节有一组或两组生殖器官。睾丸数目多。子宫为横管或网管状。幼虫为似囊尾蚴,寄生于无脊椎动物(地螨)体内;成虫寄生于马、牛、羊等哺乳动物。裸头科绦虫包括莫尼茨属、裸头属、副裸头属、无卵黄腺属、曲子宫属的绦虫。

2. 带科(Taeniidae)

带科为大、中、小型虫体。头节上有 4 个吸盘,其上无小棘。顶突不能回缩,上有两行钩(牛带绦虫除外)。生殖孔明显,不规则地交替排列。睾丸数目众多。卵巢双叶,子宫为管状,孕节子宫有主干和许多侧分支。幼虫为囊尾蚴、多头蚴或棘球蚴,寄生于草食动物或杂食动物(包括人);成虫寄生于食肉动物或人。主要包括带属、多头属、棘球属、带吻属、泡尾带属。

3. 戴文科(Davaineidae)

戴文科为中、小型虫体。头节上有 4 个吸盘,吸盘上有细小的小棘。顶突上有 2 排或 3 排斧形小钩。每节有一套生殖器官(偶有两套),卵袋取代孕节的子宫。幼虫寄生于无脊椎动物;成虫一般寄生于鸟类,有的寄生于哺乳动物。主要包括赖利属和戴文属。

4. 膜壳科(Hymenolepididae)

膜壳科为中、小型虫体。头节上有可伸缩的顶突,上有 8～10 个单行排列的小钩。节片通常宽大于长,每节有一套生殖系统。生殖孔为单侧。睾丸大,一般不超过 4 个。孕节子宫为横管。通常以无脊椎动物作为中间宿主,个别虫种甚至可以不需要中间宿主而能直接发育;成虫寄生于脊椎动物。主要包括膜壳属、伪膜壳属、皱褶属、剑带属。

5. 中绦科(Mesocestoididae)

中绦科为中、小型虫体。头节上有4个突出的吸盘,无顶突。生殖孔位于腹面的中线上。虫卵居于厚壁的副子宫器内。成虫寄生于鸟类和哺乳动物。

6. 双壳科(Dilepididae)

双壳科为中、小型虫体。头节上有4个吸盘,上有或无小棘。有可伸缩的顶突(极少数无顶突),上有一行、两行或多行小钩。每节有一组或两组生殖器官。睾丸数目很多。孕节子宫为横的袋状或分叶状,或为副子宫器或卵囊。成虫寄生于鸟类和哺乳动物(如犬、猫)。

(二)假叶目(Pseudophyllidea)

头节一般为双槽型。分节明显或不明显。每节常有一组生殖器官,偶有两组者。生殖孔位于体节中间或边缘。睾丸众多,分散排列。孕卵节片子宫常呈弯曲管状。卵通常有卵盖。在第一中间宿主体内发育为原尾蚴,在第二中间宿主体内发育为实尾蚴;成虫大多数寄生于鱼类。主要包括双叶槽科和头槽科的绦虫。

第二节 猪绦虫病

一、猪囊尾蚴病

猪囊尾蚴病(猪囊虫病)是由带科带属的猪带绦虫(有钩绦虫)(*Taenia solium*)的幼虫猪囊尾蚴(*Cysticercus cellulosae*)寄生于猪的肌肉和其他器官中引起的一种寄生虫病。猪囊虫不仅可寄生于猪,也可寄生于犬、猫等动物和人,因此猪囊尾蚴病是一种危害严重的人兽共患寄生虫病。人是猪带绦虫的唯一终末宿主。

【病原】猪囊尾蚴(猪囊虫)呈椭圆形、白色、半透明的囊泡状,囊内充满液体(图7-4)。大小为(6～10) mm×5 mm,囊壁上有一个粟粒大小、乳白色、内嵌的头节。头节上有4个吸盘,具有顶突,顶突上有两圈小钩。

图7-4 猪囊尾蚴

猪带绦虫(*Taenia solium*),亦称有钩绦虫或链状带绦虫,呈乳白色,扁平带状。成虫体长2～5 m,偶有长达8 m的。头节小,呈球形,直径约1 mm,其上有4个吸盘,有顶突,顶突上有25～50

个小钩，分两圈排列(图 7-5)。整个虫体由 700～1 000 个节片组成。未成熟节片宽而短，成熟节片长宽几乎相等而呈四方形(图 7-5)，孕卵节片则长度大于宽度。每个节片内有一组生殖系统，睾丸为泡状，150～300 个分布于节片的背侧。生殖孔略突出，在体节两侧不规则地交互开口。孕卵节片内子宫由主干分出 7～12 对侧枝。每一孕节含虫卵 3 万～5 万个，孕节可单个或成段脱落。

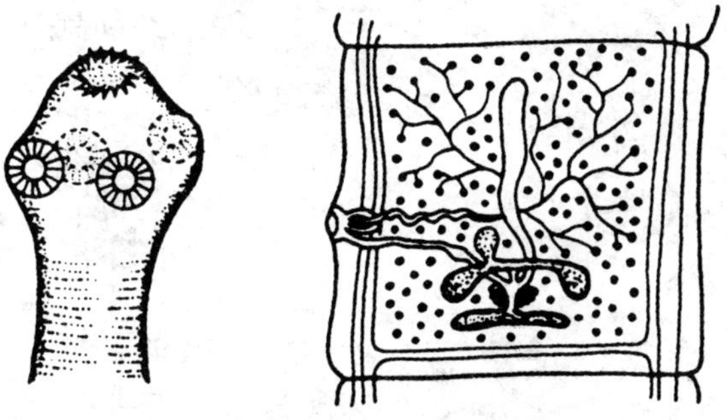

图 7-5 猪带绦虫成虫头节及成节

虫卵呈圆形，浅褐色，大小为 31～43 μm。卵壳外层薄，易脱落，内层较厚，有辐射状的条纹，称胚膜。卵内是具有 3 对小钩的六钩蚴。

【生活发育史】猪带绦虫寄生于人的小肠中，其孕节不断脱落，并随人的粪便排出体外，污染地面、食物或饮水。猪或人等中间宿主食入孕节或由孕节释出的虫卵，在消化道中消化液的作用下，六钩蚴从卵中逸出，钻入肠黏膜的血管或淋巴管内，随血流被带到机体各组织器官中，但主要是到达横纹肌内发育，逐渐形成充满液体的囊泡体，之后囊上出现凹陷，并在凹陷处形成头节，长出吸盘和顶突，形成成熟的囊尾蚴(图 7-6)。

猪囊尾蚴主要寄生于横纹肌，尤其是活动性较强的咬肌、舌肌、膈肌、心肌等处。严重感染者还可寄生于肝、肺、肾、脑等内脏器官。

人主要通过下列方式感染猪囊尾蚴：一是食入被猪带绦虫的虫卵污染的食物；二是猪带绦虫患者的自身感染(内源性感染)。这是由于患者肠逆蠕动(如呕吐)时，孕节随肠内容物进入胃，在胃液作用下，六钩蚴逸出，进入血液循环，再到机体各组织器官发育形成囊尾蚴。

人感染猪带绦虫是由于食入了生的或半生的含有囊尾蚴的猪肉。囊尾蚴在胃肠消化液的作用下，在小肠内翻出头节，以其吸盘和小钩固着于肠黏膜上发育，从

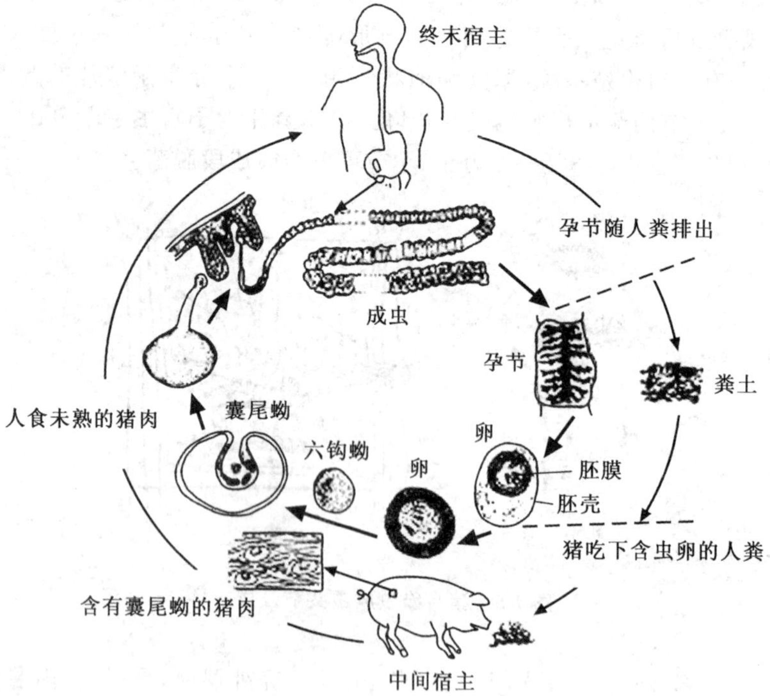

图 7-6 猪带绦虫的生活发育史

颈节不断长出体节。感染后 2～3 个月发育成猪带绦虫，在人体内可寄生数年至数十年，其间不断向外排出孕节，成为猪囊尾蚴病的感染来源。人体通常只寄生 1 条，偶尔多至 4 条。

【流行病学】目前本病主要在发展中国家流行。我国是猪囊虫病的高发区，以华北、东北、西南等地区发生较多；北方各省较多，长江流域较少。人有钩绦虫病的感染源为猪囊虫；猪囊虫病的感染源是人体内寄生的有钩绦虫排出的虫卵。这种由猪到人、由人到猪的往复循环，构成了流行的要素。更重要的是，人可以因摄入有钩绦虫卵而患囊虫病。猪囊尾蚴病的发生和流行与人的粪便管理及猪的饲养方式密切相关，一般本病发生于落后的地区，常常是由于人无厕所、猪无圈，或是人的厕所与猪圈相通连(连茅圈)所致。此外，人感染猪带绦虫与饮食卫生习惯和烹调与食肉方法有关，喜食生肉或烹制方法不当是人感染猪带绦虫的主要原因。

【症状与病变】猪囊尾蚴寄生在猪肌肉里，特别是活动性较大的肌肉，通常在咬肌、心肌、舌肌和肋间肌、腰肌等处最为多见，严重时可见于眼球和脑内。虫体为长约 1 cm 的乳白色椭圆形半透明包囊，内含囊液。囊壁的一侧有一个乳白色的结节，内含一个由囊壁向内嵌入的头节。囊虫包埋在肌纤维间，如散在的豆粒，故常称有猪囊虫的肉为“米糁肉”、“豆猪肉”或“米猪肉”。囊尾蚴在猪肉中的数量，可由数个到成千上万个。

猪感染少量的猪囊尾蚴时，不呈明显的变化。成熟猪囊尾蚴的致病作用，很大程度上取决于寄生部位：寄生在脑时可能引起神经机能障碍；寄生在肌肉中时，一般不表现明显的致病作用。大量寄生时，可表现为肌肉疼痛、肢体僵硬、跛行，呼吸困难等；幼猪可表现生长发育不良。

猪囊尾蚴对人的危害亦取决于寄生部位和寄生数量。寄生于脑，可引起头晕、恶心、呕吐以及癫痫等症状；寄生于眼部，可导致视力下降甚至失明；寄生于肌肉组织，则引起局部肌肉疼痛。

【诊断】生前诊断比较困难，可以检查眼睑和舌部，看有无由猪囊尾蚴引起的豆状肿胀。触摸到舌部有稍硬的豆状结节时，可作为生前诊断的依据。

一般只有在宰后检验时才能确诊。宰后检验咬肌、腰肌等骨骼肌以及心肌，看是否有乳白色椭圆形或圆形的猪囊虫。镜检，可见猪囊虫头节上有 4 个吸盘及两圈小钩。钙化后的囊虫，包囊中呈现大小不同的黄白色颗粒。

目前血清学诊断方法也已经被应用于猪囊虫病的诊断上，如间接血凝试验、间接荧光抗体试验、酶联免疫吸附试验等。

【治疗】

(1)吡喹酮：按每千克体重 30～60 mg，每日一次，用药 3 次。

(2)丙硫咪唑：按每千克体重 30 mg，每日一次，用药 3 次，早晨空腹服药。

此外，氟苯咪唑也有很好的治疗效果。

【预防】由于有钩绦虫病和猪囊尾蚴病对人的危害性很大，因此防治猪囊尾蚴病是一项非常重要的工作。另外，有囊尾蚴的猪肉常不能食用，造成了很大的经济损失。对于猪囊尾蚴病须采取综合性的预防措施。

(1)加强城乡肉品卫生检验，实行定点屠宰、集中检疫。对有囊尾蚴的猪肉，应作无害化处理。

(2)做到人有厕所、猪有圈。在北方主要是改造连茅圈，防止猪食人粪而感染囊虫，彻底杜绝猪和人粪的接触机会。人粪须经无害化处理后方可利用。

(3)普查普治高发人群，发现人患绦虫病时，及时驱虫。驱虫后排出的虫体和粪便必须严格处理。

(4)注意个人卫生，改变饮食习惯，不吃生的或未煮熟的猪肉。

(5)加强科普宣传教育，提高人们对猪囊尾蚴病的危害以及感染途径和方式的认识，使其自觉参与囊虫病防治。

二、细颈囊尾蚴病

细颈囊尾蚴(*Cysticercus tenuicollis*)是泡状带绦虫(*Taenia hydatigena*)的中绦期，寄生于猪、绵羊、山羊、黄牛等多种家畜及野生动物的肝脏浆膜、大网膜及肠系膜等处，严重感染时还可进入胸腔，寄生于肺部。成虫为泡状带绦虫，寄生于犬、狼等食肉兽的小肠。细颈囊尾蚴病呈世界性分布，我国各地普通流行，尤其是猪，感染率为50%左右，个别地区高达70%，且大小猪只都可感染，除影响仔猪的生长发育和增重外，严重时可引起仔猪死亡；对于肉类加工业，可因屠宰失重和胴体品质降低而导致巨大的经济损失。

【病原】细颈囊尾蚴俗称“水铃铛”，呈乳白色、囊泡状，大小不等，可达鸡蛋大或更大。囊壁上有一乳白色结节，为颈和内凹的头节。如将结节内凹部翻转出来，则可见一细长的颈部和游离端的头节(图 7-7)，故称细颈囊尾蚴。脏器中的囊体，常被一层宿主组织产生的厚膜所包围，故不透明，易与棘球蚴相混淆。

图 7-7 细颈囊尾蚴

泡状带绦虫呈乳白色或淡黄色，体长可达 5 m。头节(图 7-8)稍宽于颈节，顶突上有 26～46 个小钩，排成两圈。前部的节片宽而短，向后逐渐加长，孕节的长度大于宽度。孕节子宫每侧有 5～16 个粗大分支，每支又有小分支，全被虫卵充满。虫卵近似椭圆形(图 7-8)，内含六钩蚴，大小为(36～39) μm×(31～35) μm。

【生活发育史】成虫寄生于犬、狼等食肉兽的小肠中，孕卵节片随粪便排出体外，散出虫卵，污染草地、饲料和饮水。猪、羊等动物采食时受到感染，在消化道内六钩蚴逸出，并钻入肠壁，随血液到达肝实质，再由肝实质移行到肝脏表面，进入腹腔，附在肠系膜、大网膜等处，2～3 个月后发育成细颈囊尾蚴。含有细颈囊尾蚴的脏器被犬等终末宿主吞食后，细颈囊尾蚴在其小肠内翻出头节，附着在肠壁上，经约 51 d 发育为成虫。成虫在犬的小肠可生存 1 年之久。

【流行病学】本病分布广泛，凡有犬分布的地方，一般都有牲畜感染细颈囊尾蚴，以猪的感染最为普遍。流行原因主要是由于感染泡状带绦虫的犬、狼等动物的粪便中排出绦虫的节片或虫卵，它们随着终末宿主的活动污染了牧场、饲料和饮水而使猪等中间宿主遭受感染。每逢农村宰猪或牧区宰羊时，犬多守立于旁，凡不宜食用的废弃内脏便丢弃在地，任犬吞食，这是犬易于感染泡状带绦虫的主要原因。

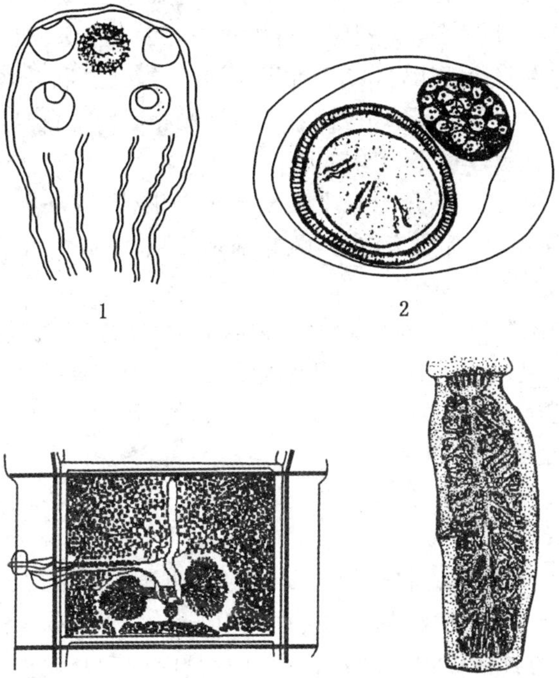
1 2 3 4

图 7-8 泡状带绦虫

1.头节 2.虫卵 3.成节 4.孕节

犬的这种感染方式和这种形式的循环，在我国不少地方的农村是很常见的。

【致病作用】细颈囊尾蚴对幼畜致病力强，尤其以仔猪、羔羊与犊牛为甚。六钩蚴由肝实质向肝包膜移行时，可造成虫道，引起急性出血性肝炎。当大部分幼虫最后到达大网膜、肠系膜或其他浆膜发育时，其致病力减弱，但有时可引起局限性或弥散性腹膜炎。严重感染时，细颈囊尾蚴还能侵入胸腔、肺实质及其他脏器，引起胸膜炎或肺炎。

【症状与病变】多呈慢性经过。感染早期，大猪一般无明显症状，但仔猪可能出现急性出血性肝炎和腹膜炎症状，体温升高，腹部因腹水或腹腔内出血而增大，可能于急性期死亡；耐过者生长发育受阻，但多数仅表现虚弱、消瘦。

急性病例，可见到肝脏肿大，肝表面有很多小结节和出血点，实质中能找到虫体移行的虫道。初期虫道内充满血液，以后逐渐变为黄灰色。有时腹腔内有大量带血色的渗出液和幼虫。

慢性病例，肝脏局部组织色泽变淡，呈萎缩现象，肝浆膜层发生纤维素性炎症，形成所谓“绒毛肝”。肠系膜、大网膜和肝脏表面有大小不等的水铃铛。

【诊断】本病生前诊断比较困难，可用血清学方法诊断；尸体剖检时发现虫体即可确诊。肝脏中的细颈囊尾蚴应注意与棘球蚴相区别，前者只有一个头节，且囊壁薄而透明，后者囊壁厚而不透明。

【治疗】可采用吡喹酮，每千克体重 50 mg，与液体石蜡按 1∶6 比例混合研磨均匀，分 2 次间隔 1 d 深部肌肉注射，可全部杀死虫体；或按每千克体重用硫双二氯酚 0.1 g 喂服。

【预防】本病重在预防，而不是治疗，预防必须采取综合性措施。

(1)禁止犬类进入屠宰场，禁止把含细颈囊尾蚴的脏器丢弃喂犬。

(2)防止犬进入猪舍，避免饲料、饮水被犬粪便污染。

(3)对犬定期驱虫，扑杀野犬。

三、伪裸头绦虫病

伪裸头绦虫病是由膜壳科伪裸头属的柯氏伪裸头绦虫（*Pseudanoplocephala crawfordi*）寄生于猪、野猪及人的小肠内而引起的一种人畜共患寄生虫病。病原最早在斯里兰卡的野猪体内发现，以后在印度、中国和日本的猪体内也有发现。1980 年首次在中国陕西户县发现 10 例人体感染的病例，引起了医学界的重视。我国辽宁、甘肃、陕西、山东、河南、上海、江苏、福建、广东、贵州等地的猪均发现过本病原。该虫的同种异名较多，最近认为盛氏伪裸头绦虫（*P. shengi*）、盛氏许壳绦虫（*Hsuolepis shengi*）和陕西许壳绦虫（*H. shensiensis*）均为该虫的同种异名。

【病原】柯氏伪裸头绦虫虫体呈乳白色，长 97～167 cm 或更长，宽 0.38～0.59 cm。头节近圆形，有 4 个吸盘和不发达的顶突，无小钩。全部节片均宽大于长。生殖孔开口于同侧节片边缘正中位置。睾丸近圆形，24～43 个，不规则地分布在卵巢和卵黄腺两侧，在生殖孔一侧的睾丸数少于对侧的数目。雄茎囊短，阴茎常伸出于生殖孔外。卵巢分叶如菊花状，位于节片正中；卵黄腺块状，位于卵巢之后。孕卵节片子宫内充满虫卵。虫卵圆球形，棕黄色，直径 51.8～110 μm，卵壳较厚，表面有颗粒状突起，易破裂，卵内含一六钩蚴，六钩蚴与胚膜间有明显的空隙。

【生活发育史】柯氏伪裸头绦虫的中间宿主为鞘翅目的赤拟谷盗（*Tribolium castameam*）等昆虫。它们大多为储粮害虫，在米、面、糠麸等堆积处孳生。柯氏伪裸头绦虫虫卵被中间宿主采食后，经 27～31 d，六钩蚴在中间宿主的血腔内发育为似囊尾蚴。人、猪因误食含似囊尾蚴的中间宿主而引起感染。在肠道内，似囊尾蚴约经 30 d 可发育为成虫。

【流行病学】本病在我国甘肃、陕西、河南、山东、江苏、上海、福建、云南和贵州等地流行，尤其在猪群中流行严重，国内已发现26例病人。引人注意的是，褐家鼠的感染率高达21.88%，在病原的散播上起重要作用。褐家鼠常出没于各类食品仓库、酒厂以及饲料库，这些地方正是各类甲虫的孳生环境，极易形成褐家鼠、病原体和甲虫三者间的恶性循环，在本病流行病学上起着不可忽视的重要作用。据报道，河南安阳、新乡、开封、洛阳、许昌、南阳猪的感染率为1.6%。

【症状与病变】猪轻度感染时，无明显症状；重度感染时，表现为生长发育受阻，消瘦，被毛无光泽，甚至引起肠阻塞，有阵发性腹痛、腹泻、呕吐、厌食等症状。病变表现为寄生部位的黏膜充血，细胞浸润，黏膜细胞变性、坏死，黏膜脱落及水肿。

【诊断】粪便检查，在猪粪中找到虫卵或孕节即可确诊。虫卵为圆球形，棕黄色，直径为51.8～110 μm，卵壳较厚，很多已破裂，表面有颗粒状突起，内层为胚膜，胚膜与卵壳之间充满胶质体，胚膜内含六钩蚴。

【防治】可采用硫双二氯酚、吡喹酮、灭绦灵等药物治疗本病。积极杀灭粮仓害虫，注意猪饲料的堆放和处理，做好猪粪的无害化处理等在预防本病方面有重要意义。

第三节　禽绦虫病

禽喜欢啄食蚂蚁、甲虫、剑水蚤、蛞蝓或蜗牛等中间宿主，造成绦虫感染率很高。绦虫感染后对雏禽的危害很大，常可造成大批死亡；对成禽，则引起营养不良、消瘦、贫血、腹泻及经济性能（饲料转化率、产蛋率和增重率）下降等，造成较大的经济损失。

一、戴文绦虫病

禽戴文绦虫病是由戴文科赖利属和戴文属的绦虫寄生于禽类小肠而引起的一种寄生虫病。

（一）赖利绦虫病

赖利绦虫病是由戴文科赖利属的绦虫寄生于鸡、火鸡等禽类小肠中而引起的一类寄生虫病。常见的赖利绦虫有三种：棘沟赖利绦虫（*Raillietina echinobothridae*）、四角赖利绦虫（*R. tetragona*）和有轮赖利绦虫（*R. cesticillus*），此外还有小钩赖利绦虫（*R. parviuncinata*）、台湾赖利绦虫（*R. taiwanensis*）、山东赖利绦虫（*R. shantungensis*）、拟四角赖利绦虫（*R. tetragonoides*）、穿孔赖利绦虫（*R. penetrans*）等。

【病原】禽赖利绦虫病的病原主要是四角赖利绦虫、棘沟赖利绦虫和有轮赖利绦虫(图 7-9)。

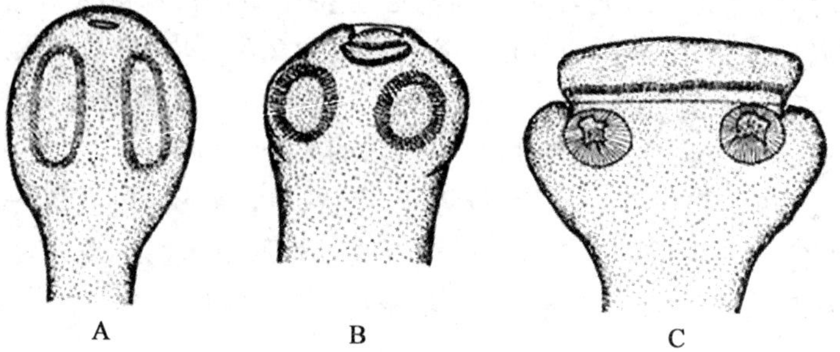

图 7-9 赖利绦虫头节

A. 四角赖利绦虫 B. 棘沟赖利绦虫 C. 有轮赖利绦虫

(1)四角赖利绦虫:成虫可寄生于鸡、火鸡、吐绶鸡、孔雀等的小肠,为大型绦虫。虫体长 98～250 mm,最大体宽为 2～4 mm。头节类球形,上有 4 个长椭圆形的吸盘,吸盘上有 8～10 圈小钩。顶突小,上有 90～130 个小钩,排成 1～3 圈。颈节明显。节片宽而短。有睾丸 18～37 个,分布于卵巢两侧。生殖孔位于单侧(偶见个别节片有交叉)。卵巢如花朵样分瓣,位于节片中央。卵黄腺呈豆状,位于卵巢下方。每个孕节内含 34～103 个卵袋,每个卵袋内含 6～12 个虫卵。

(2)棘沟赖利绦虫:成虫寄生于鸡、火鸡等的小肠。虫体长 85～240 mm,最大宽度约 3 mm。头节上有 4 个圆形吸盘,吸盘上有 8～10 圈小钩。顶突上有两圈小钩(198～244 个)。颈节肥而短,几乎与头节一样宽大。生殖孔多位于节片单侧,少数呈左右交叉。睾丸 28～35 个,分布于卵巢两侧和卵黄腺的后缘。卵巢瓣状分叶如花朵或扇叶状,位于节片中央,其后有肾形的卵黄腺。每个孕节内含 90～150 个卵袋,每个卵袋内含 6～12 个虫卵。虫卵直径为 25～40 μm,六钩蚴大小约为 21 μm×22 μm。

(3)有轮赖利绦虫:成虫寄生于鸡、火鸡、雉和珠鸡的小肠。虫体一般不超过 40 mm,也有的可达 150 mm。头节大,上有 4 个不具小棘的吸盘。顶突呈轮盘状,突出于前端,上有 400～500 个小钩,排成两圈。生殖孔不规则地交替开口于节片侧缘。睾丸 15～29 个,分布于节片中央的后半部。孕节中有许多卵袋,每个卵袋中只有一个虫卵。虫卵直径为 75～88 μm。

【生活发育史】赖利绦虫的发育均需要中间宿主:四角赖利绦虫和棘沟赖利绦虫的中间宿主为蚂蚁;有轮赖利绦虫的中间宿主为金龟子、蝇类等昆虫。

成虫寄生在小肠，孕节脱落后随粪便排出，节片在外界破裂，虫卵逸出，四处散播。当虫卵被蚂蚁等中间宿主吞食后，在其体内经2周发育为似囊尾蚴（图7-10）。禽啄食了带有似囊尾蚴的中间宿主而感染。中间宿主被禽消化后，逸出的似囊尾蚴进入小肠，以吸盘和顶突固着于小肠壁上，经2～3周发育为成虫。

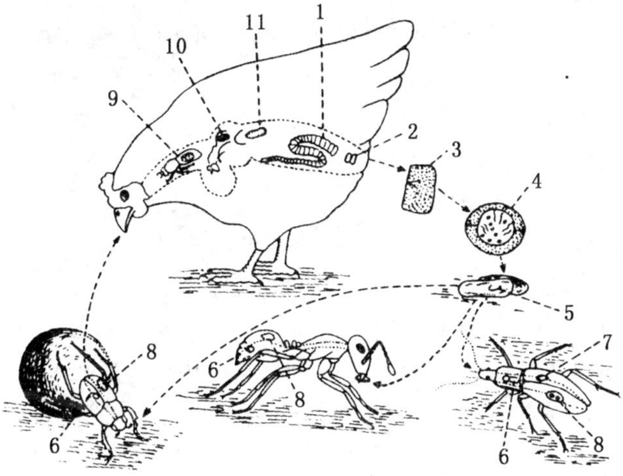

图7-10　赖利绦虫生活发育史

1.成虫在小肠中　2.孕节　3.排出的孕节　4.虫卵　5.粪便中的节片　6.卵在中间宿主体内孵化出六钩蚴　7.六钩蚴移行至体腔　8.似囊尾蚴　9.中间宿主被终末宿主吞食　10.似囊尾蚴释出　11.头节翻出，吸附于肠壁发育为成虫

【流行病学】鸡绦虫病流行的主要因素有：中间宿主种类较多，分布广泛，从而提供了感染的有利条件；感染鸡排孕节（虫卵）的持续期较长，且发育周期较短，在适宜温度下，从六钩蚴感染到似囊尾蚴在中间宿主体内发育成熟，再感染鸡至成虫排卵，前后只不过1个月左右。

尽管各种年龄的鸡均能感染赖利绦虫，但最易感者为2周龄左右的雏鸡。饲养条件及环境不良，使用低劣饲料的鸡群，最易发生暴发流行。

【致病作用】赖利绦虫是鸡的大型绦虫，其致病作用主要是机械性刺激、阻塞肠管、代谢产物的毒性作用及夺取鸡的营养物质等。头节小钩的刺激可损伤肠上皮引起肠炎；虫体聚集成团时导致肠阻塞，严重时可引起肠破裂；虫体的代谢产物有时可引起神经症状。

棘沟赖利绦虫的致病力最强。其幼虫以其多棘的顶突深入肠黏膜，导致产生类似于肠结核样病变的寄生虫性肉芽肿结节（鸡结节病），并可使鸡失重50%。据报道，人工感染200个似囊尾蚴后6个月，在头节附着处产生的肉芽肿结节直径可达1～6 mm，病鸡同时伴有卡他性增生性肠炎，有淋巴细胞、多形核白细胞和嗜酸性粒细胞浸润。四角赖利绦虫也有类似作用，给每只产蛋鸡感染50个似囊尾蚴后，表现产蛋量下降，体重降低。

【症状与病变】轻度感染时可能没有明显症状。当严重感染时，特别是雏鸡，呈现消化功能紊乱，食欲减退，饮欲增加。常有下痢，粪便可混有淡黄色血样黏液，有时发生便秘。精神沉郁、不爱活动，两翅下垂，羽毛蓬乱，黏膜初呈苍白，继则黄染发绀。蛋鸡产蛋量显著减少甚至停产。雏鸡生长发育受阻，常见雏鸡因体弱消瘦或伴发其他疾病而死亡，有时可突然死亡并伴有抽搐。

剖检时除可在肠道发现虫体外，还可见尸体消瘦、肠黏膜肥厚，有时肠黏膜上有出血点。肠管内有多量恶臭黏液。棘沟赖利绦虫感染时，十二指肠黏膜有肉芽肿性结节，其中央有粟粒大小呈火山口状的凹陷。

【诊断】检查粪便中的绦虫节片及虫卵。对疑有感染的鸡群，可剖检患禽以资诊断。剖检时除注意肠黏膜的病变之外，应用水漂洗肠黏膜看是否有虫体存在。也可对鸡群尤其是开产前的蛋鸡群进行诊断性驱虫。

【治疗】

(1)丙硫咪唑：按每千克体重15～20 mg，一次内服。

(2)氢溴酸槟榔碱：按每千克体重3 mg，配成0.1%水溶液口服；也可用槟榔按每千克体重1～1.5 g，内服或煎服。

(3)氯硝柳胺：鸡按每千克体重50～60 mg，火鸡、鸽按每千克体重200 mg，一次口服。

(4)硫双二氯酚：按每千克体重80～100 mg，一次口服。

(5)正十二酸-二丁基锡盐(Dibutyl-tin-dilaurate，商品名为丁锡醇，Butynorate)：为美国食品药品管理局(FDA)批准用于鸡绦虫病防治的唯一药物。市销商品名为Wormal(蠕虫魔)，是丁锡醇与哌嗪和吩噻嗪配成的混合片剂或饲料添加剂颗粒。用法是按每只成年鸡75～125 mg或以0.5%比例加入饲料中，连用2～3 d。

【预防】

(1)消灭中间宿主。对易孳生蚂蚁、金龟子等的场地应做好杀虫工作。场地要坚实、平整，在禽舍附近避免堆放碎石、朽木、垃圾等物品，以杜绝中间宿主的孳生。

(2)定期检查鸡群，及时进行驱虫，消灭传染源。对雏鸡应定期驱虫，在不安全鸡场，蛋鸡开产前1个月要驱虫一次。及时清除粪便和垫料，并进行发酵，杀灭其中的虫卵。

(二)节片戴文绦虫病

节片戴文绦虫病是由戴文科戴文属的节片戴文绦虫(*Davainea proglottina*)寄生于鸡、鸽、鹌鹑十二指肠内而引起的一种绦虫病,分布于世界各地,我国各地均有报道,对雏禽危害较严重。

【病原】节片戴文绦虫(图 7-11)为小型绦虫,虫体全长仅 0.5～3.0 mm,只有 4～9 个节片。整体似舌形,由前往后逐渐增宽。头节细小,顶突呈轮状,其上具有 60～95 个小钩,排成 2 圈。吸盘上具有 3～6 列小棘,但易脱落,一般不易看到。生殖孔有规则地交叉分列于节片的侧缘前部。有睾丸 12～15 个,分布于节片的后半部。卵巢分左右两瓣。孕节中的子宫分裂为许多卵袋,每个卵袋内有一球形的虫卵,直径 28～40 μm,内含六钩蚴。

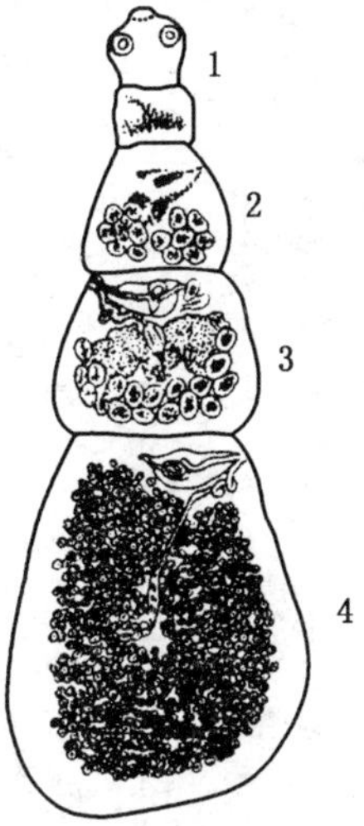

图 7-11　节片戴文绦虫

1.头节　2.未成熟节片

3.成熟节片　4.孕卵节片

【生活发育史】成虫寄生于鸡、鸽、鹌鹑等的十二指肠内,孕节随粪便排出体外,虫卵被陆地蜗牛和蛞蝓类中间宿主所吞食(图 7-12)。在温暖条件下,经 3 周发育为成熟的似囊尾蚴。鸡啄食蛞蝓或蜗牛后,似囊尾蚴在鸡十二指肠中约经 2 周即可发育为成虫并排出孕节和虫卵。

【流行病学】本病主要危害雏鸡,但各种年龄的鸡都能感染。

从宿主体内排出的虫卵在阴暗潮湿的环境中能生存 5 d,这种环境正适宜于蜗牛和蛞蝓类孳生繁衍。曾在一只蛞蝓的消化道中发现 1 500 个以上的似囊尾蚴,且能保持感染力达 11 个月以上。因此,鸡在潮湿温暖的环境中放牧极易感染。成虫在鸡体内可保持生命力达 3 年之久,并不断排出孕节。由于虫体较小,鸡的荷虫量可能很大。曾有报道在一只鸡中发现有 3 000 条以上的虫体。

【致病作用与症状】虫体在鸡十二指肠中依靠头节深入肠壁,可造成微血管破裂,引起肠炎或继发性感染。虫体分泌的毒素可使鸡发生麻痹。对雏鸡,节片戴文绦虫是致病力相当强的一种绦虫,据报道,可引起生长率降低 12%。病鸡表现精神委顿,消瘦,羽毛粗乱、污秽;腹泻,粪便中含有大量黏膜或带血;有时发生两腿至全身的麻痹并致死亡。

【诊断】剖检找到虫体或水洗沉淀法检查粪便中的孕节或虫卵可确诊。由于虫体小,每天仅排出一个孕节,因此应收集一天的粪便进行检查。

【防治】治疗方法和药物可参照赖利绦虫病。鸡舍和运动场要保持洁净干燥,

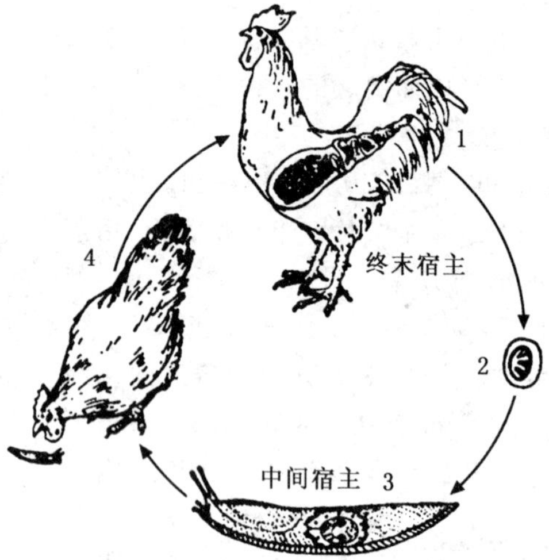

图 7-12　节片戴文绦虫生活发育史

1. 成虫寄生于小肠内　2. 节片随粪便排出，内含六钩蚴
3. 六钩蚴被蛞蝓食入，在其体内形成似囊尾蚴
4. 鸡食入含有似囊尾蚴的蛞蝓而感染

运动场要定期翻耕，多施含钾肥料，以制止软体动物孳生。有本病流行的鸡场，每年应进行 2～3 次定期驱虫。

二、膜壳绦虫病

膜壳绦虫病主要是由膜壳科剑带属的矛形剑带绦虫、皱褶属的片形皱褶绦虫及膜壳属的鸡膜壳绦虫和冠状膜壳绦虫寄生于禽的小肠而引起的一种寄生虫病。散发或呈地方性流行。

【病原】病原主要是矛形剑带绦虫、片形皱褶绦虫和禽膜壳绦虫。

(1)矛形剑带绦虫：寄生于鸭、鹅等水禽的小肠。虫体呈乳白色，体长 6～16 cm。虫体前窄后宽，形似矛头。头节小、呈梨形，上有 4 个圆形或椭圆形的吸盘，其上无棘。顶突上具 8 个小钩。颈节短宽。生殖器官一套。睾丸 3 个，圆形或椭圆形，横列于节片中部偏生殖孔侧(某些变态节片可有 4 个睾丸)。卵巢呈瓣状分支，有左右两部分。孕节中子宫呈长囊状，横列于节片中。成熟的虫卵呈卵圆形，薄而透明，大小为 100 μm×(82～83) μm。主要分布于江苏、江西、福建、四川、湖南、吉林、黑龙江等省。

(2)片形皱褶绦虫：寄生于家鸭、鹅、鸡及其他雁形目鸟类的小肠中。其形态特点是体前部有一个扩展的皱褶状假头节(图 7-13)。假头节长 1.9～6.0 mm，宽 1.5 mm，由许多无生殖器官的节片组成，为虫体的附着器官。虫体全长 20～40 cm。真头节位于假头节顶端，上有 4 个吸盘，顶突上有 10 个小钩。生殖孔位于一侧。卵巢呈网状，串连于全部成节。子宫贯穿整个链体。孕节子宫为短管状，其内充满虫卵。虫卵呈椭圆形，两端稍尖，大小为 131 μm×74 μm。我国台湾、福建、湖北、宁夏等地均有发现。

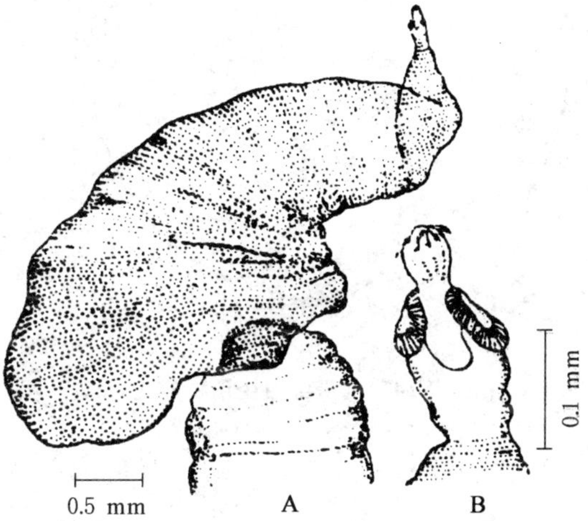

图 7-13 片形皱褶绦虫

A. 假头节 B. 头节

(3)禽膜壳绦虫：寄生于陆栖禽和水禽小肠中。禽膜壳绦虫种类繁多，我国已知的达 20 多种，且分布广泛。寄生于陆栖禽类的代表种为鸡膜壳绦虫，寄生于鸡和火鸡的小肠中，虫体长 3～8 cm，细似棉线。节片多达 500 个，头节纤细，易断裂，顶突无钩，3 个睾丸。寄生于水禽类的代表种为冠状膜壳绦虫，寄生于鸭、鹅及其他水禽的小肠中，虫体长 12～19 cm，顶突上有 20～26 个小钩，排成一圈，呈冠状，3 个睾丸排成等腰三角形。

【生活发育史】矛形剑带绦虫的中间宿主为剑水蚤，片形皱褶绦虫的中间宿主为镖水蚤、剑水蚤等，鸡膜壳绦虫的中间宿主为食粪的甲虫和刺蝇，冠状膜壳绦虫的中间宿主为甲壳类和螺类。

寄生于禽肠道中的成熟虫体定期脱落孕卵节片，孕节和虫卵随宿主粪便排出体外，散出的虫卵被中间宿主吞食后，在其体内发育为成熟的似囊尾蚴。禽食入了含似囊尾蚴的中间宿主后，似囊尾蚴释出，伸出头节，借助于附着器官固着于肠黏膜上，发育为成虫(图 7-14)。

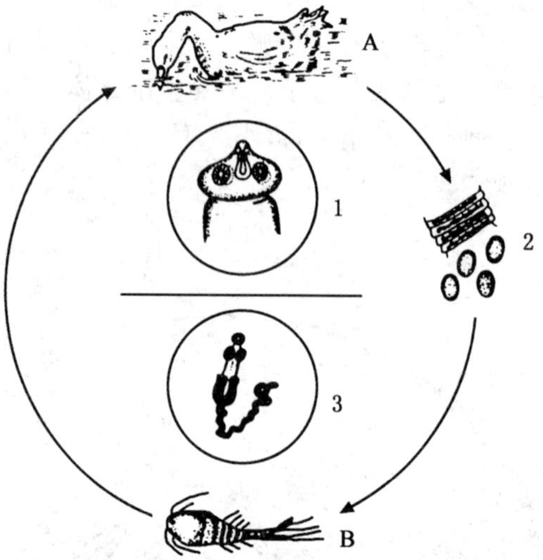

图 7-14 剑带绦虫生活发育史

A. 终末宿主(水禽) B. 中间宿主(剑水蚤)

1. 剑带绦虫头节 2. 孕节及虫卵 3. 似囊尾蚴

【致病作用与症状】膜壳绦虫寄生于禽的小肠，以其吸盘或吻突的小钩固着于肠壁，引起机械损伤和炎症，扰乱消化机能，同时夺取机体大量营养物质，导致病禽出现食欲减退或废绝；腹泻，粪便中有时可见混杂其中的虫体节片；贫血、消瘦，精神委顿。另外，虫体排出的代谢产物可使宿主中毒，引发神经功能异常。雏禽严重感染时可导致死亡。

【诊断】用淘洗法检查粪便，查找虫体节片，或用漂浮法检查粪便中有无虫卵。也可进行诊断性驱虫，必要时可剖检病禽，将肠管放于清水中漂洗，检查虫体。

【治疗】

(1)吡喹酮：按每千克体重 10～20 mg，口服。

(2)丙硫咪唑：按每千克体重 10～15 mg，一次口服或拌料。

(3)氯硝柳胺：按每千克体重 50～60 mg，口服。

(4)氢溴酸槟榔碱：按每千克体重 1～1.5 mg，溶于水中内服。

(5)硫双二氯酚：按每千克体重 30～50 mg，口服。

【预防】

(1)应选择岸边无水草孳生的水池或水流较急的河岸水域放牧,以减少感染。

(2)定期驱虫,消灭病原。在流行地区,成年鹅、鸭应每年春秋放牧结束后和春季开始放牧前各驱虫一次,以驱除体内成虫及防止放牧时虫卵落入水中感染中间宿主。

(3)经常清扫禽舍和运动场,将粪便堆积发酵,杀死虫卵。

第四节 反刍兽绦虫病

一、莫尼茨绦虫病

莫尼茨绦虫病是由裸头科莫尼茨属的扩展莫尼茨绦虫(*Moniezia expansa*)和贝氏莫尼茨绦虫(*M. benedeni*)寄生于牛、羊、骆驼等反刍兽的小肠内而引起的一种重要寄生虫病。本病分布于世界各地,我国各地均有报道,多呈地方性流行。主要危害羔羊和犊牛,影响幼畜生长发育,严重感染时可导致大批死亡。

【病原】在我国,常见的莫尼茨绦虫有两种:扩展莫尼茨绦虫和贝氏莫尼茨绦虫(图 7-15)。它们均为大型绦虫,外观相似。头节小,近似球形,上有 4 个吸盘,无顶突和小钩。体节宽而短,成节内有两套生殖器官,每侧一套,生殖孔开口于节片的两侧。扇形的卵巢和块状的卵黄腺在体两侧构成花环状。睾丸数百个,分布于两纵排泄管间。子宫呈网状。两种虫体各节片的后缘均有横列的节间腺(interproglottidal glands)。虫卵直径 56～67 μm,内含梨形器,梨形器内含六钩蚴。

扩展莫尼茨绦虫长可达 10 m,宽可达 1.6 cm,呈乳白色。一排节间腺呈大囊泡状,沿节片后缘分布,范围大。虫卵近似三角形。

贝氏莫尼茨绦虫长可达 4 m,宽可达 2.6 cm,呈黄白色。节间腺呈小点密布的横带状,位于节片后缘的中央部位。虫卵为四角形。

【生活发育史】莫尼茨绦虫的中间宿主为地螨,易感的地螨有肋甲螨和腹翼甲螨。虫卵和孕节随终末宿主的粪便排至体外。虫卵被中间宿主吞食后,六钩蚴穿过消化道壁,进入体腔,发育成具有感染性的似囊尾蚴(图 7-16)。动物吃草时吞食了含似囊尾蚴的地螨而受感染,在其体内经 45～60 d 发育为成虫。成虫在动物体内的寿命为 2～6 个月,后自动排出体外(图 7-16)。

【流行病学】莫尼茨绦虫为世界性分布,在我国的东北、西北和内蒙古的牧区流行广泛,在华北、华东、中南及西南各地也经常发生,农区较不严重。莫尼茨绦虫主要危害 1.5～8 月龄的羔羊和犊牛。

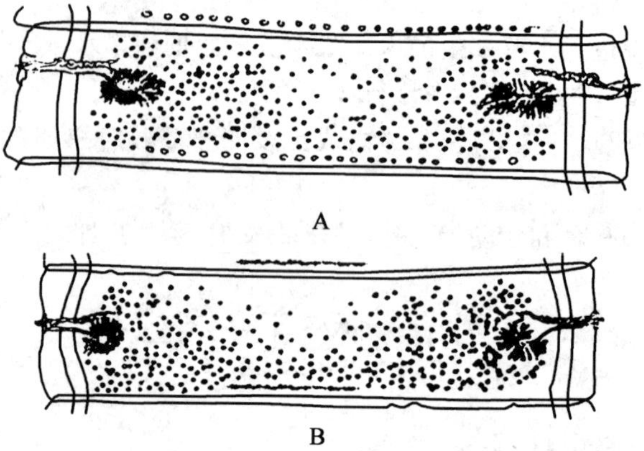

图 7-15 莫尼茨绦虫成节

A. 扩展莫尼茨绦虫 B. 贝氏莫尼茨绦虫

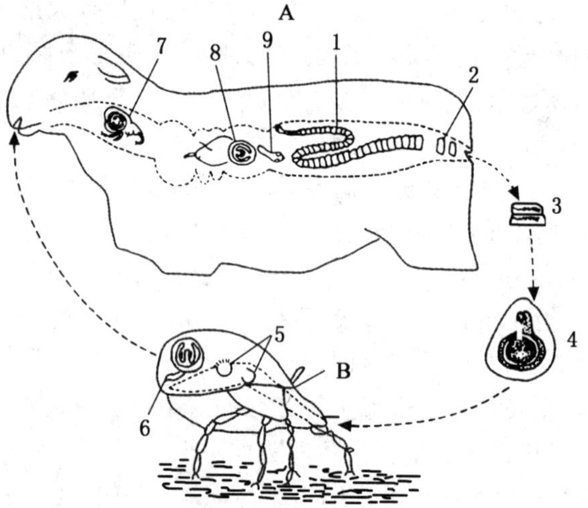

图 7-16 莫尼茨绦虫生活发育史

A. 终末宿主 B. 中间宿主 1. 小肠中的成虫 2. 孕节随粪便排出 3. 孕节 4. 虫卵释出 5. 地螨吞食了虫卵，卵在肠内孵化，六钩蚴移行到体腔发育 6. 发育成熟的似囊尾蚴 7. 地螨被吞食 8. 地螨被消化，似囊尾蚴释出 9. 头节伸出吸附在肠壁上，5～6 周发育为成虫

动物感染莫尼茨绦虫是由于吞食了含似囊尾蚴的地螨。地螨种类繁多，现已

查明有30余种地螨可作为莫尼茨绦虫的中间宿主，其中以肋甲螨和腹翼甲螨感染率较高。地螨在富含腐殖质的林区、潮湿的牧地及草原上数量较多，而在开阔的荒地及耕种的熟地里数量较少。地螨性喜温暖与潮湿，在早晚或阴雨天气时，经常爬至草叶上，干燥或日晒时便钻入土中。雨后牧场上，地螨数量显著增加。成螨在牧地上可存活14～19个月，因此，被污染的牧地可保持感染力达近2年之久。地螨体内的似囊尾蚴可随地螨越冬，所以，动物在初春放牧一开始即可遭受感染。

本病有明显的季节性，这与地螨的习性和分布密切相关。各地主要感染期有所不同，南方感染高峰在4～6月份，北方主要在5～8月份。

【致病作用】莫尼茨绦虫的致病作用主要表现在机械损伤、夺取营养和毒素作用3个方面。

(1)机械损伤：莫尼茨绦虫为大型虫体，长可达10 m，宽可达2 cm以上。大量寄生时，集聚成团，造成肠腔狭窄，影响食糜通过，甚至发生肠阻塞、套叠或扭转，严重时导致肠破裂引起腹膜炎而死亡。

(2)夺取营养：虫体在肠道内生长很快，每昼夜可生长8 cm，必然要从宿主体内夺取大量营养，以满足其生长的需要，故影响幼畜的生长发育，使之迅速消瘦，体质衰弱。

(3)毒素作用：虫体的代谢产物和分泌的毒性物质被宿主吸收后，可引起各组织器官发生炎症和退行性病变，使血液成分改变，红细胞数减少，血红蛋白含量降低，出现低色素红细胞。中毒作用还破坏神经系统和心脏及其他器官的活动。

【症状与病变】莫尼茨绦虫病主要危害幼畜，成年动物一般无临床症状。幼年羊最初的表现是精神不振，消瘦，离群，粪便变软，后发展为腹泻，粪中含黏液和孕节，进而衰弱，贫血。有的病畜有明显的神经症状，如无目的的运动，步样蹒跚，有时有震颤。神经型的莫尼茨绦虫病羊往往以死亡告终。

尸体贫血，消瘦，黏膜苍白。胸腹腔有多量渗出液。肠有时发生阻塞或扭转。肠黏膜出血，小肠内有虫体。

【诊断】根据患病犊牛或羔羊粪球表面有黄白色的孕节，形似煮熟的米粒，孕节涂片检查时，可见到大量灰白色、特征性的虫卵，或用饱和盐水浮集法检查粪便，发现虫卵，结合临床症状和流行病学资料等分析即可确诊。或死后剖检，在小肠内发现虫体亦可确诊。

【治疗】

(1)硫双二氯酚：羊每千克体重75～100 mg，牛每千克体重50 mg，一次口服。

(2)氯硝柳胺(灭绦灵)：羊每千克体重75～80 mg，牛每千克体重60～70 mg，制成10%水悬液灌服。

(3)丙硫咪唑:牛、羊每千克体重 10～20 mg,制成 1%水悬液灌服。

(4)吡喹酮:羊每千克体重 10～15 mg,牛每千克体重 5～10 mg,一次口服。

【预防】由于莫尼茨绦虫病主要危害犊牛和羔羊,因此要做好幼畜的防护。

(1)鉴于幼畜在开春一放牧即可感染,故应在放牧后 4～5 周时进行"成虫期前驱虫",间隔 2～3 周,再进行第二次驱虫。驱虫的对象应是幼畜;但成年动物一般为带虫者,是重要的感染源,因此也应定期驱虫。

(2)污染的牧地,特别是潮湿和森林牧地空闲 2 年后可以净化。

(3)土地经过几年的耕作后,地螨量可大大减少,有利于莫尼茨绦虫病的预防。

(4)避免在湿地放牧,避免在清晨、黄昏和雨天放牧,以减少感染机会。

二、曲子宫绦虫病

曲子宫绦虫病是由裸头科曲子宫属(*Helictometra* 或 *Thysaniezia*)的盖氏曲子宫绦虫(*H. giardi*)寄生于牛、羊的小肠内而引起的疾病。我国许多省区均有报道。

成虫乳白色,带状,体长可达 4.3 m,最宽为 8.7 mm,大小因个体不同有很大差异。头节小,圆球形,直径不到 1 mm,上有 4 个吸盘,无顶突。节片较短,每节内含有一套生殖器官,生殖孔位于节片的侧缘,左右不规则地交替排列。睾丸为小圆点状,分布于纵排泄管的外侧;子宫管状,呈波状弯曲,几乎横贯节片的全部。虫卵呈椭圆形,直径为 18～27 μm,无梨形器,每 5～15 个虫卵被包在一个副子宫器内。

生活发育史不完全清楚,有人认为中间宿主为地螨,还有人实验感染啮虫类(*Psocids*)成功,但感染绵羊未获成功。

动物具有年龄免疫性,4～5 月龄前的羔羊不感染曲子宫绦虫,多见于 6～8 月龄以上及成年绵羊。当年生的犊牛也很少感染,见于老龄动物。秋季曲子宫绦虫与贝氏莫尼茨绦虫常混合感染,发病多见于秋季到冬季。一般情况下,不出现临床症状,严重感染时可出现腹泻、贫血和体重减轻等症状。粪检时可在粪便中检到副子宫器,内含 5～15 个虫卵。

三、无卵黄腺绦虫病

无卵黄腺绦虫病是由裸头科无卵黄腺属(*Avitellina*)的中点无卵黄腺绦虫(*A. centripunctata*)寄生于绵羊、山羊的小肠中而引起的寄生虫病。经常与莫尼茨绦虫和曲子宫绦虫混合感染。中点无卵黄腺绦虫主要分布于西北及内蒙古牧区,西南及其他地区也有报道。

虫体窄而长，可达 2～3 m 或更长，宽度仅 2～3 mm。头节上有 4 个吸盘，无顶突和小钩。节片极短，且分节不明显。成节内有一套生殖器官，生殖孔左右不规则地交替排列在节片的边缘。睾丸位于纵排泄管两侧。卵巢位于生殖孔一侧。子宫呈囊状，在节片中央。无卵黄腺和梅氏腺。虫卵被包在副子宫器内。虫卵内无梨形器，直径为 21～38 μm。

生活发育史尚不完全清楚，有人认为啮虫类为中间宿主，现已确认弹尾目的长角跳虫（*Entomobrya*）为其中间宿主。它食入虫卵后，经 20 d 可在其体内形成似囊尾蚴。羊食入含似囊尾蚴的小昆虫而受感染，在羊体内约经 1.5 个月的发育变为成虫。

绵羊无卵黄腺绦虫病的发生具有明显的季节性，多发于秋季与初冬季节，且常见于 6 月龄以上的绵羊和山羊。有的突然发病，放牧中离群，不食，垂头，几小时后死亡。剖检见有急性卡他性肠炎并有许多出血点，死亡羊只一般膘情均好。

四、棘球蚴病

棘球蚴又名包虫，是带科棘球属的棘球绦虫的中绦期，寄生于牛、羊、猪、马、骆驼等家畜及多种野生动物和人的肝、肺及其他器官内。其引起的棘球蚴病是一种严重的人兽共患病。成虫棘球绦虫，寄生于犬、狼、狐狸等动物的小肠。

棘球蚴蚴体生长力强，体积大，不仅压迫周围组织使之萎缩和发生功能障碍，还易造成继发感染。如果蚴体包囊破裂，还可引起过敏反应，严重时可导致死亡。在动物中，棘球蚴病对绵羊和骆驼的危害最为严重。该病呈世界性分布。

【病原】棘球蚴的形状常因其寄生部位的不同而异，一般近似球形，直径为 5～10 cm，小的仅有黄豆大，巨大的虫体直径可达 50 cm，含囊液 10 余升。棘球蚴的囊壁分为两层，外为乳白色的角皮层，内为生发层（图 7-17）。生发层含有丰富的细胞结构，并有成群的细胞向囊腔内芽生出有囊腔的子囊和原头节，有小蒂与母囊的生发层相连接或脱落后游离于囊液中。子囊壁的构造与母囊相同，其生发层同样可以芽生出不同数目的孙囊和原头节（有些子囊不能长孙囊和原头节，称为不育囊，能长孙囊和原头节的子囊称为育囊）。原头节（protoscolex）和成虫头节的区别是：体积小而无顶突腺。母囊向内芽生子囊，子囊再向内芽生孙囊，且它们都能芽生原头节，所以在一个发育良好的棘球蚴内产生的原头节数可多达 200 万个。

细粒棘球绦虫（图 7-18）寄生于犬科动物的小肠中，虫体很小，全长 2～7 mm，由一个头节和 3～4 个节片构成。头节上有吸盘、顶突，顶突上有 36～40 个小钩。成节含雌雄生殖器官各一套，生殖孔位于节片侧缘后半部，睾丸 35～55 个，卵巢左右两瓣，孕节子宫膨大为盲囊状，其内充满虫卵。虫卵直径为 30～36 μm，外被一

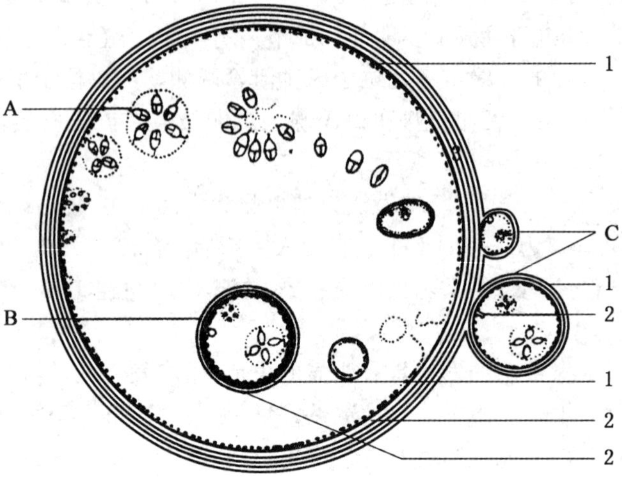

图 7-17 棘球蚴构造模式

A. 生发囊 B. 内生性子囊 C. 外生性子囊

1. 角皮层 2. 生发层

层辐射状的胚膜。

多房棘球绦虫虫体与细粒棘球绦虫相似，但更小，仅 1.2～4.5 mm。顶突上有14～34 个小钩。睾丸 14～35 个。生殖孔位于节片侧缘前半部。孕节内子宫呈袋状，无侧枝。虫卵大小为(30～38) μm×(29～34) μm。

图 7-18 细粒棘球绦虫

【生活发育史】细粒棘球绦虫寄生于犬、狼、狐狸的小肠，虫卵和孕节随终末宿主的粪便排出体外，中间宿主因食入被虫卵污染的饲草、饲料、饮水而感染，虫卵内的六钩蚴在消化道逸出，钻入肠壁，随血流或淋巴散布到体内各处，以肝、肺最常见，经 6～12 个月，发育为具有感染性的棘球蚴(图 7-19)。犬等终末宿主吞食了含有棘球蚴的中间宿主的脏器而感染，经 40～50 d 发育为细粒棘球绦虫。成虫在犬等体内的寿命为 5～6 个月。

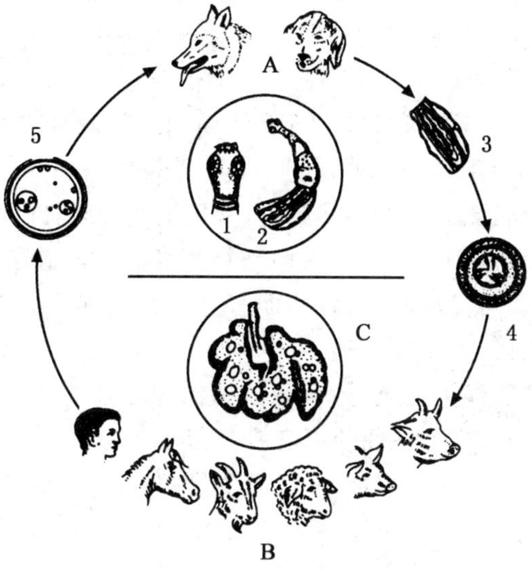

图 7-19 棘球绦虫生活发育史

A. 终末宿主 B. 中间宿主 C. 病变肝脏

1. 头节 2. 成虫 3. 孕节 4. 虫卵 5. 棘球蚴

多房棘球蚴寄生于啮齿类动物的肝脏，在肝脏中发育很快。狐狸、犬等吞食含有棘球蚴的肝脏后经 30～33 d 发育为成虫，成虫的寿命为 3～3.5 个月。

【流行病学】棘球绦虫有 4 种，其中细粒棘球绦虫（*E. granulosus*）和多房棘球绦虫（*E. multilocularis*）在国内有分布，少节棘球绦虫（*E. oligathrus*）和福氏棘球绦虫（*E. vogeli*）主要分布在南美洲，国内未见报道。

细粒棘球蚴病呈世界性分布，尤以牧区为多。我国有 23 个省、市、自治区有报道，西北地区、内蒙古、西藏和四川流行严重，其中以新疆最为严重。绵羊感染率最高，受威胁最大。其他动物，如山羊、牛、马、猪、骆驼、野生反刍兽亦可感染。犬、狼、狐狸是散布虫卵的主要来源，尤其是牧区的牧羊犬。

多房棘球蚴在新疆、青海、宁夏、内蒙古、四川和西藏等地亦有发生，以宁夏为多发区。国内已证实的终末宿主有沙狐、红狐、狼及犬等，中间宿主有布氏田鼠、长爪沙鼠、黄鼠和中华鼢鼠等啮齿类。

两种棘球蚴均感染人，人的感染多因直接接触犬、狐狸，致使虫卵粘在手上而经口感染，或因吞食被虫卵污染的水、蔬菜等而感染，或在处理和加工狐狸、狼等的皮毛过程中感染。

【症状与病变】棘球蚴病症状的轻重取决于棘球蚴的大小、寄生的部位及寄生数量。棘球蚴多寄生于动物的肝脏，其次为肺脏。绵羊棘球蚴 70% 在肝脏，25% 在肺脏，马和牛棘球蚴 90% 以上在肝脏。机械性压迫可使寄生部位周围组织发生萎缩和严重功能障碍，代谢产物被吸收后，使周围组织发生炎症和全身过敏反应，严重者可致死。绵羊对细粒棘球蚴敏感，严重者表现为消瘦、被毛逆立、脱毛、咳嗽、倒地不起，死亡率较高。牛严重感染时，常见消瘦、衰弱、呼吸困难或轻度咳嗽，剧烈运动时症状加重，产奶量下降。各种动物都可因囊泡破裂而产生严重的过敏反应，突然死亡。剖检可见肝脏、肺脏等器官有粟粒大到足球大，甚至更大的棘球蚴寄生。

棘球蚴对人的危害尤为明显，多房棘球蚴比细粒棘球蚴对人的危害更大。人体棘球蚴病以慢性消耗为主，往往使患者丧失劳动能力。

成虫对犬等的致病作用不明显，一般无明显的临床表现。

【诊断】动物棘球蚴病的生前诊断比较困难。根据流行病学资料和临床症状，采用皮内变态反应、IHA 和 ELISA 等方法对动物和人的棘球蚴病有较高的检出率。对动物尸体剖检时，在肝、肺等处发现棘球蚴可以确诊。对人和动物亦可用 X 射线和超声波诊断本病。

【治疗】在早期诊断的基础上尽早用药，方可取得较好的效果。

(1)丙硫咪唑：绵羊每千克体重 90 mg，连服 2 次，对原头蚴的杀虫率为 82%～100%。

(2)吡喹酮：每千克体重 25～30 mg(总剂量为每千克体重 125～150 mg)，每日一次，连用 5 d，有较好的疗效。

人体内的棘球蚴可通过外科手术摘除，也可用吡喹酮和丙硫咪唑等治疗。

对犬棘球绦虫的治疗可采用吡喹酮 5 mg/kg、甲苯咪唑 8 mg/kg 或氢溴酸槟榔碱 2 mg/kg，一次口服。

【预防】预防本病的关键是不以病畜内脏喂犬及对犬定期驱虫，防止其散播病原。

(1)禁止用感染棘球蚴的动物肝、肺等器官组织喂犬。

(2)对家犬和牧羊应定期驱虫，以根除感染源。驱虫后的犬粪，要进行无害化处理，杀灭其中的虫卵。

(3)保持畜舍、饲草、饲料和饮水卫生，防止被犬粪污染。

(4)人与犬等动物接触或加工毛皮时，应注意个人防护，以免感染。

五、牛囊尾蚴病

牛囊尾蚴病是由带科带吻属的肥胖带吻绦虫(*Taeniarhynchus saginatus*)的中绦期——牛囊尾蚴(*Cysticercus bovis*)寄生于牛的肌肉内而引起的一种寄生虫病。肥胖带吻绦虫又称牛带绦虫、无钩绦虫,寄生于人的小肠。牛囊尾蚴又称牛囊虫。本病在人和牛之间传播,属人兽共患病。

【病原】牛囊尾蚴外形与猪囊尾蚴相似,为灰白色、椭圆形半透明囊泡,(5～9) mm×(3～6) mm。囊壁上有一内陷的乳白色头节,头节上有 4 个吸盘,但没有顶突和小钩,这是它与猪囊尾蚴的主要区别。

牛带绦虫体长 5～10 m,最长可达 25 m,由 1 000～2 000 个节片组成。头节上有 4 个吸盘,但无顶突和小钩(图 7-20A)。每个成熟节片(图 7-20B)含有雌雄生殖器官各一组,其生殖孔不规则地交替开口于节片侧缘。睾丸数目为 300～400 个。卵巢分两大叶。孕节(图 7-20C)子宫每侧有 15～30 个分支。每个孕节约含卵 10 万个。

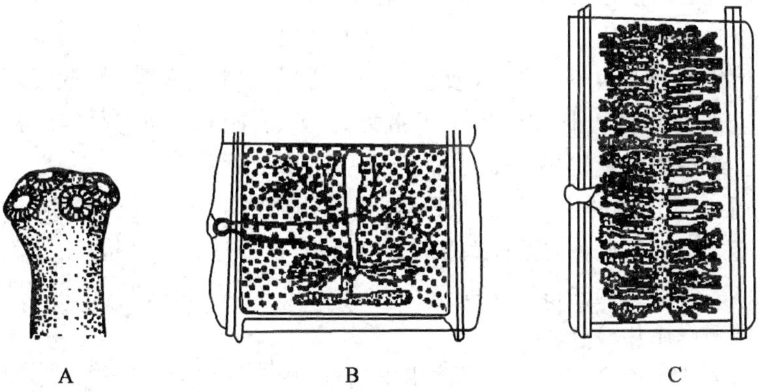

图 7-20 牛带绦虫

A. 头节 B. 成节 C. 孕节

虫卵近圆形,黄褐色,胚膜甚厚,具辐射纹,卵的大小为(30～40) μm×(20～30) μm,内有一个六钩蚴。

【生活发育史】牛带绦虫成虫寄生在人小肠中,孕节能自动地爬出肛门或随粪便排出;虫卵散出,污染饲料、饮水及牧场;中间宿主牛食入虫卵后,六钩蚴在小肠逸出,并钻入肠壁,随血流到达牛的咬肌、心肌、舌肌等各部分肌肉中,经 10～12 周发育为成熟的囊尾蚴。

人食用生的或未煮熟的含有囊尾蚴的牛肉后，囊尾蚴在小肠内经2～3个月发育为成虫。成虫在人体内可生存20～30年，亦有生存60年的报道。

【流行病学】牛带绦虫分布于世界各地，以亚洲和非洲较多，在北美洲和欧洲多零星发生。在我国西藏、内蒙古、四川、贵州、广西等有吃生的或未熟的牛肉习惯的地区呈地方性流行，其余地区多系散发。

牛感染囊尾蚴与人的粪便管理不当有关。凡患牛带绦虫病的病人，所排粪便中必有孕节或虫卵。虫卵在外界可存活200 d以上，如果污染了牧地、饲料与饮水，被牛吞食后就会感染。在牛囊尾蚴流行地区，往往是人们不习惯使用厕所，致使人粪污染牧场、水源的机会增加，还有将粪便直接排在牛栏里的，在这些地方，牛群的囊尾蚴感染率很高，有的地方可高达40%。犊牛较成年牛易感，还发现有经胎盘感染的犊牛。

【症状与病变】牛感染囊尾蚴后初期由于六钩蚴在体内移行，症状明显，表现为体温升高到40～41℃，食欲不振，虚弱，腹泻，甚至导致反刍消失，长时间躺卧，有时可引起死亡。在肌肉内定居和发育时症状即消失。

牛带绦虫可引起人腹痛、腹泻、恶心、消瘦、贫血等症状。

牛囊尾蚴的分布很不均匀，以咬肌、舌肌、心肌、肩胛外侧肌、臀肌、腰肌等处较多。除寄生于肌肉组织外，也可寄生于脂肪、肝脏、肾脏和肺脏等处，在寄生部位形成囊肿块。组织内的囊尾蚴6个月后多已钙化，形成钙化灶。

【诊断】牛囊尾蚴的生前诊断较困难，可采用血清学方法进行诊断。宰后尸体剖检发现囊尾蚴即可确诊，但一般感染度较低，应仔细进行肉品检验。

对人体牛带绦虫病的诊断主要是检查粪便中的孕节和虫卵，也可用棉签拭抹病人肛门周围作涂片检查。

【治疗】牛囊尾蚴治疗困难，可试用吡喹酮、丙硫咪唑或甲苯咪唑。人的牛带绦虫可用氯硝柳胺、吡喹酮、丙硫咪唑等治疗。

【预防】预防本病的关键是不让牛饮食到被人类粪便污染的水和饲料，同时人不吃生的和未熟的牛肉，这样本病基本可以逐渐消灭。

(1)在本病流行区应对人的牛带绦虫病进行普查，对患者必须进行驱虫。

(2)做好人粪便的管理，防止人粪污染牲畜饲料、饮水与牧场；改进牛的饲养管理方法，防止牛接触人粪污染的饲草、饮水等。

(3)加强肉品卫生检验，凡查出有牛囊尾蚴者须无害化处理后才能出售(牛肉肉品常规检验和猪囊尾蚴相同)。

(4)不吃生的或未熟的牛肉，同时生熟菜刀及砧板应分开。

六、脑多头蚴病

脑多头蚴病是由带科带属的多头带绦虫（*Taenia multiceps*）或称多头多头绦虫（*Multiceps multiceps*）的幼虫——脑多头蚴（*Coenurus cerebralis*，又称脑共尾蚴，俗称脑包虫）寄生于牛、羊等反刍兽大脑内所引起的一种寄生虫病。成虫寄生于终末宿主犬、豺、狼、狐狸等的小肠内。幼虫主要寄生于绵羊、山羊、黄牛、牦牛等动物的大脑、延脑、脊髓等处，偶见于骆驼、猪、马及其他野生反刍兽，极少见于人，是危害羔羊和犊牛的一种重要的寄生虫，尤以 2 岁以下的绵羊易感。

【病原】多头带绦虫体长 40～100 cm，节片 150～250 个。头节上有 4 个吸盘，顶突上有 22～32 个小钩，分两圈排列。每个成熟节片（图 7-21A）内有一组生殖器官，生殖孔不规则地交替开口于节片侧缘稍后部。睾丸约 300 个。卵巢分两叶。孕节（图 7-21B）子宫内充满虫卵，子宫每侧有 14～26 个侧枝。卵为圆形，直径 29～37 μm，内含六钩蚴。

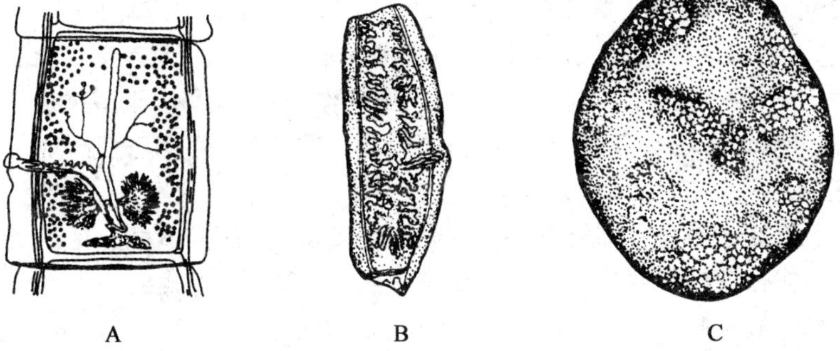

图 7-21　多头绦虫及脑多头蚴

A. 成节　B. 孕节　C. 脑多头蚴

脑多头蚴（图 7-21C）呈乳白色、半透明囊泡状，囊体由豌豆大到鸡蛋大，囊内充满透明液体。囊壁由两层膜组成，外膜为角皮层，内膜为生发层。生发层上有 100～250 个直径为 2～3 mm 原头蚴。

【生活发育史】寄生在终末宿主体内的成虫，其孕节和虫卵随宿主粪便排出体外，牛、羊等中间宿主食入虫卵后，六钩蚴在消化道逸出，并钻入肠黏膜血管内，随血流被带到脑、脊髓中，经 2～3 个月发育为多头蚴。如果被血流带到身体其他部位，则不能继续发育而迅速死亡。犬、狼、狐狸等食肉兽吞食了含有多头蚴的病畜的脑、脊髓后，原头蚴附着在小肠壁上逐渐发育，经 41～73 d 发育成熟。成虫在犬的小肠中可生存数年之久。

【流行病学】本病为全球性分布。欧洲、美洲及非洲绵羊的脑多头蚴病均极为常见；我国北京、黑龙江、吉林、辽宁、新疆、内蒙古、宁夏、甘肃、青海、山西、陕西、江苏、四川、贵州、福建与云南等地均有绵羊多头蚴病分布。

多头蚴病的流行原因和棘球蚴病基本相似，特别在牧区，由于有牧羊犬，若在屠宰羊只时将羊头喂犬，就造成了犬感染多头蚴病的机会；犬排出的粪便，有可能带有病原而污染草场、饲料或饮水，造成多头蚴病的流行。在非牧区，只要有病原存在，有养犬的习惯，绵羊或牛亦均可能感染本病。多头绦虫在犬的小肠中可以生存数年之久，所以一年四季牲畜都有被感染的可能。

【致病作用】感染初期，因虫体移行，机械性地刺激与损伤脑组织，导致脑炎与脑膜炎。随着虫体逐渐增大，虫体在脑内移行逐渐缓慢，继而停止，并固定于寄生部位。这时初期症状消失，患畜在外观上表现正常。但当多头蚴继续发育增大，压迫脑、脊髓时，就会引起脑贫血、萎缩，眼底充血以及脑脊髓液黏度增高，并出现嗜酸性白细胞增多等现象。随着多头蚴不断发育增大，对脑、脊髓的压迫亦随之增强，导致患畜症状逐渐严重，如半身不遂，视神经营养不良，以及运动机能受破坏而出现强迫运动、并发痉挛等。脑多头蚴病的致病作用，不仅局限于多头蚴的寄生部位，尚可波及脑的各部分，甚至间接地影响全身脏器，结果可使患畜出现贫血及恶病质而死亡。

前期急性死亡的病畜剖检可见到有脑膜炎及脑炎病变，还可能见到六钩蚴在脑膜中移行时留下的弯曲痕迹。在后期病程中剖检时，可以找到一个或更多的囊体，有时在大脑、小脑或脊髓表面，有时嵌入脑组织中。与病变或虫体接触的头骨，骨质变薄、松软，甚至穿孔，致使皮肤向表面隆起。靠近多头蚴的脑组织，有时出现坏死。

【症状与病变】前期症状一般表现为急性型，后期为慢性型，后期症状又因病原体寄生部位的不同及其体积增大程度的不同而异。

(1)前期症状：以羔羊的急性型最为明显。感染初期，六钩蚴移行引起脑部炎症，表现为体温高，脉搏、呼吸加快，甚至强烈兴奋，患畜作回旋、前冲或后退运动；有时沉郁，长期躺卧，脱离畜群。部分羊只在 5～7 d 内因急性脑膜炎而死，若耐过急性期则转为慢性症状。

(2)后期症状：急性症状渐次消失之后，有一段时间病状不明显。到感染后2～7 个月，逐渐产生明显的典型症状，且随着时间的推移而加剧。但这种典型症状，亦随囊体寄生部位不同而异。由于虫体寄生在大脑半球表面的出现率最多，其形成的典型症状为“转圈运动”，所以通常又将多头蚴病的后期症状称为“回旋病”。

当多头蚴寄生在大脑半球时，除常向着被虫体压迫的一侧进行“转圈”运动外（多头蚴囊体越大，动物转圈越小），对侧视神经乳突常有充血与萎缩，造成视力障碍以至失明。叩诊头骨，患区有浊音；患部头骨常萎缩变薄，甚至穿孔，该部皮肤隆起，有压痛。病畜精神沉郁，对声音刺激反应弱，严重时食欲消失，身体消瘦，卧地不起，终致死亡。

当多头蚴寄生在大脑正前部，除有上述症状外，病畜脱离畜群（这种表现主要发生在绵羊），常不能自行回转，在碰到障碍物时，即把头抵在物体上呈呆立状。

当多头蚴寄生在大脑后部时，主要典型症状为头高举或作后退运动，甚至倒地不起，且头颈部肌肉痉挛，头向上仰，有时可致头背部相接，如果痉挛仅涉及一侧肌肉，则头偏向一侧。

当多头蚴寄生在小脑时，常使患畜神经过敏，易受惊，对任何喧哗甚至极小的声音均表现不安，以致将头高举，向与声源相反的方向走。四肢作痉挛性或蹒跚的步态，无论站立或运动均常失去平衡，如站立时四肢常外展或内收，行走时步伐常加长，且易跌倒。

当多头蚴寄生在脊髓时，主要表现为步伐不稳，在转弯时甚明显；囊体压力过大时引起后肢麻痹。有时膀胱括约肌发生麻痹，使小便失禁。

但多发病例的症状仍是回旋运动及视神经萎缩，并多以极度消瘦和死亡告终。

【诊断】由于多头蚴病经常有特异的症状，容易与其他疾病相区别，但要注意与某种特殊情况下的莫尼茨绦虫病、羊鼻蝇蚴病以及脑瘤或其他脑病相区分，这些疾病一般不会有头骨变薄、变软和皮肤隆起的现象。也可用 X 光或超声波进行诊断，尸体剖检时发现虫体即可确诊。此外，还可用变态反应原（用多头蚴的囊液及原头蚴制成乳剂）注入羊的上眼睑内作诊断。感染多头蚴的羊于注射 1 h 后，皮肤呈现肥厚肿大（1.75～4.2 cm），并保持 6 h 左右。近年来采用酶联免疫吸附试验（ELISA）诊断，有较强的特异性、敏感性，且没有交叉反应，据报道是多头蚴病早期诊断的好方法。

【治疗】在后期多头蚴发育增大能被发现时，可根据包囊的所在位置，用外科手术将头骨开一圆口，先用注射器吸去囊中液体，使囊体缩小，而后摘除，但这种方法一般只能应用于脑表面的虫体。在深部的囊体，如能采用 X 光或超声波诊断确定其部位，亦有施行手术的可能。

近年来用吡喹酮和丙硫咪唑治疗获得了较好的效果。

【预防】只要不让犬吃到带有多头蚴的牛、羊等动物的脑和脊髓，即可控制此病。

(1)患畜的头颅、脊髓应予烧毁。禁止将病畜的脑、脊髓喂犬。

(2)对犬定期驱虫,对患多头绦虫的犬进行治疗,对犬粪便进行无害化处理。

(3)对野犬、豺、狼、狐狸等终末宿主应予猎杀。

(4)人应养成良好的饮食习惯,尽可能不用手抚摸犬,以免感染。

思考题

1. 叙述绦虫的形态、构造特征和生活发育史。

2. 列表叙述常见绦虫病的病原形态特征,指出其终末宿主、中间宿主及其寄生部位。

3. 简述猪囊尾蚴病的病原特征和生活发育史,以及怎样正确诊断和预防猪囊尾蚴病。

4. 简述鸡和水禽绦虫病的病原发育特性及诊断防制要点。

5. 简述本地反刍兽主要绦虫病的病原形态和生活发育史,以及怎样正确诊断和防治。

6. 犬、猫常见绦虫病有哪些?如何诊断和防治?防治犬、猫绦虫病有何重要意义?

第八章 线 虫 病

第一节 绪 论

线虫病是由线形动物门的多种线虫寄生于动物体而引起的一类寄生虫病。线虫病病原种类繁多，分布广泛，对动物有很大的危害。在动物蠕虫病中约有一半以上为线虫病，且主要以土源性线虫（不需要中间宿主）为主。

一、线虫的形态结构

（一）一般形态

寄生性线虫通常呈圆柱状、棒状或毛发状，不分节，雌雄异体，雄虫通常小于雌虫。

活虫体通常为乳白色或淡黄色，吸血的虫体常呈淡红色或红褐色。

虫体大小差异很大，最小的仅 1 mm 多（如旋毛虫雄虫），最大的长达 1 m 以上（如麦地那龙线虫雌虫）。

虫体分头端、尾端、背面、腹面和侧面。头端一般较钝圆。雌虫尾端较尖锐；雄虫尾端不同程度地弯曲，有交合伞(bursa copulatrix)或其他与生殖有关的辅助结构，与雌虫有显著的区别。虫体体表有口、排泄孔(excretory pore)、肛门和生殖孔(genital pore)。雄虫的肛门和生殖孔合为泄殖腔(cloaca)（图 8-1）。

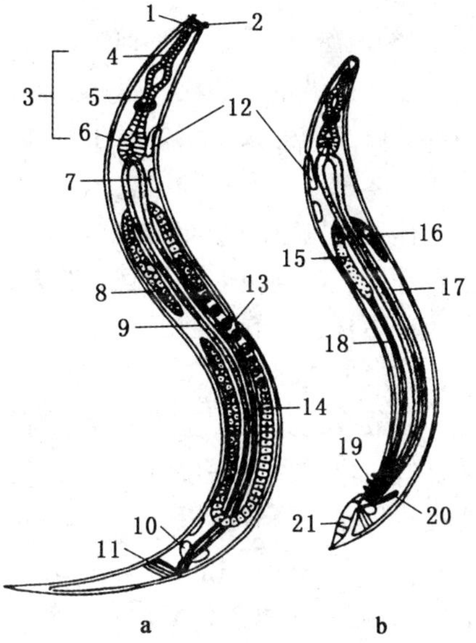

图 8-1 线虫的基本形态（仿汪明等）

a. 雌虫 b. 雄虫

1. 口腔 2. 乳突 3. 食道 4. 体部 5. 狭部 6. 球部 7. 体腔细胞 8. 卵巢 9. 肠道 10. 尾腺 11. 肛门括约肌 12. 排泄腺 13. 阴门 14. 子宫 15. 贮精囊 16. 睾丸 17. 肠道 18. 输精管 19. 生殖乳突 20. 交合刺 21. 交合伞

（二）体壁与体腔

1. 体壁

线虫体壁由角皮层(cuticular layer)、

皮下组织(hypodermis)和肌层(muscular layer)构成。

(1)角皮(cuticle):覆盖体表,透明无结构,由皮下组织的分泌物构成,表面光滑或有横纹、纵纹等。角皮可延续为口囊(buccal capsule)、食道(oesophagus)、直肠(rectum)、排泄孔及生殖管末端的内壁。有些虫体外表还常有由角皮参与形成的特殊构造,如头泡(cephalic vesicle)、颈泡(cervical vesicle)、颈翼(cervical alae)、侧翼(lateral alae)、尾翼(caudal alae)、唇片(1ip)、叶冠(1eaf crown)、交合伞、乳突(papillae)等,有使虫体附着、感觉和辅助交配等功能。这些构造的位置、形状和排列常是分类的依据。

(2)皮下组织:在角皮层下面,是一层原生质,由合胞体(syncytium)细胞组成。在背面、腹面和两侧的中部,原生质相对集中使皮下层增厚,形成 4 条纵索(longitudinal chord),分别称为背索(dorsal chord)、腹索(ventral chord)和侧索(lateral chord)。

(3)肌层:皮下组织下面为肌层,由单层肌细胞组成。线虫只有纵肌,无环肌。肌层被 4 条纵索分割成 4 个区。不同种的线虫肌层结构和肌细胞形态也不同。肌纤维的收缩和舒张使虫体发生运动。在食道和生殖系统还有特殊机能的肌纤维。

2. 体腔

体壁包围着一个充满液体的假体腔(pseudocoel, 缺内脏浆膜层),内有消化、生殖等系统和其他内部器官。腔内的液体中含有蛋白质、脂肪、葡萄糖和某些酶,有的种还含有血红蛋白。

(三)消化系统

多数线虫具有完整的消化系统,由口、咽、食道、肠、直肠、肛门组成。

口孔位于虫体头端,口孔周围有的有唇片围绕,唇片上有感觉乳突。无唇片的线虫有的在口缘有叶冠。口与食道间有口腔,有些线虫的口腔内有角质化的衬里,称口囊(buccal capsule),有的虫种在口囊内有齿、口针(stylet)、切板(cutting plate)。有的线虫无口囊。食道的形状有圆柱状、棍棒状或漏斗状等;有些线虫的食道有一个或两个球状膨大部,称为食道球(oesophageal bulb)。多数线虫的食道壁内藏有食道腺(oesophageal glands),可分泌消化液。有些线虫的食道后端有小胃或盲管。食道后为肠,一般呈管状。肠的后端为直肠,很短,以肛门开口于尾部腹面。雌虫肛门单独开口,雄虫则与射精管(ejaculatory duct)汇合为泄殖腔(图 8-2)。

肛门周围常有乳突,其数目、形状和排列随虫种不同而异,具有分类意义。自肛门或泄殖腔至虫体末端称尾部。有些雄虫尾部有交合伞,有的雄虫则无。不同种雌虫尾部的形态也不相同。

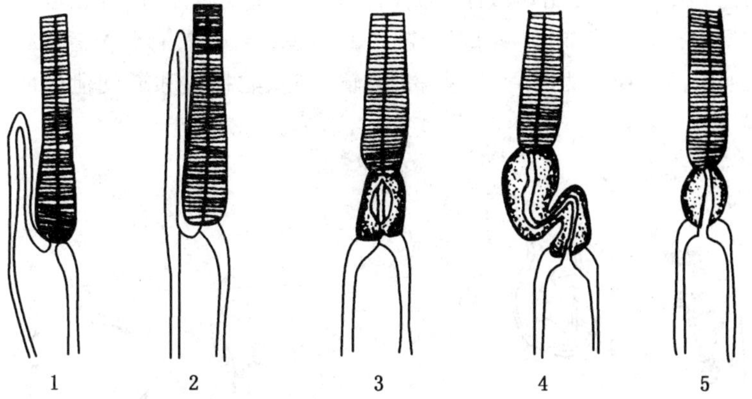

图 8-2　线虫消化道前部构造的部分类型(仿宁长申等)

1,2. 有盲肠的类型乳突　3～5. 有小胃的类型

(四)排泄系统

线虫的排泄系统有腺型和管型之分。无尾感器纲为腺型,常见 1 个大的腺细胞位于体腔内;有尾感器纲为管型;排泄孔通常位于食道部腹面正中线上,同种类线虫位置固定,具有分类意义。

(五)神经系统和感觉器官

在食道部有神经环,相当于神经中枢,是由许多神经纤维连接起来的神经节所组成,由此向前后各发出 6 条神经干,各神经干之间有横联合。在虫体的其他部位还有单个的神经节。

线虫体表还有许多乳突,如头乳突、颈乳突、尾乳突或生殖乳突等,都是感觉器官。此外,线虫还有一种特殊的感觉器官,即位于虫体前端的 1 对头感器或称侧器(amphid),外观呈小孔,内为穴状,有末梢神经分布,可能和感觉化学物质有关,但多数动物性寄生虫的头感器已退化;在尾部有 1 对尾感器(phasmids),尾感器的有无是划分亚纲的重要特征。

(六)生殖系统

线虫雌雄生殖系统均为细长而且迂回曲折的乳白色管状。

雌性生殖器官通常为双管型,少数为单管型,由卵巢、输卵管、子宫、受精囊、阴道和阴门等组成。受精囊是贮精的器官。双管型是指有两组生殖器,分别起自由体的前部和后部,或同起于前部,或同起于后部,最后两条子宫汇合成一条阴道。有些线虫在阴道与子宫之间还有排卵器,可控制虫卵的排出。阴门是阴道的开口,阴门的位置变化很大，可能在虫体腹面的前端、中部或后部，但均在肛门前。有些线虫的阴门被有表皮形成的阴门盖。阴门的形态和位置具有分类意义(图 8-3)。

雄虫生殖器官通常为单管型，由睾丸、输精管、贮精囊和通到泄殖腔的射精管所组成(图 8-4)。

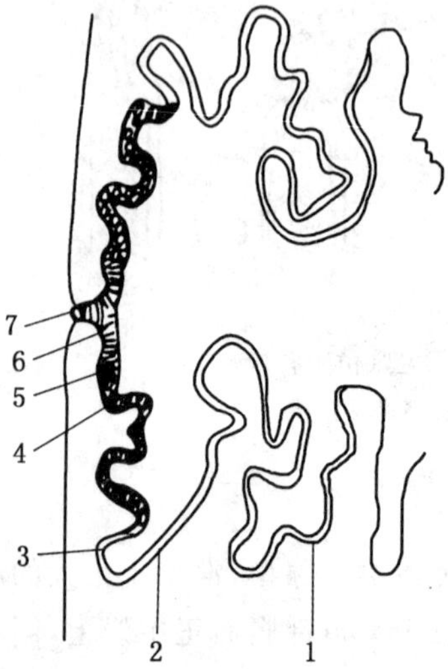

图 8-3　线虫雌虫生殖系统构造

(仿宁长申等)

1. 卵巢　2. 输卵管　3. 受精囊　4. 子宫　5. 排卵器　6. 阴道　7. 阴门

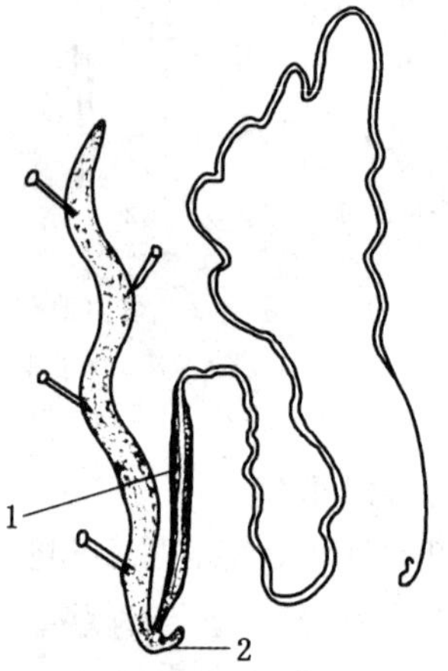

图 8-4　线虫雄虫生殖系统构造

(仿宁长申等)

1. 射精管　2. 尾端

在雄性器官的末端部分常有交合刺(spicule)、引器(gubernaculum)、副引器(telamon)、性乳突和交合伞等辅助交配的器官。交合刺多为 2 根，也有为 1 根的，个别虫种甚至无交合刺。有的雄虫尾翼不发达，其上排列有性乳突，性乳突的形状、排列、大小、数目因虫种而异。有的雄虫尾翼发达，演化为交合伞。交合伞有两个侧叶(有的有一个背叶)，由肌质的肋(rays)支持。肋一般对称排列，分为 3 组，即腹肋(ventral ray system)、侧肋(lateral ray system)和背肋(dorsal ray system)。腹肋 2 对，即腹腹肋(ventro-ventral ray)和侧腹肋(latero-ventral ray)；侧肋 3 对，即前侧肋(antero-lateral ray)、中侧肋(medio-lateral ray)和后侧肋(postero-lateral ray)；背肋包括 1 对外背肋(externo-dorsal ray)和 1 个背肋(dorsal ray)，背肋的远端有时可再分数支(图 8-5)。

交合伞、引器、副引器及交合刺，在交配时能起固定雌虫，撑开阴门便于交合的作用，同时其形状、大小、长短有多种多样的变异，常为线虫分类鉴定的重要依据。

二、线虫的发育

（一）线虫的生殖方式

线虫生殖方式有3种。蛔虫类和毛首线虫类雌虫产出的卵尚未卵裂，处于单细胞期；圆线虫类雌虫产出的卵处于桑葚期，这两种情况称为卵生。后圆线虫类、类圆线虫类和多数旋尾线虫类雌虫产出的卵已处于蝌蚪期阶段，即已形成胚胎，称为卵胎生。旋毛虫类和恶丝虫类雌虫产出的是早期幼虫，称为胎生。

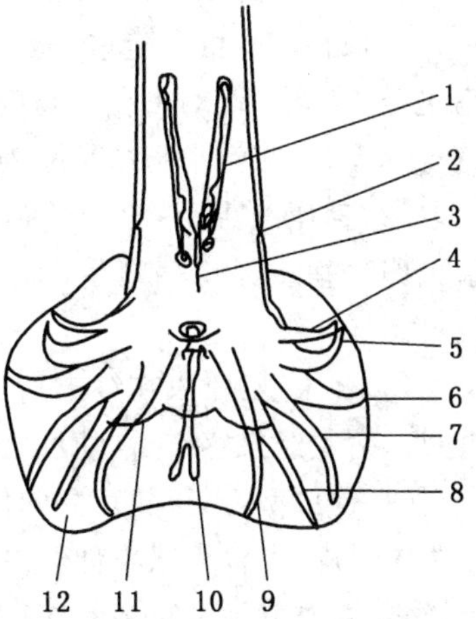

图 8-5　雄线虫交合伞的构造

（仿宁长申等）

1.交合刺　2.伞前乳突　3.引器　4.前腹肋　5.侧腹肋　6.前侧肋　7.中侧肋　8.后侧肋　9.外背肋　10.背肋　11.副伞膜　12.交合伞膜

线虫虫卵的形态、大小及卵壳厚度差异很大。卵壳一般包括3层：内层为薄的脂质层，无渗透性；中层为坚实的几丁质层，许多虫种此层在一端或两端形成卵盖；外层为蛋白质层。蛔虫类的外层又厚又黏，对外环境具有很强的抵抗力。相反，有些线虫的虫卵卵壳很薄。

（二）线虫的发育过程

线虫的发育一般要经过5个幼虫期，4次蜕化，即第1期幼虫，蜕化，变为第2期幼虫，依此类推，第4次（最后一次）蜕化后变为第5期幼虫。只有发育到第5期幼虫，才能进一步发育为成虫。蜕化是幼虫产生一层新角皮，蜕去旧角皮的过程。

雌虫产出的虫卵或幼虫必须在新的环境中（外界或中间宿主体内）继续发育，一般经一次或两次蜕化后才对终末宿主具有感染性（或称侵袭性）。如果蜕化的幼虫已从卵壳内孵出，生活于自然界，即称为感染性幼虫。如果感染性的幼虫仍在卵壳内不孵出，称之为感染性（或侵袭性）虫卵。有的线虫蜕化后旧角皮仍留在幼虫身体表面，称为披鞘幼虫。披鞘幼虫对外界环境的抵抗力较强，也很活跃。

根据线虫在发育过程中要不要中间宿主，可分为无中间宿主的线虫和有中间宿主的线虫。无中间宿主的线虫，幼虫在外界环境（如粪便、土壤等）中直接发育到感染性阶段，所以又称直接发育型线虫或土源性线虫；有中间宿主的线虫，幼虫需要在中间宿主（如昆虫、软体动物等）的体内才能发育到感染性阶段，所以又称间接发育型线虫或生物源性线虫。

1. 无中间宿主线虫的发育

(1)蛔虫型:虫卵随宿主粪便排到外界后,在粪便或土壤中发育为感染性虫卵。宿主经口感染后,幼虫在小肠内孵化,多数种类的幼虫需要在宿主体内经过复杂的移行过程,再回到小肠内发育为成虫,如猪蛔虫。

(2)毛尾线虫型:虫卵随宿主粪便排到外界后,在粪便或土壤中发育为感染性虫卵。宿主经口感染后,幼虫在小肠内孵化出,到大肠发育为成虫,如猪毛尾线虫。

(3)蛲虫型:雌虫在终末宿主肛门周围和会阴部产卵,卵在该处发育为感染性虫卵。宿主经口感染后,幼虫在小肠内孵化出,到大肠发育为成虫,如马尖尾线虫。

(4)钩虫型:虫卵随宿主粪便排到外界后,在外界发育并孵化出第1期幼虫,再经两次蜕皮,发育为感染性幼虫。宿主主要经皮肤感染,此外也能经口感染。感染后,幼虫随血流经过复杂的移行,最终到达小肠发育为成虫,如犬钩虫。

(5)圆线虫型:虫卵随宿主粪便排到外界后,在外界发育并孵化出第1期幼虫,再经两次蜕皮,发育为感染性幼虫。感染性幼虫在土壤或牧草上活动时,被宿主经口食入,幼虫在终末宿主体内经复杂移行或直接到达寄生部位发育为成虫。多数圆线虫均为此类。

2. 有中间宿主线虫的发育

(1)原圆线虫型:雌虫在终末宿主体内产含有幼虫的卵,随即孵出第1期幼虫。第1期幼虫随粪便排到外界后,进入中间宿主——螺体内发育到感染阶段。终末宿主因食入带有感染性幼虫的螺而感染。幼虫在终末宿主肠内逸出后,移行到寄生部位,发育为成虫。如寄生于绵羊呼吸道的原圆线虫。寄生于猪呼吸道的后圆线虫的发育与此相似,但中间宿主为蚯蚓。

(2)旋尾线虫型:雌虫产出含幼虫的卵或幼虫,被中间宿主(节肢动物)食入,幼虫在中间宿主体内发育到感染阶段。终末宿主因吞食带有感染性幼虫的中间宿主或中间宿主将幼虫直接输入到终末宿主体内而感染。以后在不同部位发育为成虫,如猪胃线虫。

(3)丝虫型:雌虫产的幼虫进入终末宿主的血液中,中间宿主(节肢动物)吸血时摄入幼虫,幼虫在中间宿主体内发育到感染阶段。当带有感染性幼虫的中间宿主吸食易感动物(终末宿主)血液时,将感染性幼虫注入其体内。幼虫移行到寄生部位,发育为成虫,如犬恶丝虫。

(4)龙线虫型:雌虫寄生于终末宿主皮下结缔组织中,通过一个与外界相通的小孔,将幼虫产入水中。幼虫在剑水蚤体内发育到感染期。终末宿主因食入剑水蚤而感染。幼虫移行到皮下结缔组织中发育为成虫,如鸟蛇线虫。

(5)旋毛虫型：旋毛虫雌虫在宿主肠壁产幼虫，幼虫进入血液循环，到达横纹肌纤维中发育，形成幼虫包囊。动物因吞食含有幼虫的肌肉而感染，肌肉被消化后，释放出的幼虫在小肠内发育为成虫，成虫再产幼虫，幼虫再随血液循环到达横纹肌寄生。故同一宿主既是终末宿主又是中间宿主。

三、线虫的分类

线虫属线形动物门线虫纲，其下分两个亚纲，即尾感器亚纲和无尾感器亚纲。尾感器亚纲主要包括蛔目、尖尾目、杆形目、圆线目、旋尾目、丝虫目等。无尾感器亚纲主要包括毛尾目和膨结目的线虫。

第二节 猪的线虫病

猪的线虫病主要是由各种线虫寄生于猪的消化系统、呼吸系统、泌尿系统以及肌肉组织等引起的。病原主要有蛔科蛔属的猪蛔虫、毛尾科毛尾属的猪毛尾线虫、毛线科食道口属的多种线虫、后圆科后圆属的线虫、冠尾科冠尾属的有齿冠尾线虫以及毛形科毛形属的旋毛形线虫等。其中猪蛔虫、毛尾线虫、食道口线虫、胃圆线虫、胃线虫、类圆线虫、球首线虫等寄生于猪的消化系统；后圆线虫寄生于猪的呼吸系统；冠尾线虫寄生于猪的泌尿系统；旋毛虫寄生于猪的肌肉组织。

一、猪蛔虫病

蛔虫病是猪的一种常见寄生虫病，是由蛔科(Ascaridae)蛔属(*Ascaris*)的猪蛔虫(*Ascaris suum*)寄生于猪小肠而引起的。本病感染普遍，呈世界性流行，无论是集约化饲养的猪，还是散养均广泛发生，据调查，我国猪群的感染强度为 17%～80%，平均感染强度为 20～30 条，因此猪蛔虫病是仔猪的一种常见多发的重要寄生虫病。本病主要导致仔猪发育不良，生长发育迟缓，增重速度比同等条件下的猪下降 30%。严重时生长发育停滞，形成“僵猪”，甚至造成死亡，因此对养猪业的危害非常严重，是造成养猪业损失最大的寄生虫病之一。

【病原】猪蛔虫是一种大型线虫。虫体呈中间稍粗、两端较细的圆柱状。新鲜虫体为淡红色或淡黄色。口孔由 3 个唇片围绕，呈“品”字形排列，背唇较大，两侧腹唇较小。雄虫长 15～25 cm，宽约 0. 3 cm，尾端常向腹面弯曲，形似钓鱼钩，泄殖孔开口距尾端较近，有 1 对等长的交合刺，长 0. 2～0. 25 cm，无引器。雌虫长 20～40 cm，宽约 0. 5 cm，尾端较直，稍钝，阴门开口于虫体前 1/3 与中 1/3 处附近的腹面中线上，肛门距虫体末端较近(图 8-6)。

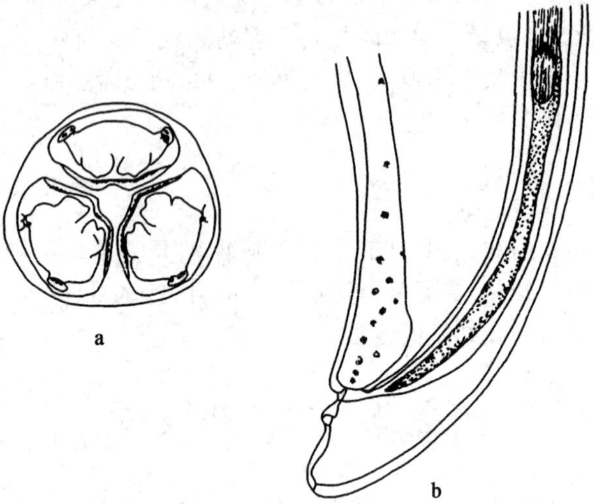

图 8-6　猪蛔虫(仿汪明等)

a. 唇部顶面观　b. 雄虫尾侧面观

虫卵有受精卵和未受精卵之分。受精卵呈短椭圆形，黄褐色，大小为(50～75) μm×(40～80) μm;卵壳厚，由 4 层组成，最外层为凹凸不平的蛋白质膜，向内依次为卵黄膜、几丁质膜、脂膜。刚随粪排出的受精卵内含一个圆形卵细胞，卵细胞与卵壳之间在两端形成新月形空隙。未受精卵呈长椭圆形，大小为 90 μm×40 μm，卵壳薄，蛋白质膜缺乏或很薄且不规则，内容物为油滴状的卵黄颗粒和空泡。

【生活发育史】猪蛔虫为直接发育型的线虫，不需要中间宿主。虫卵随猪粪便排出体外后，在外界适宜的外界(温度、湿度、充足空气等)条件下，单细胞在卵内经 10 d 左右可发育为第 1 期幼虫，进一步蜕化发育，经 13～18 d，卵内形成第 2 期幼虫，此时的虫卵尚无感染力，需在外界经过 3～5 周的发育成熟方具有感染性，即为感染性虫卵。

虫卵在外界的发育过程中，温度对其影响较大，如在 28～30℃条件下，只需 10 d 左右即可发育为第 1 期幼虫;18～20℃时，需 20 d 左右;12～18℃时，需 40 d 左右;而高于 40℃或低于－2℃时，虫卵即停止发育;45～50℃时，虫卵在 30 min 内死亡;55℃时，15 min 即可死亡;60～65℃时只能存活 5 min;在低温环境中，如在－27～－20℃时，感染性虫卵需经 3 周才全部死亡。此外，湿度及氧气对虫卵的发育也有较大影响。

猪食入感染性虫卵后，在小肠中幼虫自卵内释出。大多数幼虫在释出的 2 h

内即钻入肠壁，并陆续进入血管，随血流经门静脉到达肝脏；感染后 4～5 d，在肝脏内进行第 2 次蜕化，形成第 3 期幼虫。第 3 期幼虫随血流经肝静脉、后腔静脉进入右心房、右心室和肺动脉，再经毛细血管进入肺泡；感染后 12～14 d，在肺泡内进行第 3 次蜕化变成第 4 期幼虫，虫体继续发育成为肉眼可见的幼虫。然后幼虫离开肺泡，经细支气管和支气管上行至气管，随黏液到达咽部，通过猪的吞咽，经食道、胃重返小肠。虫体在小肠进行最后一次蜕化，变为第 5 期幼虫（童虫），继续发育为成虫（图 8-7）。

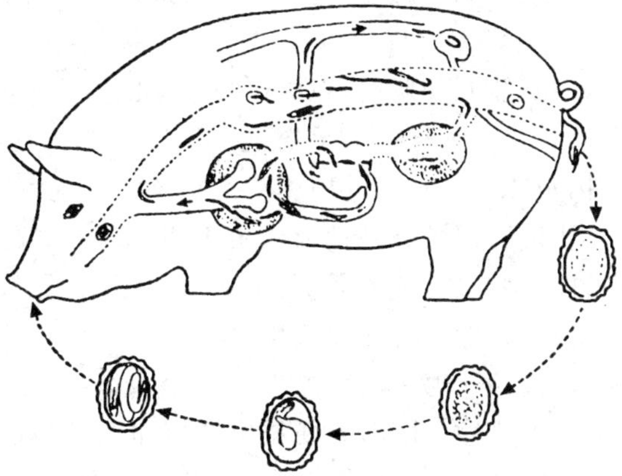

图 8-7 猪蛔虫生活发育史（仿汪明等）

猪从食入感染性虫卵到在小肠内发育为成虫，需 2～2.5 个月的时间。蛔虫在小肠内以黏膜表层物质和肠内容物为食，在猪体内可生存 6 个月，然后可自行随粪便排出。

【流行病学】蛔虫病在饲养管理不良和环境卫生条件差的猪场发病率较高。3～5 月龄的仔猪最容易大量感染蛔虫，感染后症状也较为严重，并常发生死亡。

造成仔猪蛔虫病流行的原因除了蛔虫生活发育史简单外，还包括蛔虫繁殖力强和虫卵对外界因素有较强的抵抗力这两个因素。寄生在猪小肠中的每条雌虫平均每天产卵量可达 10 万～20 万个，旺盛期可达 100 万～200 万个。而且虫卵卵壳厚，表面有一层凸凹不平的蛋白膜，对外界环境具有很强的抵抗力，由于胚胎发育的过程是在卵壳内进行的，其幼虫受到卵壳的保护，因此虫卵能够在外界长期存活（长达 3～5 年），大大增加了感染性虫卵在自然界的累积。而且虫卵还具黏性，易借助食粪甲虫、鞋靴等传播。

【症状与病变】幼虫阶段和成虫阶段引起的症状和病理变化不同。

(1)幼虫阶段:幼虫对猪的主要危害在于体内移行时造成的器官和组织的损伤,其中以对肝脏和肺脏的危害最大。幼虫在肝脏内移行和滞留时,可引起肝组织出血、变性和坏死,肝脏表面形成云雾状、直径约 1 cm 的蛔虫斑(也称"乳斑")。当幼虫移行至肺时,造成肺脏的小点出血和水肿,严重时可继发细菌或病毒感染,引起肺炎。

3～6 月龄猪感染后症状较严重,主要表现为精神沉郁、食欲减退、异嗜、营养不良、贫血;感染严重时表现体温升高、咳嗽、呼吸增快、呕吐和腹泻等症状。病猪伏卧在地,不愿走动。幼虫移行时还引起嗜酸性白细胞增多,出现荨麻疹和某些神经症状。

(2)成虫阶段:成虫寄生在小肠时,对机体的危害也较大。成虫大量寄生时,可夺取宿主大量的营养,从而造成仔猪被毛粗乱、无光泽,生长发育受阻、消瘦等,甚至形成"僵猪"。此外,成虫还可机械性地刺激肠黏膜,引起腹痛。大量蛔虫聚集成团时,可堵塞肠道,严重时可因肠破裂而死。由于蛔虫具有异位游走特性,因此在饥饿、驱虫等应激条件下,蛔虫可进入胆管,造成胆管堵塞,导致黄疸、贫血、呕吐、消化障碍、剧烈腹痛等症状,严重者可导致死亡。

【诊断】蛔虫病的确诊需作实验室检查。对两个月以上的仔猪的生前诊断,可采用漂浮法检查粪便中的虫卵。刚随粪便排出的虫卵有受精卵和未受精卵之分,受精卵为短椭圆形,大小(50～75) μm×(40～80) μm ,卵壳厚,表面凸凹不平,卵内为一圆形卵细胞,卵细胞和卵壳之间的两端有新月形的空隙;而未受精卵较狭长,平均大小为 90 μm×40 μm,卵壳薄,内容物为油滴状的卵黄颗粒和空泡。

由于猪感染蛔虫相当普遍,1 g 粪便中虫卵数达 1 000 个以上时,方可诊断为蛔虫病。

幼虫寄生期由于粪便中尚无虫卵排出,故可采用剖检或血清学方法进行诊断。肝脏和肺脏的特征性病变有助于诊断,用贝尔曼法或凝胶法分离肝、肺或小肠内的幼虫也可确诊。此外,目前血清学方法中,已研制出了特异性较强的 ELISA 检测法。

【治疗】治疗可用下列药物:

(1)丙硫咪唑(阿苯哒唑):按每千克体重 10 mg,口服。

(2)硫苯咪唑(芬苯哒唑):按每千克体重 3 mg,连用 3 d。

(3)氟苯咪唑:按每千克体重 30 mg 混饲,连用 5 d;或 5 mg 一次口服。

(4)甲苯咪唑:按每千克体重 10～20 mg,混饲。

(5)左旋咪唑:按每千克体重 10 mg,喂服或肌肉注射。

(6)伊维菌素:针剂,按每千克体重 0.3 mg,一次皮下注射;预混剂,每天

0.1 mg,连用 7 d。

(7)多拉菌素:针剂,按每千克体重 0.3 mg,一次肌肉注射。

【预防】本病的预防措施主要是对带虫猪驱虫、及时清除粪便、搞好环境卫生、预防仔猪感染等。

定期驱虫对于预防蛔虫病具有重要作用。散养育肥猪可在 3 月龄和 5 月龄各驱虫一次。规模化养猪场,首先要对全群猪进行驱虫,以后公猪每年至少驱虫两次,后备猪在配种前驱虫一次,母猪在产前 1~2 周驱虫一次,仔猪转圈时驱虫一次,新引进的猪须驱虫后再和其他猪并群。

为减少蛔虫卵对环境的污染,应及时清除粪便,并尽量将猪的粪便和垫草在固定地点堆积发酵。同时应保持猪舍及运动场地的清洁卫生;产房和猪舍在进猪前都需进行彻底清洗和消毒;母猪转入产房前要用温肥皂水清洗全身,以免由于粪便污染乳头导致仔猪感染。

二、毛尾线虫病(鞭虫病)

猪鞭虫病是由毛尾科(Trichuridae)毛尾属(*Trichuris*)的猪毛尾线虫(*Trichuris suis*)寄生于猪的大肠(主要是盲肠)而引起的一种寄生虫病。由于虫体前端细长像鞭梢,后端粗短像鞭杆,故又称鞭虫。本病呈世界性分布,我国各地均有报道。集约化饲养的猪及散养的猪均有发生。主要危害仔猪,严重感染时可导致死亡。此外,也可寄生于野猪、人和猴。

【病原】成虫为乳白色。前端细长,呈毛发状,内为单细胞的食道,约占体长的 2/3;后部粗短,内为肠管及生殖器官。寄生时,毛发状前端深陷在盲肠肠黏膜内,粗短的后端游离于肠腔中。雄虫长 20~52 mm,尾部卷曲,交合刺 1 根,具鞘;雌虫长 39~53 mm,后端钝圆,阴门位于粗细交界处(图 8-8)。

虫卵为黄褐色,腰鼓形,卵壳厚,两端具塞,大小为(52~61) μm×(27~30) μm,处单细胞期。

【生活发育史】鞭虫为直接发育型线虫。虫卵随粪便排出体外后,在适宜的外界(温度、湿度等)条件下,经 3~4 周发育为内含第 1 期幼虫的感染性虫卵。猪经口食入感染性虫卵后,第 1 期幼虫在小肠内释出,钻入肠绒毛间发育,然后移行至盲肠和结肠内,再钻入肠腺内发育。成虫后端游离于肠腔中,前部固着于肠黏膜上发育。成虫的寿命为 4~5 个月。

【致病作用和病变】毛尾线虫以头部深入肠黏膜,广泛地引起盲肠和结肠的肠卡他性炎症,有时有出血性炎症。严重时,可见盲肠和结肠黏膜有出血性坏死、水肿和溃疡,并可形成小结节。结节有两种:一种质软有脓,虫体前部埋入其中;另一

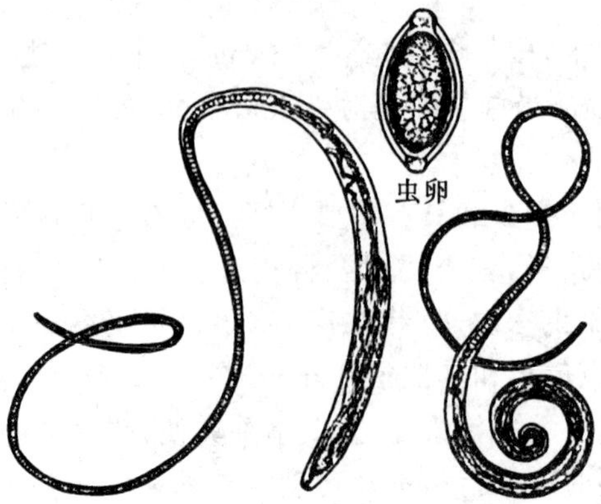

图 8-8 猪毛尾线虫成虫和虫卵

种在黏膜下，呈圆形包囊状。其他部分的黏膜，也有虫体引起的特征性反应，如血管扩张、淋巴细胞浸润、水肿和过量的黏液。

【症状】轻度感染时，无明显的症状。严重感染时，虫体布满盲肠黏膜，吸血时损伤肠黏膜，故可引起机体食欲不振、贫血、消瘦、顽固性下痢，粪便中常带有血液及脱落的黏膜。此外，本病还容易继发细菌及结肠小袋纤毛虫感染。

【诊断】本病的生前诊断可采用漂浮法，发现特征性的虫卵即可确诊。虫卵呈腰鼓状，棕黄色，两端有卵塞。由于鞭虫产卵极少，故粪便虫卵计数的意义不大。此外，剖检在盲肠上发现病变或虫体也可确诊。

【防治】羟嘧啶为驱除鞭虫的特效药，可按 2 mg/kg 体重拌料或口服。大部分驱虫药对猪毛尾线虫的效果不如对猪蛔虫的效果好。预防可参见猪蛔虫病。

三、食道口线虫病（结节虫病）

由盅口科（Cyathostomidae）食道口属（*Oesophagostomum*）的线虫寄生在猪的结肠内所引起的一种以结肠炎和肠壁结节为特征的寄生虫病。虫体致病力较轻微，只有在严重感染情况下才引起结肠炎。猪体内的食道口线虫有 3 种，分别为有齿食道口线虫（*Oe. dentatum*）、长尾食道口线虫（*Oe. longicaudum*）和短尾食道口线虫（*Oe. brevicaudum*）。由于食道口线虫的幼虫能在宿主肠壁上形成结节，故又称结节虫。本病感染较为普遍，是目前我国规模化猪场流行的主要线虫病之一。

【病原】猪的食道口线虫常见的虫种有下列几种：

(1)有齿食道口线虫：虫体呈乳白色，口囊浅，头泡膨大。雄虫长 8～9 mm，交合刺长 1.15～1.30 mm；雌虫长 8～11.3 mm，尾长 0.35 mm。

(2)长尾食道口线虫：虫体呈灰白色，口囊较深宽，口领膨大。雄虫长 6.5～8.5 mm，交合刺长 0.9～0.95 mm；雌虫长 8.2～9.4 mm，尾长 0.4～0.46 mm。

(3)短尾食道口线虫：雄虫长 6.2～6.8 mm，交合刺长 1.05～1.23 mm；雌虫长 6.4～8.5 mm，尾长仅 0.08～0.12 mm(图 8-9)。

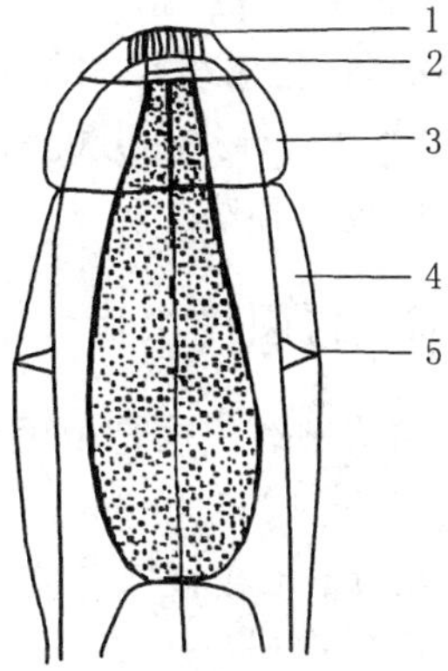

图 8-9 食道口线虫前部构造图

(仿汪明等)

1. 叶冠 2. 口领 3. 头泡
4. 颈翼 5. 颈乳突

【生活发育史】成虫寄生于猪的结肠内，雌虫所产虫卵随粪便排出后，在外界适宜的条件下，经两次蜕皮，发育为感染性幼虫(第 3 期幼虫)。猪因食入感染性幼虫而感染。幼虫在感染后 1～2 d 内移行至结肠侵入黏膜深部，导致肠壁形成 1～6 mm 的结节；在感染后 6～10 d，幼虫在结节内第 3 次蜕化，形成第 4 期幼虫；之后返回肠腔，再次蜕化形成第 5 期幼虫。感染后 1～2 个月发育为成虫。

【流行病学】集约化方式饲养的猪和散养的猪都有本病的发生，成年猪被寄生的较多。潮湿的猪舍感染较多，因潮湿的环境有利于虫卵和幼虫的发育和存活。虫卵和幼虫对干燥和高温的耐受性较差，60℃下，虫卵可迅速死亡。感染性幼虫可以越冬。

【症状与病变】轻度感染时，不表现临床症状；严重感染时，才发生结节性肠炎。

幼虫对大肠壁的机械刺激和毒性物质的作用，可使肠壁上形成粟粒状的结节。如结节在浆膜面破裂，可引起腹膜炎；在黏膜面破裂则可形成溃疡，引起顽固性肠炎，继发细菌感染时可导致弥漫性大肠炎。患猪表现食欲减退、贫血、消瘦、腹痛、腹泻，粪便中常带有脱落的黏膜。

成虫阶段的致病性较轻微，但会影响增重和饲料转化。严重感染时，由于虫体对肠壁的机械损伤和毒性物质作用，可引起渐进性贫血和虚弱，甚至导致死亡。

【诊断】采用漂浮法检查粪便中的虫卵或培养粪便检查幼虫即可确诊。虫卵呈椭圆形，卵壳薄，内有胚细胞，但易与红色猪圆线虫卵相混淆，若采用粪便培养至第 3 期幼虫即可鉴别。食道口线虫幼虫短而粗(0.6 mm)，尾鞘长；而红色猪圆线虫幼虫长而细(0.8 mm)，尾鞘短。

【防治】轻度感染时无须驱虫,严重感染时应进行驱虫。常用的驱线虫药对成虫均有效,但对组织中幼虫有效的药物很少,所以要重复用药,间隔时间一般为1～2个月。母猪在分娩前1周用药,仔猪在出生后1个月驱虫,可有效地防止仔猪的感染。预防参见猪蛔虫病。

四、胃圆线虫病

猪胃圆线虫病是由毛圆科(Trichostrongylidae)猪圆线虫属(*Hyostrongylus*)的红色猪圆线虫(*H. rubidus*)寄生在猪胃黏膜内而引起的一种以胃炎和继发代谢紊乱为特征的寄生虫病。本病多发生于散养猪。

【病原】虫体纤细,呈红色。头部细小,有颈乳突。雄虫长4～7 mm,交合伞侧叶大,而背叶小,有两根等长的交合刺。雌虫长5～10 mm,阴门位于肛门稍前。虫卵壳薄,呈长椭圆形,灰白色,大小为(65～83) μm×(33～42) μm(图8-10)。

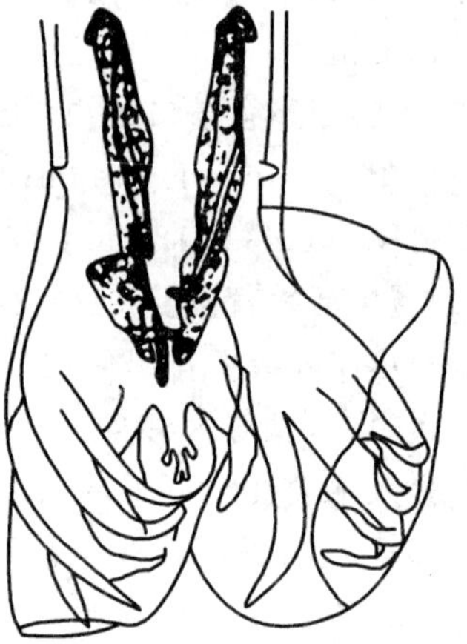

图8-10　红色猪胃圆线虫雄虫尾部腹面观(仿宁长申等)

【生活发育史】红色猪圆线虫是直接发育型线虫。成虫寄生于猪胃底部的小弯处。雌虫在胃内产卵,卵随粪便排到外界,在适宜的外界条件下(温度、湿度等)孵出幼虫,经两次蜕皮(约7 d)发育为感染性幼虫。猪经口感染,幼虫到胃腔后,侵入胃腺窝,发育2周,经两次蜕皮,重返胃腔。经17～19 d发育为成虫。

【流行病学】虫卵和幼虫在外界抵抗力弱,不耐干燥和低温。幼虫在4～5℃中,3 d死亡;在干燥的情况下,只能保持4 h的活力。各种年龄的猪均可感染,但主要是仔猪和架子猪易感,哺乳母猪较不哺乳母猪易感。我国江苏、浙江、广东、云南、湖南等地均有报道。

【症状与病变】轻度感染时,无明显的临床症状;严重感染时,由于虫体的机械刺激、吸血以及毒性物质的作用,引起胃黏膜广泛性出血、溃疡,胃腺肥大,形成结节;患猪表现食欲减退,渴欲增加,腹泻,排带血黑粪便,生长发育受阻,贫血、消瘦。剖检可见胃底部黏膜红肿或覆以痂膜。胃内有大量黏液,胃腺扩张肥大,形成扁豆大的扁平突起或圆形结节。虫体游离于胃内或部分钻入胃黏膜内。

【诊断】用漂浮法找到粪便中的虫卵或剖检患猪在胃内找到红色细小的虫体即可确诊。虫卵形态与食道口线虫卵相似,须培养到第3期幼虫后,方可鉴别。

【防治】治疗参见蛔虫病。预防应做到夏秋季节对散养猪定期驱虫；保持猪舍、运动场清洁、干燥；及时清除粪便，并对粪便进行生物热处理；加强饲养管理，提高猪的抗病力。

五、胃线虫病

猪胃线虫病是由旋尾目(Spirurida)似蛔科(Ascaropsidae)似蛔属(*Ascarops*)的圆形似蛔线虫(*A. strongylina*)和有齿似蛔线虫(*A. dentata*)、泡首属(*Physocephalus*)的六翼泡首线虫(*P. sexalatus*)、西蒙属(*Simondsia*)的奇异西蒙线虫(*S. paradoxa*)和颚口科(*Gnathostomatiidae*)颚口属(*Gnathostoma*)的刚棘颚口线虫(*G. hispidum*)等寄生于猪胃内而引起的一中寄生虫病。在我国，本病主要发生于南方某些省的散养猪。

【病原】引起本病的虫种较多，现分别叙述如下。

(1)圆形似蛔线虫：咽壁上有三或四叠的螺旋形角质厚纹。虫体左侧有一个颈翼膜。雄虫长 10～15 mm，右侧尾翼膜大，约为左侧的 2 倍；有 4 对肛前乳突和 1 对肛后乳突。左交合刺长 2.24～2.95 mm，右交合刺长0.46～0.62 mm，形状不同。雌虫长 16～22 mm，阴门位于虫体中部的稍前方。卵壳厚，外有一层不平整的薄膜，内含幼虫(图 8-11)。

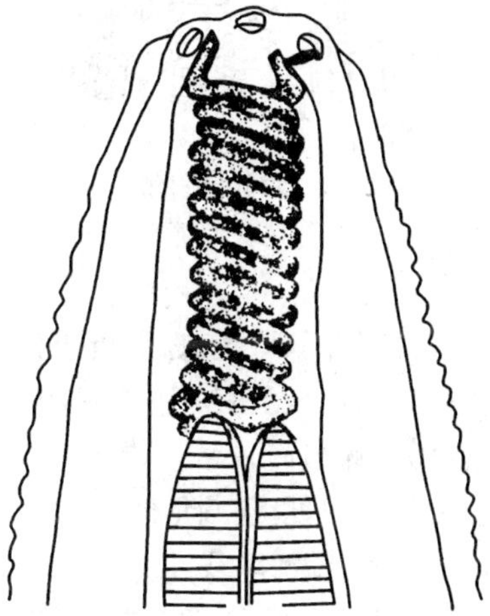

图 8-11　圆形似蛔线虫头部(仿汪明等)

(2)有齿似蛔线虫：比圆形似蛔线虫大，雄虫长约 25 mm，雌虫长约 55 mm。口囊前部有 1 对齿。

(3)六翼泡首线虫：口小，无齿。虫体前部(咽区)角皮略为膨大，其后每侧有 3 个颈翼膜。颈乳突的位置不对称。咽壁中部有圆环状的增厚，前、后部则为单线的螺旋形增厚。雄虫长 6～13 mm，尾翼膜窄，对称；有泄殖孔前、后乳突各 4 对。交合刺 1 对，不等长，左侧的长 2.1～2.25 mm，右侧的长 0.3～0.4 mm。雌虫长 13～22.5 mm，阴门位于虫体中部的后方。虫卵(34～39) μm×(15～17)μm，壳厚，内含幼虫(图 8-12)。

(4)奇异西蒙线虫：口腔内有 1 背齿和 1 腹齿。有 1 对颈翼。雄虫长 12～15 mm，尾部呈螺旋状卷曲，游离于胃腔或部分埋入胃黏膜中。孕卵雌虫长

15 mm，前部纤细，游离于胃腔中，后部呈球形，嵌入宿主胃壁中的包囊内。卵呈圆形或椭圆形，长 20～29 μm(图 8-13)。

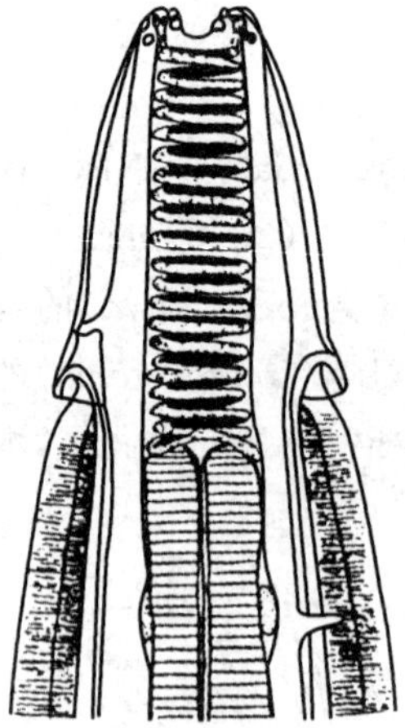

图 8-12 六翼泡首线虫头部
(仿汪明等)

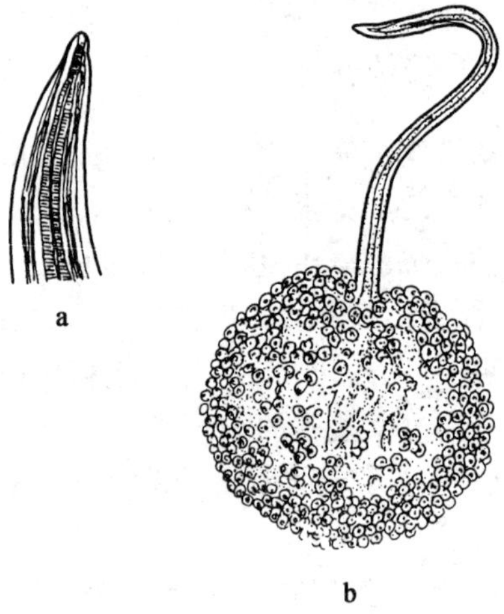

图 8-13 奇异西蒙线虫雌虫(仿汪明等)
a. 头部 b. 雌虫全形

(5)刚棘颚口线虫：新鲜虫体呈淡红色，表皮薄，可见体内的白色生殖器官。头端膨大呈球形，上有 11 横列小棘。全身都有小棘排列成环；体前部的棘大而稀疏，体后部的棘细而致密。雄虫长 15～25 mm，有交合刺 1 对，不等长。雌虫长 22～45 mm。虫卵呈椭圆形，黄褐色，一端有帽状结构。

(6)陶氏颚口线虫：雄虫长 20～38 mm，雌虫长 27～52 mm。虫卵(52～67) μm×(31～37) μm，两端各具 1 个透明的突起。

【生活发育史】成虫在猪胃内寄生，虫卵随猪粪便排至外界，被中间宿主食粪甲虫、剑水蚤等采食后，在其体内发育为感染性幼虫。猪由于采食了含感染性幼虫的中间宿主而感染。幼虫钻入胃黏膜内发育为成虫。

似蛔科线虫的中间宿主为食粪甲虫(金龟属、食粪属等)，颚口科线虫的中间宿主为剑水蚤。当含感染性幼虫被不适宜的宿主采食后，幼虫可在这些宿主体内形成包囊。猪也可因采食这些贮藏宿主而感染。

【症状】一般无明显的临床症状。严重感染时，或因其他因素导致猪的抵抗力下降时，可引起黏膜发炎、增厚，有时形成溃疡。病猪呈慢性或急性胃炎症状，表现为食欲不振，渴欲增加，生长发育受阻、消瘦，甚至死亡。

【诊断】粪便检查发现虫卵，或剖检时从猪胃中发现虫体结合临床症状即可确诊。但因虫卵数量不多，造成生前诊断比较困难。似蛔线虫的虫卵大小(34～39) μm×(15～20) μm，卵壳厚，内含幼虫。颚口线虫的虫卵为椭圆形，黄褐色，一端有帽状结构，大小为(72～74) μm×(39～42) μm。

【防治】治疗可试用左咪唑。对似蛔线虫的预防应做到每日清除粪便，并进行堆积发酵，搞好猪舍及运动场地的卫生，尽可能减少猪接触食粪甲虫的机会；对颚口线虫的预防，除上述措施外，还应禁止放牧猪群在池塘边饮水、采食，防止猪吃到中间宿主剑水蚤。

六、类圆线虫病(杆虫病)

类圆线虫病又称杆虫病，是由类圆科(Strongyloididae)类圆属(*Strongyloides*)的兰氏类圆线虫(*S. ransomi*)寄生于仔猪小肠黏膜内而引起的一种寄生虫病。主要引起3～4月龄仔猪严重的肠炎、消瘦、生长发育迟缓，严重时可造成死亡。

【病原】兰氏类圆线虫只有孤雌生殖的雌虫。虫体细小，乳白色，长3.1～4.6 mm，食道较长，占虫体长的1/3，子宫和肠管相互缠绕位于虫体后部。虫卵大小为(42～53) μm×(24～32) μm。

【生活发育史】孤雌生殖的雌虫在宿主小肠内产含幼虫的卵，卵随粪便排出体外，在外界环境中很快孵出第1期幼虫，这时的幼虫食道短，有两个膨大部，称杆虫型幼虫。杆虫型幼虫在外界的发育有直接和间接两种类型。在不适宜的外界环境条件下(温度低于25℃，营养环境不合适)杆虫型幼虫进行直接发育，发育成具有感染性的丝虫型幼虫，这种幼虫食道长，呈柱状，无膨大部。在适宜的条件下杆虫型幼虫进行间接发育，变为自由生活的雌虫和雄虫，交配后，雌虫产含第1期幼虫的卵，幼虫在外界孵出后再进行直接或间接发育，重复上述过程。两种发育方式可以在外界的粪便和土壤中同时进行。只有丝虫型幼虫对猪具有感染性。仔猪可经皮肤或经口感染。通过皮肤感染时，幼虫进入血管内，经血液循环到心、肺、肺泡、支气管、气管再到咽，被吞咽到达小肠，发育为成虫。经口感染时，幼虫从胃黏膜钻入血管，以后的移行途径同皮肤感染。

【流行病学】温暖潮湿的环境有利于兰氏类圆线虫的发育和存活，故本病多流行于温暖潮湿的夏季。猪圈卫生不良且潮湿时，流行比较普遍。主要是1月龄左右的仔猪感染率高，2～3月龄后逐渐减少。

【症状与病变】本病主要危害仔猪。当大量感染时，仔猪表现消化障碍、呕吐、腹泻、腹痛，粪便中带有血液和黏液。皮肤上出现湿疹。病猪消瘦、贫血，最后多因极度衰竭而死。

死后剖检，病变主要限于小肠，可见小肠黏膜充血、出血、溃疡，肠内容物恶臭，呈白色水样。

【诊断】用饱和盐水漂浮法检查刚排出的新鲜粪便(夏季不超过 5～6 h)，发现虫卵即可确诊。也可将粪便放置 5～15 h 后，采用贝尔曼氏幼虫检查法，发现幼虫即可确诊。也可刮取十二指肠黏膜，压片镜检，发现大量雌虫即可确诊。

【治疗】治疗可用下列药物：

(1)丙硫咪唑：按每千克体重 7～10 mg，拌料一次投服。

(2)左旋咪唑：按每千克体重 10 mg，拌料一次投服。

(3)噻苯唑：按每千克体重 50 mg，拌料一次投服。

(4)伊维菌素：按每千克体重 0.2～0.4 mg，一次注射。

【预防】保持猪圈及周围环境地面的干燥、清洁是预防本病的关键。经常用沸水或石灰水消毒地面和用具。病猪应及时隔离。带仔母猪的乳头要经常清洗。母猪产前 4～6 d 可应用伊维菌素类药物驱除体内的类圆线虫。

七、球首线虫病

猪球首线虫病是由钩口科(Ancylostomatidae)球首属(*Globocephalus*)的多种线虫寄生虫于猪的小肠内引起的。虫体短粗，口囊呈球形或漏斗状，外缘为一角质环，无叶冠和齿。靠近口囊基底通常有 1 对亚腹齿。背沟显著。交合刺纤细。雌虫尾端尖刺状。阴门位于虫体后部。虫卵为卵圆形，灰色，卵壳薄，大小为(58.5～61.7) mm×(34～42.5) mm。常见的种有：

(1)长尖球首线虫(*G. longemucronatus*)：雄虫长 7 mm，雌虫长 8 mm。口囊内无齿。

(2)萨摩亚球首线虫(*G. samoensis*)：雄虫长 4.5～5.5 mm，雌虫长 5.2 mm～5.6 mm。口囊内有两个齿。

(3)锥尾球首线虫(*G. urosubulatus*)：雄虫长 4.4～5.5 mm，雌虫长 5～7.5 mm。口囊内有两个亚腹齿。

生活发育史与致病力和其他钩虫相似。可引起贫血、肠卡他，肠黏膜有时有出血点。严重感染时，可引起消瘦和消化机能紊乱。可用粪便检查法发现虫卵。怀疑有钩虫时，可给猪以轻泻性饲料或泻剂，拉稀时检查粪便，易于发现虫体。可用噻苯唑或伊维菌素等药物驱虫。预防应注意猪舍卫生，及时清扫粪便并保持饲料和饮水清洁卫生。

八、后圆线虫病(肺线虫病)

猪后圆线虫病是由后圆科(Metastrongylidae)后圆属(*Metastrongylus*)的线虫寄生于猪的支气管和细支气管内所引起的一种以咳嗽、呼吸困难、生长发育障碍等为特征的寄生虫病,又称肺线虫病。本病在我国各地广泛存在,常呈地方性流行,但规模化猪场一般不发生。本病对幼猪危害很大。

猪呼吸系统线虫病主要是由多种后圆线虫引起的。有些线虫的幼虫在猪体内移行时经过肺脏,可在呼吸系统短暂寄生,如猪蛔虫、兰氏类圆线虫、猪肾虫等,但成虫寄生于猪呼吸系统的只有后圆线虫。

【病原】虫体呈乳白色或灰白色丝状,所以又称肺丝虫。口囊小,有 1 对分三叶的侧唇。食道呈棍棒状。雄虫交合伞侧叶大,背叶小,交合刺细长。雌虫阴门靠近肛门。我国常见的后圆线虫有 3 种,即野猪后圆线虫(*M. apri*)、复阴后圆线虫(*M. pudendotectus*)、萨氏后圆线虫(*M. salmi*),3 种线虫均寄生于猪和野猪的支气管。野猪后圆线虫偶见于反刍兽和人。

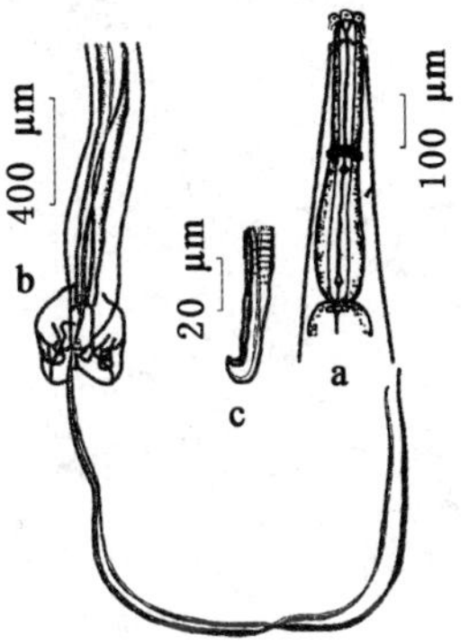

图 8-14 野猪后圆线虫

(仿汪明等)

a. 前部侧面 b. 雄虫尾部

c. 交合刺末端

(1)野猪后圆线虫:又称长刺后圆线虫。雄虫长 11～25 mm,交合伞较小,前侧肋大,顶端膨。交合刺 2 根,呈丝状,长 4～4.5 mm,末端为单钩,无引器。雌虫长 20～25 mm,阴道长,超过 2 mm。尾长 90 μm,稍弯向腹面(图 8-14)。

(2)复阴后圆线虫:雄虫长 16～18 mm,交合伞较大,交合刺短,仅 1.4～1.7 mm,末端为双钩,有引器。雄虫长 22～35 mm,阴道短,不足 1 mm。尾端直,阴门前角质膨大,呈球形,覆盖阴门和肛门(图 8-15)。

(3)萨氏后圆线虫:此种很少见。雄虫长 17～18 mm,交合刺长 2.1～2.4 mm,末端呈单钩状。雌虫长 30～45 mm,阴道长 1～2 mm。尾长 95 μm,尾端稍向腹面弯曲(图 8-16)。

虫卵呈椭圆形,暗灰色,大小为(51～63) μm×(33～42) μm。卵壳厚,表面有细小的乳突状突起,内含幼虫。卵胎生,卵内含有卷曲的幼虫。

【生活发育史】后圆线虫为间接型生活发育史,需要蚯蚓作为其中间宿主。雌虫在支气管内产卵,卵和支气管黏液混在一起,随着咳嗽转至口腔,被猪咽入消化道,再随粪便排到外界。虫卵被中间宿主蚯蚓吞食后,在其体内孵化(有时虫卵在

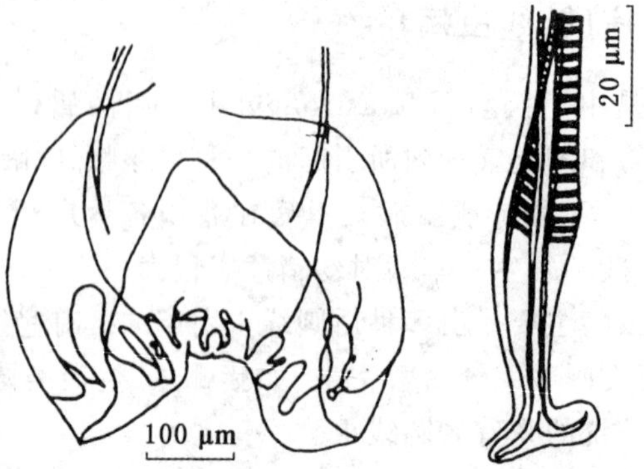

图 8-15　复阴后圆线虫(仿汪明等)

a. 交合伞　b. 交合刺末端

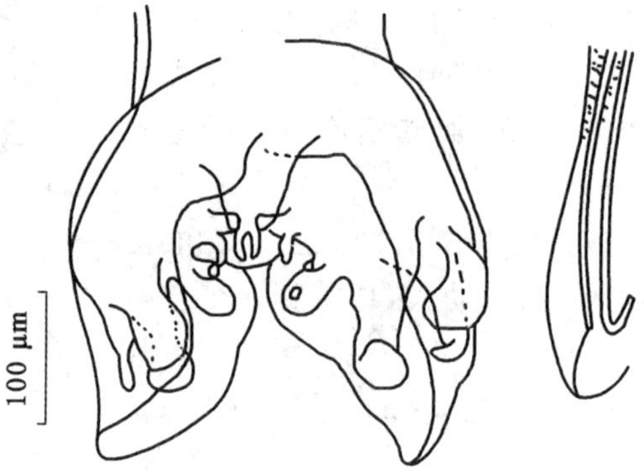

a　　b

图 8-16　萨氏后圆线虫(仿汪明等)

a. 交合伞　b. 交合刺末端

外界孵出第 1 期幼虫,幼虫被蚯蚓吞食),经 10～20 d,发育为感染性幼虫。猪吞食了含有感染性幼虫的蚯蚓而被感染。幼虫侵入肠壁,钻入肠系膜淋巴结中发育,再经淋巴及血液循环进入肺脏支气管、细支气管内发育为成虫。从感染至成虫排卵月需 1 个月左右。

【流行病学】肺丝虫病的主要病原体——野猪后圆线虫在我国流行广泛,23 个省市都有报道。造成本病流行的主要因素是:虫卵和第 1 期幼虫对外界环境抵抗力强;可以作为中间宿主的蚯蚓种类多、感染率高;感染性幼虫在外界或蚯蚓体内可长期保持感染性。

本病多发生于6～12月龄的散养猪。猪的发病季节与蚯蚓的活动季节相一致,即多在夏秋季节。

【症状与病变】轻度感染时症状不明显,但影响生长发育。严重感染时,表现强有力的阵咳,呼吸困难,特别在运动、采食或遇冷空气刺激时更加剧烈。病猪表现食欲减退,发育不良,贫血,消瘦,被毛干燥无光,鼻孔流出脓性分泌物,肺部有啰音。即使病愈,生长仍缓慢。

肉眼病变常不显著。膈叶腹面边缘有楔状肺气肿区,支气管增厚、扩张,靠近气肿区有坚实的灰色小结节。将病灶处的肺切开后,从支气管内流出白色丝状虫体和黏液。猪肺线虫幼虫还可携带流感、猪瘟等病毒,从而加重病情,死亡率增高。

【诊断】对怀疑为本病的猪,可用饱和硫酸镁或硫代硫酸钠溶液浮集法(因虫卵比重较大)检查粪便,主要检查含黏液部分。剖检时,剪开并挤压膈叶后缘,发现成虫即可确诊。

本病应与仔猪肺炎、流感及气喘病相区别,一般仔猪肺炎和流感发病急剧,高热,频咳,呼吸促迫,而本病较缓慢,阵咳显著,严重者才表现呼吸困难。

【治疗】可采用下列药物进行治疗。肺炎严重时应使用抗生素以防继发感染。

(1)左咪唑:按每千克体重10 mg,喂服或肌肉注射。

(2)甲苯咪唑:按每千克体重10～20 mg,混在饲料中喂服。

(3)氟苯咪唑:按每千克体重30 mg混饲,连用5 d;或5 g一次口服。

(4)硫苯咪唑(芬苯哒唑):按每千克体重3 mg,连用3 d。

【预防】应采取综合性预防措施。

(1)猪舍、运动场应保持干燥。

(2)猪舍铺设水泥地面,防止猪拱土食入蚯蚓。

(3)及时清除粪便并堆积发酵。

(4)对放牧猪在夏秋季用抗线虫药定期驱虫具有较好的预防效果。

九、冠尾线虫病(肾虫病)

猪冠尾线虫病又称猪肾虫病,是由圆线目(Strongylata)冠尾科(Stephanuridae)冠尾属(*Stephanurus*)的有齿冠尾线虫(*S. dentatus*)寄生于猪的肾盂、肾周围脂肪和输尿管壁等处引起的一种寄生虫病。

【病原】虫体粗壮,形似火柴杆样。新鲜虫体呈灰褐色,体壁较透明,隐约可看见内部器官。口囊杯状,口缘肥厚,周围有一圈细小的叶冠和6个角质的隆起,口囊底部有6个小齿。雄虫长20～30 mm,交合伞不发达,交合刺2根,有引器和副引器。雌虫体长 30～45 mm，阴门靠近肛门。

虫卵呈长椭圆形，较大，灰白色，两端钝圆，卵壳薄，大小为(99.8～120.8) μm×(56～63) μm，内含 32～64 个圆形卵细胞(图 8-17)。

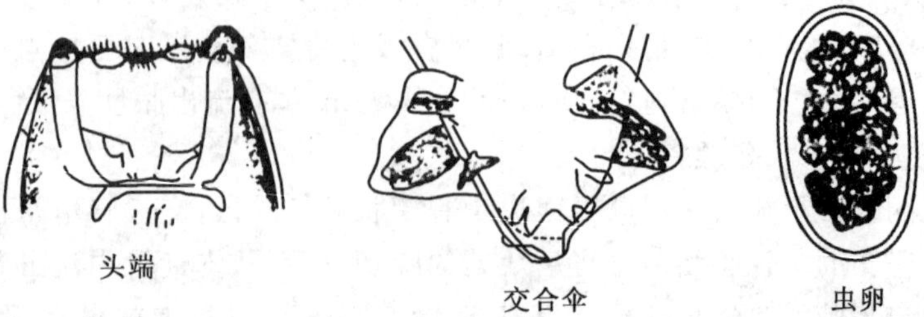

图 8-17 猪肾虫及虫卵(仿宁长申等)

【生活发育史】雌虫在肾脏或输尿管内产卵，虫卵经输尿管随尿液排到体外，在猪舍及运动场潮湿处，发育为感染性幼虫。猪躺卧时感染性幼虫钻入猪的皮肤，或猪啃食泥土时被食入体内。进入猪体内的幼虫经淋巴及血液循环到达肝脏，在肝脏停留 3 个月以上。然后幼虫在肝实质中移行，并穿过肝包膜进入腹腔，移行到肾脏周围和输尿管组织形成包囊，并发育为成虫。从感染性幼虫侵入猪体至发育为成虫需 6～12 个月。

【流行病学】猪冠尾线虫病的流行程度，随着各地气候条件的不同而异。在气候温暖(27～32℃)多雨的季节适于幼虫发育，这时的感染机会多，容易流行。炎热(30～35℃)、干旱、阳光强烈的季节，不适于幼虫发育，感染的机会少，不易流行。在我国南方猪感染冠尾线虫，多在每年 3～5 月份和 9～11 月份。

【症状与病变】感染初期猪出现皮肤炎症，皮肤上出现丘疹和红色小结节。体表局部淋巴结肿大。病猪精神沉郁、食欲不振。随着病程的发展，病猪出现后肢无力，跛行，走路时后躯左右摇摆，有时可继发后躯麻痹或后肢僵硬，不能站立，拖地爬行。病猪尿液中常有白色黏稠的絮状物或脓液。仔猪发育停滞，母猪不孕或流产，公猪性欲减低或失去交配能力。严重的病猪多因极度衰弱而死。

病变主要表现在肝脏和肾脏。肝脏内有包囊和脓肿，肝脏肿大变硬，结缔组织增生，切面上可以看到幼虫钙化的结节。肝门静脉中有血栓，内含幼虫。肾盂有脓肿，结缔组织增生。输尿管壁增厚，常有数量较多的包囊，内有成虫。此外，胸膜壁面和肺脏中也可见有结节或脓肿。

【诊断】对有后躯麻痹或不明原因跛行的 5 月龄以上猪只，可采集晨尿，静置后，倒去上层尿液，衬深色背景观察器皿底部有无白色点状物(虫卵)，因虫卵黏性大，故易粘于容器底部。镜检发现虫卵或剖检患猪发现虫体即可确诊。幼虫寄生阶段，剖检在肝脏、肺或腹腔等处发现幼虫即可确诊。亦有用皮内变态反应进行早期诊断。

【防治】治疗可参考猪蛔虫病。预防要保持猪舍和运动场的卫生，定期用3%～4%漂白粉、烧碱或新鲜石灰乳等进行消毒。隔离病猪，不同年龄段猪隔离饲养。加强饲养管理，注意补充维生素和矿物质，以增强猪对疾病的抵抗力。对某些小型猪场可通过淘汰病猪、隔离饲养、治疗等措施建立无虫猪群。

十、旋毛虫病

旋毛虫病是人畜共患的重要寄生虫病之一，由毛尾目毛形科毛形属(*Trichinella*)的旋毛形线虫(*T. spiralis*)寄生于动物和人体内所引起。旋毛虫成虫寄生于小肠，幼虫寄生于横纹肌。人、猪、犬、猫、鼠类、狐狸、虎、豹、狼、野猪等均能感染。人旋毛虫病严重时可导致死亡，故肉品卫生检验中将旋毛虫检验列为首检项目。

【病原】旋毛虫为小型线虫，肉眼几乎难以辨认。虫体前端细，后端粗。前部为食道部，后部包含着肠管和生殖器官。生殖器官为单管型。雄虫长 1.4～1.6 mm，尾端有泄殖孔，其外侧为 1 对呈耳状悬垂的交配叶，内侧有 2 对小乳突，无交合刺。雌虫长为 3～4 mm，阴门位于身体前部(食道部)的中央。胎生。成虫寄生于小肠，称为肠旋毛虫，幼虫寄生于横纹肌，称肌旋毛虫(图 8-18)。

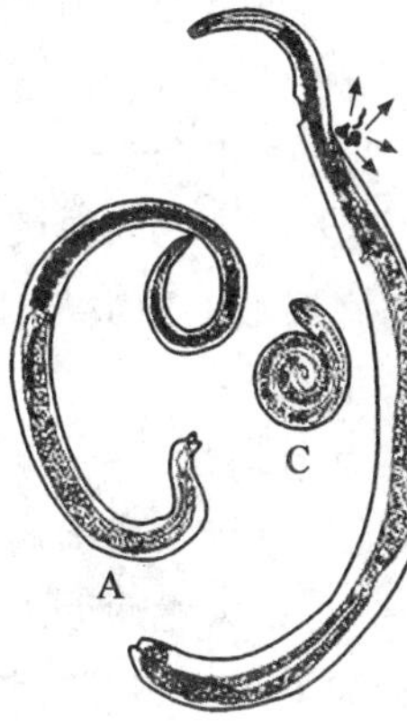

图 8-18 旋毛形线虫

A. 雄虫 B. 雌虫

C. 成熟的幼虫

【生活发育史】成虫和幼虫寄生于同一宿主。宿主感染时，先为终末宿主，后变为中间宿主。宿主因食入含有感染性幼虫的包囊而感染，包囊在宿主消化道内被溶解，释出幼虫，幼虫在小肠内，经两昼夜发育为性成熟的肠旋毛虫。成虫寄生于小肠的绒毛间，雌、雄虫交配后，雌虫钻入黏膜深部肠腺中发育，约 3 d 后开始产幼虫。幼虫随淋巴和血液循环，被带到全身各处，到达横纹肌后继续发育，幼虫在感染后第 17～20 d 开始蜷曲盘绕起来，其外由被寄生的肌肉细胞形成包囊，到第 7～8 周包囊完全形成，此时包囊中的幼虫已具有感染性，并通常形成 2.5 个盘旋。包囊呈梭形，可长达 0.25～0.5 mm，其长轴与肌纤维平行，其中一般含 1～2 条虫体，也有的多达 6～7 条(图 8-19)。包囊在 6～

9个月后开始钙化，但其内的幼虫可保持活力达11年。

图 8-19 旋毛虫包囊

【流行病学】由于鼠旋毛虫的感染率较高，猪感染旋毛虫可来源于吞食老鼠，或食入生肉屑、废肉水或其他动物的尸体等。犬由于活动范围广泛，可以吃到多种动物的尸体，故其旋毛虫的感染率远远大于猪。人感染旋毛虫的主要原因是嗜食生肉或肉品烹调不熟，食入含有活旋毛虫的包囊。

动物旋毛虫病广泛流行原因是：旋毛虫的宿主范围和感染范围都非常广泛，流行于世界各地的多种野生动物和家养动物，甚至许多海洋动物、甲壳动物都能感染并传播本病；另外，肌肉包囊中的幼虫对外界的抵抗力强，－20℃时可保持生命力57 d，在腐败的肉或尸体内可存活100 d以上，而且盐渍或烟熏均不能杀死肌肉深层的幼虫。

【症状与病变】猪对旋毛虫的耐受力较强，几乎不表现任何可见的临床症状。肌旋毛虫可导致肌肉病变，如肌细胞横纹消失、萎缩、肌纤维膜增厚等。

人感染大量旋毛虫时，可表现出明显的临床症状，肠旋毛虫病主要表现肠炎症状，肌旋毛虫可引起急性肌炎、发热、嗜酸性白细胞增多、心肌炎等症状。如果不及时治疗可能危及生命。

【诊断】猪旋毛虫病的生前诊断比较困难，常在宰后检出。方法为肉眼和镜检相结合检查膈肌，当发现肌纤维间有细小白点时，撕去肌膜，剪下麦粒大小的肉样，放于两玻片间压薄，低倍镜下观察有无包囊。但在感染早期及轻度感染时不易检出。

用消化法检查幼虫更为确切。取肉样搅碎，每克肉加入60 mL水、0.5 g胃蛋白酶、0.7 mL浓盐酸，混匀，37℃消化0.5～1 h后，分离沉渣中的幼虫，镜检。

目前可采用ELISA、IFAT等方法作为猪的生前诊断手段之一，ELISA法检测血清抗体阳性符合率可达93%～96%，IFAT法可达90.47%。

【防治】动物旋毛虫病由于生前诊断困难，治疗方法研究得很少。但研究表明，大剂量的丙硫咪唑（按每千克体重 300 mg 拌料，连用 10 d）、甲苯咪唑等苯并咪唑类药物疗效可靠。

预防须控制或消灭养场猪的鼠类，农村散养猪应避免食入啮齿类动物，不用生的废肉屑和泔水喂猪。加强卫生检疫，发现有旋毛虫的肉类应按肉品检验规程处理。提倡熟食肉类等。

第三节 禽的线虫病

禽的线虫病主要是由各种线虫寄生于禽的消化系统、呼吸系统等引起。病原主要有禽蛔科禽蛔属、异刺科异刺线虫属、四棱科四棱属以及饰带科的多种虫体。其中有寄生于消化系统的禽蛔虫、鸡异刺线虫、禽胃线虫、禽毛细线虫，寄生于呼吸系统的禽比翼线虫，寄生于鸭皮下组织的鸭龙线虫等。

一、禽蛔虫病

禽蛔虫病是由禽蛔科（Ascarididae）禽蛔属（*Ascaridia*）多种蛔虫寄生于禽小肠内引起的一种寄生虫病。鸡、鹅和鸽子等多种禽类均可发生蛔虫病，但其病原各不相同，鸡蛔虫（*Ascaridia galli*）主要引起鸡及吐绶鸡、珍珠鸡及其他野禽的蛔虫病，鹅蛔虫（*Ascaridia anseris*）仅寄生于鹅的小肠，而鸽蛔虫（*Ascaridia columbae*）主要寄生于鸽、孔雀等的肠道。其中以鸡的蛔虫病较为严重，遍及世界各地。主要危害雏鸡，影响生长发育，甚至可造成雏鸡大批死亡。

【病原】鸡蛔虫是寄生于鸡体内最大的一种线虫，呈黄白色，头端有 3 片唇。雄虫长 2.6～7 cm，尾端有明显的尾翼和尾乳突，有一个具有厚的角质边缘的圆形或椭圆形泄殖腔前吸盘，交合刺近于等长。雌虫长 6.5～11 cm，阴门开口于虫体中部（图 8-20）。虫卵呈椭圆形，深灰色，大小为（70～90）μm×（47～51）μm，壳厚而光滑，新排出的卵内含单个胚细胞。

【生活发育史】禽的各种蛔虫发育过程都不需要中间宿主。雌虫在小肠内产卵，卵随粪便排出体外，在适宜的外界条件下发育为感染性虫卵。禽吞食了感染性虫卵遭受感染，虫卵在消化道内孵出幼虫，幼虫钻入肠黏膜内发育一段时间后，重返肠腔内发育为成虫。蚯蚓可作为保虫宿主传播禽蛔虫。

【流行病学】鸡蛔虫病主要危害雏鸡，雏鸡感染后病情较重。成年鸡多为带虫者。饲养管理不当或营养不良的鸡群易感性较强。

禽蛔虫卵对消毒药具有较强的抵抗力，但对干燥和高温（50℃以上）敏感。在

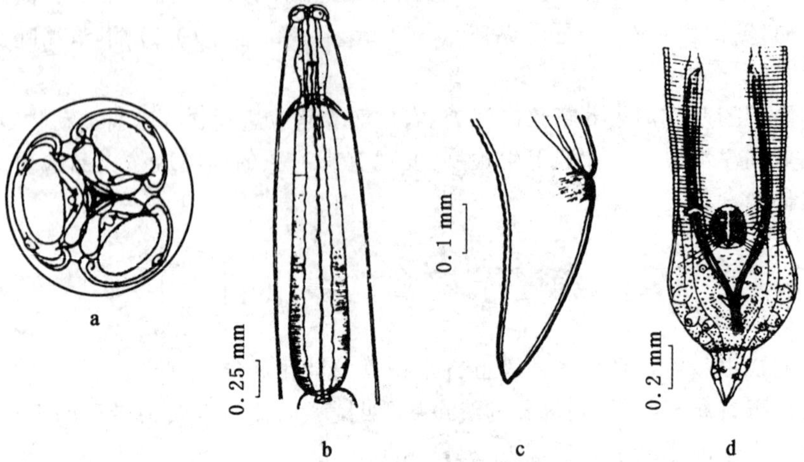

图 8-20 鸡蛔虫(仿汪明)

a.头端顶面 b.虫体头部 c.雌虫尾部 d.雄虫尾部

阴凉潮湿的地方,可生存很长时间。虫卵对直射阳光敏感。

【致病作用与症状】成虫和幼虫对宿主都有一定程度的危害。幼虫侵入肠黏膜时,破坏肠黏膜,造成炎症、出血,肠壁上常形成颗粒状化脓灶或结节。成虫大量寄生时,相互缠结,可能发生肠阻塞,甚至引起肠破裂和腹膜炎。其代谢产物被宿主吸收,可造成雏鸡发育迟缓,成鸡产蛋量下降。临床上表现为生长精神委靡、鸡冠苍白、羽毛松乱、发育不良、贫血、消瘦,最后可衰竭而死。

【诊断】粪便检查发现大量虫卵或剖检在小肠内发现虫体即可确诊。

【治疗】可用左咪唑、噻苯唑、伊维菌素等药物驱虫。

【预防】应采取综合性的预防措施。

(1)在蛔虫病流行的鸡场,每年进行 2 次定期驱虫。

(2)雏鸡和成年鸡分开饲养,防止成年鸡排出的虫卵感染雏鸡。

(3)鸡舍和运动场的粪便应经常清除,堆积发酵。

二、鸡异刺线虫病

鸡异刺线虫病是由尖尾目(Oxyurata)异刺科(Heterakidae)异刺属(*Heterakis*)的鸡异刺线虫(*H. gallinae*)寄生于鸡的盲肠而引起的一种寄生虫病。其他禽鸟亦有异刺线虫寄生,但病原各不相同。鸡群中普遍存在,分布于世界各地,我国各地均有发现。

【病原】鸡异刺线虫又名盲肠虫，虫体呈淡黄色或白色，细线状。头端略向背面弯曲。食道球发达。头端有3个不明显的唇片围绕口孔，口囊圆柱状。雄虫长7～13 mm，尾直，末端尖细，交合刺2根，不等长，有一个圆形的泄殖腔前吸盘。雌虫长10～15 mm。雌虫尾部细长，阴门开口于虫体中部稍后方(图8-21)。卵呈椭圆形，灰褐色，大小为(65～80) μm×(35～46) μm，壳厚而光滑，内含未分裂的卵细胞。

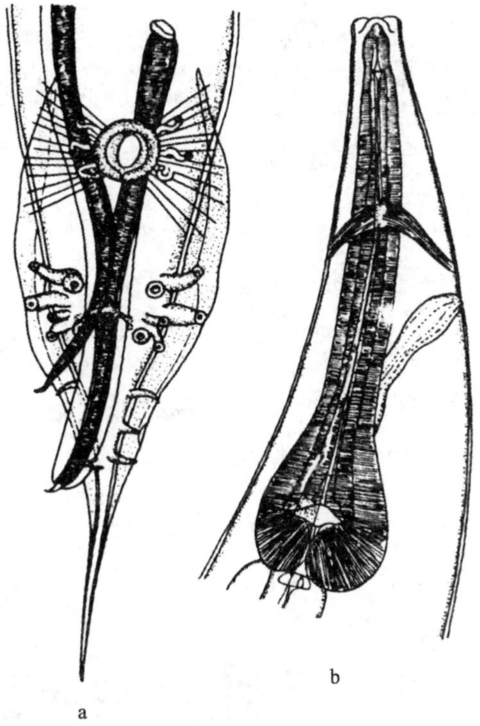

图8-21 鸡异刺线虫(仿汪明)

a. 雄虫尾部腹面 b. 前部

【生活发育史】成虫在盲肠内产卵，卵随粪排出体外，在适宜的外界条件下，经2周左右发育为感染性虫卵，鸡因食入感染性虫卵而感染。有时感染性虫卵或感染性幼虫被蚯蚓吞食后可在其体内长期生存，鸡因食入蚯蚓而感染。感染性虫卵在鸡小肠内孵出幼虫，幼虫移行到盲肠，钻入黏膜内，经过一个时期的发育后，重返肠腔，发育为成虫。自吞食感染性虫卵至发育为成虫需24～30 d。成虫寿命约为 1 年。

【症状与病变】异刺线虫寄生于盲肠黏膜上，能机械性地损伤盲肠组织，引起盲肠炎症、肿大、肠壁增厚和形成结节。同时虫体分泌的毒素和代谢产物可使宿主中毒。患鸡表现食欲减退、下痢、营养不良、发育停滞，严重者可引起死亡。

异刺线虫还是火鸡组织滴虫的传播者，当鸡体内同时寄生有这两种虫体时，组织滴虫可侵入异刺刺线虫的卵内，并随卵排出体外，鸡在啄食这种虫卵时，可同时感染两种寄生虫。

【诊断】应用饱和盐水浮集法检出粪便中的虫卵，或剖检在盲肠发现虫体即可确诊。粪便中的虫卵应与鸡蛔虫卵相鉴别：鸡异刺线虫卵呈长椭圆形，小于鸡蛔虫卵，灰黑色，壳厚，内含未分裂卵细胞。

【防治】可参照鸡蛔虫病的措施。

三、禽胃线虫病

禽胃线虫病是由旋尾目（Spirurata）锐形科（Acuariidae）锐形属（*Acuaria*）的虫体和四棱科（Tetrameridae）、四棱属（*Tetrameres*）的多种小型虫体寄生于鸡、火鸡等禽类的食道、腺胃、肌胃和小肠内所引起的一种寄生虫病。

【病原】病原主要有小钩锐性线虫（*A. hamulosa*）、旋锐形线虫（*A. spiralis*）、美洲四棱线虫（*T. americana*）（图 8-22）。

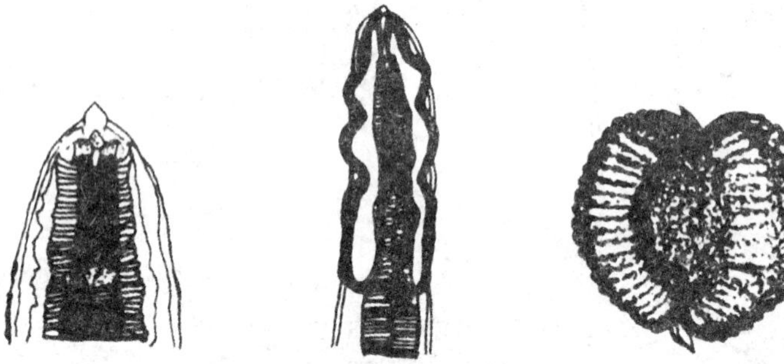

1　　2　　3

图 8-22　3 种禽胃线虫形态（仿宁长申等）

1. 小钩锐形线虫前部侧面　2. 旋锐形线虫前部侧面　3. 美洲四棱线虫雄虫侧面

(1)小钩锐形线虫：虫体两端尖细，在前部有 4 条饰带，起始于口部，两两并列，呈不整齐的波浪形向后延伸，几乎达虫体后部，但不折回，末端亦不相吻合。雄虫长 9～14 mm，泄殖孔前乳突 4 对，后乳突 6 对；2 根交合刺左长右短。雌虫长 16～19 mm，阴门位于虫体中部稍后方。虫卵大小为(40～45) μm×(24～27) μm，卵内含有幼虫。寄生于鸡和火鸡的肌胃角质层下方。

(2)旋锐形线虫：虫体呈细线状。体前部有 4 条波浪形的饰带，由前向后达食道肌质部处，再向前折回，末端不相吻合。雄虫长 7～8.3 mm，尾部卷曲，肛前乳突 4 对，肛后乳突 4 对。交合刺 2 根，异形，左侧的细长，右侧的呈舟状。雌虫长 9～10.2 mm，阴门位于虫体后部。卵壳厚，内含幼虫，虫卵大小为(33～40) μm×(18～25) μm。寄生于鸡、火鸡、雉鸡等禽类的食道、腺胃，罕见于小肠。

(3)美洲四棱线虫：无饰带。雌雄异形。雄虫游离于胃腔中，体形纤细，体长 5～5.5 mm。雌虫寄生于前胃腺内，呈亚球形，体长 3.5～4.5 mm，宽 3 mm，并在纵线的部位形成 4 条深沟，其前端和后端自球体部突出。虫卵壳厚，内含有幼虫，一端含有塞状结构。寄生于鸡和火鸡前胃。

此外还有寄生于禽类嗉囊黏膜下的嗉囊筒线虫，寄生于鸭、鹅及野生水禽食道、前胃和小肠的钩形锐形线虫等。

【生活发育史】禽胃线虫需要昆虫作为中间宿主。虫卵经禽类的粪便排出体外，被中间宿主吞食，在其体内发育成为感染性幼虫，禽类因吞食了含感染性幼虫的中间宿主而感染。小钩锐形线虫的中间宿主为蚱蜢、拟谷盗虫、象鼻虫等；旋锐形线虫的中间宿主为甲壳纲等足目的光滑鼠妇、粗糙鼠妇；美洲四棱线虫的中间宿主为直翅类昆虫。

【症状与病变】虫体可导致寄生部位出现炎症、溃疡、出血，寄生部位腺体受到破坏，影响胃肠功能，严重者导致胃肠破裂。

轻度感染时，临床症状不明显；严重感染时，病禽表现精神沉郁、食欲减退或废绝、下痢、消瘦、贫血、缩头垂翅、羽毛松乱等。对 1 月龄雏鸡危害严重，死亡率高。

小钩锐形线虫一般须在剥离肌胃角质层时才能发现，在虫体寄生部位，胃壁较薄处可见到软而带红黄色的小瘤。旋锐形线虫寄生时，病禽腺胃肿大 2～3 倍，呈球状，腔内充满白色线状虫体，虫体前端钻入腺胃黏膜层引起炎症，腺体肿大，胃黏膜显著肥厚，出血性溃疡，严重时引起腺胃穿孔。四棱线虫由于吸血而造成腺胃黏膜溃疡、出血，从腺胃外观能见到组织深部呈暗黑色的成熟雌虫。

【诊断】根据临床症状，结合粪便检查发现虫卵，或尸体剖检发现虫体可确诊。

【治疗】目前比较常用而疗效较高的治疗药物有以下两种：

(1)甲苯唑：按每千克体重 30 mg，一次性口服。

(2)丙硫苯咪唑：按每千克体重 10～15 mg，一次性口服。

【预防】对雏鸡进行预防性驱虫，防止雏鸡与中间宿主接触，不在河边放牧鸡群，做好禽舍清洁卫生，粪便堆积发酵，消灭中间宿主等措施。

四、禽毛细线虫病

禽毛细线虫病是由毛细科(Capillariidae)毛细属(*Capillaria*)的多种线虫寄生于禽食道、嗉囊、肠道等消化道内引起的一种寄生虫病。严重感染时，可引起家禽死亡。主要的虫种包括有轮毛细线虫(*C. annulata*)、鸽毛细线虫(*C. columbae*)、膨尾毛细线虫(*C. caudinflata*)和鹅毛细线虫(*C. anseris*)。我国各地都有分布。

【病原】虫体细小，呈毛发状，其体前部短于或等于体后部，并稍比后部为细。前部为食道部，后部含肠管和生殖器官，其构造与毛首线虫相似。阴门位于前后部的交界处。雄虫有 1 根交合刺和 1 个交合刺鞘，有的无交合刺而只有鞘。虫卵两端有卵塞如鞭虫卵样。禽毛细线虫寄生部位较严格，故可根据寄生部位对虫种作出初步判断。

(1)有轮毛细线虫：前端有一个球状角皮膨大。雄虫长 15～25 mm，雌虫长 25～60 mm。寄生于鸡的嗉囊和食道。

(2)鸽毛细线虫(封闭毛细线虫)：雄虫长 8.6～10 mm，交合刺长 1.2 mm，交合刺鞘长达 2.5 mm，有细横纹，尾部两侧有铲状的交合伞。雌虫长 10～12 mm。寄生于鸽、鸡、吐绶鸡的小肠。

(3)膨尾毛细线虫：雄虫长 9～14 mm，食道部约占虫体的一半，尾部侧面各有一个大而明晰的伞膜。交合刺呈圆柱状，很细，长 1.1～1.58 mm。雌虫长 14～26 mm，食道部约占虫体长的 1/3，阴门开口于一个稍为膨隆的突起上。寄生于鸡、鸽等的小肠。

(4)鹅毛细线虫：雄虫长 10～13.5 mm，雌虫长 16～26.4 mm。寄生于家鹅和野鹅小肠的前半部，也见于盲肠。虫体的形状构造和鸽毛细线虫相似(图 8-23)。

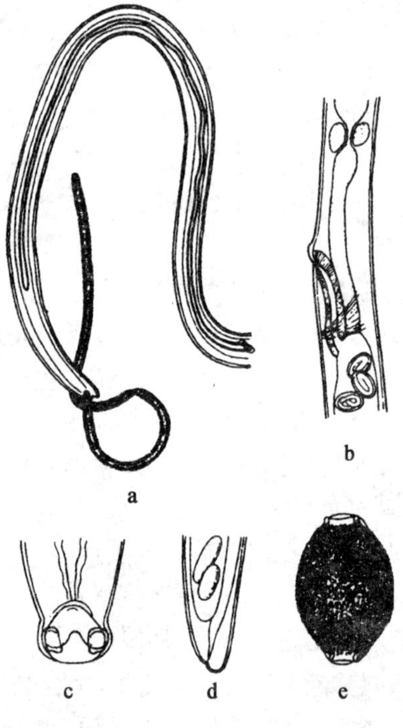

图 8-23 鹅毛细线虫(仿汪明)

a. 雄虫尾部 b. 雌虫阴门侧面 c. 雄虫尾端 d. 雌虫尾部 e. 虫卵

【生活发育史】禽毛细线虫的生活发育史有直接型和间接型两种。鸽毛细线虫属直接型发育，鸽、鸡、吐绶鸡等吞食了感染性虫卵后，幼虫进入十二指肠黏膜发育，经 20～26 d，肠腔内可见到成虫。有轮毛细线虫和膨尾毛细线虫需要蚯蚓作为中间宿主，卵在中间宿主体内发育为感染性幼虫。禽类啄食含感染性幼虫的蚯蚓而感染。有轮毛细线虫的幼虫在嗉囊和食道黏膜内，经 19～26 d 发育为成虫；膨尾毛细线虫的幼虫在小肠黏膜内经 22～24 d 发育为成虫。成虫的寿命约 10 个月。

【症状与病变】轻度感染时，局部黏膜出现轻微炎症和增厚；感染严重时，由于虫体在寄生部位掘穴，造成机械刺激和化学刺激，使炎症加剧，并出现黏液或脓性分泌物，局部黏膜溶解、坏死或脱落。剖检可见寄生部位消化道出血，黏膜上有大量虫体。

患禽食欲不振、下痢、贫血、消瘦。严重感染时，可导致死亡。

【诊断】根据临床症状，结合粪便检查发现虫卵，或剖检病禽，发现虫体及相应病变即可作出诊断。

【治疗】目前常用的有以下两种药物：

(1)甲苯咪唑：按每千克体重 70～100 mg，一次性口服。

(2)左旋咪唑：按每千克体重 25 mg，一次性口服。

【预防】采取综合性防治措施。定期清洁禽舍，粪便堆积发酵，杀灭虫卵。严重的地区应进行预防性驱虫。禽舍应建在通风干燥的地方，以抑制虫卵的发育和中间宿主蚯蚓的孳生。

五、禽比翼线虫病

禽比翼线虫病是由圆线目（Strongylata）比翼科（Syngamidae）比翼属（*Syngamus*）的斯克里亚宾比翼线虫（*S. skrjabinomorpha*）和气管比翼线虫（*S. trachea*）寄生于鸡、火鸡、珍珠鸡、雉、吐绶鸡、鹅及多种野禽的气管内而引起的一种寄生虫病。病禽特征症状为张口呼吸，故又称“开口病”。本病呈地方性流行，主要侵害幼禽，患禽常因呼吸困难窒息而死。

【病原】虫体因吸血而呈红色。头端大，呈半球形。口囊宽阔呈杯状，基底部有三角形小齿。雌虫远比雄虫大，阴门位于体前部。雄虫细小，雄虫以其交合伞附着于雌虫的阴门部，永成交配状态，构成“Y”字形，故称比翼线虫。

(1)斯克里亚宾比翼线虫：雄虫长 2～4 mm，雌虫长 9～25 mm。口囊基底部有 6 个齿。卵呈椭圆形，大小约 90 μm×49 μm，两端有厚的卵塞。

(2)气管比翼线虫：雄虫长 2～4 mm，雌虫长 7～20 mm。口囊底部有 6～10 个小齿。虫卵大小为(78～110) μm×(43～46) μm，两端有厚的卵塞，内含 16 个胚细胞(图 8-24)。

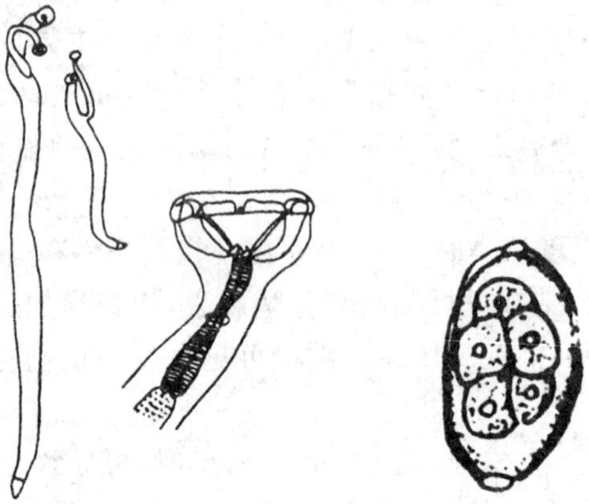

图 8-24 气管比翼线虫、虫卵

【生活发育史】比翼线虫的雌虫在气管内产出虫卵，卵随气管黏液到达口腔后被咽入消化道，随粪便排到外界，在外界适宜的温度（25℃左右）下，发育为感染性虫卵（卵壳内含感染性幼虫）或孵化出感染性幼虫，鸡因食入感染性虫卵或感染性幼虫而感染，幼虫钻入肠壁，随血液到达肺脏，并移行到气管内，于感染后 18～20 d 发育为成虫。

感染性虫卵或幼虫也可被蚯蚓、蛞蝓、蜗牛、蝇类及其他节肢动物等贮藏宿主吞食，但幼虫在其体内不进行发育，当鸡摄食到此类动物即可感染。

【流行病学】常见于放养的鸡群，主要危害雏鸡。鸡群的感染主要发生于鸡舍、运动场、潮湿的草地和牧场。雏鸡感染普遍。感染性幼虫在外界环境中抵抗力较弱，但在蚯蚓体内保持感染力能达 4 年之久，在蛞蝓和蜗牛体内可生活 1 年以上。在野鸟和野生火鸡，任何年龄都有易感性，但无致病作用，可能是本虫的自然宿主。

【症状与病变】由于虫体寄生于禽的气管或支气管黏膜，阻塞气管，所以本病的特征性症状是张口呼吸。幼禽感染 3～6 条虫体，即可出现明显的临床症状。病禽精神不振、食欲减退、消瘦，口内充满多泡沫的黏液。病禽常左右甩头，力图排出气管内的黏性分泌物，有时在甩出的分泌物中见少量虫体。随后可因呼吸困难，窒息而死。幼虫移行时可引起肺炎症状，病禽呼吸困难，精神沉郁，但无张口呼吸的症状。

病禽尸体贫血、消瘦。气管黏膜潮红、出血，上有虫体附着。

【诊断】根据临床症状，结合粪便检查发现虫卵即可确诊。虫卵呈卵圆形，两端有厚的卵盖，内含 16 个胚细胞。或剖检病鸡，发现气管黏膜上附着的虫体即可确诊。也可打开病禽口腔，检查喉头附近有无虫体。

【治疗】可用噻苯唑、苯硫咪唑和伊维菌素等药物驱虫。还可以试用碘液治疗，配方：碘片 1.0 mg、碘化钾 1.5 g、蒸馏水 1 500 mL，雏禽按 1～1.5 mL，气管注射或经口灌入。

【预防】禽舍和运动场应保持干燥；定期清扫鸡粪进行堆积发酵，杀灭虫卵；消灭蚯蚓和螺蛳等贮藏宿主；尽量改放牧为舍饲；防止野禽进入鸡舍。

六、鸭龙线虫病

鸭龙线虫病是由驼形目（Camallanata）龙线科（Dracunculidae）鸟蛇属（*Avioserpens*）的台湾鸟蛇线虫（*A. taiwana*）寄生于鸭的皮下结缔组织而引起的一种寄生虫病。主要侵害雏鸭，3～8 周龄雏鸭感染率很高，严重者可造成死亡，对养鸭业危害较大。本病主要分布于印度、北美和我国的台湾、华南及西南等地。

【病原】虫体细长，白色，稍透明。角皮光滑，有细横纹。头端钝圆，口周围有角质环、2 个头感器和 14 个头乳突。雄虫长 6 mm，尾部弯向腹面，有 1 对不等长的交合刺。雌虫长 100～240 mm，尾部逐渐变细，并弯向腹面，末端有一小圆锥状突起（图 8-25）。

【生活发育史】台湾鸟蛇线虫属胎生型。成虫在鸭皮下结缔组织中缠绕成团，形成指头大小的结节，结节处皮肤紧张菲薄，可为雌虫头部所穿破，雌虫头端外露产幼虫。幼虫在鸭游泳时进入水中，被剑水蚤吞食，在其体腔内发育成为感染性幼虫。当体内含有感染性幼虫的剑水蚤被鸭吞食后，幼虫进入肠腔，经过移行，最后到达鸭的腮、咽喉部、眼周围和腿部的皮下，逐渐发育为成虫。

【流行病学】台湾鸟蛇线虫主要侵害 3～8 周龄的雏鸭。剑水蚤为其中间宿主，在有剑水蚤存在的水域放牧即可感染。本病的流行随饲养雏鸭的时间和季节而不同，一般在气温达 26～29℃，水温达 25～27℃时，剑水蚤大量繁殖，最有利于本病流行，发病率也较高。潜伏期 1 周，死亡率可达 10%～40%。

【症状与病变】台湾鸟蛇线虫多寄生于鸭的皮下结缔组织，以下颌、咽喉部皮下结缔组织为多，少数可寄生于腿部。虫体缠绕成团，形成小指至拇指大的结节。逐渐增大的结节，可压迫咽喉部以及邻近的气管、食道、神经和血管，引起呼吸和吞咽困难；寄生于腿部时，可引起运动障碍；危及眼时，可引起失明。患鸭采食逐渐减少，消瘦，严重者可导致死亡。

【诊断】根据流行季节、症状，可以作出初步诊断，切开患部，取结节内的液体镜检，发现幼虫即可确诊。

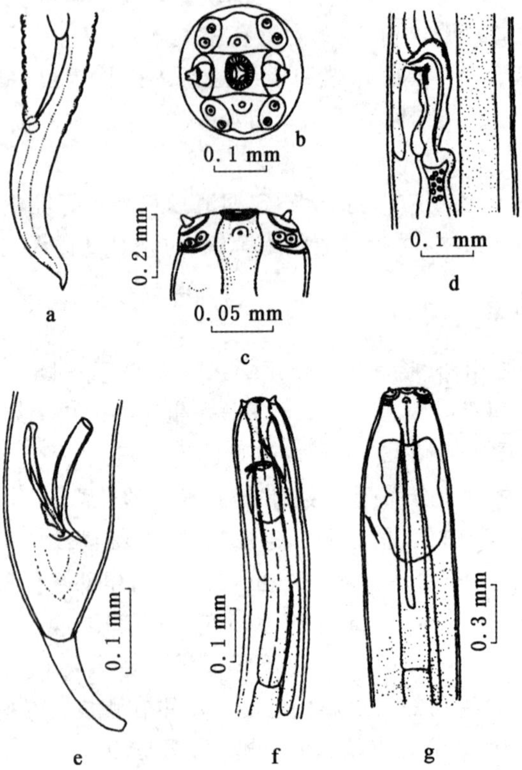

图 8-25 台湾鸟蛇线虫(仿汪明等)

a. 雌虫尾部 b. 雌虫头顶面 c. 雌虫头端侧面 d. 雌虫阴门部 e. 雄虫尾部 f. 雄虫头部 g. 雌虫头部

【治疗】治疗可用0.5%的高锰酸钾溶液、1%的碘溶液、2%的氯化钠溶液、1%的敌百虫溶液,根据结节的大小,在结节部位注射1~3 mL,以杀死虫体。以上药物疗效较为可靠,用药后10 d内,结节可逐渐消失。

【预防】根据鸭鸟蛇线虫的生活发育史和本病的流行特点,采取综合性的预防措施。

(1)对病鸭进行早期治疗,将虫体杀死在未成熟阶段,既可阻止病程的发展,又可减少对环境的污染。

(2)加强雏鸭管理,在流行季节,不到可疑有病原的稻田、池沼、河沟等地放牧。

(3)在有病原存在的场地,撒布石灰,以消灭中间宿主及病原。

第四节　反刍兽的线虫病

反刍兽的线虫病主要是由弓首科新蛔属的牛新蛔虫、毛圆科的多种线虫、钩口科的仰口属线虫、食道口科的食道口属的多种线虫、圆线科夏伯特属的线虫以及网尾科和原圆科的多种线虫等寄生于反刍兽体内引起的。

一、犊新蛔虫病

犊新蛔虫病是由弓首科(Toxocaridae)新蛔属(*Neoascaris*)的牛新蛔虫(*N. vitulorum*)寄生于犊牛小肠内引起的。临床上以肠炎、腹泻、腹痛和腹部膨大为特征。该病分布广泛，遍及世界各地，在我国多见于南方各省的犊牛。初生犊牛大量感染时可以引起死亡。

【病原】牛新蛔虫又称牛弓首蛔虫，虫体粗大，呈淡黄色，角皮薄软。头端有3片唇；唇基部宽而前窄。食道呈圆柱形，后端有一小胃与肠管相接。雄虫长11～26 cm，尾部有一小锥突，弯向腹面，交合刺1对，形状相似，等长或稍不等长。雌虫长14～30 cm，尾直。生殖孔开口于虫体前部1/8～1/6处。虫卵近球形，(70～80) μm×(60～66) μm，壳厚，外层呈蜂窝状(图8-26)。

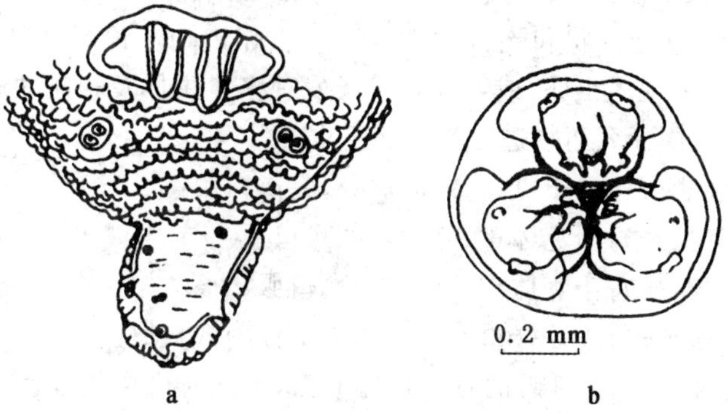

图 8-26　牛新蛔虫(仿汪明)

a. 雄虫尾端锥突　b. 唇部顶面观

【生活发育史】牛新蛔虫的生活发育史特殊。成虫寄生于5月龄以下的犊牛小肠内，雌虫产卵，虫卵随粪便排出体外。在适宜的外界条件下，经20～30 d发育为感染性虫卵(卵内含第2期幼虫)。若母牛食入感染性虫卵，则虫卵在其小肠孵化出幼虫，幼虫穿过肠黏膜移行，并潜伏于母牛的生殖系统组织中。当母牛怀孕后，幼虫开始活动，通过胎盘进入胎儿体内。犊牛出生后，幼虫在小肠经 25～31 d 发育为成虫。也有报道认为，犊牛出生时肠内已有发育良好的成虫。成虫在犊牛的小肠中可以生存 2～5 个月，以后可逐渐从宿主体内排出。

幼虫在母牛体内移行，除一部分到子宫外，还有一部分幼虫经循环系统到达乳腺，犊牛可以因哺食母乳而获得感染，在其小肠内发育至成虫。在成年牛，只在内部器官组织中寄生有移行阶段的幼虫，尚未见有成虫寄生的报道。据报道，犊牛感染虫卵后，只能经小肠移行至肝、肺，然后经支气管、气管，再经口腔、食道至肠，随粪便排出，而不直接在肠内发育。

【症状与病变】牛新蛔虫的致病作用主要表现在机械损伤、夺取营养和毒素作用等方面。虫体的机械性刺激可以损伤小肠黏膜，引起出血和溃疡，并可继发细菌感染，从而导致肠炎；大量成虫寄生时一方面要夺取大量营养，另一方面可引起小肠阻塞，使犊牛发生消化障碍；虫体的毒素作用可引起如过敏、阵发性痉挛等。犊牛临床主要表现为精神委顿、食欲不振，吮乳无力或停止吮乳，贫血、消瘦、腹痛、腹泻，粪便带有多量黏液或血斑，病牛站立不稳、走路摇摆。犊牛的死亡率较高。

剖检可见小肠黏膜炎症、损伤、出血或溃疡。大量成虫寄生时，可引起肠道阻塞或肠穿孔。出生后的犊牛受感染时，由于幼虫的移行，可造成肠壁、肺脏、肝脏等组织的损伤、点状出血、发炎，血液和组织中嗜酸性细胞显著增多。

【诊断】根据临床症状和流行病学资料可以作出初步诊断。确诊需用饱和盐水漂浮法在粪便中检出虫卵，或剖检在小肠发现多量虫体及相应的病理变化。

【治疗】可选用下列药物进行治疗。

(1)枸橼酸哌嗪：按每千克体重 250 mg，一次口服。

(2)丙硫咪唑：按每千克体重 10 mg，一次口服。

(3)左旋咪唑：按每千克体重 8 mg，一次口服。

(4)伊维菌素：按每千克体重 0.2 mg，皮下注射或口服。

【预防】应对 15～30 日龄的犊牛进行驱虫，因此时成虫数量达到高峰，而且有许多犊牛可能带虫，但不表现临床症状。早期驱虫不仅有益于犊牛的健康，并可减少虫卵对外界环境的污染。注意牛舍清洁，垫草和粪便要勤清扫，尤其对犊牛的粪便要集中进行发酵处理，以杀灭虫卵，减少牛感染的机会。

二、毛圆科线虫病

毛圆科线虫病是由毛圆科的多种线虫寄生于牛、羊、骆驼及其他反刍兽的第四胃和小肠引起的寄生虫病。主要有血矛线虫属(*Haemonchus*)、长刺线虫属

(*Mecistocirrus*)、奥斯特属(*Ostertagia*)、马歇尔属(*Marshallagia*)、古柏属(*Cooperia*)、毛圆属(*Trichostrongylus*)、细颈属(*Nematodirus*)和似细颈属(*Nematodirella*),它们在反刍兽体内多系混合寄生,其中以血矛线虫属的捻转血矛线虫(*H. contortus*)致病力最强。另外,本科线虫所引起的疾病在流行病学、症状、病理变化与防治等方面都有许多共同点,因此下面以血矛线虫病为重点叙述本科疾病。

【病原】病原主要是血矛线虫。

(1)捻转血矛线虫(*H. contortus*):虫体呈毛发状,因吸血而显现淡红色。头端尖细,口囊小,内有一矛状角质齿。颈乳突显著。虫体表皮上有横纹和纵嵴。雄虫长 15~19 mm,交合伞发达,有 2 个大的侧叶和 1 个小的背叶,背肋呈倒"Y"字形为其特征。雌虫长 27~30 mm,因其白色的生殖器官环绕于红色含血的肠道周围,形成了红白相间的外观,故称捻转血矛线虫,亦称捻转胃虫。阴门位于虫体后半部,有一个显著的瓣状阴门盖(图 8-27)。虫卵卵壳薄、光滑,稍带黄色,为(75~95) μm×(40~50) μm,新鲜虫卵内含 16~32 个胚细胞。

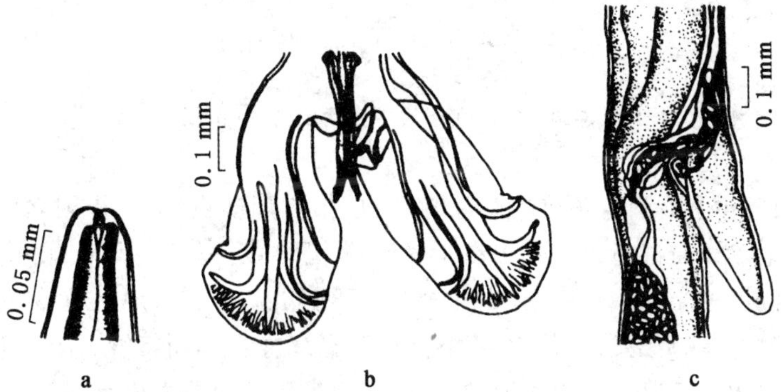

图 8-27 捻转血毛线虫(仿汪明)

a. 头端 b. 交合伞 c. 阴门盖

(2)普氏血矛线虫(*H. placei*):寄生于牛的雌虫,阴门盖呈舌片状;寄生于羊的雌虫,阴门盖呈小球状。

(3)似血矛线虫(*H. similis*):和捻转血矛线虫相似,只是虫体小,背肋较长,交合刺较短。雄虫长 8~12.5 mm,雌虫长 12~17 mm。

【生活发育史】毛圆科线虫寄生于牛、羊、骆驼等反刍兽的第四胃和小肠,虫卵随粪便排到外界,在适宜的条件下,大约经 1 周发育为感染性幼虫(第 3 期幼虫)。

感染性幼虫可移行至牧草的茎叶上，牛、羊等反刍兽吃草时经口感染。幼虫在第四胃或小肠黏膜内发育后再返回第四胃或小肠，并附在黏膜上逐渐发育为成虫（图 8-28）。

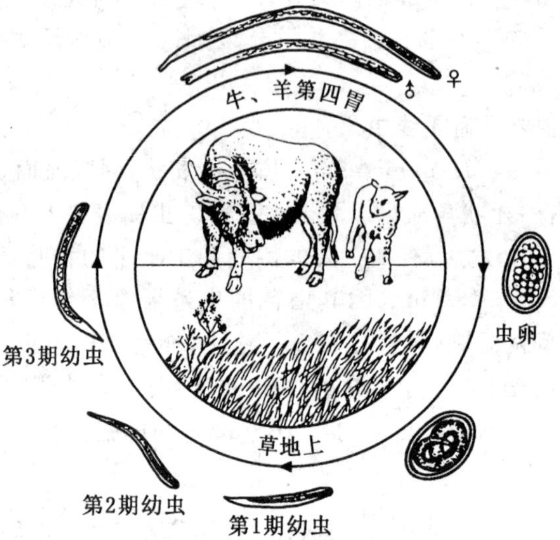

图 8-28 捻转血矛线虫生活发育史（仿汪明）

【流行病学】毛圆科各属的感染性幼虫（第 3 期幼虫）对外界因素的抵抗力较强。捻转血矛线虫的感染性幼虫在干燥环境中可生存一年半。毛圆属线虫的感染性幼虫在潮湿的土壤中可存活 3～4 个月，且耐低温，可在牧地上越冬，越冬的数量足以使动物春季感染发病，但对高温、干燥比较敏感。奥斯特线虫的感染性幼虫比捻转血矛线虫的感染性幼虫耐寒，高寒地区奥斯特线虫病发生较多。

土壤是感染性幼虫的隐蔽场所。感染性幼虫有背地性和向光性，在温度、湿度和光照适宜时，幼虫就从土壤中爬到草上，环境不利时，又回到土壤中隐蔽，幼虫受土壤的庇护，得以延长其生活时间，故土壤中的感染性幼虫是牧草污染的来源。

我国许多地区，尤其西北牧区存在着明显的牛、羊消化道线虫春季高潮，春季高潮最主要表现在毛圆科线虫上。引起春季高潮主要的原因是：①当年春季感染。许多种类如捻转血矛线虫、毛圆线虫、奥斯特线虫、马歇尔线虫等的感染性幼虫可以越冬，一旦牛、羊由舍饲转到牧场上，就会得到大量感染。②胃肠黏膜内受阻型幼虫是春季高潮的主要原因。每年夏秋季节，牛、羊的营养好，抵抗力强，体内消化道线虫的幼虫发育受阻。冬末春初，天气寒冷，如果草料不足，营养缺乏，牛、羊的抵抗力明显下降，给幼虫的发育创造了有利的条件，使胃、小肠黏膜内的幼虫慢慢活跃起来，春天时(4～5月份)，消化道线虫成虫达到高峰。也就是说，冬季幼虫高潮是春季高潮的来源，可以造成牛尤其羊的大批死亡。

羊对捻转血矛线虫有"自愈现象"，这是初次感染时产生的抗体和再感染时的抗原物质相结合时引起的一种局部过敏反应。表现为第四胃黏膜水肿，造成不利于虫体生存的环境，导致原有的和再感染的虫体被排出。这种反应没有特异性，捻转血矛线虫的自愈反应，既可引起第四胃其他线虫(如环纹奥斯特线虫和艾氏毛圆线虫)的自愈，亦可引起肠道线虫(如蛇形毛圆线虫)的自愈，这可能是由于它们具有共同的抗原。

【症状与病变】毛圆科线虫大多都吸食宿主的血液，而且往往和仰口线虫、夏伯特线虫、毛尾线虫等混合感染。据报道，2 000 条捻转血矛线虫在第四胃黏膜寄生时，每天可吸血达 30 mL。虫体吸血时或幼虫在胃肠黏膜内寄生时，可破坏胃肠组织的完整性，引发局部炎症，降低胃肠的消化、吸收功能。虫体产生的毒素也可干扰宿主的造血功能，使贫血更加严重。

病畜主要表现精神沉郁、食欲不振，高度营养不良、渐进性消瘦，贫血、可视黏膜苍白，下颌和下腹部水肿，腹泻与便秘交替，最后可因衰竭死亡。死亡多发生在春季，与"春季高潮"和"春乏"有关。

【诊断】根据临床症状及当地的流行病学特点可作出初步诊断，确诊需要进行病原学检查。发现粪便中的虫卵，或剖检在牛、羊的第四胃、小肠发现大量虫体和相应的病理变化即可确诊。粪便中虫卵的检查常用饱和盐水漂浮法。

【治疗】可选用如下驱虫药物。

(1)左旋咪唑：按每千克体重 6～10 mg，一次口服。奶牛、奶羊的休药期不得少于 3 d。

(2)丙硫咪唑：按每千克体重 10～15 mg，一次口服。

(3)甲苯咪唑：按每千克体重 10～15 mg，一次口服。

(4)伊维菌素：按每千克体重 0.2 mg，一次口服或皮下注射。

【预防】要根据当地的流行病学情况制订切实可行的措施。

(1)定期驱虫。全群牛、羊春、秋各进行一次计划性驱虫。针对北方牧区的冬季幼虫高潮，可在每年的春节前后驱虫一次，可有效地避免春乏的大批死亡。

在流行季节，通过粪便检查，经常检测牛、羊群的荷虫情况，进行预防性或治疗性驱虫。驱虫后的粪便集中管理，采用生物热发酵的方法杀死其中的病原，以免污染环境。

(2)注意饲料、饮水的清洁卫生。放牧牛、羊应尽可能避开潮湿地带，尽量避开幼虫活跃的时间，以减少感染机会。有条件的地方，可以实行划地轮牧或不同种畜间进行轮牧等，以减少牛、羊感染机会。

(3)加强饲养管理，冬春季节应合理地补充精料和矿物质，提高畜体自身的抵抗力。

三、仰口线虫病

仰口线虫病又称钩虫病，是由钩口科(Ancylostomatidae)仰口属(*Bunostomum*)的牛仰口线虫(*B. phlebotomum*)和羊仰口线虫(*B. trigonocephalum*)分别寄生于牛、羊的小肠内而引起的一种以贫血为主要特征的寄生虫病，对牛、羊的危害很大，并可以引起死亡。该病广泛流行于我国各地。

【病原】仰口属线虫的头端向背面弯曲，口囊大，呈漏斗状，口缘有1对半月形的角质切板。雌虫阴门在虫体中部之前。

(1)羊仰口线虫(羊钩虫)：呈乳白色或淡红色。口囊底部的背侧有1个大背齿，腹侧有1对小的亚腹侧齿。雄虫长12.5～17.0 mm，交合伞发达，外背肋不对称。雌虫长15.5～21.0 mm。虫卵大小为(79～97) μm×(47～50) μm，卵壳厚，两端钝圆，两侧平直，似长方形，胚细胞大而数目少，内含暗黑色颗粒。

(2)牛仰口线虫(牛钩虫)：形态与羊钩虫相似，但口囊底部腹侧有两对亚腹侧齿；交合刺长3.5～4.0 mm，为羊仰口线虫的5～6倍。雄虫长10～18 mm，雌虫长24～28 mm。虫卵为106 μm×46 μm，两端钝圆，胚细胞呈暗黑色，形态与羊钩虫卵相似(图8-29)。

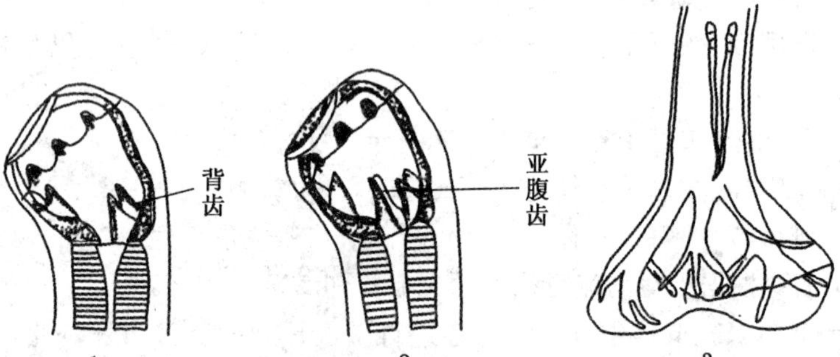

图8-29 牛、羊钩虫(仿宁长申等)

1.羊钩虫头部 2.牛钩虫头部 3.钩虫雄虫尾部

【生活发育史】成虫寄生于牛、羊的小肠，虫卵随粪便排出体外。在适宜的温度和湿度条件下，经4～8 d形成幼虫；幼虫从卵内逸出，经2次蜕化，发育为感染性幼虫。感染性幼虫经口或经皮肤进入牛、羊体内。经口感染时，感染性幼虫在小肠内直接发育为成虫，此过程需25 d。经皮肤感染时，感染性幼虫进入血液循环，随血流到达肺脏，再由肺毛细血管进入肺泡，然后上行到支气管、气管、咽，经吞咽进入小肠，逐渐发育为成虫，此过程需50～60 d。实验表明，经口感染时，幼虫的发育率要少得多，只有12%～14%的幼虫得到发育；而经皮肤感染时，可以有85%的幼虫得到发育。

【流行病学】仰口线虫病分布于全国各地。在比较潮湿的草场放牧的牛、羊流行更严重。虫卵和幼虫最适宜的是潮湿的环境和14～31℃的温度，温度低于8℃，幼虫不能发育，35～38℃时，仅能发育成1期幼虫。感染性幼虫在夏季牧场上可以存活2～3个月，在春、秋季生活时间较长，严寒的冬季气候对幼虫有杀灭作用。

牛、羊可以对仰口线虫产生一定的免疫力，产生免疫后，粪便中的虫卵数减少，即使放牧于严重污染的牧场，虫卵数亦不增高。

【症状与病变】仰口线虫的致病作用主要是吸食血液、血液流失、毒素作用及移行引起的损伤。仰口线虫以其强大的口囊吸附在小肠壁上，用切板和齿刺破黏膜，大量吸血。100条虫体每天可吸食血液8 mL。成虫在吸血时频繁移位，同时分泌抗凝血酶，使损伤局部血液流失。其毒素作用可以抑制红细胞的生成，使牛、羊出现再生不良性贫血。

患病牛羊临床主要表现为进行性贫血、严重消瘦、下颌水肿、顽固性下痢、粪便带血，幼畜生长发育受阻，有时出现神经症状，如后躯无力或麻痹，最后陷入恶病质而死亡。据试验，羊体内有1 000条虫体时，即可引起死亡。

尸体贫血、消瘦、水肿，皮下有浆液性浸润，血液凝不全。肠黏膜有炎症和出血点，肠内容物呈褐色或血红色。肺脏有因幼虫移行引起的淤血性出血和小点出血。心肌软化。肝脏呈淡灰色，质脆。十二指肠和空肠有大量虫体，游离于肠腔内容物中或附着在黏膜上。

【诊断】根据临床症状，结合粪便检查发现大量虫卵即可确诊。剖检在十二指肠和空肠找到多量虫体和相应的病理变化亦可确诊。

【治疗】参照毛圆线虫病。

【预防】应定期驱虫，舍饲时应保持厩舍清洁干燥，防止粪便污染饲料和饮水，避免牛、羊在低湿地放牧或休息等。

四、食道口线虫病(结节虫病)

食道口线虫病是由食道口科(Oesophagostomatidae)食道口属(*Oesophagosto-*

mum)的多种线虫寄生于牛、羊等反刍兽的大肠所引起的。由于某些食道口线虫的幼虫可导致寄生部位肠壁形成结节,故该病又称为结节虫病。因有病变的肠管不能制作肠衣,故可降低其经济价值。严重感染时,可降低牛、羊的生产力,给畜牧业经济造成较大的损失。该病在我国各地的牛、羊中普遍存在。

【病原】食道口属线虫的特征为:口囊呈小而浅的圆筒形,其外周为一显著的口领。口缘有叶冠环绕,有颈沟,其前部的表皮膨大形成头泡。颈沟后方有颈乳突及侧翼膜(图 8-30)。雄虫交合伞发达,有1对等长的交合刺。雌虫阴门位于肛门前方的附近;排卵器发达,呈肾形。虫卵较大。

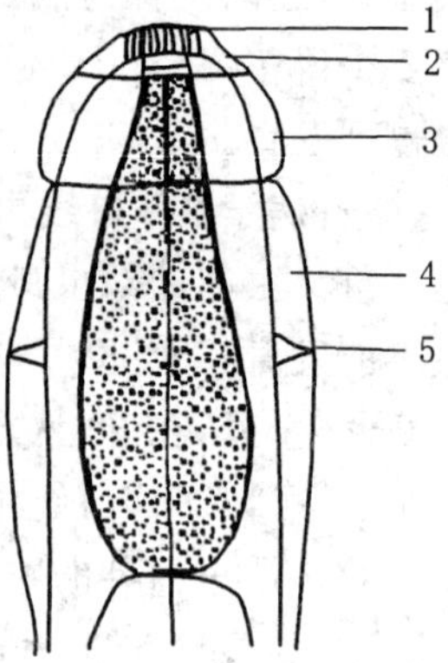

图 8-30 食道口线虫前部构造图

(仿汪明)

1.叶冠 2.口领 3.头泡 4.颈翼 5.颈乳突

(1)哥伦比亚食道口线虫(*Oe. columbianum*):有发达的侧翼膜,致使虫体前部弯曲为钩状,后端直,全形为"?"状。头泡不甚膨大。颈乳突在颈沟的稍后方,其尖端突出于侧翼之外(图 8-31)。雄虫长 12.0～13.5 mm,雌虫长 16.7～18.6 mm。虫卵椭圆形,无色,大小为(73～89) μm×(34～45) μm。主要寄生于羊,也寄生于牛和野羊的结肠。

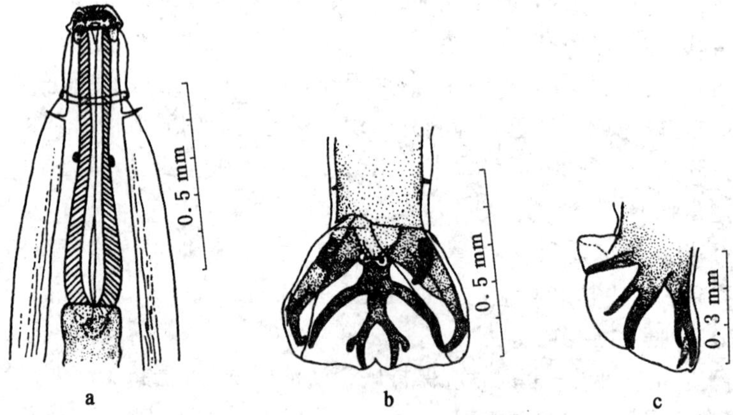

图 8-31 哥伦比亚食道口线虫(仿汪明)

a.前部腹面 b.交合伞腹面 c.交合伞侧面头泡

(2)微管食道口线虫(*Oe. venulosum*):无侧翼膜,前部直。口囊宽而浅。有外叶冠18叶。颈乳突位于食道的后方(图 8-32)。雄虫长 12～14 mm,雌虫长 16～20 mm。主要寄生于羊,也寄生于牛和骆驼的结肠。

(3)粗纹食道口线虫(*Oe. asperum*):头泡显著膨大,无侧翼膜。口囊较浅。颈乳突位于食道之后(图 8-32)。雄虫长 13～15 mm,雌虫长 17.3～20.3 mm。主要寄生于羊的结肠。

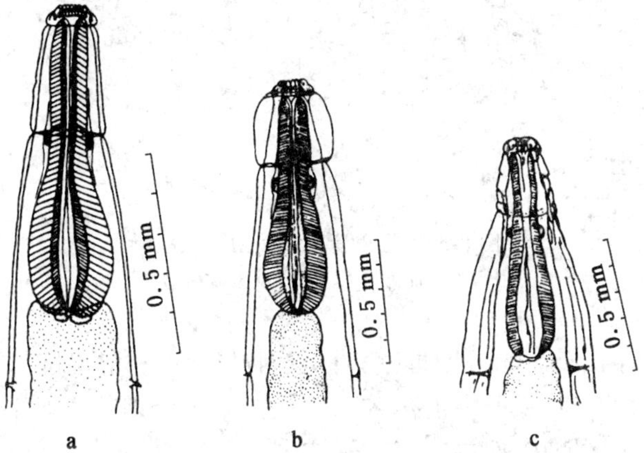

图 8-32 食道口线虫前腹面(仿汪明)

a. 微管食道口线虫 b. 粗纹食道口线虫 c. 甘肃食道口线虫

(4)甘肃食道口线虫(*Oe. kansuensis*):有发达的侧翼膜,前部弯曲。头泡膨大,颈乳突在食道末端前后(图 8-32)。雄虫长 14.5～16.5 mm,雌虫长 18～22 mm。寄生于绵羊的结肠。

(5)辐射食道口线虫(*Oe. radiatum*):侧翼膜发达,前部弯曲。有口领。头泡膨大,上有一横沟,将头泡区分为前后两部分。颈乳突靠近颈沟后方(图 8-33)。雄虫长 13.9～15.2 mm,雌虫长 14.7～18.0 mm。寄生于牛的结肠。

【生活发育史】成虫在寄生部位产卵,卵随粪排出体外,在适宜的外界条件下,经 7～8 d 发育为感染性幼虫(第 3 期幼虫),牛、羊等因摄食了被感染性幼虫污染的青草和饮水而感染,幼虫在胃肠内脱鞘,然后钻入小结肠和大结肠固有层的深处,并在此形成包囊和结节(哥伦比亚食道口虫和辐射食道口虫可在肠壁的任何部位形成结节),在其内进行两次蜕化,然后返回肠腔,发育为成虫。有些幼虫可不返回肠腔而自浆膜层移行到腹腔,可生活数日但不能继续发育,此种虫体在肉品检验中有时能遇到。自感染到成虫排出虫卵需 30～40 d。

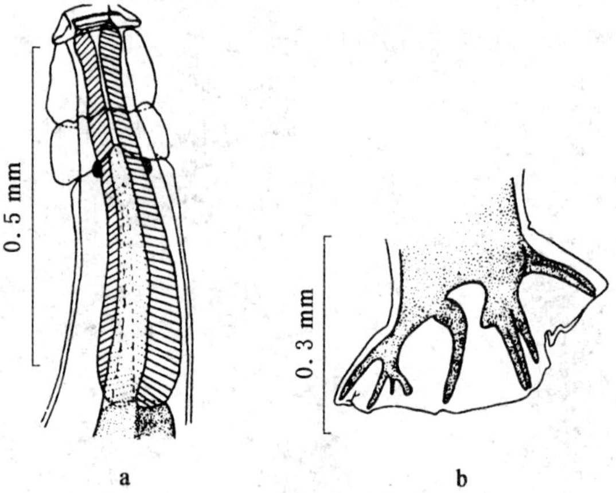

图 8-33 辐射食道口线虫(仿汪明)

a. 前部侧面 b. 交合伞侧面

【流行病学】低于 9℃时虫卵不发育。当牧场上的相对湿度为 48%～50%,平均温度为 11～12℃时,虫卵可生存 60 d 以上。第 1、2 期幼虫对干燥很敏感,极易死亡。第 3 期幼虫有鞘,抵抗力强,在适宜条件下可存活几个月,但冰冻可使之致死。温度在 35℃以上时,所有幼虫均迅速死亡。感染性幼虫适宜于潮湿的环境,尤其是在有露水或小雨时,便爬到青草上,故牛、羊的感染主要在春、秋季。

据宁夏盐池地区的调查(1957—1958 年),成虫感染率最高是在春季(3～4 月份),夏季(6～7 月份)感染率最低,秋季又略高。当年生的羔羊,8 月份体内出现成虫,到第二年 4 月份体内的成虫达最多量。在 6 个月以下的羔羊肠壁上不产生结节,故该结节主要在成年羊肠壁上形成。

【症状与病变】临床症状的轻重与感染虫体的数量和机体的抵抗力有关。如 1 岁以内的羊寄生 80～90 条,年龄较大的羊寄生 200～300 条虫体时,即为严重感染。患畜初期表现为持续性腹泻,粪便呈暗绿色,有多量黏液,有时带血。慢性病例患畜则表现为便秘和腹泻交替发生,渐进性消瘦,下颌水肿,最后可衰竭而死。

主要为肠的结节病变。哥伦比亚食道口线虫和辐射食道口线虫危害较大,幼虫可在小肠和大肠壁中形成结节,其余食道口线虫可在结肠壁中形成结节。结节在肠的浆膜面破溃时,可引发腹膜炎;有时可出现坏死性病变。在新形成的小结节中,常可发现幼虫,有时可发现结节钙化。

【诊断】根据临床症状,结合粪便检查发现大量虫卵,或剖检在肠壁发现多量结节,在肠腔内找到多量虫体,即可确诊。

【防治】治疗可参考毛圆科线虫病。防制措施包括定期驱虫、加强营养、保持饲草和饮水卫生、改善牧场环境，避免牛、羊大量摄入感染性幼虫等。

五、毛尾线虫病(鞭虫病)

毛尾线虫病是由毛尾科(Trichuridae)毛尾属(*Trichuris*)或称毛首科毛首属(*Trichocephalus*)的绵羊毛尾线虫(*T. ovis*)、球鞘毛尾线虫(*T. globulosa*)、瞪羚毛尾线虫(*T. gazellae*)和兰氏毛尾线虫(*T. lani*)等几种线虫寄生于牛、羊、骆驼等反刍动物的盲肠引起的。因虫体前部细长，后部短粗，外形像鞭子，故又称鞭虫。该病遍布全国各地，对羔羊和犊牛的危害比较严重，可引起盲肠黏膜卡他性或出血性炎症。

【病原】病原主要是绵羊毛尾线虫和球鞘毛尾线虫等。

毛尾属线虫成虫呈乳白色，前端细长呈毛发状，后端粗短，形状似鞭子，雄虫尾部卷曲，交合刺具鞘。雌虫尾部直，后端钝圆，阴门位于粗细交接处。虫卵黄褐色，腰鼓状，两端具卵塞，卵内为单细胞。

(1)绵羊毛尾线虫：雄虫长 50～80 mm，雌虫长 35～70 mm。虫卵(70～80) μm×(30～40) μm。寄生于绵羊、牛、骆驼、长颈鹿等反刍兽的盲肠。

(2)球鞘毛尾线虫：雄虫长 30.5～44.9 mm，交合刺鞘末端膨大呈球形。雌虫长 42～60 mm。虫卵(70～80) μm×(30～40) μm。寄生于绵羊、山羊、牛、骆驼等反刍兽的盲肠。

【生活发育史】毛尾线虫的生活发育史为直接发育型。虫卵随粪便排到外界后，经 2 周或数月发育为感染性虫卵。牛、羊经口感染，幼虫在肠道孵出，以细长的头部固着在肠壁内，约经 12 周发育为成虫。

毛尾线虫病遍布全国各地。夏、秋季感染较多。羔羊、犊牛、幼驼寄生较多，发病较严重。虫卵卵壳厚，对外界的抵抗力很强，自然状态下可存活 5 年，在 20%的石灰水中 1 h 死亡，在 3%石炭酸溶液中经 3 h 死亡。

【症状与病变】轻度感染时，无明显临床症状。严重感染时，可出现食欲不振、贫血、消瘦、腹泻、生长发育受阻等临床症状，有时可见下痢、粪便带血和黏液。羔羊、犊牛可因衰竭死亡。

病变局限于盲肠。虫体细长的头部深埋在肠黏膜内，引起盲肠慢性卡他性炎症。严重感染时，盲肠黏膜出血性坏死、水肿和溃疡。盲肠黏膜上有多量虫体。组织学检查，可见局部淋巴细胞、浆细胞、嗜酸性细胞浸润。

【诊断】根据临床症状，结合粪便检查发现大量虫卵即可确诊。虫卵形态特征为腰鼓状，两端有塞，易于辨认。剖检在盲肠黏膜上发现多量虫体和相应的病变，亦可确诊。

【防治】治疗可参照毛圆科线虫病。预防措施包括定期驱虫、加强粪便管理、保持饲草和饮水卫生等。

六、夏伯特线虫病

夏伯特线虫病是由圆线科夏伯特属(*Chabertia*)线虫寄生于羊、牛、骆驼、鹿以及其他反刍兽的大肠内引起的。本病遍及我国各地,而以西北、内蒙古、山西等北方地区较为严重,有些地区羊的感染率高达90%以上。

【病原】我国已发现有两种虫体:

(1)绵羊夏伯特线虫(*C. ovina*):是一种较大的乳白色线虫。有一近似半球形的大口囊,其前缘有两圈由小三角形叶片组成的叶冠;虫体前端稍弯向腹面,并有一浅的颈沟,颈沟前有稍膨大的头泡(图8-34)。雄虫长16.5～21.5 mm,交合伞发达,交合刺呈褐色。雌虫长22.5～26.0 mm。虫卵椭圆形,无色,大小为(85～132) μm×(42～56) μm。寄生于牛、羊、骆驼及其他反刍兽的大肠。

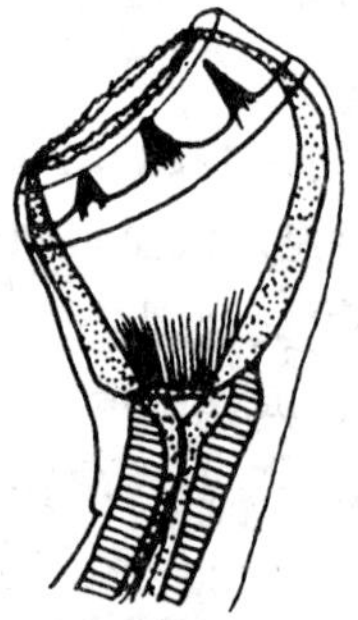

图8-34 绵羊夏伯特线虫前部侧面观(仿宁长申)

(2)叶氏夏伯特线虫(*C. erschowi*):与前种相似,但无颈沟和头泡。雄虫长14.2～17.5 mm,雌虫长17.0～25.0 mm。

【生活发育史】成虫寄生于牛、羊等反刍兽的大肠,所产虫卵随宿主粪便排到外界,在适宜的条件下,经5～6 d发育为感染性幼虫,感染性幼虫经口侵入宿主体内后,经48～54 d发育成熟,吸附在大肠黏膜上。成虫在宿主体内可生活9个月左右。

【流行病学】夏伯特线虫的虫卵和感染性幼虫对外界抵抗力较强,虫卵在低温(−12～−8℃)下能长期生存,感染性幼虫在−23℃荫蔽处可存活1年以上,这是造成夏伯特线虫病在我国北方地区流行的重要因素之一。但干燥和阳光直射时,经10～15 min即死亡。反刍兽一般从2月份开始感染,5月份达顶峰,6月份下降。1岁以内的羔羊最易感染,发病较重。成年反刍兽的抵抗力较强,发病较轻。

【症状与病变】轻度感染时,无明显的临床症状。严重感染时,患畜消瘦、贫血,粪便带有多量黏液和血液,有时下痢。幼畜食欲减退,生长发育迟缓,下颌水肿,有时可引起死亡。

剖检可见虫体吸附于大肠壁上,造成局部肠壁损伤,引起黏膜水肿、溃疡,有时可见黏膜出血，上有多量黏液。

【诊断与防治】参照牛、羊食道口线虫病。

七、网尾线虫病

网尾线虫病是由网尾科(Dictyocaulidae)网尾属(*Dictyocaulus*)胎生网尾线虫(*D. viviparus*)、丝状网尾线虫(*D. filaria*)、骆驼网尾线虫(*D. cameli*)分别寄生于牛、羊、骆驼等反刍兽支气管和细支气管内引起的。由于虫体较大，又称大型肺线虫。本病多见于潮湿地区，常呈地方性流行。主要危害幼龄动物，严重时可引起患畜大批死亡。

【病原】

(1)丝状网尾线虫：虫体呈乳白色，细线状。肠管好像一条黑线穿行体内。雄虫长 25～80 mm，交合伞发达，后侧肋和中侧肋合二为一，只在末端稍分开，两个背肋末端有 3 个小分支；交合刺呈靴状，黄褐色，为多孔性结构。雌虫长 43～112 mm，阴门位于虫体中部附近。虫卵(120～13) μm×(80～90) μm(图 8-35)。寄生于绵羊、山羊、骆驼及其他反刍兽的支气管，有时见于气管和细支气管。

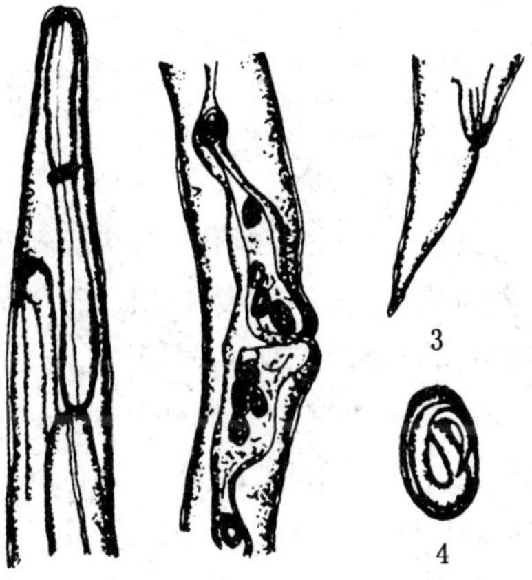

图 8-35 丝状网尾线虫(仿宁长申等)

1. 虫体前部 2. 雌虫阴门部侧面观
3. 雌虫尾部侧面观 4. 虫卵

(2)胎生网尾线虫：雄虫长 40～50 mm，交合伞的中侧肋与后侧肋完全融合。交合刺黄褐色，为多孔性构造；引器椭圆形，为多泡性结构。雌虫长 60～80 mm。虫卵(82～88) μm×(33～38) μm(图 8-36)。寄生于牛、驼和多种野生反刍兽的支气管和气管内。

(3)骆驼网尾线虫：雄虫长 32～55 mm，交合伞的中侧肋与后侧肋完全融合，仅末端稍膨大；背肋 1 对，粗大。交合刺黄褐色，为多孔性构造。雌虫长 46～68 mm。虫卵(49～99) μm×(32～49) μm。寄生于单峰驼和双峰驼的支气管和气管内。

【生活发育史】雌虫于支气管内产含幼虫的卵，羊咳嗽时，卵随黏液一起进入口腔并被咽下，在消化道孵化出第 1 期幼虫，并随粪便排到体外。在 20℃温度下，经 5～7 d 发育为感染性幼虫。羊吃草或饮水时，摄入感染性幼虫，幼虫钻入肠壁，

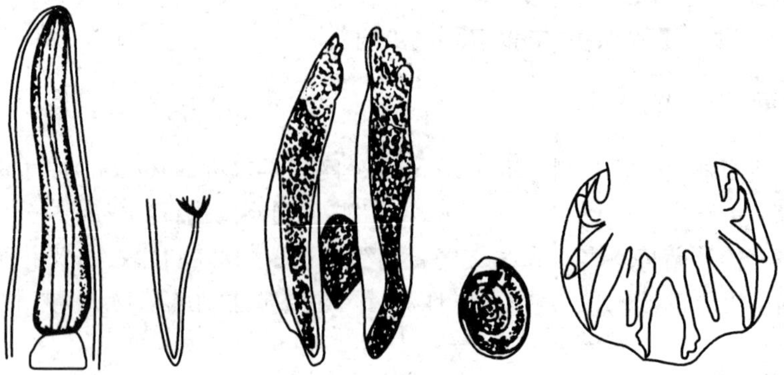

图 8-36 胎生网尾线虫(仿宁长申等)

1.前部 2.雄虫尾部 3.交合刺和引器 4.卵 5.交合伞

在肠淋巴结内发育蜕化,经移行到达肺部,寄生在细支气管和支气管,从羊感染到发育为成虫,大约需要 18 d。感染后 26 d 开始产卵。成虫在羊体内的寄生期限随羊的营养、年龄有所不同,从 2 个月到 1 年不等。

幼虫在适宜的外界条件下发育为感染性幼虫只需 3 d 左右。温度低时,可能延迟至 11 d。低于 10℃或高于 30℃不能发育到感染期。从感染到雌虫产卵需要 1～4 个月,一般为 21～25 d。

【流行病学】丝状网尾线虫的幼虫对热和干燥敏感,故温暖季节对其生存不利,因粪便迅速干燥后,其中的幼虫死亡率极高。但幼虫可以耐低温,在 4～5℃时,幼虫就可以发育,并且保持活力达 100 d 之久。被雪覆盖的粪便,虽在－40～－20℃气温下,其中的感染性幼虫仍不死亡。成年羊比幼年羊感染率高,但对羔羊危害严重。

胎生网尾线虫还可寄生于野牛、骆驼体内,广泛流行于我国西北、西南的许多地方,是放牧牛群,尤其是牦牛春乏死亡的重要原因之一。胎生网尾线虫病的流行病学与丝状网尾线虫的相似。

【症状与病变】感染后首先表现为咳嗽,最初为干咳,后为湿咳,而且咳嗽次数逐渐频繁。中度感染时,咳嗽强烈;严重感染时呼吸浅表,迫促并感痛苦。此外,患羊常流鼻液、打喷嚏,逐渐消瘦,被毛枯干,贫血,头胸部和四肢水肿,呼吸加快、困难,体温一般不升高。羔羊症状较严重,可以引起死亡。感染轻微的牛、羊和成年牛、羊常为慢性,症状不明显。

羊群感染时，先是个别羊发生咳嗽，后常成群发作。羊被驱赶和夜间休息时咳嗽最为明显，在羊圈附近可以听到羊群的咳嗽声和拉风箱似的呼吸声。阵发性咳嗽发作时，常咳出黏液团块，镜检时见有虫卵和幼虫；患羊常从鼻孔排出黏液分泌物，干涸后在鼻孔周围形成痂皮；有时分泌物很黏稠，形成绳索状物，垂悬在鼻孔下面。

成虫寄生时，由于虫体刺激，引起细支气管和支气管的炎症。大量虫体及其黏液、脓性物质、混有血丝的分泌物团块可以阻塞细支气管，引起局部肺组织膨胀不全和周围肺组织的代偿性气肿。虫体寄生部位，肺表面稍隆起，呈灰白色，坚硬，切开内有虫体。虫体分泌物、排泄物的毒素作用可引起羊只的再生不良性贫血。

【诊断】根据临床症状、流行病学特点，结合用幼虫分离法检出粪便中的第1期幼虫即可确诊。或剖检在支气管和细支气管发现一定量的虫体和相应的病变时，亦可确诊。丝状网尾线虫1期幼虫较大，长为550～585 μm，头端钝圆，有一扣状结节，尾端细而钝，体内有较多的黑色颗粒。

【治疗】

(1)左旋咪唑：按每千克体重8～10 mg，口服。

(2)丙硫咪唑：按每千克体重10～15 mg，口服。

(3)阿维菌素或伊维菌素：按每千克体重0.2 mg，口服或皮下注射。

【预防】保持牧场清洁干燥，防止潮湿积水。注意饮水卫生。成年牛、羊与幼龄牛、羊分群放牧，以减少感染。有条件的地方可以实施划地轮牧，以减少牛、羊的感染机会。也可接种致弱幼虫苗。

计划性驱虫以当地的具体情况而定。一般由放牧改为舍饲以后进行一次驱虫，可使牛、羊等安全越冬，在1～2月初再进行一次驱虫，以避免春乏死亡。驱虫时集中畜群数天，以加强粪便管理，粪便应堆积发酵，以消灭病原。

八、原圆线虫病

原圆线虫病是由原圆科(Protostrongylidae)原圆属(*Protostrongylus*)、缪勒属(*Muellerius*)等几个属的多种线虫寄生于羊的肺泡、毛细支气管、细支气管、肺实质等处引起的。此类线虫多系混合感染，虫体细小，有的肉眼刚能看到，故又称小型肺线虫。该病分布很广，羊的感染率高，感染强度大，危害最大的为原圆属和缪勒属。

【病原】虫体非常细小，有的肉眼刚能看到。雄虫交合伞不发达，雌虫阴门靠近体后端。卵胎生。常见的种有毛样缪勒线虫和柯氏原圆线虫。

(1)毛样缪勒线虫(*Mullerius capillaris*)：雄虫长11～26 mm，交合伞高度退

化,尾部呈螺旋状卷曲,泄殖孔周围有很多乳突。雌虫长 18～30 mm,阴门距肛门甚近,虫体后端有一小的角质膨隆。虫卵呈褐色,大小为(82～104) μm×(28～40) μm,产出时细胞尚未分裂。寄于羊的肺泡、细支气管、胸膜下结缔组织和肺实质中。是分布最广的一种。

(2)柯氏原圆线虫(*Protostrongylus kochi*):为褐色纤细的线虫,雄虫长24.3～30.0 mm,交合伞小,交合刺呈暗褐色,为多孔性栉状结构(图 8-37)。雌虫长 28～40 mm,阴门位于肛门附近,阴门前有一突起。寄生于羊的细支气管和支气管。

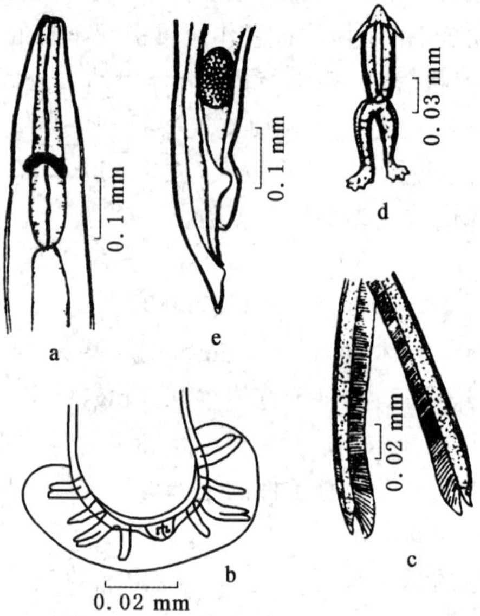

图 8-37 柯氏原圆线虫(仿汪明等)

a. 成虫前端腹面观 b. 交合伞 c. 交合刺

d. 引带 e. 雄虫尾部侧面观

【生活发育史】原圆线虫为间接型生活发育史。其发育需要多种陆地螺或蛞蝓作为中间宿主。寄生于羊肺泡中的成虫产卵,虫卵产出后,发育孵化为第 1 期幼虫,第 1 期幼虫沿支气管上行到咽,转入肠道,随粪便排到外界。第 1 期幼虫进入中间宿主体发育到感染期的时间,因温度和螺的种类而异,原圆线虫一般为 15～49 d,缪勒线虫为 8～98 d。感染性幼虫可自行逸出或留在中间宿主体内。羊吃草或饮水时,摄入感染性幼虫或含有感染性幼虫的中间宿主时而受感染。幼虫钻入肠壁,经发育并随血流移行至肺,在肺泡、细支气管以及肺实质中发育为成虫。从感染到发育为成虫的时间为 25～38 d。

第 1 期幼虫的生存能力较强。自然条件下，在粪便和土壤中可生存几个月。对干燥有显著的抵抗力，在干粪中可生存数周。在湿粪中的生存期较长。但直射阳光可迅速使幼虫致死。在螺体内的感染性幼虫，其寿命与螺的寿命同长，为 12～18 个月。除严冬软体动物休眠外，几乎全年均可发生感染。4～5 月龄以上的羊，几乎都有虫体寄生，甚至数量很大。

【症状与病变】轻度感染时除引起咳嗽外，无其他明显临床症状。重度感染时虚弱无力。当病情加剧和接近死亡时，有呼吸困难、干咳或暴发性咳嗽等症状，叩诊肺部可发现较大的病变区。并发网尾线虫病时，可引起大批死亡。

由于虫体的寄生和刺激，引起局部炎性细胞浸润、肺萎陷和实变，继之其周围的肺泡和末梢支气管发生代偿性气肿和膨大；当肺泡和毛细支气管膨大到破裂时，细菌乘机侵入，引起支气管肺炎；受害的肺泡和支气管脱落的表皮阻塞管道，该处发生细胞浸润和结缔组织增生，最后成为小叶性肺炎，呈圆锥状轮廓，灰黄色；在肺脏边缘病灶切面的涂片上，可见到成虫和幼虫。

【诊断】根据症状和流行病学情况怀疑为本病时，可进行粪便检查，发现多量 1 期幼虫时即可确诊，或剖检发现成虫、幼虫、虫卵及相应的病理变化也可确诊。

每克粪便中约有 150 条幼虫时，被认为是有病理意义的荷虫量。1 期幼虫长 300～400 μm，宽 16～22 μm。缪勒线虫的 1 期幼虫尾部呈波浪形弯曲，背侧有一小刺；原圆线虫的幼虫亦呈波浪形弯曲，但无小刺。

【防治】应根据当地情况进行计划性驱虫，驱虫药物参考网尾线虫病。预防应避免在低洼、潮湿的地段放牧，减少与陆地螺类接触的机会；放牧羊只应尽可能地避开中间宿主活跃的时间，如雾天、清晨和傍晚；成年羊与羔羊应避免同群放牧，因为成年羊往往是带虫者，是感染源。

九、牛羊丝状线虫病(腹腔丝虫病)

牛羊丝状线虫病是由丝状科(Setariidae)丝状属(*Setaria*)的多种线虫寄生于牛、羊的腹腔引起的一种寄生虫病，故又称腹腔丝虫病。寄生于腹腔的成虫往往数量不多，其致病性不强。但有些种的幼虫，可寄生于非固有宿主的某些器官，引起如脑脊髓丝虫病和浑睛虫病等一些危害比较严重的疾病，给畜牧业造成一定的损失。

【病原】丝状属线虫长数厘米至十余厘米，乳白色。口孔周围有角质环围绕，在背、腹面，有时也在侧面有向上的隆起，形成唇状、肩章状或乳突状的外观。口环的后方有乳突。雄虫有交合刺 1 对，不等长，不同形；在泄殖孔前后有乳突数对。

雌虫尾尖上常有小结节或小刺;阴门在食道部。雌虫产带鞘的微丝蚴,出现于宿主的血液中。

牛羊腹腔丝虫常见的有两种,即鹿丝状线虫(*S. cervi*)和指形丝状线虫(*S. digitata*)。黎氏丝状线虫(*S. leichungwingi*)主要寄生于水牛。

(1)鹿丝状线虫:又称唇乳突丝状线虫(*S. labiatopapillosa*),寄生于牛、羚羊和鹿的腹腔。口孔呈长形,角质环的两侧部向上突出成新月状(较宽阔),背、腹面突起的顶部中央有一凹陷。雄虫长 40~60 mm,交合刺 2 根,分别长 120~150 μm 与 300~370 μm。雌虫长 60~120 mm,尾端为一球形的纽扣状膨大,表面有小刺。微丝蚴有鞘,长 240~260 μm。

(2)指形丝状线虫:寄生于黄牛、水牛和牦牛的腹腔,和鹿丝状线虫相似,但口孔呈圆形,口环的侧突起为三角形,且较鹿丝状线虫的为大,背、腹突起上有凹迹(图 8-38)。雄虫长 40~50 mm,交合刺 2 根,分别长 130~140 μm 与 250~270 μm。雌虫长 60~80 mm,尾末端为一小的球形膨大,其表面光滑或稍粗糙。微丝蚴大小与鹿丝状线虫相似(图 8-39)。

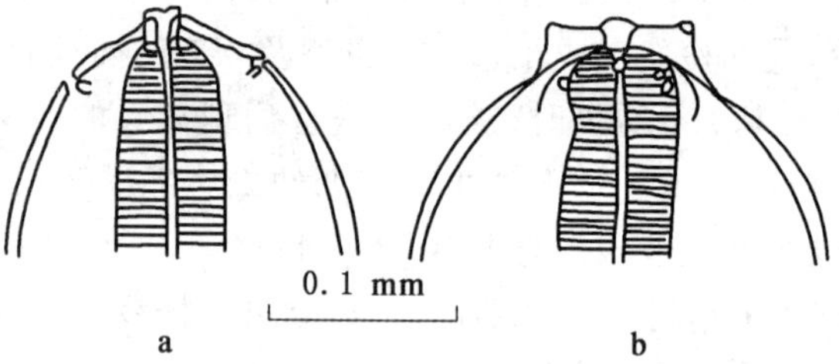

图 8-38 指形丝状线虫(仿汪明)

a. 头部腹面 b. 头部侧面

【流行病学】腹腔丝虫成虫寄生于腹腔,直接产幼虫——微丝蚴,微丝蚴进入宿主的血液循环,周期性地出现在宿主的外周血液中。指形丝状线虫的微丝蚴在外周血中的密度以早晨 6 时、中午 2 时、晚 6 时和 9 时较高。指形丝状线虫的中间宿主为蚊类。鹿丝状线虫的中间宿主可能是厩螫蝇或一些蚊类。当中间宿主刺吸终末宿主血液时,微丝蚴随即进入这些吸血昆虫体内,经 15 d 左右发育为感染性幼虫,并移行到中间宿主的口器内。当中间宿主叮咬易感动物吸血时,感染性幼虫即进入易感动物体内,经 8~10 个月,发育为成虫。

当携带有指形丝状线虫感染性幼虫的中间宿主刺吸非固有宿主——马或羊的血液时,幼虫随即进入马或羊的体内,但由于宿主不适,幼虫常随淋巴液或血液进

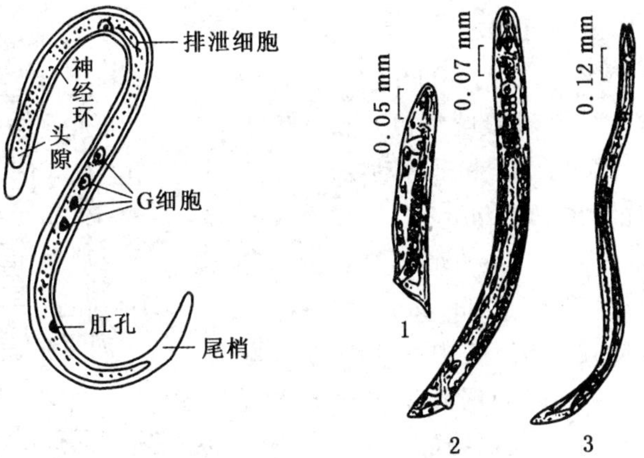

图 8-39 指状丝虫微丝蚴模式图(仿宁长申)

1～3. 示在蚊体内的各期幼虫

入脑脊髓或眼前房,停留于童虫阶段,引起马或羊的脑脊髓丝虫病或马的浑睛虫病。

【症状】寄生于腹腔的成虫致病力不强,临床上一般不显症状,仅可引起轻度腹膜炎。当感染性幼虫进入非固有宿主,引起马和羊的脑脊髓丝虫病时,症状很明显,主要表现为后躯运动神经障碍。此外,牛固有的指形丝状线虫童虫亦可致牛的脑脊髓丝虫病。在牛的输卵管内有发现指形丝状线虫的病例。

【诊断与防治】取动物外周血液检查,发现微丝蚴即可确诊。治疗病牛可口服海群生,按每千克体重 10 mg,每天一次,连用 7 d,可杀死微丝蚴,但不能杀死成虫。

十、牛吸吮线虫病(牛眼虫病)

牛吸吮线虫病又称寄生性结膜角膜炎,俗称牛眼虫病,是由吸吮科(Thelaziidae)吸吮属(*Thelazia*)的多种线虫寄生于黄牛、水牛的结膜囊、第三眼睑和泪管而引起的一种寄生虫病,可引起牛的结膜角膜炎,继发细菌感染时,可造成角膜糜烂和溃疡。我国各地普遍流行,秋季常发生此病。

【病原】吸吮线虫口囊小,无唇,有内外两圈头乳突。雄虫常有大量的肛前乳突。阴门位于虫体的前部。

(1)罗氏吸吮线虫(*T. rhodesi*):虫体呈乳白色,体表有明显的锯齿状横纹。虫体头端细小,有一小而呈长方形的口囊。食道短,呈圆筒状(图 8-40)。雄虫长 9.3～13.0 mm,尾端蜷曲。交合刺不等长,左交合刺长 0.1～0.16 mm,右交合刺长 0.53～0.80 mm，泄殖腔前乳突 14 对，后乳突 3 对。雌虫长 14.5～17.7 mm，尾部钝圆，尾端侧面上有一个小突起，阴门开口于虫体前部腹面。为我国最常见的一种吸吮线虫。除寄生于牛外，还可寄生于绵羊、山羊和马等动物。

(2)大口吸吮线虫(*T. gulosa*)：体表横纹不明显，口囊碗状。雄虫长 6～9 mm，交合刺不等长，其长分别为 0.99～1.03 mm 和 0.12～0.13 mm，有 18 对尾乳突，其中有 4 对位于肛后。雌虫长 11～14 mm，阴门开口于食道末端处，开口处的体表平而无突出物(图 8-41)。

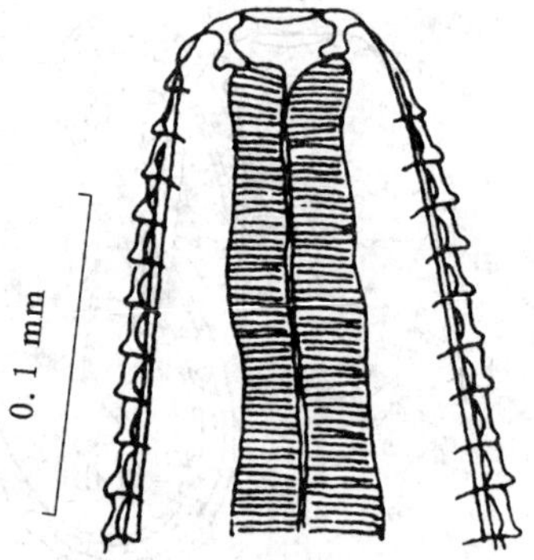

图 8-40　罗氏吸吮线虫雌虫前端侧面

(仿汪明)

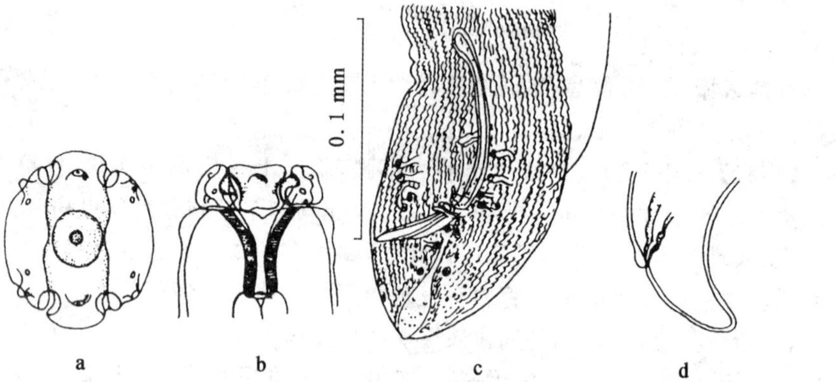

图 8-41　大口吸吮线虫

a.头顶面　b.头部侧面　c.雄虫尾部　d.雌虫尾部

(3)斯氏吸吮线虫(*T. skrjabini*)：体表无有横横纹。雄虫长 5～9 mm，交合刺很短，大小几乎相等。雌虫长 11～19 mm。

【生活发育史】为间接型生活发育史。中间宿主为蝇属(*Musca*)的各种蝇类，如胎生蝇、秋蝇等。雌虫在牛的结膜囊内产幼虫，当蝇舔食牛眼分泌物时，幼虫同眼分泌物一起被蝇吞食，在蝇体内经 30 d 左右发育成感染性幼虫，然后移行到蝇的口器。当带感染性幼虫的蝇舔食牛眼分泌物时，感染性幼虫即进入牛眼内，幼虫在牛结膜囊内经 20 d 左右发育为成虫。

【症状】吸吮线虫可机械性地刺激和损伤结膜和角膜，引起牛的结膜角膜炎，如继发细菌感染,后果严重。临床上见有眼结膜潮红、流泪和角膜混浊等症状。严重时,眼内有脓性分泌物流出,常使上下眼睑黏合。角膜炎继续发展,可引起糜烂和溃疡,严重时发生角膜穿孔,水晶体损伤及睫状体炎,最后导致失明。混浊的角膜发生崩解和脱落时,一般能缓慢地愈合,但在该处会留下永久性白斑,影响视觉。病牛极度不安,常将眼部在其他物体上摩擦,摇头,严重影响采食和休息,导致生长、发育缓慢和生产力下降。

【诊断】根据临床症状,结合在眼内发现吸吮线虫即可确诊。虫体爬至眼球表面时,容易被发现。打开眼睑,有时可以在结膜囊发现虫体。还可用一橡皮吸耳球,吸取3%的硼酸溶液,强力冲洗第三眼睑内侧和结膜囊,同时用一弧形盘接取冲洗液,发现虫体即可确诊。

【治疗】可使用如下药物:

(1)左咪唑:按每千克体重8 mg,口服,每天一次,连用2 d。

(2)90%的美沙利定(methyridine):20 mL一次皮下注射。

(3)1%的敌百虫溶液点眼。

另外,可用3%硼酸溶液、1/1 500的碘溶液、0.2%的海群生或0.5%的来苏儿强力冲洗眼结膜囊和第三眼睑,可杀死或冲出虫体。当继发细菌感染出现结膜角膜炎时,可应用抗生素类软膏或磺胺类药物治疗。

【预防】在疫区每年秋冬季节,结合牛体内的其他寄生虫,进行计划性驱虫。在春天蝇类大量出现以前,再对牛进行一次普遍性驱虫,以减少病原体的传播。同时应注意环境卫生,做好灭蝇、灭蛆和灭蛹工作。还可以在牛的眼部加挂防蝇帘,可减少本病的流行。

思　考　题

1. 简述猪蛔虫的发育过程及如何防治猪蛔虫病。

2. 猪旋毛虫病的流行特点是什么?该病的诊断及防治要点是什么?

3. 猪后圆线虫病的流行特点是什么?该病的临床表现及防治要点是什么?

4. 鸡异刺线虫病的临床表现是什么?如何诊断及防治?

5. 牛、羊网尾线虫病和原圆线虫病的病原特征是什么?这两种病的流行特点是什么?

6. 牛、羊网尾线虫病和原圆线虫病的病诊断要点及防治技术是什么?

第九章 棘头虫病

第一节 绪 论

棘头虫病是由棘头虫动物门的寄生虫寄生于鱼类、禽类及哺乳类等动物肠道内所引起的一种寄生虫病。

一、棘头虫的形态结构

棘头虫虫体呈椭圆形、棒形、纺锤形或圆柱形等不同形态。虫体大小差别很大，小的约1.5 mm，大的可长达650 mm。虫体无固定的颜色，常因吸收宿主营养的不同而变化，可呈红、橙、褐、黄和乳白色等颜色。雌雄异体。虫体不分节。体前端有一个可以自由伸缩的吻突，上有小棘或小钩，故称棘头虫。钩或棘是虫体的附着工具，用于附着宿主肠壁，其形态、大小、数目和排列都是分类的重要依据。虫体颈部较短，无钩与棘；躯干的前部较粗，而后部较细长。虫体体表平滑或带有皱纹，个别虫体还有小棘。棘头虫具有中空的假体腔，里面含有生殖器官、排泄器官、神经系统和假体腔液等，无消化系统和循环系统（图9-1）。

二、棘头虫的发育

棘头虫的发育均需中间宿主——节肢动物参与。雌虫在宿主肠道内产卵，卵随宿主粪便排出体外，当甲壳动物或昆虫吞食了虫卵，在其肠道中卵内的棘头蚴钻出卵壳（最适宜的虫卵孵化温度为15～35℃），穿过肠壁进入体腔，经棘头体阶段，而后又发育为感染性幼虫——棘头囊。终末宿主因摄食含有棘头囊的节肢动物而受到感染，棘头囊进入终末宿主肠道后，破囊而出，在肠道内发育为成虫。

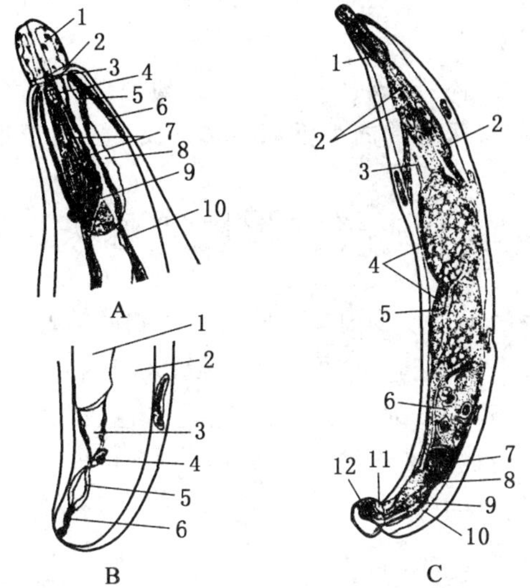

图 9-1　棘头虫的内部构造

A. 头部：1. 吻突　2. 颈　3. 颈乳突　4. 头器　5. 肌鞘　6. 牵缩肌　7. 伸延肌　8. 吻腺　9. 吻神经节　10. 背韧带囊

B. 雌虫后部侧面：1. 腹韧带囊　2. 背吻牵缩肌　3. 子宫钟　4. 选择器　5. 子宫　6. 阴道

C. 雄虫侧面：1. 吻囊　2. 吻腺　3. 韧带索　4. 睾丸　5. 输出管　6. 黏液腺　7. 黏液腺囊　8. 贮精囊　9. 黏液腺管　10. 斯氏囊　11. 交合伞　12. 雄茎

三、棘头虫的分类

与畜禽有关的棘头虫有棘吻目和寡棘吻目。

1. 棘吻目

虫体小，体表有小刺或平滑；吻突呈圆柱形，上有许多或少量小钩；吻壁囊双层。有 1 对吻腺，呈棒状。有 4～8 个黏液腺。棘头蚴一端有钩。卵呈椭圆形至菱形。为鱼类、两栖类、爬虫类和鸟类的寄生虫。

(1)细颈科：吻突呈球形，吻钩细小或退化。卵壳中层膜无棘状突起。为水禽的寄生虫。与兽医有关的为细颈属。

(2)多形科：体表有小刺。吻突呈卵圆形，吻壁囊双层，有 2～6 个管状黏液腺，少数为 8 个。寄生于鸟类和哺乳类等脊椎动物。与兽医有关的为多形属。

2. 寡棘吻目

中型至大型虫体。吻突钩的数目多少不一定；吻囊为单层或双层构造。黏液腺分为 3 个或更多的致密小叶。卵呈椭圆形，棘头蚴两端有小钩，体表有小棘。为鸟类和哺乳动物的寄生虫。

寡棘吻科：为大型虫体，体表有许多横纹。吻突呈卵圆形，吻囊为单层或双层构造，黏液腺 8 个。与兽医有关的为巨棘吻属。成虫寄生于鸟类和哺乳动物。

第二节 猪蛭形巨吻棘头虫病

猪棘头虫病是由棘头虫动物门寡棘吻科巨棘吻属的蛭形巨吻棘头虫寄生于猪小肠内而引起的一种寄生虫病。也可感染野猪、犬、猫和人。我国各地普遍流行。

【病原】蛭形巨吻棘头虫为大型虫体，呈乳白色或粉红色，长圆柱形，前部较粗，后部较细，体表有明显的环状皱纹。头端有一个可伸缩的吻突，呈球状，吻突上有 5～6 排向后弯曲的小钩（图 9-2）。

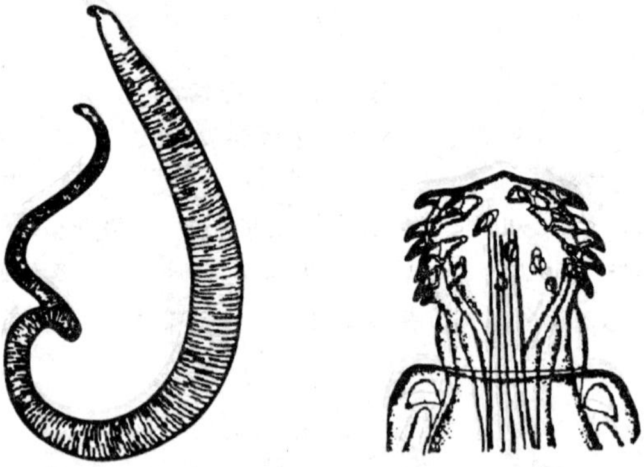

A B

图 9-2 蛭形巨吻棘头虫

A. 雌虫 B. 吻突

雌雄虫体的大小差别很大。雄虫体长仅 7～15 cm，雌虫体长可达 30～68 cm。虫卵长椭圆形，深褐色，两端稍尖。卵壳分 4 层，外层薄而无色，易破裂；第二层呈褐色，有细皱纹，两端有塞状构造，一端较圆，另一端较尖，第三层为受精膜，第四层为胚膜。卵内的棘头蚴头端有 4 列小棘。虫卵的大小为（89～100）μm×（42～56）μm，内含幼虫——棘头蚴，棘头蚴的大小为 58 μm×26 μm。

【生活发育史】主要寄生在猪和野猪的小肠内，偶尔亦可寄生于人、羊、犬、猫的体内，中间宿主为金龟子及其他甲虫。

成虫繁殖力很强，每条雌虫每天可产卵25 000个以上，持续时间可达10个月。卵随粪便排出体外，被鞘翅目的昆虫如金龟子等中间宿主吞食后，棘头蚴即在其肠内孵化，然后穿过肠壁，进入体腔发育成为棘头体，再继续发育为具有感染能力的包囊状棘头囊。当甲虫发育为蛹或成虫时，棘头囊乃留在体内，并能保持感染性2～3年。猪吞食了含棘头囊甲虫的幼虫、蛹或成虫均可感染棘头虫病。棘头囊进入猪肠道后，破囊而出，以吻突固着于肠壁上，经3～4个月发育为成虫。虫体在猪肠内寿命为10～24个月(图9-3)。

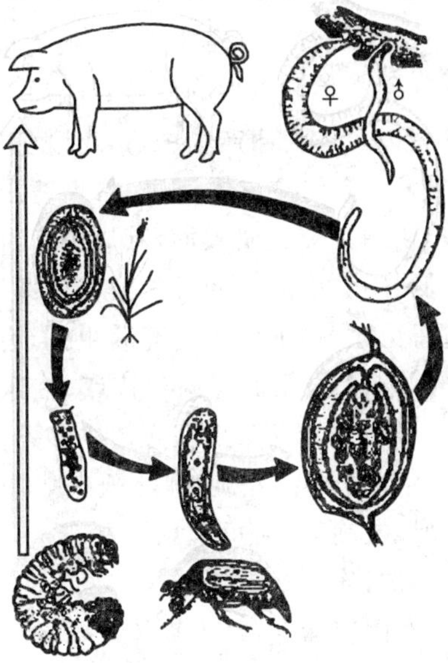

图9-3　猪蛭形巨吻棘头虫的生活发育史

人可因食入了含活棘头囊的甲虫而受到感染，但人不是猪巨吻棘头虫的适宜宿主，故在人体内棘头虫多不能发育成熟和产卵。

【流行病学】猪棘头虫病呈地方性流行，以8～10月龄的猪感染率较高，在流行严重的地区感染率可高达60%～80%。金龟子等甲虫的幼虫多存在于12～15 cm深的泥土中，猪只因拱土吃到其幼虫而感染。而仔猪因拱土能力差，故感染率低。拱土能力强的后备猪，感染率高，放牧猪比舍饲猪的感染猪高。

棘头虫卵壳厚，对外界环境的影响抵抗力强，在高温、低温、干燥或潮湿的情况下均可长时间存活。中间宿主的感染率高，感染强度也大，有些地区甲虫的幼虫和蛹感染率高达80%；一只蛴螬可感染130多条棘头体，多者达400条。

每年春夏季节为本病的感染季节，这与金龟子等甲虫的活动季节相一致。

人感染猪巨吻棘头虫与人们的生活习惯有关。在流行区，儿童有烧吃、炒吃甚至生吃天牛、金龟的习惯，所以患者以学龄前儿童和青少年为主。

【致病作用与症状】

(1)机械性损伤：虫体以吻突牢牢地吸在肠黏膜上，引起肠黏膜炎症、出血、坏死、溃疡，结缔组织增生。吻突深入到浆膜层时，可在浆膜上形成小结节，呈现坏死性炎症。病猪表现食欲减退，腹泻、粪便带血，阵发性腹痛。有的猪因腹痛而匍匐爬行。若固着部位发生脓肿或肠穿孔时，症状加剧，患猪体温可升高到41℃，并表现衰弱、不食、腹痛、卧地，多以死亡告终。

(2)摄取营养和毒素作用：患猪早期症状不明显，偶尔可有食欲不振等。随着虫体代谢产物等毒性物质被吸收后，患猪可出现贫血、消瘦、发育停滞，形成僵猪。有的猪因虫体代谢产物中毒，出现惊叫、肌肉震颤、癫痫等神经症状。

【病变】剖检尸体消瘦，黏膜苍白。空肠、回肠浆膜上有灰黄色或暗红色的小结节，质硬并突出浆膜面，其周围有红色充血带。严重者，可见虫体吻突穿透肠壁，造成肠穿孔，引起局限性腹膜炎。肠黏膜充血、出血、坏死或形成溃疡，肠壁增厚。严重感染时，可见肠腔内充满虫体，有时可造成肠破裂而致病猪死亡。

【诊断】根据流行病学特点、临床症状，结合水洗沉淀法检出粪便中的棘头虫卵，即可确诊。棘头虫在人体内多不能发育到性成熟，故在粪便中不能查见虫卵。

【治疗】可用左旋咪唑、丙硫咪唑等药物。

(1)左旋咪唑：每千克体重 10 mg，口服；或按每千克体重 4～6 mg 肌肉注射，每天一次，连用 2 d。

(2)丙硫咪唑：每千克体重 5 mg，混入饲料，或配成混悬液给药，每天一次，连用 2 d。

(3)氯硝柳胺：每千克体重 20 mg，一次口服。

【预防】

(1)流行地区的猪应定期驱虫，每年春、秋季各 1 次，以消灭感染源。

(2)对粪便进行堆积发酵，利用生物热杀灭虫卵，以切断传播途径。

(3)在甲虫活动季节，要改放牧为舍饲(尤其在甲虫活跃季节)。不诱捕金龟子等甲虫喂猪。猪场内不宜整夜照明，以免招来甲虫。宣传教育人禁食甲虫。

第三节　鸭棘头虫病

鸭棘头虫病是由多形科多形属和细颈科细颈属的棘头虫寄生于鸭的小肠所引起的一种寄生虫病。此外，鹅、天鹅、野生水禽以及鸡等禽类也可感染。

【病原】寄生于禽类的棘头虫主要有大多形棘头虫、小多形棘头虫、腊肠状多形棘头虫和鸭细颈棘头虫(图 9-4)。

(1)大多形棘头虫：虫体呈纺锤形，前粗后细，橘红色。吻突上有 18 纵列小钩，每列 7～8 个。吻囊呈圆柱形，为双层结构。雄虫长 9.2～11 mm，雌虫长 12.4～14.7 mm。虫卵呈长纺锤形，大小为(113～129) μm×(17～22) μm。发现于广东、四川和贵州。

(2)小多形棘头虫：虫体较小，呈纺锤形，新鲜虫体呈橘红色。吻突卵圆形，上

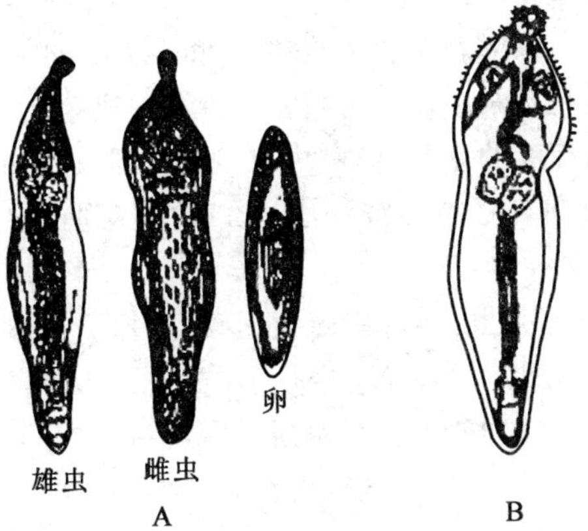

图 9-4 鸭棘头虫

A.鸭大多形棘头虫 B.鸭小多形棘头虫

有小钩 16 纵列,每列 7～10 个。雄虫长 3 mm,雌虫长 10 mm。虫卵纺锤形,大小为 110 μm×20 μm,其内含黄而带红色的棘头蚴。发现于台湾省。

(3)腊肠状多形棘头虫:虫体呈纺锤形,吻突呈球状,上有小钩 12 纵列,每列 8 个。颈部细长。雄虫长 13.0～14.6 mm,雌虫长 15.4～16.0 mm。虫卵呈长椭圆形,大小为(71～83) μm×30 μm。发现于福建。

(4)鸭细颈棘头虫:虫体纺锤形,呈白色或黄白色。雄虫体小,颈短,体长 6～8 mm,吻突呈椭圆形,有小钩 18 纵列,每列 10～16 个。雌虫呈黄白色,颈细长,体长 20～26 mm,吻突膨大呈球形,前端有 18 纵列小钩,呈星芒状排列。卵呈椭圆形,大小为(75～84) μm×(27～31) μm,有 3 层卵膜。发现于江苏、贵州等地。

【生活发育史】大多形棘头虫以甲壳纲端足目的湖沼钩虾为中间宿主;小多形棘头虫以蚤形钩虾、河虾、罗氏钩虾为中间宿主;腊肠状棘头虫以岸蟹为中间宿主;鸭细颈棘头虫以等足类的栉水蚤为中间宿主。

雌虫在小肠内产卵,虫卵随粪便排出体外,被中间宿主吞食后,发育为卵圆形的棘头囊。棘头囊具有感染性,鸭吞食含有棘头囊的中间宿主后感染,在其小肠内发育为成虫。

【症状与病变】棘头虫的吻突附着于肠黏膜上,可引起卡他性炎症,有时吻突穿入达到肠浆膜层,在固着部位出现出血和溃疡。肠黏膜的损伤可造成病原菌继发感染,引起化脓性炎症。患禽临床主要表现为肠炎,继发细菌感染时,可表现为化脓性肠炎。若严重感染,再加上饲养管理条件差,则可引起死亡。幼龄的禽死亡率往往高于成年禽。

大多形棘头虫和小多形棘头虫均寄生于水禽小肠的前段；鸭细颈棘头虫多寄生于小肠中段。剖检在肠浆膜面上可见到肉芽组织增生性小结节，黏膜面上虫体固着部位可见到不同程度的创伤，肠腔内可发现大量红色虫体。

【诊断】采用水洗沉淀或离心沉淀法从粪便中找到虫卵，或剖检在小肠内发现虫体，即可确诊。

【治疗】目前无特效驱虫药，可用四氯化碳，按每千克体重 0.5 mL 灌服。

【预防】对流行地区的鸭群，经常进行预防性驱虫，待病原排完后，转入安全池塘放养。雏鸭与成年鸭分群放养。尽量避免鸭群接触中间宿主。每年可在秋末冬初清塘。加强饲养管理，给予充足的全价饲料，增强机体的抗病力。

思 考 题

1. 简述棘头虫的形态特征、生活发育史和分类。

2. 叙述巨吻棘头虫病的危害性、病原体主要特征、生活发育史、如何确诊及防治要点。

3. 简述鸭棘头虫病的诊断要点和防治原则。

第三篇

兽医昆虫病

第十章 蜱 螨 病

第一节 绪 论

蜱(ticks)和螨(mites)属蛛形纲(Arachnida)蜱螨目(Acarian),该目的特征是:虫体呈圆形或椭圆形,分头胸部及腹部,或头胸腹愈合为一体,无触角,无翅。口器作为假头(capitulum),没有真正的头;躯体(idiosoma)分节不明显或无分节。体表被覆几丁质,硬化而成为板。幼虫有3对足,若虫和成虫有4对足。蜱和螨生活发育史都属于不完全变态,包括卵、幼虫、若虫和成虫4个时期。

一、蜱螨的形态结构

蜱螨的身体区分为假头(颚体)和躯体。假头凸出于躯体的前端,假头的基部称假头基(basiscapitulum),假头基的前方为口器。蜱螨的口器一般由1对居两侧的须肢(pedipalp)、1对居内背侧的螯肢(chelicera)和1个居腹侧的口下板(hypostome)组成。螯肢和口下板之间为口(图10-1)。

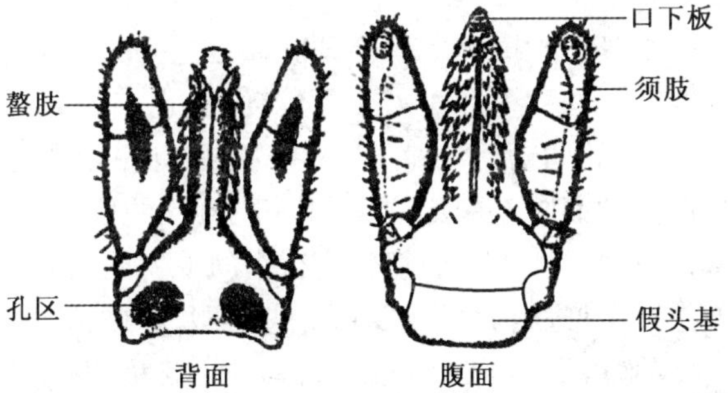

图 10-1 硬蜱(雌)假头

蜱螨躯体的腹面前部两侧有足3对或4对,每足由体侧向外依次为基节、转节、股节(有时分为基股节及端股节)、胫节、前跗节和跗节。跗节末端有二爪,爪间有爪间突;有些种类的爪间为吸盘。蜱类跗节上有哈氏器(Hallers organ)。

在躯体的背面或腹面常有几丁质构成的板。肛门多位于躯体腹面的后部;生殖孔也在腹面,但其位置各有不同。肛部或有吸盘。蜱螨由于各类习性不同,有的用气管呼吸,有的没有气管,而借助皮肤呼吸。蜱螨一般雄虫均小于雌虫,虫体呈圆形或椭圆形,大多数个体的长度介于 0.3～5.0 mm 之间。幼虫期和成虫期之间有一个或一个以上的若虫期。若虫除身体较小、无生殖孔外,其余都和成虫相似。

蜱、螨的形态区别见表 10-1。

表 10-1 蜱、螨的形态区别

项目	蜱	螨
体形	大,肉眼可见	小,肉眼不易看到
体壁	皮革状,体表有或无短毛	膜状,体表有长毛
口下板	显露,有齿	隐入,无齿,或无口下板
须肢	明显,分节	有些螨几乎无分节
螯肢	角质化,末端有齿	发育不充分,呈叶状或杆状
气门	在第 3 或 4 对足基节附近	有些螨在头胸部,或无气门

二、蜱螨的发育

蜱螨目的种类很多,它们的生活方式也各有不同。有的营自由生活,有的完全营寄生生活,也有的仅在生活发育史中某一发育阶段营寄生生活,而另一阶段营自由生活。蜱类全部营寄生生活;螨类则营多种生活方式。

蜱螨对宿主一般都具有不同程度的特异性,但有些种类的宿主范围较广,而且在一定条件下可以改变。蜱螨多数寄生于哺乳动物,也有的寄生于鸟类、爬虫类、两栖类,甚至某些昆虫和软体动物。对于寄生部位也有一定的选择性,一般而言,多数在宿主体表皮肤薄软而少毛的部位寄生;有的在宿主皮肤深层咬凿虫道,在虫道内进行发育和繁殖,如疥螨;也有的寄生于宿主的毛囊或皮脂腺,如蠕形螨。

蜱螨是不全变态的节肢动物,生活发育史包括卵、幼虫、若虫和成虫 4 个阶段。幼虫由卵孵出后,经吸血蜕化为若虫。硬蜱只有一个若虫期,吸血后便蜕化变为成虫;但软蜱有 1～7 个若虫期,由最后一个若虫期蜕化变为成虫。

幼虫有 3 对肢,若虫和成虫有 4 对肢。若虫期与成虫期在形态上很相似,只是若虫体形较小,性器官尚未发育,而在生活习性方面幼虫、若虫与成虫相似。

硬蜱多在白天寻找宿主吸血,生活发育史中的蜕化阶段有的在落地后完成,有的在宿主体表完成。软蜱多在夜间吸血,吸完血后就从宿主体表脱落,隐藏在宿主的居处。疥螨和痒螨均营终生寄生生活,如果离开宿主就会死亡。蜱螨的生活周期长短因种类而异。蜱类一般从卵发育至成虫需要 1 个月至 1 年;而疥螨的整个发育过程只需 8～22 d,其发育速度直接与外界环境有关。

三、蜱螨的分类

蜱螨目分为 4 个亚目,即蜱亚目(Ixodides)、疥螨亚目(Sarcoptiformes)、中气门亚目(Mesostigmata)、恙螨亚目(Trombidiformes)。其中在兽医学上具有重要意义的主要是蜱亚目和疥螨亚目,此外,中气门亚目和恙螨亚目也有少数是与家畜和家禽有关的病原体。

(1)蜱亚目(后气门亚目):躯体后部外侧有 1 对气门。口下板上有倒刺,为穿刺工具。螯肢尖端具有居内侧的定趾和居外侧的动趾。蜱亚目包括硬蜱科(Ixodidae)、软蜱科(Argasidae)和纳蜱科(Nuttalliellidae)。

(2)疥螨亚目(无气门亚目):无气门,通过薄软的体被呼吸。无爪,取而代之的是跗节的吸盘状结构。主要包括疥螨科(Sarcoptidae)、痒螨科(Psoroptidae)和肉食螨科(Cheletidae)。

(3)中气门亚目:躯体中部外侧有 1 对气门,位于基节Ⅲ的后侧。气门前方是气门板,此为该目的分类特征。主要包括皮刺螨科(Dermanyssidae)、鼻刺螨科(Rhinonyssidae)、厉螨科(Laelaptidae)和血革螨科(Haemogamasidae)。其中以皮刺螨科与家畜关系密切,在流行病学上具有重要意义。

(4)恙螨亚目(前气门亚目):本亚目气门在假头上或近假头处。须肢发达呈尖刺状或爪状。螯肢动趾呈针状或鞭状,为穿刺用,无肛吸盘。主要包括蠕形螨科(Demodicidae)、恙螨科(Trombiculidae)和跗线螨科(Tarsonemidae)。如寄生于家畜或人的毛囊及皮脂腺中的蠕形螨,寄生于鸡体表的新勋恙螨等。

第二节 蜱 病

蜱类属于节肢动物门蛛形纲蜱螨目蜱亚目的硬蜱科(Ixodidae)、软蜱科(Argasidae)和纳蜱科(Nuttalliellidae)。其中最常见且对家畜危害性最大的为硬蜱科,其次为软蜱科。这里只介绍硬蜱科和软蜱科这两类蜱。

一、硬蜱

硬蜱俗称扁虱、牛虱、草爬子、狗豆子等。多数寄生于哺乳动物体表,少数寄生于鸟类和爬行类动物,个别寄生于两栖类动物。雌雄蜱均能吸血。

硬蜱在传播寄生虫病和传染病的病原上,起着重大作用。硬蜱是家畜梨形虫病的传播者，此外，还能传播病毒性疾病（如马脑脊髓炎、森林脑炎、蜱媒出血热等）、细菌性疾病（如炭疽、布氏杆菌病、野兔热等）以及立克次氏体病（如Q热、蜱媒斑疹伤寒等）。

【病原】

（一）外部形态

硬蜱呈长卵圆形，红褐色，背腹扁平，芝麻至米粒大，雌虫吸饱血后可膨胀达蓖麻籽大，雄蜱吸饱血后，大小变化不大。硬蜱头、胸、腹愈合在一起，不可分辨，仅按其外部器官的功能与位置区分为假头与躯体两部分（图10-2）。

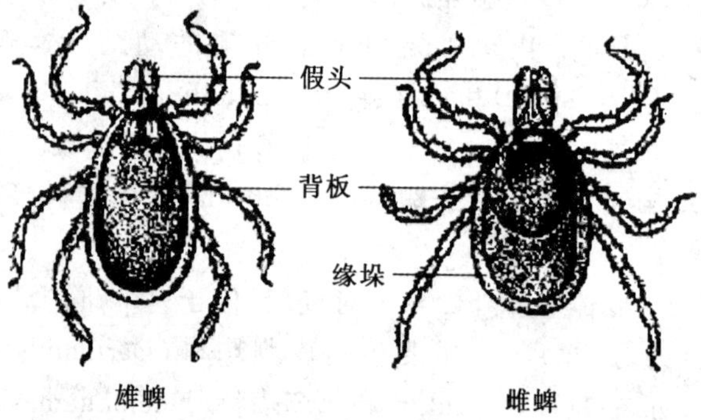

图10-2 硬蜱成虫

1. 假头

位于躯体的前端，由1个假头基和口器构成，口器由1对须肢、1对螯肢和1个口下板组成。假头基呈矩形、六角形、三角形或梯形。雌蜱假头基背面有1对椭圆形或圆形凹下的孔区，由无数小凹点聚集组成，有感觉的功能。假头基背面外缘和后缘的交接处可因蜱种不同而有发达程度不同的基突。假头基腹面前部侧缘有1对耳状突，其形状和大小因种类而不同。须肢分4节，第1节较短小与假头基前缘相连接，第2、3节较长，外侧缘直或凸出，第3节的背面或腹面有的有逆刺，第4节短小，嵌在第3节腹面的前端，其端部具感毛称须肢器。须肢在吸血时起固定和支撑蜱体的作用。螯肢位于须肢之间，可从背面看到，螯肢分为螯杆和螯趾，螯杆包在螯鞘内，螯趾分为内侧的动趾和外侧的定趾，为切割宿主皮肤之用。口下板位于螯肢的腹面，与螯肢合拢形成口腔，其形状因种类而异，在腹面有呈纵列的逆齿，常以齿式表示其中线两侧的齿列数，例如3/3，即各侧具3纵列。逆齿在吸血时具有穿刺与附着的作用（图10-3）。

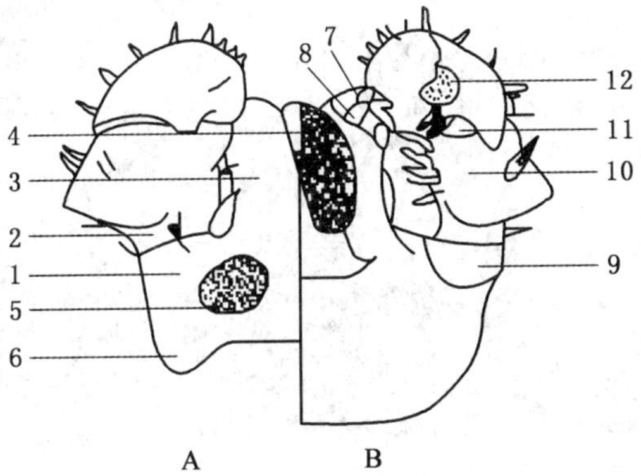

图 10-3　硬蜱假头(雌蜱)

A. 背面　B. 腹面

1. 假头基　2. 须肢　3. 螯肢　4. 口下板　5. 孔区

6. 基突　7. 外趾　8. 内趾　9～12. 须肢

2. 躯体

背面有一块盾板,雄虫的盾板几乎覆盖整个背面,雌虫、若虫和幼虫的盾板呈圆形、卵圆形、心脏形、三角形或其他形状,仅覆盖背面的前方。盾板前缘两侧具有肩突。盾板上有 1 对颈沟和 1 对侧沟,还有大小、深浅程度和分布状态不同的刻点。躯体背面的后半部,雄虫及雌虫都有后中沟和 1 对后侧沟。有些属的硬蜱盾板上有银色的花纹。有些属硬蜱有眼 1 对,位于盾板的侧缘。有些属硬蜱躯体后缘具有方块形的缘垛,通常为 11 个,正中的一个有时较大,色淡而明亮,称为中垛。有些属的硬蜱体后端突出,形成尾突。躯体腹面前部正中有一横裂的生殖孔,在其两侧有 1 对向后伸展的生殖沟。肛门位于后部正中,是由 1 对半月形肛瓣构成的纵裂口,除个别属外,通常有肛沟围绕肛门的前方或后方。腹面有气门板 1 对,位于第 4 对足基节的后外侧,其形状因种类而异,是分类的重要依据。有些属的硬蜱雄虫腹面尚有腹板,其数量、大小、形状和排列状况也常作为鉴别蜱种的依据(图 10-4)。

硬蜱的成虫和若虫有足 4 对,幼虫有足 3 对。足由 6 节组成,由体侧向外依次为基节、转节、股节、胫节、后跗节和跗节。基节固定于腹面,其后缘通常裂开,延伸为距,位于内侧的叫内距,外侧的叫外距,距的有无和大小是重要的分类依据。转节短,其腹面有的有发达程度不同的距;在某些属第 1 对足转节背面有向后的背距。跗节上有环形假关节,其末端有爪 1 对,爪基有发达程度不同的爪垫。第 1 对足跗节接近端部的背缘有哈氏器,为嗅觉器官,可作为鉴别蜱种的依据。

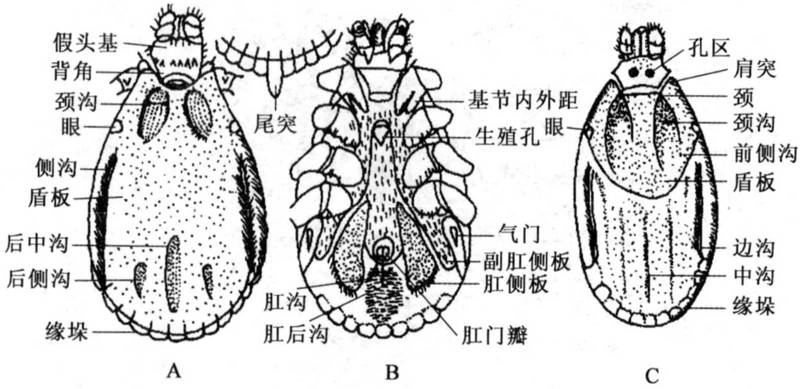

图 10-4 硬蜱外部构造(姚永政)

A. 雄蜱背面观 B. 雄蜱腹面观 C. 雌蜱背面观

(二)内部构造

1. 消化系统

由前肠、中肠和后肠组成。吸血时,前肠作为特殊的吸血筒,中肠是消化食物的主要场所,后肠是未消化残余物和马氏管内含物的排出管。前肠由口、咽和食道组成。1 对很发达的唾腺与口腔的前部相连。唾腺共两叶,位于体两侧的前 2/3,呈大串葡萄状,饱食蜱的唾腺比饥饿蜱大很多。中肠由中央的胃主体、1 对前侧叶和 1 对后侧叶组成。后肠(又称直肠)从胃的腹面中央发出,是一条直径较小的短管,其末端与直肠囊相连,直肠囊与肛门相通开口于外界,直肠囊腹面两侧各有 1 根马氏管通入。马氏管营排泄功能,呈半透明或乳白色,特别细长,其游离的一端盘绕在各器官间。

2. 生殖系统

雌蜱饥饿时,卵巢呈马蹄形弯曲,后部与虫体纵轴垂直,位于中肠后侧叶与直肠囊的腹面,吸饱血时,卵巢逐渐增大,产卵前约占体腔大部分,而肠体积逐渐缩小。卵巢末端与输卵管相连,输卵管短而卷曲似串珠状,两根输卵管汇合后开口于阴道。雌蜱还有一种称简氏器(Gene’s organ)的腺体,位于体前部盾板下,开口于假头基后背缘,产卵时它分泌一种蜡质,涂裹于刚排出的卵粒外(图 10-5)。

雄蜱有 1 对呈长管形的睾丸,位于脑后至第 4 基节后缘的体腔两侧;每个睾丸前端各连接一短而细的输精管,最后汇于生殖腔,短而扁的射精管由生殖腔通向前腹方向,开口于外生殖孔。几个叶状结构的生殖附腺开口于生殖腔。

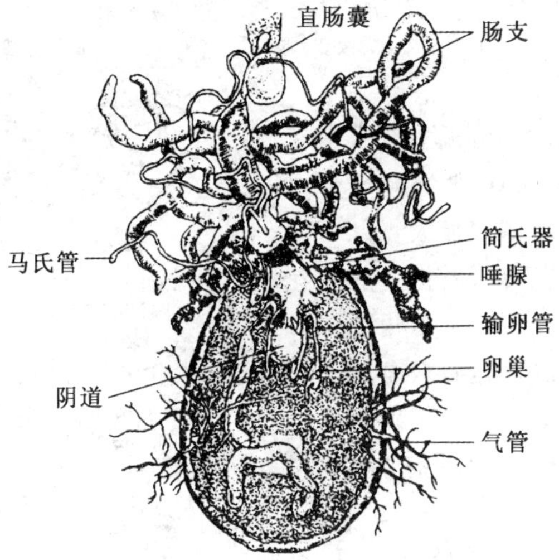

图 10-5 性成熟雌蜱的内部构造

3. 呼吸系统

成虫和若虫有较发达的气管系统，通过气门进行气体交换和调节体内的水分平衡。幼虫无气管系统，以体表进行呼吸。

4. 循环系统

呈亚三角形的心脏约位于躯体前 2/3 处，后端有心门，血淋巴从此进入心脏。心脏向前连接主动脉，在前端包围着脑部形成围神经血窦。心脏搏动推动血淋巴的循环。

5. 神经系统

蜱的中枢神经节（或称为脑）位于第 1、2 基节水平线上。蜱类有较发达的感受器官如体表的眼、哈氏器、感毛和须肢器等。

(三)分类

我国已发现硬蜱 100 余种，隶属于 9 个属：牛蜱属（*Boophilus*）、硬蜱属（*Ixodes*）、扇头蜱属（*Rhipicephalus*）、血蜱属（*Haemaphysalis*）、璃眼蜱属（*Hyalomma*）、革蜱属（*Dermacentor*）、花蜱属（*Amblyomma*）、盲花蜱属（*Aponomma*）和异扇蜱属（*Anomalohimalaya*），其中前 7 个属与兽医关系较为密切，简易鉴别要点如下（图 10-6）：

(1)牛蜱属：无肛沟，盾板无花斑，有眼，无缘垛，须肢短，假头基为六角形。

(2)硬蜱属：肛前沟，盾板无花斑，无眼，无缘垛，气门板为圆或卵圆形。

(3)血蜱属:肛后沟,盾板无花斑,无眼,有缘垛,须肢短,其第 2 节外展出假头基之外,假头基矩形。

(4)革蜱属:肛后沟,盾板上有银白花斑,有眼,有缘垛,须肢短而宽,假头基矩形,各足基节顺序增大,第 4 对基节最大。

(5)扇头蜱属:肛后沟,盾板一般无花斑,有眼,有缘垛,须肢短,假头基六角形。

(6)璃眼蜱属:肛后沟,盾板有或无花斑,有时花斑只见于足上,有眼,有或无缘垛,须肢长,假头基近梯形,体后端有两个小尖突(肛下板)。

(7)花蜱属:肛后沟,盾板有花斑,有眼,有缘垛,须肢长,其第 2 节特长,假头基形状不一。

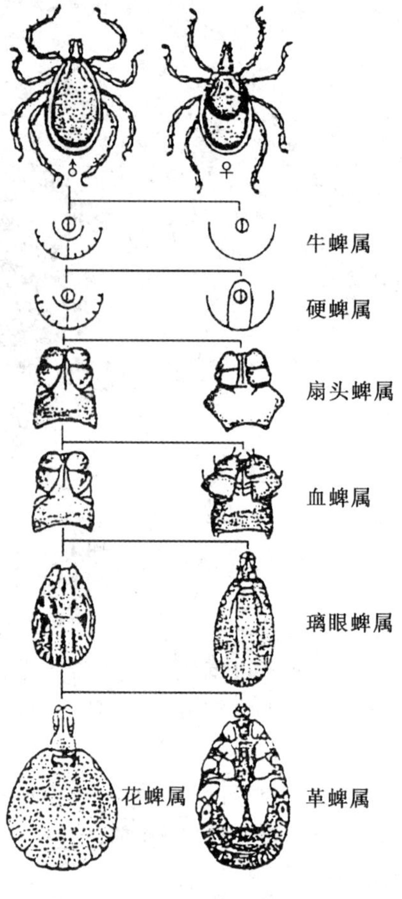

图 10-6 硬蜱各属简易鉴别

【生活发育史】硬蜱的发育需要经过卵、幼虫、若虫和成虫 4 个阶段。幼虫、若虫、成虫这 3 个活跃期都要在畜禽等动物身上吸血。幼虫变为若虫、若虫变为成虫时都需要蜕化(蜕皮)。幼虫和若虫常寄生在小野兽和禽类的体表,成虫多寄生于大动物身上。有些种的蜱各个活跃期都以家畜为宿主。

大多数硬蜱在动物体上进行交配。雄蜱一生能交配 2～3 次及以上,有些种类的硬蜱可以进行孤雌生殖(单性生殖)。交配后吸饱血的雌蜱离开宿主落地,爬到缝隙内或土块下静伏不动。一般经过 4～9 d 待血液消化及卵发育后,开始产卵,产卵期为 20～30 d,产完卵后 1～2 周内死亡。产卵量与蜱的种类和吸血量有关,可产几千至 1 万个以上。卵小,呈卵圆形,黄褐色;经 2～3 周或 1 个月以上孵出幼虫。幼虫经过 2～7 d 吸饱血后落地,经过蜕化变为若虫再侵袭各种动物,经过 3～9 d 饱血后落地,蛰伏数天至数十天蜕皮变为成虫。蜱类在各发育阶段不仅对温度、湿度等气候变化有不同程度的适应能力,而且具有较强的耐饥能力。蜱完成生活发育史所需的时间依种类和环境条件而异,可由 50 d 至 3 年不等。

根据硬蜱各发育阶段吸血时是否更换宿主可将其分为 3 类。

(1)一宿主蜱：蜱在同一个宿主体上完成幼虫至成虫的发育，成虫吸饱血后才离开宿主落地产卵，如微小牛蜱。

(2)二宿主蜱：蜱的幼虫和若虫在一个宿主体上吸血，吸饱血后落地蜕皮变为成虫，成虫再侵袭第二个宿主，并在其体上吸饱血之后落到地上产卵。这类蜱叫二宿主蜱，如残缘璃眼蜱。

(3)三宿主蜱：蜱的幼虫、若虫和成虫分别在3个宿主体上吸血，吸饱血后都需要离开宿主落地蜕皮或产卵。如硬蜱属、血蜱属和花蜱属等所有种，革蜱属、扇头蜱属中的多数种以及璃眼蜱属中的个别种(图10-7)。

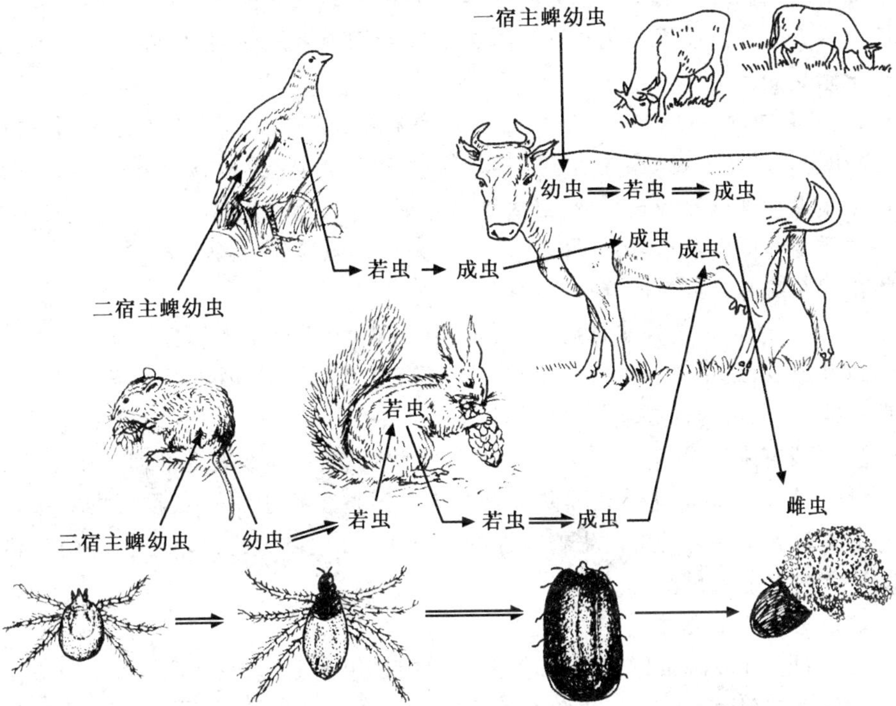

图10-7　硬蜱更换宿主类型图

【流行病学】蜱的分布与气候、地势、土壤、植被和宿主等有关。各种蜱均有一定的地理分布区，有的种类分布于森林地带，如全沟硬碑；有的种类分布于草原，如草原革蜱；有的种类分布于沙漠地带，如亚洲璃眼蜱；也有的种类分布于农耕地区，如微小牛蜱。

蜱类的活动具有明显的季节性，在季节变化分明的地区，蜱类通常都在一年中的温暖季节活动，在同一地区，不同种类的蜱其活动季节各不相同；而同一种蜱在不同地区，由于气候和环境的不同，其活动时间的长短也有差别。

硬蜱的越冬场所因种类而异，有的在栖息场所越冬，有的则叮附在宿主体上越冬。越冬的虫期因种类而异，有的各虫期均可越冬，如硬蜱属和血蜱属中的多数种以及璃眼蜱属和扇头蜱属中的一些种；有的以成虫越冬，如革蜱属中所有种以及扇头蜱属和璃眼蜱属中的某些种，有的以若虫和成虫越冬，如血蜱属中的一些种类；有的则以若虫越冬，如残缘璃眼蜱；还有的以幼虫越冬，如微小牛蜱等。

蜱的嗅觉敏锐，寻找宿主叮咬吸血依靠化学感受器，是对动物呼出的二氧化碳和汗臭的反应。蜱类的交配行为和聚集行为也是靠化学感受器，主要靠蜱类分泌的信息素来进行。硬蜱的化学感受器为哈氏器和须肢感受器，此外发现螯肢上也有化学感受器。

【症状】硬蜱在动物体表寄生，吸血时能机械地损伤皮肤，造成寄生部位的痛痒，使动物骚动不安、摩擦或啃咬。在硬蜱固着处，造成伤口，继而引起皮肤发炎和伤口生蛆等。硬蜱能吸食血液，当大量寄生时，可引起动物贫血、消瘦、发育不良、皮毛的质量降低以及产乳量下降等。有些种的蜱唾腺可分泌一种神经毒素，引起动物出现全身麻痹或后肢麻痹等，称为“蜱瘫痪”。

此外，蜱还可以传播多种病原，如细菌、病毒、支原体、螺旋体、衣原体、立克次氏体以及原虫、线虫等。硬蜱在兽医学上具有重要的地位，因对家畜危害严重的巴贝斯虫病、泰勒虫病都必须依靠硬蜱传播。

【诊断】依据流行病学特点，结合临床症状，在动物体表发现蜱即可作出诊断。

【防治】对硬蜱的防治在预防家畜和人的某些疾病上具有很重要的意义。应在充分了解和掌握各种蜱的生物特性的基础上，因地制宜地采取综合性防治措施才能取得较好的效果。

1. 消灭畜体上的蜱

(1)捕捉：在发现畜体表有蜱时，最简单的是用手捉，集中杀灭。捉蜱时应使蜱体与皮肤垂直，然后往上拔，以免蜱假头断入皮内引起炎症。在畜少、人力充足条件下，这是一种较好的辅助方法。

(2)化学药物灭蜱：常用的药物有双甲脒、溴氰菊酯、螨净、伊维菌素等。

在畜体上发现有蜱时，每半个月用药液处理一次。常用的药液有1%敌百虫水溶液或0.33%敌敌畏水溶液、双甲脒、溴氰菊酯等喷洒或洗刷畜体，或伊维菌素、氯氰柳胺注射。可根据使用季节和应用对象，选用喷涂、药浴或粉剂涂撒等不同的用药方法，还应随蜱种不同，优选合适的药液浓度和使用间隔时间。

各种药剂的长期使用，可使蜱产生耐药性，因此，杀虫剂应混合使用或轮流使用，以增强杀虫效果和推迟发生抗药性。

2.消灭畜舍的蜱

定期用杀蜱药物处理畜舍，包括地面、墙壁等处的缝隙。对引进的或输出的家畜均应进行检查和灭蜱工作。为了防止蜱随新割牧草进入畜舍，应将青草在太阳下晒干，蜱避开日光暴晒，爬到地面，因此，上层草适于喂牲畜。

3.消灭外界环境的蜱

改变自然环境是消灭蜱的最好方法。因为大多数硬蜱是生活在荒野中，如创造不利于硬蜱的生活环境，例如，翻耕牧地、清除杂草、改良土壤、栽培牧草及在严格监督下进行烧荒等，以消灭蜱的滋生地，捕杀野生鼠类对消灭硬蜱也有重要的意义。

二、软蜱

软蜱在分类上属于软蜱科，该科与兽医有关系的有锐缘蜱属和钝缘蜱属。它们多生活在畜禽舍的缝隙、巢窝和洞穴等处，当畜禽夜间休息时，即侵袭畜禽体表叮咬吸血。大量寄生时引起畜禽消瘦、生产力下降，甚至可造成死亡。有些软蜱也可传播家畜的疾病，如羊血孢子虫病、牛边虫病等。我国常见软蜱有波斯锐缘蜱、拉合尔钝缘蜱、乳突钝缘蜱等。

【病原】虫体扁平，卵圆形或长卵圆形。体前端较窄。假头位于虫体前端的腹面(幼虫除外)，隐于虫体前端之下，有的种类腹面前端突出称为顶突；假头基小，无多孔区。须肢为圆柱状，游离而不紧贴于螯肢和口下板两侧。口下板不发达，其上的齿较小，螯肢结构与硬蜱相同。体躯无盾板，表皮为革状，雄蜱较厚而雌蜱较薄，表皮上布有许多小乳突或凹窝。气孔 1 对，位于第 4 基节之间。大多数无眼。生殖孔和肛门的位置与硬蜱相似。背、腹面也各有沟，腹面有生殖沟、肛前沟和肛后横沟。未吸血前为黄灰色，吸饱血后为灰黑色。雌雄蜱的形态极相似，雄蜱较雌蜱小，雄性生殖孔为半月形，雌性为横沟状(图 10-8)。

软蜱科与兽医有关的有两个属，即锐缘蜱属和钝缘蜱属。

(1)锐缘蜱属：虫体呈卵圆形，淡黄灰色。体缘薄锐，吸饱血后仍较明显。虫体背腹面以缝线为界，缝线由许多小的方块或平行的条纹构成，其形状在分类上具有重要意义。如寄生于禽类的波斯锐缘蜱。

(2)钝缘蜱属：体缘圆钝，吸饱血后背面常明显隆起。背面与腹面之间的体缘无缝线。如乳突钝缘蜱。

【生活发育史】软蜱的发育也需要经过卵、幼虫、若虫及成虫 4 个阶段，其若虫阶段又有 2～7 期。软蜱一生产卵数次，每次吸血后产卵，每次产卵数个至数十个，一生产卵的次数和总数随吸血的次数和吸血量而定，最多达 1 200 个。由卵孵出

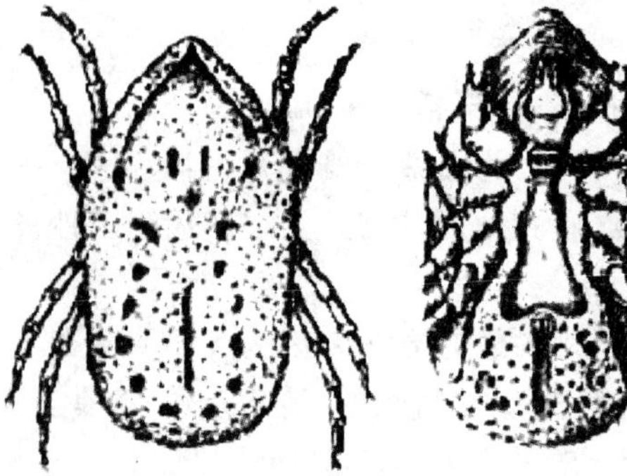

图 10-8 软蜱

的幼虫，经吸血后蜕皮变为若虫，若虫蜕皮的次数随种类不同而异，有的蜕皮 4～5 次才变为成虫，如非洲钝缘蜱若虫蜕皮 4 次变为雄蜱，蜕皮 5 次变为雌蜱。从卵发育到成蜱需要 4～12 个月。软蜱寿命长，可长达 5～7 年，甚至达 15～25 年。

软蜱只在吸血时才到宿主身上，吸完血后就落下来，藏在动物的居处。吸血多半在夜间，因此，软蜱的生活习性和臭虫很相似。软蜱在宿主身上吸血的时间一般为 0.5～1 h，但很多软蜱的幼虫吸血时间较长，例如，波斯锐缘蜱的幼虫，附着在鸡的身上达 5～6 d。成蜱一生可吸血多次，每次吸血后落下藏于窝巢中，所以被寄生家畜的窝巢是软蜱的大本营。成虫的耐饥饿力很强。

【症状与病变】大量软蜱寄生时，可引起畜禽消瘦，贫血，产奶或产蛋能力下降，软蜱性麻痹，甚至死亡。波斯锐缘蜱是鸡埃及立克次体和鸡螺旋体的传播媒介。已证实拉合尔钝缘蜱可带有布氏杆菌和 Q 热立克次氏体。

【诊断】依据其生活特点及致病症状可作出诊断。软蜱多生活在畜禽舍的缝隙、巢窝和洞穴等处，当畜禽夜间休息时，即侵袭畜禽体表叮咬吸血。

【防治】参阅消灭畜舍内和畜体上硬蜱的方法。消灭鸡体上的波斯锐缘蜱时，应特别注意将药物涂擦于幼虫的主要寄生部位，如两翼下面。还可用敌敌畏块状烟剂熏杀，用量为每立方米 0.5 g 烟剂，熏后闭门窗 1～2 h，然后通风排烟。

国外近年来研究出一种灭蜱的新途径，对软蜱的防制效果很好。其方法是将苏云金杆菌的制剂——内晶菌灵，涂洒于犬的体表，能使蜱死亡率达 70%～90%。据报道，在内晶芽孢菌细胞内能形成一种毒性很强的结晶，称为内毒素。当毒素随同食物进入蜱的肠道后，破坏其肠内 pH 值的稳定性，使其消化紊乱，停止采食，虫体麻痹，进而使虫体内共生的其他微生物具有致病力，使其染病死亡。许多国家广泛应用了这种微生物药剂，取得了良好的防治效果。国内试用伊维菌素治疗波斯锐缘蜱和拉合尔钝缘蜱取得了良好效果。

第三节 螨 病

螨病又叫疥癣，俗称癞病，是由疥螨科、痒螨科、蠕形螨科、皮刺螨科和恙螨科的螨寄生在畜禽体表、表皮内或毛囊、皮脂腺内而引起的一种慢性寄生性皮肤病，患畜可表现剧痒、湿疹性皮炎、皮肤结痂、增厚、脱毛等，并可由患部逐渐向周围扩展。本病为接触感染，具有高度的传染性，可给畜牧业造成巨大的经济损失。

疥螨科的虫体呈圆球形，体部无明显的横缝，盾板或有或无，在假头背面后方有一对粗短的垂直刺。足均粗短。足吸盘位于不分节的柄上，但或有或无。雄虫无性吸盘和尾突等。口器为咀嚼式（图 10-9）。寄生于宿主的表皮层，并掘凿隧道，吸食表皮深层的细胞液和淋巴液。疥螨科中与兽医有密切关系的有 3 个属，即疥螨属（*Sarcoptes*）、背肛疥螨属（*Notoedres*）和膝螨属（*Knemidocoptes*），其中以疥螨属最为重要，可引起绵羊、山羊、牛、马、骆驼、猪、兔、犬等动物的疥螨病。

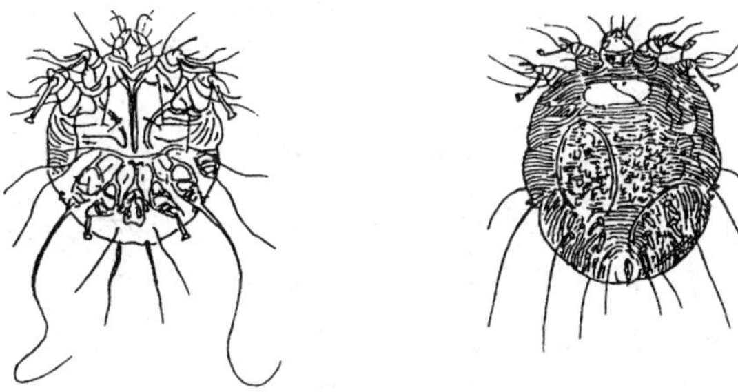

雄螨 雌螨

图 10-9 疥螨成虫

痒螨科的虫体呈卵圆形，假头后没有垂直刚毛，但躯体上可能有硬化的板。足较细长，足吸盘位于分节的柄上。雄螨有 2 个性吸盘和 2 个尾突。口器为刺吸式（图 10-10）。寄生于皮肤表面，以刺吸体液、淋巴液或渗出液为营养。痒螨科与兽医有密切关系的有 3 个属，即痒螨属（*Psoroptes*）、足螨属（*Chorioptes*）和耳螨属（*Otodectes*），其中以痒螨属最为重要，可引起绵羊、山羊、牛、水牛、马、兔、犬等动物的痒螨病。

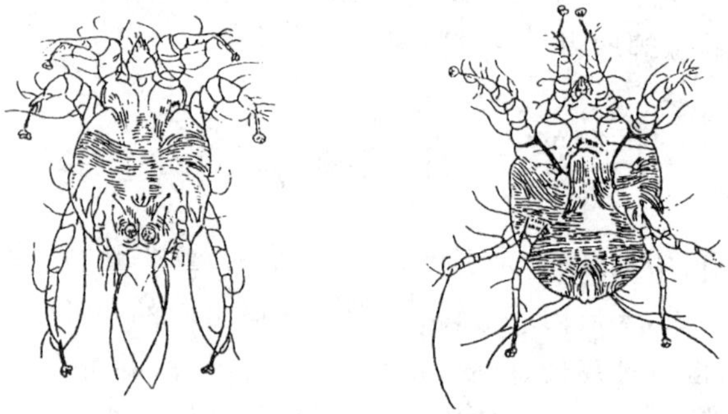

图 10-10 痒螨成虫

蠕形螨科的虫体近圆柱状，颚体（假头）位于虫体前端，躯体分成足体和末体两部分，颚体呈不规则四边形，足体有 4 对粗短的足，末体长并且表面有明显的环纹，尾部尖。

一、猪疥螨病

猪疥螨是一种永久性寄生螨类，寄生于猪的皮肤表皮层内，可引起皮肤剧烈瘙痒、结痂、增厚、脱毛等。

【病原】为疥螨属的猪疥螨。成虫呈近似圆形，似龟状，微黄白色，背面隆起，腹面扁平。雌螨体长 0.33～0.45 mm，雄螨体长 0.2～0.23 mm。躯体前方有一假头，躯体腹面有 4 对短而粗的足。

【生活发育史】疥螨的生活发育史为不完全变态，整个发育过程包括卵、幼虫、若虫和成虫 4 个时期，均在猪体上完成。疥螨钻进宿主表皮挖凿隧道，在隧道内进行发育和繁殖，每隔一定距离即有小孔通到外界，供空气流通及幼虫出入。雌虫在隧道内产卵，一生可产卵 40～50 个，而后雌虫死亡。虫卵经 3～4 d 孵出幼虫，幼虫离开原有隧道，另开新隧道，并在新隧道中蜕皮变为若虫。若虫也钻入皮肤，掘凿隧道，并在其中蜕皮变为成虫。从卵发育为成虫需 8～22 d。雄虫于交配后死亡，雌虫的寿命为 4～5 周。

【流行病学】疥螨病多发于阴湿寒冷的秋、冬季节。在夏季，天气干燥，空气流通，阳光充足，病势即随之减轻。幼龄动物较成年动物易感，且病情严重。本病主要经直接接触或间接接触传播。

【症状与病变】猪疥螨病多发生于 5 个月以下的猪，通常起始于头部的眼圈、颊部和耳朵等部位，以后蔓延到背部、躯干两侧及四肢。患部发痒，猪常以肢搔痒或就墙角、栏柱等处摩擦。数日后，患部皮肤上出现针头大小的结节，随后形成水泡或脓疮。当水泡及脓疮破溃后，结成痂皮。病情严重时体毛脱落，皮肤的角化程度增强，干枯，食欲减退，生长停滞，逐渐消瘦，甚至死亡。

【诊断】根据临床症状，结合从患部刮取的皮屑中检出虫体，即可确诊。

从患部刮取皮屑时，要选择在患病皮肤与健康皮肤交界处，而且要刮得将要出血为止。将刮下的皮屑放在载玻片上，滴加数滴50%甘油水或液体石蜡，用牙签调匀，加盖玻片用低倍镜检查。此外，尚可将刮取的皮屑放入试管中，加入5%～10%的氢氧化钠（或氢氧化钾）溶液，浸泡2 h，或煮沸数分钟，然后离心沉淀，取沉渣镜检，如发现虫卵、幼虫、成虫均可作出诊断。

【治疗】伊维菌素、阿维菌素、溴氰菊酯、双甲脒、蝇毒磷、敌百虫、倍硫磷、烟草等均有杀螨之效，用药方法有涂擦、喷洒、药浴和注射等。

(1)涂药疗法：可选用拟除虫菊酯类或有机磷类药物。涂药前患部剪毛，除去痂皮、污物，用温肥皂水或2%来苏儿清洗，干后涂药。因多数药物不能杀灭虫卵，故应治疗2～3次，每次间隔5～7 d。

(2)药浴疗法：可选用辛硫磷、巴胺磷（赛福丁）、溴氰菊酯等。本法常在病畜数量多、环境温度高的情况下使用。使用时药液温度应保持在36～38℃之间，不能低于30℃，并注意及时添加药液。

(3)注射疗法：伊维菌素按每千克体重0.2～0.3 mg皮下注射。

【预防】保持猪舍的透光、干燥和通风。在可能的条件下，猪舍及用具用10%～20%石灰乳（每平方米面积用2 L）、或20%草木灰水等进行消毒。购买猪只时，要经过仔细检查，确定无螨病后再混入猪群。对已经确诊的患畜，应及时隔离治疗。

二、鸡的螨病

(一)鸡皮刺螨

鸡皮刺螨属于皮刺螨科皮刺螨属，主要寄居于鸡、鸽等禽类的窝巢内，吸食禽血，有时也吸人血，也可侵袭其他动物。严重时，可使鸡日渐消瘦、贫血、产蛋量下降。此外，鸡皮刺螨还可传播禽霍乱和螺旋体病。

【病原】鸡皮刺螨（*Dermanyssus gallinae*），呈椭圆形，后部宽，假头长，口器、螯肢发达，呈细长的针状。肢细长，有吸盘。饱血后虫体由灰白色转为红色；雌螨长0.72～0.75 mm，宽0.4 mm，吸饱血后可长达1.5 mm；雄螨长0.6 mm，宽0.32 mm。体表有细皱纹并密生短毛；背面有盾板1块，前部较宽，后部较窄，后缘平直。雌螨腹面的胸板非常扁，前缘呈弓形，后缘浅凹，有刚毛 2 对；生殖腹板前宽后窄，后端钝圆，有刚毛 1 对；肛板呈三角形，前缘宽阔，有刚毛 3 根，肛门偏于后端。雄螨胸板与生殖板愈合为胸殖板，腹板与肛板愈合成腹肛板，两板相接。腹面偏前方有 4 对较长的肢，肢端有吸盘（图 10-11）。

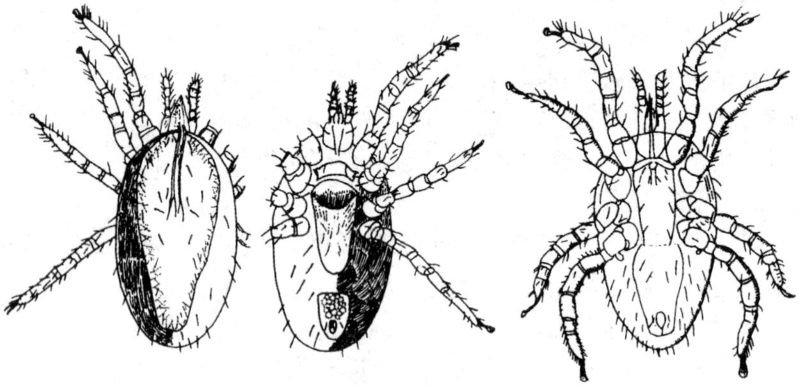

雌螨背面　　雌螨腹面　　雄螨腹面

图 10-11　鸡皮刺螨

【生活发育史】鸡皮刺螨的发育包括卵、幼虫、若虫、成虫 4 个阶段，其中若虫为 2 期。侵袭鸡只的雌螨在每次吸饱血后 12～24 h 内在鸡窝的缝隙中产卵，每次产 10 多粒。在 20～25℃条件下，卵经 48～72 h 孵化出幼虫，幼虫不吸血，在 24～48 h 内蜕化为第 1 期若虫；第 1 期若虫吸血后在 24～28 h 内蜕化为第 2 期若虫；第 2 期若虫吸血后 24～48 h 内蜕化为成虫。从卵到成虫需经过 7 d。成虫耐饥能力较强，4～5 个月不吸血仍能生存。

【症状】鸡皮刺螨的幼虫不吸血；若虫及成虫主要在夜间侵袭鸡体而吸血，白天则隐匿于巢窝隙缝、垫料和碎屑中。但如果鸡只白天留居舍内或母鸡孵卵时，亦可遭受侵袭。大量皮刺螨侵袭鸡时，可使鸡严重不安、消瘦、贫血，甚至死亡。当人接触有鸡皮刺螨的禽类、禽窝时，鸡皮刺螨可乘机爬上人体吸血，导致叮咬部位痛痒，出现红疹。此外，鸡皮刺螨是鸡新城疫、圣路易脑炎等病毒的传播媒介和带毒者。

【防治】消灭鸡舍中的鸡皮刺螨，可将鸡移出鸡舍，用 16%蝇毒磷乳油，按有效成分 500 mg/L，或双甲脒、溴氰菊酯等其他杀虫剂喷洒舍内栖架、墙壁、缝隙等处。产蛋箱及鸡笼清洗干净，阳光下暴晒。更换垫草并烧毁。

杀灭鸡体上的螨，可用溴氰菊酯（敌杀死，氰戊菊酯）按 50 mg/kg 水或杀灭菊酯(速灭杀丁)按 60 mg/kg 水喷洒鸡体。由于鸡对有机磷类杀虫剂敏感,药物选择时应使用拟除虫菊酯类,不用敌百虫和蝇毒磷等有机磷类杀虫剂。

(二)鸡新棒恙螨

鸡新棒恙螨又名鸡新勋恙螨、鸡奇棒恙螨,属恙螨科,其幼虫寄生于鸡及其他鸟类的翅内侧、胸肌两侧和腿的内侧皮肤上。分布于全国各地,为鸡的重要外寄生虫之一,尤其多见于放饲后的雏鸡。

【病原】鸡新棒恙螨(*Neoschongastia gallinarum*)幼虫很小,不易发现,饱食后呈橘黄色,大小为 0.42 mm×0.32 mm。有 3 对短足,背面盾板呈梯形,盾板上有 5 根刚毛,前侧与后侧毛各 1 对,前中毛 1 根,前侧毛与后侧毛等长,并长于前中毛。盾板中央有 1 对感觉毛,其远端部膨大呈球拍形。有背刚毛 40～46 根(图 10-12)。

图 10-12　鸡新棒恙螨

【生活发育史】鸡新棒恙螨仅幼虫营寄生生活,成虫多生活于潮湿的草地上,以植物汁液和其他有机物为食。幼虫刺吸鸡或其他鸟类的体液和血液,饱食时间快者 1 d,慢者可达 30 余 d。幼虫饱食后落地,数日后发育为若虫,再过一段时间发育为成虫。雌螨受精后,产卵于泥土上,约经 2 周孵化出幼虫。由卵发育为成虫需 1～3 个月。

【症状】幼螨的叮咬,可引起患部奇痒。患部呈现周围隆起、中间凹陷的痘脐形的病灶,中央可见一小红点,用小镊子取出镜检,可见恙螨幼虫。大量幼虫寄生时,鸡腹部和翼下可布满痘脐形的病灶。病鸡表现精神沉郁,食欲减退,甚至不食,贫血,消瘦,严重时可导致死亡。

【防治】对鸡舍、运动场及垫料用敌百虫、灭虫菊酯等药物喷洒杀虫。平时避免在潮湿的草地上放鸡,以防感染。发现病鸡,可在患部涂擦 70%酒精、碘酊或 5%硫磺软膏,具有良好的治疗效果,涂擦一次即可杀死虫体,病灶逐渐消失,数日后痊愈。

(三)鸡突变膝螨

鸡突变膝螨病又称“鳞脚病”、“石灰脚”病。虫体寄生在鸡的脚、腿等无毛处，有时也可寄生在鸡冠和肉髯上。雌虫长 0.4 mm，雄虫长 0.2 mm。其生活发育史全部在鸡体上进行。本虫可穿入皮下，在皮下组织内形成隧道，引起炎症，接着皮肤增生、粗糙，并发生裂缝；在寄生部位的表面形成大量灰白色痂皮。外观上鸡脚极度肿大，好像附着一层石灰，因此又称鸡“石灰脚”病。因搔痒而致患部发生创伤。如病势蔓延，则可发展成关节炎，趾骨坏死，鸡脚畸形，病鸡行动困难，食欲减退，生长发育和产蛋均受到影响。

在治疗前，先将病鸡的脚浸入温肥皂水中，使表皮泡软，除去痂皮，涂上 20% 的硫磺软膏，间隔数天再涂一次。或者将病禽的脚浸在机油、柴油或煤油中，但要注意勿使油液弄到羽毛或双翅上部的皮肤。油浸法通常一次即可，若在 1 个月内仍未杀灭鸡突变膝螨，则可重复一次。

三、牛羊的螨病

疥螨和痒螨是家畜的体外寄生虫。疥螨常寄生在牛、羊等家畜体表毛稀少的部位的表皮内，引起疥螨病；痒螨常寄生在牛、羊等家畜的体表毛密的部位，引起痒螨病。其中疥螨病为人畜共患，而痒螨病不为人畜共患。螨病给牛、羊养殖业带来了严重的危害，特别对绵羊养殖业危害更大。

【病原】疥螨虫体呈近圆形、微黄白色，雄虫长 0.2～0.23 mm，雌虫长 0.33～0.45 mm。2 对前肢发达，2 对后肢较小并不超出体缘。口器为咀嚼式。

痒螨虫体呈长圆形，灰白色，雄虫长 0.5～0.9 mm，雌虫长亦为 0.5～0.9 mm。4 对肢均发达，超出体缘。口器为刺吸式。

【生活发育史】疥螨和痒螨的发育为不完全变态，包括卵、幼虫、若虫和成虫 4 个阶段，全部发育过程均在畜体上完成。疥螨寄生于表皮内，整个发育过程都在表皮内的隧道内完成；痒螨则寄生于皮肤表面，整个发育过程都在体表完成。完成整个发育过程，疥螨需要 8～22 d，平均 15 d；痒螨需要 2～3 周。

【流行病学】螨病的传播主要是病畜与健康家畜的直接接触或间接接触。因螨虫的生长发育期很短，所以，螨病的发生是很迅猛的。特别是圈舍阴暗、潮湿、卫生状况差、拥挤的情况下，易造成螨病的。螨病多发生在寒冷的季节，因该时节光照不足，家畜被毛增厚，绒毛增生，体表温度、湿度增加，有利于螨的发育繁殖；而夏季家畜绒毛脱落，皮肤受到光照，表面干燥，不适于螨的寄生，大部分虫体死亡，剩余的少数螨潜伏于耳壳、腹股沟及被毛深处，故夏季螨病症状减轻。疥螨离体后可在畜舍等处生存 3 周，痒螨离体后可在畜舍内生存 2 个月。疥螨的宿主特异性不强，可造成人畜之间、家畜之间的相互感染。

【症状】牛羊患上螨病后，皮肤瘙痒，不停地擦痒，皮肤因被磨烂而发炎，被毛脱落，皮肤增厚或龟裂，继而食欲减退或废绝，久之患畜消瘦，营养不良，影响养殖效益。患畜可因瘦弱和冷冻而死亡。

疥螨寄生于表皮内，在其中挖凿隧道。疥螨病始发于牛、羊体表无毛部位或毛稀少部位，以后病灶扩大，可波及全身，病变部皮肤先出现丘疹、水疱和脓疮，以后形成坚硬的灰白色象皮样痂皮，皮肤皱褶明显。

痒螨寄生在牛、羊的体表，痒螨病始发于被毛长而浓密的部位，以后可蔓延至全身，病变部皮肤先出现浅红色或浅黄色粟粒大或扁豆大的小结节以及充满液体的小水泡，继而出现鳞屑和脂肪样浅黄色的痂皮，被毛大量脱落，皮肤皱褶不明显。

【诊断】根据临床症状、发病季节、患部皮肤的变化，即可作出诊断，但确诊须找到病原。疥螨的查找应在病、健皮肤的交界处，此处疥螨最多，用消毒的外科刀刮取该处，直到见血为止，将刮取的皮屑放到培养皿中，加盖之后放到装有 70℃左右热水的杯口上，热熏 15 min 左右，在培养皿的底部可见到移动的疥螨。

痒螨的查找应在毛密处，在瘙痒部位毛间可发现灰白色不断活动的痒螨。

【治疗】治疗螨病的药物较多，使用方法有药浴、皮下注射、局部涂抹、喷淋等。

(1)溴氢菊酯：剂量为每千克体重 500 mg，涂抹、喷淋或药浴。

(2)双甲醚：按每千克体重 500 mg，涂抹、喷淋或药浴。

(3)巴胺磷：按每千克体重 200 mg，药浴。

(4)辛硫磷：按每千克体重 500 mg，药浴。

(5)伊维菌素：按每千克体重 0.02 mL，一次皮下注射。

【预防】本病的预防措施如下：

(1)保持畜舍清洁卫生，阳光充足、通风良好，畜群不拥挤。

(2)引进家畜时要严格检疫，防止引进带有螨虫的家畜，引进后要隔离观察 1 个月，没有螨病症状方可合群。

(3)对绵羊定期药浴是防止羊螨病流行的一项极为重要的措施，药浴不仅可对病羊(螨病)进行彻底治疗，而且可预防健康羊发生螨病。

(4)发现牛、羊皮肤瘙痒、脱毛，及时诊断，并进行隔离治疗。对同群牛、羊及圈舍进行灭螨处理。

思考题

1. 简述硬蜱的形态特征，何谓一、二、三宿主蜱？
2. 硬蜱的危害有哪些？如何防治？
3. 软蜱形态和发育与硬蜱有何区别？
4. 疥螨、痒螨、蠕形螨的形态有何主要区别？
5. 犬疥螨、耳痒螨的发育及主要症状有哪些？怎样诊断和防治？
6. 疥螨与痒螨的生活发育史有何不同？

第十一章　昆　虫　病

第一节　绪　　论

昆虫属于节肢动物门昆虫纲，种类繁多，已知有100万种以上，分布广泛。昆虫纲的重要特征是成虫外观左右对称，体表被坚韧的外骨骼，体和附肢分节，体分头、胸、腹3部分，头上有1对触角，胸部有3对足，腹部除生殖器外无附肢，用气管呼吸。多数昆虫营自由生活，部分营寄生生活。

昆虫纲中与兽医学有关的主要是双翅目、虱目和蚤目的某些种，它们寄生于动物的体表或体内，既可作为动物的昆虫病病原体，有时又可作为某些动物寄生虫病或传染病的传播者，故直接或间接危害着人类和动物的健康。

一、昆虫的形态结构

昆虫体被由几丁质和其他无机盐沉着变硬形成外骨骼，具有保护内部器官、防止水分蒸发、与肌肉共同完成各种活动及支持躯体的功能。因外骨骼坚硬不膨胀，故虫体发育长大时必须蜕去旧皮，即蜕皮。

昆虫虫体左右对称，体及附肢分节，不同部分的体节相互愈合形成头部、胸部和腹部。头部主要的功能是摄食和感觉，胸部主要的功能是运动和支持，腹部主要的功能是生殖和代谢。

1. 头部

有眼、触角和口器。昆虫有1对由许多六角形小眼组成的复眼，为主要的视觉器官，很多昆虫尚有单眼。昆虫有触角1对，由许多节组成，着生于头部前面的两侧，其形状和节的数目随昆虫种类不同而异，有触觉、嗅觉及湿度感觉等功能。昆虫的口器是昆虫的摄食器官，由上唇、上咽、上颚、下颚、下咽或小舌及下唇6个部分组成。由于昆虫的采食方式不同，其口器的形态和构造亦不相同。与兽医学有关的昆虫主要为咀嚼式、刺吸式、刮舐式、舐吸式及刮吸式5种类型口器。

2. 胸部

由前胸、中胸和后胸3节组成。在各胸节之间各有1对气门。每一胸节腹面各有1对足，分别称为前足、中足和后足。昆虫的足是由胸部侧板和腹板之间衍化而来，分5节，由基部起依次为基节(coxa)、转节(trochanter)、股节(femur)、胫节(tibia)和跗节(tarsus)，跗节又分1～5节不等，末一跗节上有爪，爪间有爪间突(empodium)和爪垫(palmula)等。

昆虫的翅是由胸部侧板突出的膜状囊衍化而来的。中胸和后胸背侧各有翅1对，即前翅和后翅；有些昆虫的后翅退化，仅留棒状突起，称平衡棒，如双翅目昆虫；有些营永久寄生的昆虫，翅完全退化，如虱和毛虱等。翅有两层翅膜，中间有翅脉作支撑。翅脉有纵脉和横脉之分，其数目和分布形式因昆虫的类别而异，是昆虫分类的重要依据。

3. 腹部

腹部有8节，有些昆虫的腹节互相愈合，通常可见的节数没有那么多，如蝇类只有5～6节。最后数节变为雌雄性外生殖器官。第1～8个腹节的两侧各有1对气门。

二、昆虫的发育

与兽医学相关的昆虫多为卵生，仅极少数为卵胎生。昆虫的生活发育史包括从卵发育到成虫的一系列阶段，在此发育过程中，昆虫在外部形态、内部结构、生理功能、生活习性等方面均产生一系列不同程度的变化，这种变化称为变态。昆虫的发育过程中都有变态和蜕皮现象。昆虫的变态主要有完全变态和不完全变态两大类型。

1. 完全变态

昆虫在发育过程中，经卵、幼虫、蛹、成虫4个阶段，即卵孵化出幼虫，幼虫生长完成后，必须要经过一个不动不食的蛹期，方可变成有翅的成虫，这几个时期在形态、结构及生活习性上各不相同，即为完全变态(图11-1)，如蝇、蚊、蚤等。

2. 不完全变态(半变态)

昆虫在发育过程中，仅有卵、幼虫和成虫3个阶段，即从卵孵化出幼虫，幼虫经若干次蜕皮变为若虫，若虫在经过蜕皮变为成虫。其幼虫期、若虫期及成虫期在形态、结构很相似，只是体形较小、性器官尚未发育成熟等；在生活习性方面则基本相同，如虱、毛虱、羽虱等。

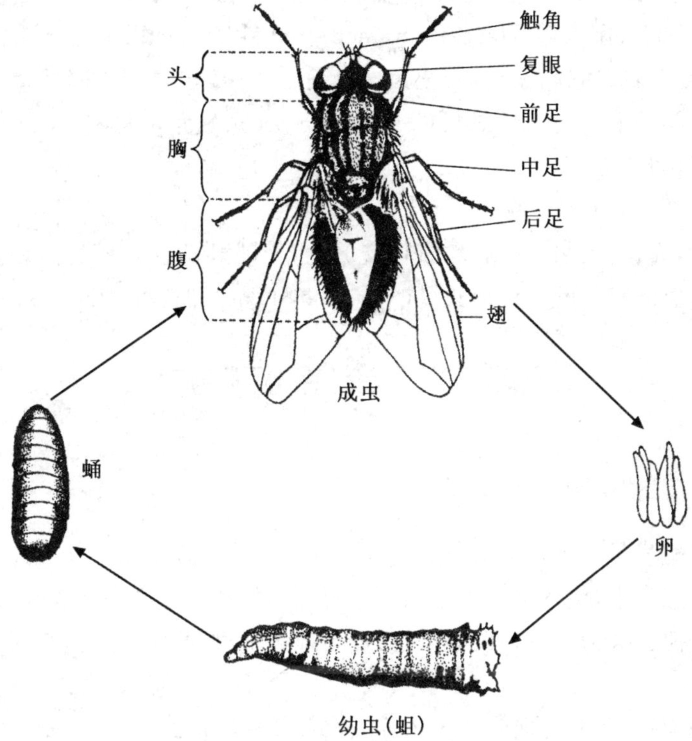

图 11-1　蝇的完全变态(陈佩惠)

三、昆虫的分类

昆虫属于节肢动物门昆虫纲，种类极多，已知有 100 万种以上，在兽医学上具有重要意义的昆虫属双翅目、虱目和蚤目。

1. 双翅目(Diptera)

胸部只有 1 对前翅，后翅退化为平衡棒。口器为刺吸式和舐吸式。发育为完全变态。包括蚊科、蠓科、毛蠓科、蚋科、虻科、蝇科、狂蝇科、胃蝇科、皮蝇科、麻蝇科、虱蝇科、丽蝇科。

2. 虱目(Phthiraptera)

体扁，无翅，系寄生性昆虫。发育为不完全变态。可分为两个亚目，即血虱亚目(Anoplura)、食毛亚目(Mallophaga)。

(1)血虱亚目：体扁，无翅，足粗短。触角分 3～5 节。复眼退化或无眼，无单眼。胸部 3 节愈合。为刺吸式口器。寄生于哺乳动物体表。包括颚虱科(Linognathidae)、血虱科(Haematopinidae)和虱科(Pediculidae)。

(2)食毛亚目:体扁,无翅,头宽大。触角分 3～5 节。为咀嚼式口器。寄生于畜毛或禽类羽毛上。包括毛虱科(Trichodectidae)、短角羽虱科(Menoponidae)和长角羽虱科(Philopteridae)。

3. 蚤目(Siphonaptera)

体扁平,无翅,足粗长,刺吸式口器。寄生于哺乳动物和禽类体表。发育为完全变态。与兽医有关的为蠕形蚤科(Vermipsyllidae)和蚤科(Pulicidae)。

第二节 家畜蝇蛆病

一、牛皮蝇蛆病

牛皮蝇蛆病是皮蝇科皮蝇属的幼虫寄生于牛背部皮下组织所引起的疾病。牛皮蝇蛆主要感染牛,偶尔可寄生于马、驴、野生动物和人。本病在我国西北、东北和内蒙古牧区流行甚为严重,其他省份由流行地区引进的牛只也有发生,对养牛业危害较严重。

【病原】主要是牛皮蝇(*Hypoderma bovis*)和纹皮蝇(*H. lineatum*)。两种蝇形态相似,成蝇较大,长 13～15 mm,外形似蜜蜂,被浅黄色至黑色的毛,牛皮蝇稍大、纹皮蝇较小。有 3 对足及 1 对翅,体表被有绒毛,复眼不大,有 3 个单眼,触角无分支,口器退化,不采食,也不叮咬牛只。

(1)牛皮蝇:成蝇体长 15 mm,头部绒毛呈浅黄色,胸部前端和后端绒毛为淡黄色,中段为黑色;腹部绒毛前端为白色,中间为黑色,末端为橙黄色。成熟幼虫(第 3 期)体粗壮,色泽随虫体成熟由淡黄、黄褐变为棕褐色,长 28 mm,分 11 节,背面较平,体表有许多结节和小刺,最后两节背腹均无刺,口器前端较尖,无口前钩,虫体后端较齐,有 2 个气门,气门板呈漏斗状(图 11-2)。虫卵呈淡黄白色,带有光泽,长圆形,一端有柄,一根牛毛上黏附一枚虫卵。

(2)纹皮蝇:成蝇体长 13 mm,胸部绒毛呈灰白或淡黄色,并具有 4 条黑色纵纹;腹部绒毛前端灰白色,中间黑色,末端呈黄色。第 3 期幼虫体长 26 mm,无口前钩,体表有许多结节和小刺,但最后一节腹面无刺。虫卵呈长圆形,一端有柄,一根牛毛上可黏附一列虫卵。

【生活发育史】两种蝇生活发育史相似,属完全变态,整个生活发育史经卵、幼

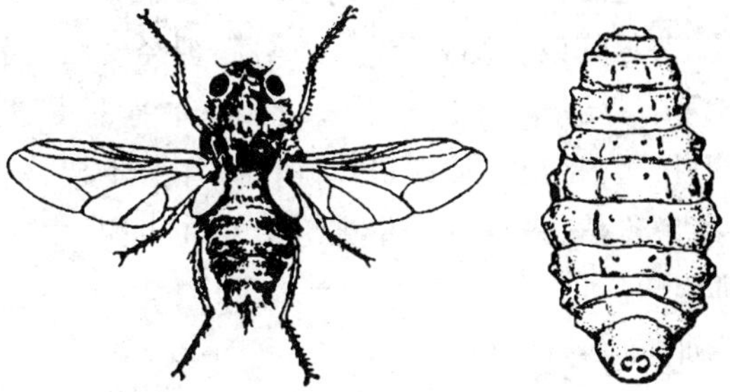

图 11-2 牛皮蝇

A. 成蝇 B. 第 3 期幼虫

虫(分 3 期)、蛹、成虫 4 个时期。

成蝇营自由生活,不叮咬动物。一般多在夏季出现,在晴朗无风的白天,交配后雄蝇死亡,雌蝇侵袭动物产卵,产卵后死亡,成蝇仅生活 5～6 d。卵长圆形,长不到 1 mm,浅黄色,有一小柄附于牛被毛上,牛皮蝇多产卵于牛的四肢上部、腹部、乳房和体侧,每根毛上黏附一枚虫卵。纹皮蝇产卵于牛的后肢球节附近和前胸及前腿部,每根毛上可黏附数枚多至 20 枚虫卵。一个雌蝇一生可产卵 400～800 枚。

卵经 4～7 d 孵出第 1 期幼虫,幼虫经毛囊沿毛孔钻入皮下。感染后 2.5 个月左右形成第 2 期幼虫,牛皮蝇第 2 期幼虫沿外围神经的外膜组织移行,移行到椎管硬膜的脂肪组织中,在此停留 5 个月,然后通过椎间孔到达腰背部皮下蜕皮变为第 3 期幼虫,此时寄生部的皮肤呈现一个个指头大瘤状隆起,直径可达 30 mm,上有 0.1～0.2 mm 的小孔。第 3 期幼虫长大成熟后,自小孔钻出,落到松土下或隐蔽处化为黑色的蛹,经过 1～2 个月的蛹期,羽化为成蝇。整个发育期为 1 年,幼虫在牛体内寄生约 10 个月。纹皮蝇发育也基本如此,但第 2 期幼虫寄生在食道壁上。

【症状与病变】皮蝇的成虫虽不叮咬进食,但追逐牛只产卵时使牛恐惧不安,影响休息、进食,导致健康下降,生产力减退,甚至引起外伤、流产。

幼虫在深层组织内移行时,造成组织损伤及炎性反应;在背部皮下寄生时,可造成不同程度的蜂窝织炎,隆起部的穿孔常因微生物的感染而化脓,有脓汁和渗出物流出,干结后成为痂皮;虫体分泌的毒性物质对血液和血管壁有损害作用。

感染严重时畜体消瘦,肉质不良,幼畜发育受阻,母牛产奶量减少,役畜使役能力减退;最严重的损害是背部大片皮肤穿孔,造成皮革的经济损失。当幼虫死亡时,可发生变态反应,引起流汗、乳房及阴门水肿、气喘、腹泻、口吐白沫等病状,重者死亡。个别幼虫误入延脑或大脑处寄生,可引起神经病状,甚至死亡。

【诊断】幼虫出现于背部皮下时,易于诊断。在牛背部皮肤上可观察并触诊到隆起,上有小孔,用力挤压,挤出虫体即可以确诊。注意不要挤破虫体。此外,流行病学资料有重要的参考价值,夏秋季节牛被毛上存在虫卵,牛皮蝇为单个附着于被毛上;纹皮蝇卵成排附着,可作为诊断的参考。

【治疗】常用下列药物进行治疗。

(1)蝇毒磷:每千克体重用4%溶液,0.3 mL,浇注。

(2)皮蝇磷:每千克体重8%溶液,0.33 mL,浇注。

(3)倍硫磷:按每千克体重4～7 mg,臀部肌肉注射,该剂量相当于每头成牛1.5～2 mL、育成牛1～1.5 mL、犊牛0.5～1 mL倍硫磷原液。或用20%乳油背部浇注,剂量为体重200 kg以上用12 mL。

(4)敌百虫:配成2%溶液,背部浇注或涂抹。

(5)伊维菌素:按每千克体重0.2 mg皮下注射。

【预防】消灭牛体内的幼虫有重要作用,可以减少幼虫的危害,并防止幼虫化蛹为成蝇。可以用药液沿背线浇注。在流行地区,浇注可在4～11月份之间进行,12月份至翌年3月份因幼虫在食道或脊椎,幼虫在该处死亡后可引起局部严重反应,故此期间不宜用药。

在早春背部出现肿瘤时,用敌百虫配成2%水溶液,涂擦患部,成牛用量不超过300 mL。也可用乐果配成50%溶液,患部皮下或肌肉注射,成年牛4～5 mL,育成牛2～3 mL,犊牛1～2 mL。

二、羊鼻蝇蛆病

羊鼻蝇蛆病分布很广泛,它是由狂蝇科狂蝇属的羊鼻蝇(也叫羊狂蝇)的幼虫寄生于羊的鼻腔及其附近的腔窦而引起的一种慢性疾病。本病主要危害绵羊,对山羊危害较轻。病羊呈现流脓性鼻液、打喷嚏、呼吸困难等慢性鼻炎症状。人的鼻、眼也有被侵袭的报道。

【病原】羊鼻蝇(*Oestrus ovis*)形似蜜蜂,体长10～12 mm,淡灰色,略带金属光泽。头大,呈黄色,两复眼小,且相距较远,口器退化,翅透明。胸部灰黄色,有4条不明显的黑色纵纹。腹部有银灰色与黑绿色斑点。

第3期幼虫体长28～30 mm,前端尖,有2个黑色口钩,腹面扁平,上有多排小刺。背面隆起无刺,成熟后各节上具有深褐色横斑。虫体后端平齐,其上有2个气门板(图 11-3)。

【生活发育史】成蝇于每年的温暖季节出现，尤以夏季为多，成蝇营自由生活，不采食，交配后雄蝇死亡。雌蝇在晴朗无风天气中飞翔，突然冲向羊鼻孔，将幼虫产于鼻孔，一次产幼虫 20～40 个，然后立即飞走，数天内产 500～600 个幼虫。幼虫迅即爬入鼻腔并向深部移行，在鼻腔、副鼻窦内经两次蜕皮变为第 3 期幼虫。第 3 期幼虫向鼻腔浅部移行，随喷嚏落到地面，钻入土中化为蛹，经 1～2 个月羽化为成蝇，成蝇寿命 2～3 周(图 11-4)。在北方每年仅繁殖一代，而在温暖地区，则可每年繁殖两代。

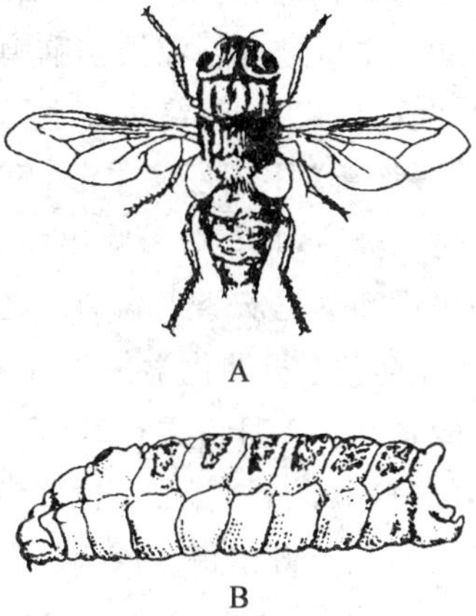

图 11-3 羊鼻蝇

A. 成蝇 B. 第 3 期幼虫

【症状与病变】成蝇侵袭羊群产幼虫时，羊群骚动，惊慌不安，互相拥挤，频频摇头，或低头奔跑，将鼻孔抵于地面，或将头藏于其他羊的腹下或腿间，严重干扰羊的采食和休息。

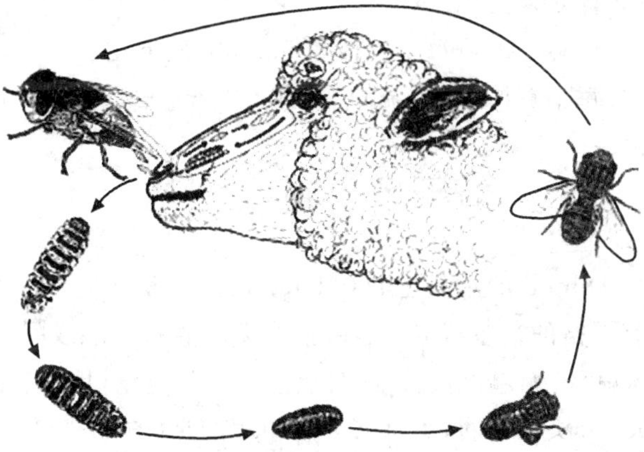

图 11-4 羊鼻蝇的生活发育史

当幼虫进入鼻腔后，以体表小刺和口钩刺激损伤鼻黏膜，引起鼻黏膜炎症、肿胀，以及浆液性、化脓性鼻炎或副鼻窦炎，间或出血，鼻液干涸形成鼻痂，堵塞鼻孔，造成呼吸困难。

患羊表现打喷嚏、摇头、磨鼻、眼睑浮肿、流泪、食欲不佳、日渐消瘦。数月后病状逐渐减轻，但到第3期幼虫时，虫体增大变硬，并向鼻孔移行，病状又有所加剧。个别幼虫可进入颅腔损伤脑膜而引起神经病状，羊表现运动失调，出现旋转运动，即“假回旋症”。最终可死亡。

【诊断】根据发病季节、病状和死后剖检见到幼虫可以确诊。早期诊断可用药液喷入鼻腔，收集鼻腔喷出物，发现死亡幼虫可以确诊。出现神经症状时，应与羊多头蚴和莫尼茨绦虫病加以区别。

【防治】早期化学预防可杀死第1期幼虫，根据当地气候条件决定用药时间，一般在9～11月份进行。

(1)敌敌畏：羊圈内用40%敌敌畏作气雾处理，剂量为1 mL/m^3，羊吸雾15 min后打开门窗。露天气雾处理时，应在温暖无风天气时进行，剂量为敌敌畏原液每只羊1 mL或50%敌敌畏乳剂每只羊2 mL。

(2)敌百虫：用10%敌百虫溶液作羊圈内气雾处理，剂量为4 g/m^3，吸雾1 h；也可用0.03%水溶液，饮用4 d，或按每千克体重75～100 mg一次灌服。秋、冬、春季驱杀第1、2、3期幼虫时，可向鼻腔喷射2%水溶液，剂量为每侧7.5～10 mL。此法在秋季多用几次效果更佳。

(3)伊维菌素：1%溶液，按每千克体重0.2 mg皮下注射。

(4)氯硝柳胺：每千克体重5 mg口服，或2.5 mg皮下注射，可杀死各期幼虫。

第三节 虱　　病

虱属于虱目(Anoplura)和食毛目(Mallophaga)，是哺乳动物和禽类体表的永久性寄生虫，常有严格的宿主特异性。本病主要经直接接触或间接接触传播。

【病原】虱体扁平，无翅，呈白色或灰黑色。复眼退化，具有刺吸型或咀嚼型口器，触角3～5节。分头、胸、腹，胸部有3对粗短的足(图11-5)。

(1)血虱：背腹扁平，体长1～5 mm，头部较胸部窄，呈圆锥形；触角短，由5节组成；口器为刺吸式。

(2)毛虱：体长0.5～5 mm，头比胸宽，触角3节，口器为咀嚼式，以啮食毛、皮屑为主。

(3)羽虱：体长0.5～1.0 mm，体形扁而宽或细长形。头比胸宽，触角3～5节，口器为咀嚼式。

【生活发育史】生活发育史属于不完全变态，交配后2～3 d雌虱产卵于动物体表，一般经约2周，卵内孵出若虫，若虫经3次蜕皮变为成虫，整个发育期约为

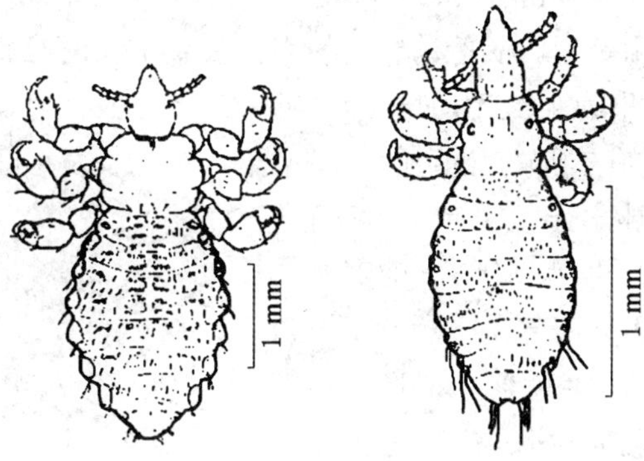

图 11-5 虱

A. 牛血虱 B. 牛颚虱

1 个月。

【症状】血虱以吸食动物血液为主，毛虱和羽虱则以绒毛、羽毛及皮屑为食。采食时引起动物皮肤发痒、骚动不安，影响采食和休息。动物脱毛、消瘦、食欲不佳、生产力下降，幼龄动物发育不良。

【诊断】在动物体表发现虱或虱卵即可确诊。

【防治】主要是加强饲养管理卫生，栏舍保持清洁干燥，光线充足，饲养密度适宜，定期消毒栏舍及用具。定期检查，发现患虱病的动物应及时隔离治疗。各种大、中动物可用 0.5%～1%敌百虫水溶液，300 mg/L 林丹液、300 mg/L 二嗪农、250 mg/L 溴氰菊酯喷洒或药浴，由于不能杀死虱卵，因此应于 1～2 周后再进行一次药浴。家禽可用拟除虫菊酯类喷洒，也可用马拉硫磷沙浴。

第四节 蚤 病

蚤目的昆虫一般称为跳蚤，是一类小型的外寄生性吸血昆虫。蚤的种类近千种，分属于 17 个科，在我国已发现有 100 种以上，其中与兽医关系重要的有蠕形蚤和栉首蚤。

蠕形蚤

蠕形蚤属蚤目(Siphonaptera)蠕形蚤科(Vermipsyllidae)，重要的种有花蠕形蚤(*Vermipsylla alacurt*)和尤氏独卡特蚤(*Dorcadia ioffi*,又称尤氏羚蚤)。主要寄生于牦牛、绵羊、山羊、马、骡等动物的体表。分布于我国西北、内蒙古地区。

【病原】蚤目昆虫为小形无翅昆虫,虫体左右扁平,体表覆盖有较厚的几丁质,呈棕褐色。头部三角形,侧方有 1 对单眼;触角 3 节,收于触角沟内,口器为刺吸式,胸部小,3 节,有 3 对肢,肢粗大。腹部 10 节,有 7 节清晰可见,后 3 节变为外生殖器。蠕形蚤科的昆虫,吸血后雌虫腹部显著增大,呈长卵形(图 11-6)。花蠕形蚤吸血后雌虫可由原长 3.9 mm 增长到 6 mm;羚蠕形蚤吸血后雌虫可增大到 16 mm。蚤类多数具有很强的跳跃能力,但蠕形蚤由于腹部的增大而行动缓慢。

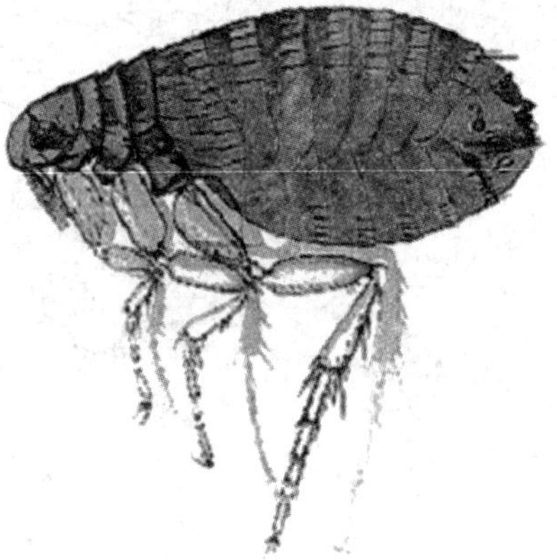

图 11-6　雌蚤侧面

【生活发育史】蠕形蚤属于完全变态,需经过卵、幼虫、蛹、成虫 4 个阶段。除成虫外,其余 3 个阶段均在夏季于地面完成。高山牧场上特有的温度、湿度条件均适宜其发育;在晚秋变为成虫,开始侵袭动物,冬季落到地面上产卵,初春死亡。

【症状】蠕形蚤既不营固着的寄生生活,也不经常更换宿主。在畜体大量吸血后,排出含有血色的粪便,引起动物皮肤炎症、痒感,影响采食和休息。大量寄生时可致患畜贫血、消瘦或死亡。

在牦牛体表寄生时,多见于颈部、下颌部和肩部。在马体表寄生时,多见于头部、颈部、鬃毛下、臀部、腿内侧及飞节上部。在绵羊和山羊体表寄生时,多见于尾、尾根、臀部、颈部、股内侧、肩部、胸部。

【诊断】在流行地区的秋、冬及初春季节,当发现家畜被毛粗乱、污秽,有发痒的表现时,即应进行检查;如果在皮肤上发现大批蠕形蚤寄生,并见有大量血色粪便时,即可确诊。

【防治】在流行地区,对有蚤的幼虫滋生的场所,应清扫地面,并喷洒杀虫药。在畜体发现虫体寄生时,可用菊酯类、有机磷类或甲萘威等杀虫药喷洒杀虫。

思 考 题

1. 牛皮蝇幼虫、羊狂蝇幼虫有哪些危害？怎样防治？
2. 什么是完全变态，什么是不完全变态？
3. 简述牛皮蝇、羊狂蝇、马胃蝇的生活发育史。
4. 简述蚤病的主要症状。

第四篇

兽医原虫病

第十二章　原　虫　病

第一节　绪　　论

原虫是最原始、最简单、最低等的单细胞动物，即它们的身体由一个细胞构成。原虫为单细胞真核动物，体积微小而能独立完成生命活动的全部生理功能，如摄食、代谢、呼吸、排泄、生殖等。

原虫在自然界分布广泛，种类繁多，多数营自由生活或腐生生活，分布于海洋、土壤、水或腐败物中，仅少数原虫营寄生生活。兽医原虫是指寄生在动物体腔道、体液、组织或细胞内的原虫，其中的一些种类严重危害动物的健康，构成广泛的区域性流行。

一、原虫的形态结构

(一)形态

原虫体积微小，大小多在 1～30 μm 之间，形态因种类或发育阶段不同而异，呈柳叶状、圆形、椭圆形、梨籽形等多种形态，有的则无一定形态或经常变形。

(二)基本结构

原虫的结构与单个动物细胞一样，由胞膜、胞质和胞核组成。

1. 胞膜

包裹虫体，也称表膜或质膜，电镜下可见表膜为 3 层结构的单位膜，主要由蛋白质和脂质双分子层。表膜是原虫与宿主和外环境直接接触的界面，可参与原虫摄食、营养、排泄、运动、感觉及逃避宿主免疫效应等生物学功能，对保持虫体的自身稳定和参与宿主的相互作用具有重要的意义。

2. 胞质

主要由均匀透明的基质、细胞器和内含物组成。可支持原虫的形态，并与运动、摄食、营养、呼吸、排泄等功能有关。原虫摄食养料主要通过渗透、胞饮和吞噬 3 种方式进行。代谢产物可由体表渗出，或由虫体分裂时排出。

原虫细胞器的类型多样，有膜质细胞器，如线粒体、高尔基复合体、溶酶体和动基体等，主要参与能量合成代谢；有运动细胞器，如伪足、鞭毛、波动膜和纤毛等，与原虫的运动有关，也是原虫分类的重要标志。

原虫借助鞭毛、纤毛、伪足、波动膜进行运动。有的原虫（如孢子纲的一些虫体）虽无可见的运动细胞器，但可作滑行运动。

伪足：是肉足鞭毛亚门原虫的临时性器官，可以引起虫体运动以捕获食物。

鞭毛和纤毛：鞭毛为较长的运动细胞器，数目较少，多集中于虫体前端。纤毛则短而数目多，常均匀分布于虫体表面。两者结构基本相似，每根毛均由基体发出轴丝，并被以由表膜延伸而成的鞘。

波动膜：由细胞膜特化而形成，与鞭毛协同作用可引起虫体运动。

3. 胞核

由核膜、核质、核仁和染色质组成。核膜为 2 层单位膜，具微孔沟通核内外。多数原虫只有 1 个细胞核，少数有 2 个或 2 个以上的细胞核。寄生的原虫多数为泡状核，染色质分布不均匀；仅少数纤毛虫为实质核。

二、原虫的发育

1. 原虫的生活发育史

原虫的生活发育史各不相同，根据原虫从宿主到宿主的传播过程，可将其分为 3 种类型。

(1)直接传播型：生活发育史只需要一个宿主，当其排离宿主后，在外环境中发育成熟，并感染宿主，如球虫。

(2)循环传播型：生活发育史需要两个宿主，一个为中间宿主，一个为终末宿主，在中间宿主和终末宿主体内分别进行无性和有性繁殖，形成世代交替现象。

(3)虫媒传播型：完成生活发育史，必须经历吸血昆虫体内的有性生殖或无性生殖，形成大量的感染性虫体，再经媒介昆虫叮咬吸血，感染动物或人。其中媒介昆虫既是其发育中的固有宿主，又是其传播媒介。原虫在动物或人体内只有无性繁殖，而在媒介昆虫体内可进行无性生殖，或无性及有性生殖兼有。

媒介昆虫传播原虫时，有生物性传播和机械性传播两种。生物性传播指原虫需要在媒介昆虫体内发育，机械性传播指原虫不在媒介昆虫体内发育，媒介昆虫只起到一种机械性搬运作用。

2. 原虫的繁殖方式

原虫的繁殖方式分无性繁殖和有性繁殖两类。

(1)无性繁殖：包括二分裂生殖、出芽生殖和裂殖生殖等几种方式。

①二分裂生殖，即一个虫体分为两个大小相等的新个体。鞭毛虫常行纵二分裂，纤毛虫则行横二分裂。

②出芽生殖，即从母细胞边缘形成一芽状突起，此后芽状突起逐渐长大，即为子代个体。巴贝斯虫常以这种方式繁殖。

③内出芽生殖，即先在母细胞内形成两个子细胞，待子细胞成熟后母细胞破裂。

④裂殖生殖，即复分裂法。核先分裂数次，形成一个多核体，称为裂殖体，随后原生质也分裂为与核相等的份数，并逐渐向新核的周围集中，最后形成许多新虫体称为裂殖子。球虫常以此法繁殖。

⑤孢子生殖，即合子进行复分裂，形成多个子孢子。

(2)有性繁殖：包括接合生殖和配子生殖。

①接合生殖：两个虫体结合在一起，互相交换核质后分开，成为两个含有新核的虫体。多见于纤毛虫。

②配子生殖：虫体在裂殖生殖过程中，出现了性的分化，一部分裂殖体形成大配子体(雌性)，一部分形成小配子体(雄性)。大小配子体发育成熟后，形成许多小配子和大配子。通常一个小配子体可以产生许多许多小配子，而一个大配子体只产生一个大配子。小配子钻入大配子体内，结合成合子。有的合子有运动性称为动合子。合子可以复分裂法形成许多子孢子。有的合子形成后，在其体表形成坚实的被膜，称为卵囊。卵囊内的合子先发育成孢子囊，每个孢子囊内又形成子孢子，此为孢子生殖。孢子生殖属于无性繁殖的一种。

三、原虫的分类

本节仅叙述与兽医有关的原虫分类。

1. 肉足鞭毛亚门

运动器官为鞭毛或伪足或二者兼有。如进行有性生殖，基本上为配子生殖。除有孔目外，均为单核。

动鞭毛纲：无叶绿体。滋养体时期有 1 根或多根鞭毛。某些种类为阿米巴形，有或无鞭毛。无性繁殖为纵二分裂。少数类群具有有性繁殖。

其中动基体目锥体科的利什曼属和锥虫属、双滴虫目六鞭科的贾第属、毛滴虫目毛滴虫科的三毛滴虫属、单毛滴虫科的组织滴虫属与兽医有关。

(1)动基体目：有 1 或 2 根鞭毛，典型的鞭毛除有轴线外还有轴旁杆。有 1 个线粒体。多为寄生，也有的营自由生活。

锥虫科：虫体呈叶状或圆形。有些虫体寄生于昆虫，有些需更换宿主。生活发育史的一部分在脊椎动物体内完成，另一部分在无脊椎动物体内完成。

(2)双滴虫目：有一个或两个核鞭毛体。每个核鞭毛体有 1～4 根鞭毛，其中 1

根返回。有包囊阶段。自由生活或寄生。

六鞭科:两侧对称,有 6 根或 8 根鞭毛。双核。

(3)毛滴虫目:通常有 4~6 根鞭毛(有 1 个属只有 1 根,另 1 属无鞭毛)。多数属的鞭毛复合物中有 1 根鞭毛折回。

毛滴虫科:有 4~6 根鞭毛,1 根折回的鞭毛与波动膜相连。

单毛滴虫科:有 3~5 根前鞭毛,向后的鞭毛游离。

2.顶复亚门

在一些阶段有顶复合器。顶复合器包括极环、棒状体、类锥体和膜下微管。一些阶段通常有微孔。无纤毛。有性生殖为配子生殖。全部寄生。

孢子虫纲:如有类锥体,则为完全的类锥体。繁殖方式有无性生殖和有性生殖。卵囊中含有孢子生殖产生的感染性子孢子。在成熟虫体以身体弯曲、滑行或以纵脊波动的方式进行运动。只有某些种类的小配子阶段有鞭毛。一般无伪足,如有伪足则为摄食而非运动细胞器。有或无宿主更换。

(1)球虫亚纲:通常有配子体阶段,成熟的配子体小,在细胞内寄生。生活发育史通常包括裂殖生殖、配子生殖和孢子生殖。多数寄生于脊椎动物体内。

真球虫目:裂殖生殖。寄生于脊椎动物体内及无脊椎动物体内。

①艾美耳亚目:大配子体与小配子体分别独立发育,小配子体产生多个小配子。合子不运动。子孢子通常位于卵囊内的孢子囊中。有或无宿主更换。

艾美耳科:为单宿主寄生。裂殖生殖和配子生殖在宿主细胞内进行,孢子生殖在外界进行。在兽医学上重要的有艾美耳属、等孢属、泰泽属、温扬属等。艾美耳属的球虫每个孢子化卵囊内有 4 个孢子囊,每个孢子囊内含有 2 个子孢子,可侵害猪、马、牛、羊、鸡、鹅、兔等。等孢属的球虫每个孢子化卵囊内有 2 个孢子囊,每个孢子囊内含 4 个子孢子,主要侵害猪、犬、猫。温扬属的球虫每个孢子化卵囊内有 4 个孢子囊,每个孢子囊内含有 4 个子孢子,我国流行的是菲莱氏温扬球虫,主要侵害北京鸭。泰泽属的球虫 8 个子孢子直接处于孢子化卵囊内,我国流行的是毁灭泰泽球虫,主要侵害北京鸭。

隐孢子虫科:为单宿主寄生。寄生于宿主上皮细胞的刷状缘或微绒毛内。裂殖生殖、配子生殖和孢子生殖均在宿主体内完成。每个卵囊内含有 4 个裸露的子孢子和残体,无孢子囊。

肉孢子虫科:有内双芽增殖。卵囊内有 2 个孢子囊,每个孢子囊内有 4 个子孢子。寄生于哺乳动物、鸟、蛇等脊椎动物体内。

②血孢子虫亚目:大配子与小配子母细胞分别独立发育,无融合体。小配子母细胞产生 8 个有鞭毛的小配子。合子能运动,称动合子。有宿主更换,在脊椎动物

体内进行裂殖生殖，在无脊椎动物体内进行孢子生殖。由吸血昆虫传播。

疟原虫科：特征同亚目。

血变原虫科：主要为鸟类寄生虫。与兽医有关的为鸽血变原虫。

住白细胞虫科：主要为鸟类寄生虫。与兽医有关的为住白细胞虫属的沙氏住白细胞虫和卡氏住白细胞虫，主要感染鸡。

(2)梨形虫亚纲：虫体呈梨籽形、圆形、杆形、类阿米巴形。无类锥体和鞭毛，有极环和棒状体。靠虫体弯曲或滑行运动。寄生于红细胞内，有时可寄生于其他血细胞或组织的细胞内。有宿主更换，在脊椎动物体内进行裂殖生殖，在无脊椎动物体内进行孢子生殖。子孢子体表为单位膜。传播媒介为硬蜱，有的传播媒介不明。

梨形虫目：特征同亚纲。

巴贝斯科：虫体较大，呈梨籽形、圆形或卵圆形。顶复合器退化。寄生于哺乳动物红细胞、淋巴细胞、巨噬细胞及其他细胞内，行二分裂和裂殖生殖。传播媒介为蜱。

泰勒科：虫体较小，红细胞内的虫体呈圆形、卵圆形、环状或不规则形。顶复合器退化。在淋巴细胞、组织细胞或其他细胞内进行裂殖生殖，然后侵入红细胞内。红细胞内的虫体不分裂。传播媒介为蜱。

3.微孢子虫亚门

孢子具有无孔的壁，含有一个单核或双核的孢原质，具有极管和极帽的突器。无线粒体。主要寄生于各主要动物类群细胞内，主要是无脊椎动物。该亚门只有微孢子虫纲微孢子虫目的兔脑原虫寄生于兔子等。

4.纤毛虫亚门

至少在生活发育史的一个阶段有纤毛或复合纤毛器。有表膜下纤维系统。有大核和小核。行横而分裂生殖。有性生殖包括接合生殖或自体受精、细胞受精。

动基裂纲：口区表膜下纤维系统与体表膜下纤维系统略有不同。

毛口目的小袋科：接近虫体前端有前庭及由此基础上形成的胞口，纤毛覆盖全身。寄生于人、猪等消化道。

第二节　猪原虫病

一、弓形虫病

弓形虫病是由真球虫目弓形虫科弓形虫属的刚第弓形虫(*Toxoplasma gondii*)寄生于多种动物(如猪、马、牛、羊、犬等)有核细胞内引起的一种寄生虫病。

本病呈世界性分布，为人畜共患病，人和动物的感染率都很高。

宿主种类十分广泛，到目前为止，已证实有 45 种哺乳动物、70 种鸟类和 5 种冷血动物在自然条件下均可感染本病，其感染率、发病率和死亡率都有逐年上升的趋势，对人和动物的健康危害性严重。水果、蔬菜沾染了有机粪便或接触被弓形体感染的动物的排泄物都可能感染人或其他动物，并且以食物感染为主。

【病原】病原为刚第弓形虫。目前，大多数学者认为发现于世界各地人和各种动物的弓形虫只有一个种，但有不同的虫株。

弓形虫在其全部生活发育史中可出现 5 种不同的形态，即速殖子(滋养体)、包囊、裂殖体、配子体、卵囊。裂殖体和有性生殖阶段虫体可出现于猫和其他猫科动物小肠绒毛上皮细胞内。与致病性和传播有关的为速殖子、包囊和卵囊。

(1)速殖子：呈弓形、月牙形或香蕉形，一端尖，一端钝，大小为(4～7) μm×(2～4) μm。经姬姆萨染液染色后，胞浆呈淡蓝色，有颗粒，胞核呈深蓝色。速殖子主要出现于急性病例的血液和腹腔渗出液中。有时在宿主细胞内可见到许多速殖子簇集到一起，形成假囊。速殖子以内二分裂法增殖(图 12-1)。

(2)包囊：也称组织囊，见于慢性病例的多种组织，呈圆形，有较厚的囊膜，直径 50～69 μm，可随虫体的繁殖而不断增大，达 100 μm，可在感染动物体内长期存在。囊内虫体称慢殖子，数目由几十到几千(图 12-1)。

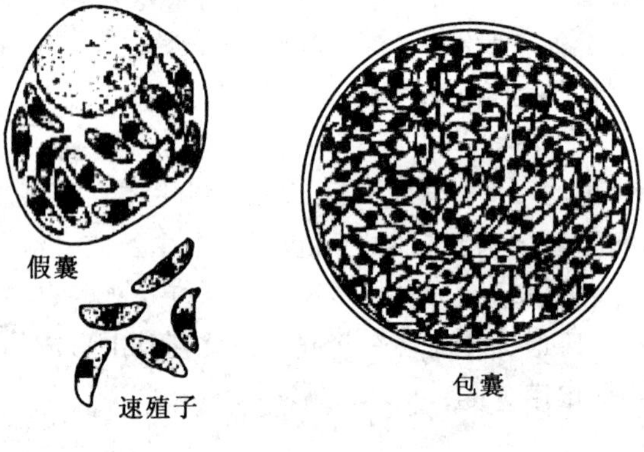

图 12-1 弓形虫的几种形态

包囊的形成是机体免疫力作用于虫体的结果，若免疫力消失，慢殖子从包囊中释放出来，可以侵入新的细胞，再度引发本病。

(3)卵囊：卵囊存在于猫和其他猫科动物小肠绒毛上皮细胞内，成熟后进入肠腔。卵囊呈球形，孢子化后为亚球形，大小(11～14) μm×(9～11) μm，无微孔、残体和极粒，含有 2 个椭圆形孢子囊，大小 8.5 μm×6 μm，无斯氏体，但有孢子囊残体。子孢子大小为 8 μm×2 μm(图 12-2)。

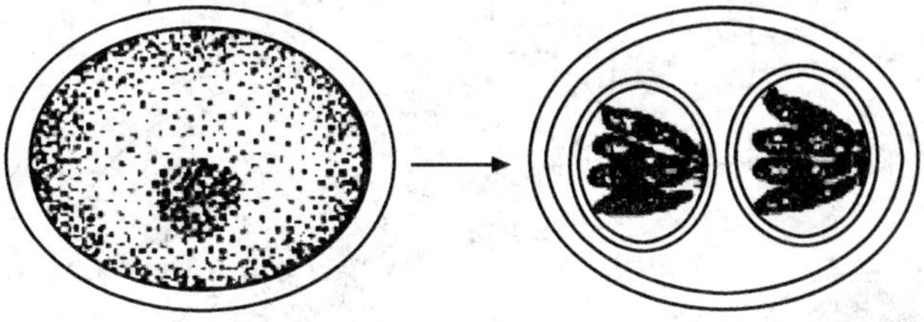

图 12-2 弓形虫的卵囊及孢子化卵囊

【生活发育史】弓形虫生活发育史可分为肠内阶段和肠外阶段。肠内阶段只出现于终末宿主猫科动物体内，肠外阶段可出现于终末宿主和中间宿主体内。

中间宿主种类很多，已报道的有 200 多种，包括肉食兽、啮齿动物、猪、草食兽、灵长类、人、其他哺乳动物和鸟类。终末宿主为猫和其他一些野生猫科动物。

中间宿主吞食了孢子化卵囊、速殖子、包囊、慢殖子或经胎盘都可造成感染。子孢子可通过淋巴液和血液循环进入有核细胞，进行内二分裂增殖，形成速殖子和假囊，并引起急性疾病。当宿主很快产生免疫力后，虫体繁殖受阻，存留的虫体在一些脏器组织中，特别是脑组织中形成包囊，长期存在。

猫等终末宿主吞食了卵囊、孢子囊、速殖子、慢殖子等而感染，除了一部分虫体进入肠外阶段发育外，另一些进入肠上皮细胞进行球虫样肠内阶段发育。裂殖生殖的代数不详，之后进入配子生殖阶段，再形成合子和卵囊。从感染到排出卵囊需 3～5 d，排卵囊高峰在感染后 5～8 d 之间。卵囊在外界环境中完成孢子化过程需 1～5 d。肠内和肠外阶段可在猫体内同时进行(图 12-3)。

【流行病学】弓形虫的感染在人和猪中很常见。人和猪通过摄入被弓形虫卵囊污染的食物或饮水或通过摄食含包囊或速殖子(滋养体)的其他动物组织而感染。

猫(以及其他猫科动物)是唯一的终末宿主，在弓形虫传播中起重要作用。包囊主要存在于被感染动物组织中。包囊在组织中可存活数年，且不会危及宿主的生命。被摄入的卵囊或缓殖子一旦进入肠道，子孢子或缓殖子进入快速增殖阶段。速殖子在肠道的固有层增殖，并最终传播到全身。速殖子可引起组织损伤，并最终发育为缓殖子、形成包囊。如果母猪在怀孕期间被感染，母体血液中的速殖子可通过胎盘进入胎儿体内，引起胎儿感染。临床期间患畜的唾液、痰、粪、尿、乳汁、腹腔

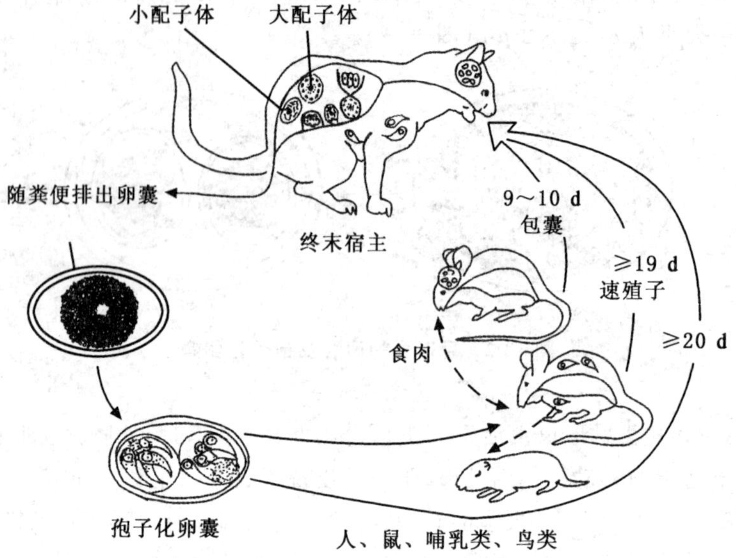

图 12-3　弓形虫生活发育史

液、眼分泌物、肉、内脏、淋巴结及急性病例的血液中都可能含有速殖子。

造成本病广泛流行的原因是：①多种生活发育史期都具感染性。②中间宿主广，家畜家禽均易感。③可在终末宿主与中间宿主之间、中间宿主与中间宿主之间多向交叉传播。④包囊可长期生存在中间宿主组织内。

【症状与病变】许多猪对弓形虫都有一定的耐受力，故感染后多不表现临床症状，在组织内形成包囊后转为隐性感染。包囊是弓形虫在中间宿主体内的最终形式，可存在数月甚至终生，故某些猪场弓形虫感染的阳性率虽然很高，但急性发病却很少。3～5 月龄的仔猪最易感，且发病后病情严重。弓形虫病主要引起神经、呼吸及消化系统的症状。潜伏期为 3～7 d，病初体温升高，可达 42℃以上，呈稽留热，一般维持 3～7 d，精神迟钝，食欲废绝，便秘或拉稀，有时带有黏液和血液。呼吸急促，每分钟可达 60～80 次，咳嗽。视网膜、脉络膜发炎甚至失明。皮肤有紫斑，体表淋巴结肿胀。怀孕母猪还可发生流产或死胎。耐过急性期后，病猪体温恢复正常，食欲逐渐恢复，但生长缓慢，成为僵猪，并长期带虫。

急性病例有全身性病变，表现为全身淋巴结、肝脏、脾脏、肾脏等肿大，并有许多出血点和针尖大到米粒大灰白色坏死灶。肺间质水肿，并有出血点。

慢性病例主要表现各内脏器官的水肿及散在的坏死灶。主要见于老龄动物。

【诊断】可采用直接镜检、动物接种、血清学方法等多种方法进行诊断。

(1)直接镜检:取肺、肝、淋巴结涂片,用姬姆萨氏液染色后检查;或取患畜的体液、脑脊液涂片染色检查。也可取淋巴结研碎后加生理盐水过滤,经离心沉淀后,取沉渣作涂片染色镜检。此法简单,但有假阴性,必须对阴性猪作进一步诊断。

(2)动物接种:取肺、肝、淋巴结研碎后加10倍生理盐水制成混悬液,再加入双抗,室温放置1 h。接种前摇匀,待较大组织沉淀后,取上清液接种小鼠腹腔,每只接种0.5～1.0 mL。经1～3周,小鼠发病,可在腹腔中查到虫体。或取小鼠肝、脾、脑作组织切片检查,如为阴性,可按上述方式盲传2～3代。从病鼠腹腔中发现虫体也可确诊。

(3)血清学诊断:国内外已研究出许多血清学诊断法供流行病学调查和生前诊断之用。目前国内常用的有IHA和ELISA法。间隔2～3周采血,IgG抗体滴度升高4倍以上表明感染处于活动期;IgG抗体滴度不高表明有包囊虫体存在或过去有感染。

(4)PCR方法:提取待检动物组织DNA,以此为模板进行PCR扩增,如能扩出已知特异性片段,则表示待检猪为阳性,否则为阴性。但必须设阴阳性对照。

【治疗】急性病例使用磺胺类药物有一定疗效,磺胺类药物与三甲氧苄氨嘧啶(TMP)或乙胺嘧啶合用有协同作用。亦可使用林可霉素。

(1)磺胺-6-甲氧嘧啶(SMM):按每千克体重60～100 mg口服。

(2)磺胺-5-甲氧嘧啶(SMD):按每千克体重60～100 mg口服。

(3)磺胺嘧啶(SD):按每千克体重70 mg口服;或增效磺胺嘧啶钠注射液20 mg肌肉注射。

【预防】防止猪的饲料、饮水等被猫粪直接或间接污染;控制或消灭鼠类,以防止猪食入鼠类;不用生肉喂猫,猫粪应进行无害化处理等。

二、肉孢子虫病

肉孢子虫病是由真球虫目肉孢子科肉孢子虫属的各种肉孢子虫寄生于猪、马、牛、羊等动物及人的肌肉组织内所引起的原虫病。其特征为在横纹肌或心肌内形成包囊——米氏囊。家畜被感染后,通常不表现临床症状,但局部肌肉变性,降低了肉的利用价值,甚至造成不可食用,因此,猪肉中的肉孢子虫是肉品检验的重要内容之一。

【病原】常见的猪肉孢子虫有米氏肉孢子虫、猪人肉孢子虫、野猪肉孢子虫、猪猫肉孢子虫等。猪肉孢子虫在猪的体内主要以包囊的形式存在,寄生于肌纤维中的包囊也称米氏囊,呈灰白色,圆柱形或梭形,大的可达数厘米,小的肉眼难以分辨。有两层囊壁，囊内分隔成很多小室，小室内有许多香蕉形的、活动的慢殖子，大小为(5～15) μm×(2～4) μm(图 12-4)。

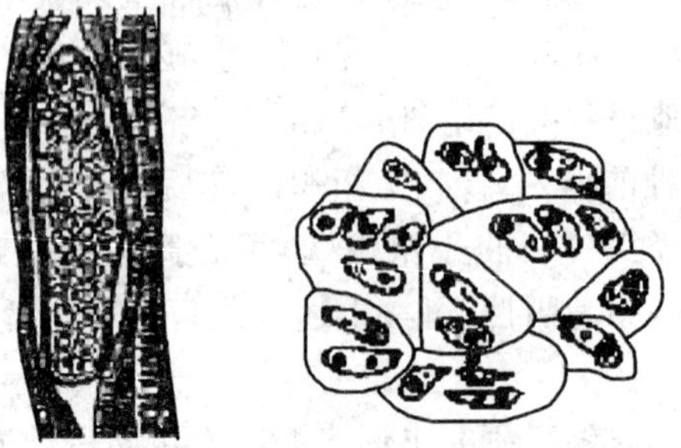

图 12-4　肉孢子虫包囊

卵囊存在于终末宿主的粪便中，已孢子化，内含 2 个孢子囊，每个孢子囊内含有 4 个子孢子。

【生活发育史】肉孢子虫的中间宿主很多，包括家畜(猪、马、牛、羊、骆驼、兔等)、鼠类、鸟类、鱼类、爬行类等。终末宿主为肉食动物、犬、猫、人等。

寄生于中间宿主肌肉内包囊中的慢殖子被终末宿主吞食后，在小肠内越过了裂体增殖期，直接进行配子生殖，最后形成卵囊。卵囊在肠壁上完成孢子化过程，发育为孢子化卵囊。孢子化卵囊内含有 2 个孢子囊，每个孢子囊内含有 4 个子孢子。卵囊壁薄而脆弱，常在肠内自行破裂，因此粪便中常见的为含有子孢子的孢子囊。孢子囊被中间宿主吞食后，子孢子经血液循环到达各脏器，在血管内皮细胞中进行裂体增殖，形成的裂殖子最后进入肌肉组织，形成肉孢子虫包囊。

【流行病学】各种家畜肉孢子虫的感染情况国内有不少报道，但其感染率差异很大。猪感染肉孢子虫在河南省南部的感染率为 51.3%。交通发达、家畜及其肉品流动量大的地方，其感染率较高，丘陵地区较山区高发，平原地区又较丘陵地区高发，外来品种猪比当地土种猪高发。

【致病作用与症状】一般认为肉孢子虫致病性很低，但猪经口感染犬粪中的相应种类的肉孢子虫的孢子囊后，出现一定临床症状。肉孢子虫对猪有强的致病力，可引起猪腹泻，肌肉炎症，发育不良或跛行。肉孢子虫能产生一种毒素——肉孢子虫毒素，注射 0.05 mg/kg 即可使家兔迅速死亡。有人证明肉孢子虫是引起心脏及其传导系统继发性疾病的原因。感染肉孢子虫牛、猪、羊等动物的肉对小白鼠、家兔有一定的毒性，最毒的是猪肉和牛肉。

猪一般不显症状，严重感染时表现不食，呼吸困难，腰无力，肌肉僵硬，运动困难，短时期的后肢瘫痪等症状。怀孕母猪感染可引起流产。

【病变】剖检肉眼可见肌纤维中有灰白色或乳白色包囊，钙化包囊呈黑色小团块或直杆状，包囊密集部位肌肉变性，色淡如煮肉样。

【诊断】主要在死后肉品检验时，肉眼观察结合镜检肌肉压片发现肌纤维中的包囊和滋养体或钙化结节确诊。免疫学诊断可采用间接血凝试验、酶联免疫吸附试验等方法。

【防治】目前尚无特效药物，可试用盐霉素、莫能霉素、氨丙啉等药物治疗。预防着重是加强肉品卫生检验，无害化处理病猪肉。严禁用含有肉孢子虫的肉喂犬、猫。防止犬、猫粪便污染猪的饲料和饮水。

三、小袋纤毛虫病

猪结肠小袋纤毛虫病是由纤毛虫纲毛口目小袋虫科的结肠小袋虫寄生于猪的大肠引起的。结肠小袋虫除感染猪外，还可感染人，是一种人兽共患寄生虫病。本病呈世界性分布，以热带和亚热带地区多发。我国南方地区多发，主要危害仔猪。

【病原】结肠小袋纤毛虫在发育过程中有滋养体和包囊两种形态（图 12-5）。

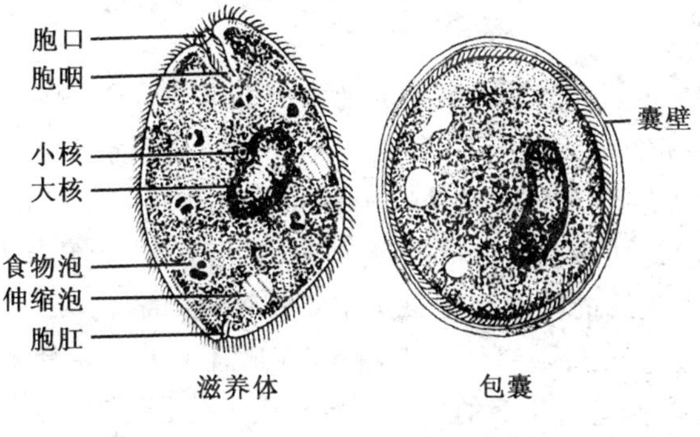

图 12-5 结肠小袋纤毛虫

滋养体能运动，呈卵圆形或梨形，大小为(30～150) μm×(25～120) μm。体前端有一略倾斜的沟，沟的底部为胞口。向下连接一管状构造，以盲端终于胞浆内。大核腊肠样，位于体中部，小核位于其附近。体后端有肛孔。全身覆有纤毛，胞口附近的纤毛较长。

包囊不运动，呈球形或卵圆形，直径 40～60 μm，有 2 层囊膜，囊内含有 1 个虫体，有时为 2 个处于接合生殖过程中的虫体。

【生活发育史】猪吞食了结肠小袋纤毛虫的包囊而感染。囊壁被消化液消化后，滋养体逸出，寄生于猪的结肠和盲肠。利用血细胞、组织细胞、淀粉及细菌作为其营养来源，以横二分裂进行繁殖。当环境条件不适宜时，滋养体即形成包囊。滋养体和包囊均可随粪便排出体外，宿主因吞食了散布在外环境中的包囊而感染。

【症状】结肠小袋纤毛虫侵害的主要部位是结肠，其次为直肠和盲肠。一般情况下，猪不表现症状，但当消化功能紊乱、抵抗力下降，特别是并发细菌感染时，可造成溃疡性肠炎，患猪表现精神沉郁，食欲减退，喜卧，有些病猪体温升高。最常见的症状是腹泻，粪便恶臭，多带血和黏液，仔猪发病较严重，可在 2～3 d 内死亡。成年猪多为带虫者。人感染结肠小袋虫后，主要表现顽固性下痢，病情常较严重。

【诊断】在粪便中找到滋养体或包囊即可确诊。滋养体能运动，呈卵圆形或梨形，大小为(30～150) μm×(25～120) μm。包囊不能运动，呈球形或卵圆形，直径约 40 μm，外被 2 层囊膜，内含 1 个虫体。

【防治】治疗可选用灭滴灵等。预防应以搞好猪场内的环境卫生和粪便的发酵处理为重点。

四、球虫病

球虫病是由球虫寄生于猪肠道上皮细胞而引起的寄生虫病。本病主要危害仔猪，导致仔猪下痢和增重下降，成年猪常为隐性感染者或带虫者。

【病原】等孢属的猪等孢球虫是一个重要的致病种，艾美耳属有 12 个种可感染猪，其中蒂氏艾美耳球虫、粗糙艾美耳球虫和有刺艾美耳球虫致病性较强(图 12-6)。其中等孢属的猪等孢球虫是主要的致病因素。

【生活发育史】感染猪随粪便排出卵囊，在适宜的外界条件下发育为孢子化卵囊，孢子化卵囊在胃肠道消化液的作用下释放出子孢子，子孢子侵入到猪肠上皮细胞内，并在其中进行裂殖生殖和配子生殖，形成的卵囊随猪粪便排出体外。感染后第 5 天即可在粪便中检出卵囊。

【流行病学】仔猪因食入被感染性卵囊污染了的饲料与饮水而感染，感染后是否发病取决于摄入的卵囊的数量和虫种。各种品种的猪均有易感性，5 月龄以内的猪感染率较高，发病明显，6 月龄以上的猪很少感染。成年猪为带虫者，是本病的传染源。猪等孢球虫主要危害 2 周龄内初生仔猪。多发于 7～10 日龄哺乳仔猪，1～2 日龄仔猪感染时症状最为严重，并可伴有病毒和细菌的感染。

饲养管理不善，如无圈饲养、仔猪到处乱跑；圈舍建立在地势偏低、潮湿的地

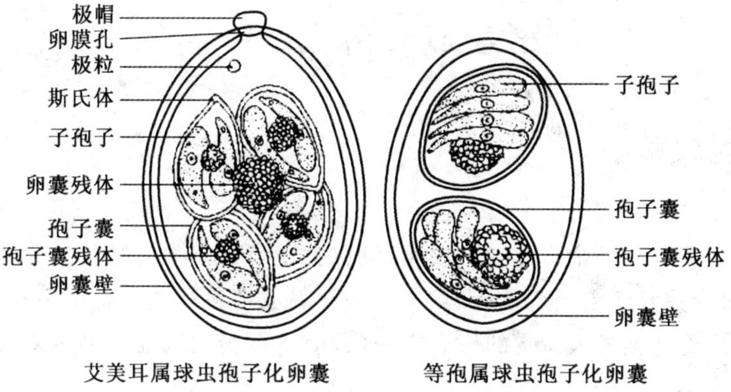

图 12-6　艾美耳属球虫和等孢属球虫孢子化卵囊

方；圈舍卫生条件差，仔猪群过于拥挤时多发本病。患其他传染病或肠道线虫病而抵抗力降低时也易感染球虫病。本病多发生于气候温暖、雨水较多的梅雨季节。

【症状】猪等孢球虫的感染以水样或脂样腹泻为特征。病猪主要表现为食欲减少，下痢，仔猪拉黄色或白色黏性粪便，后为水样稀粪，恶臭，腹泻可持续 4～8 d。病仔猪厌食，精神极差，脱水，消瘦，生长发育迟缓。但仔猪球虫病通常无血便。但下痢特别严重时，可能引起死亡，死亡率可达 10%～50%。

艾美耳球虫感染通常无明显的临床症状，可发现于 1～3 月龄腹泻的仔猪。在弱猪中可持续 7～10 d。表现为食欲不振、腹泻，或便秘与腹泻交替。病猪一般均能自行耐过，逐渐恢复。

【诊断】7～10 日龄仔猪出现腹泻，抗生素治疗无效，这是仔猪等孢球虫病的特征。根据流行病学、临床症状，结合漂浮法检出粪便中的卵囊，或小肠涂片、组织切片发现发育阶段的球虫虫体即可确诊。

【防治】发现感染球虫病的猪立即隔离治疗，可用百球清，按每千克体重 20～30 mg 一次口服，另外可配合维生素和健胃药治疗。母猪产前 2 周及整个哺乳期在饲料中按每千克体重 250 mg 的量添加氨丙啉可预防等孢球虫。

经常打扫猪圈、运动场，保持圈舍干燥通风。将猪粪和垫草运往贮粪地点进行消毒处理。将猪按年龄分群饲养。对各种用具定期进行消毒，用 2%克辽林溶液喷洒圈舍墙壁和地面。猪最好要圈养；新生仔猪应母乳喂养，哺乳母猪乳房要经常擦洗。

第三节 禽原虫病

一、球虫病

(一)鸡球虫病

鸡球虫病是一种全球性的原虫病,世界各地普遍发生。是集约化养鸡业最为多发、危害严重且防治困难的疾病之一,是对鸡危害最严重的寄生虫病,也是所有动物疾病中经济损失最严重的疾病之一,目前已被美国农业部列为对禽类危害最严重的五大疾病之一。

鸡球虫病是由孢子纲艾美耳科艾美耳属的 7 种球虫寄生于鸡的肠道引起的,多危害 15～50 日龄的雏鸡,发病率高达 50%～70%,死亡率为 20%～30%,严重者高达 80%。成年鸡多为带虫者,对增重和产蛋有一定影响。一些感染鸡群虽无明显的临床症状,但可导致生产能力下降,造成的隐性损失也很大。在英国,每年因肉鸡球虫病造成的损失约为 4 200 万英镑;在美国,每年因球虫病引起的直接和间接经济损失高达 20 亿～30 亿美元;我国虽然没有具体的统计数字,但随着集约化养鸡业的迅速发展,因球虫病造成的直接损失和防治球虫病的代价也是非常巨大的。

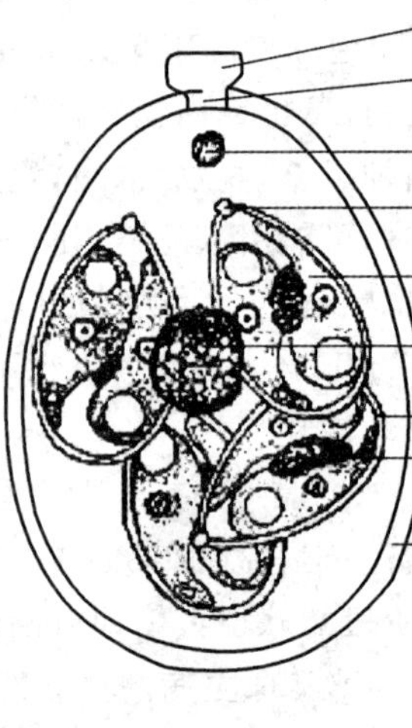

图 12-7 艾美耳属球虫孢子化卵囊结构

【病原】引起鸡球虫病的病原主要是艾美耳球虫(图 12-7),包括以下几种:

(1)柔嫩艾美耳球虫:多为宽卵圆形,少数为椭圆形,大小为(19.5～26.0) μm×(16.5～22.8) μm,平均为 22.0 μm×19.0 μm;卵形指数为 1.16。原生质呈淡褐色,卵囊壁为淡黄绿色;最短孢子化时间是 18 h。最短潜隐期是 115 h。

(2)毒害艾美耳球虫:卵囊为卵圆形,大小为(13.2～22.7) μm×(11.3～18.3) μm,平均为 20.4 μm×17.2 μm。卵囊壁光滑、无色;最短孢子化时间为 18 h。

(3)堆型艾美耳球虫:卵囊呈卵圆形,大小为(17.7～20.2) μm×(13.7～16.3) μm,平均为 18.3 μm×14.6 μm。卵囊壁淡黄绿色。最短孢子化时间为 17 h。

(4)布氏艾美耳球虫:卵囊呈卵圆形,大小为(20.7～30.3) μm×(18.1～24.2) μm,平均为 24.6 μm×18.8 μm。最短孢子化时间为 18 h。

(5)巨型艾美耳球虫:卵囊大,是鸡球虫中最大的。卵圆形,一端圆钝,一端较窄。大小为(21.75～40.5) μm×(17.5～33.0) μm,平均为 30.76 μm×23.9 μm。卵囊黄褐色,囊壁浅黄色。最短孢子化时间为 30 h。

(6)和缓艾美耳球虫:小型卵囊,近球形,卵囊大小为(11.7～18.7) μm×(11.0～18.0) μm,平均为 15.6 μm×14.2 μm。卵囊壁为淡黄绿色,初排出的卵囊原生质团呈球形,几乎充满卵囊。最短孢子化时间为 15 h。

(7)早熟艾美耳球虫:卵囊呈卵圆形或椭圆形,大小为(19.8～24.7) μm×(15.7～19.8) μm,平均为 21.3 μm×17.1 μm。原生质无色,囊壁呈淡绿色。最短潜隐期为 83 h。

【生活发育史】卵囊随鸡粪便排出体外,此时卵囊内只含有一个细胞,对宿主无感染性,必须经过孢子生殖,形成孢子化卵囊,方对宿主具有感染性。每个孢子化卵囊内含 4 个孢子囊,每个孢子囊内含 2 个子孢子。常温下,孢子化过程需 2 d。孢子化卵囊被鸡吞食后,经胃肠道内消化液的作用,释放出子孢子,子孢子侵入上皮细胞,进行裂殖生殖,形成第一代裂殖体,每一裂殖体可以含有约 900 个第一代裂殖子,裂殖子长 2～4 μm。然后裂殖体破裂,裂殖子进入肠腔,再侵入新的肠上皮细胞,形成第 2 代裂殖体,每个第 2 代裂殖体含有 200～350 个第 2 代裂殖子。有些第 2 代裂殖子再进入新的宿主肠上皮细胞,形成第 3 代裂殖体。大多数第 2 代裂殖子侵入新的宿主上皮细胞后开始进行有性生殖(即配子生殖)。大多数裂殖子形成大配子体,后产生大配子。一部分裂殖子转变为小配子体,每一小配子母细胞内可形成许多有 2 根鞭毛的小配子。小配子释出,与大配子交配受精,形成合子,最终形成了卵囊。卵囊形成后,宿主细胞破溃,卵囊进入肠腔,随粪便排出(图 12-8)。从吃进卵囊到粪便中出现新世代卵囊所需的时间称之为潜在期。初次感染后宿主对重复感染可产生或强或弱的免疫力。

【流行病学】鸡球虫是宿主特异性和寄生部位特异性都很强的原虫,鸡是各种鸡球虫的唯一宿主。全世界报道的有 9 个种,其中 7 个种受到公认。各种球虫致病性不同,以柔嫩艾美耳球虫致病性最强,其次为毒害艾美耳球虫,但一般情况下多为 2 个以上虫种混合感染。所有日龄和品种的鸡都有易感性,但其免疫力发展很快,并能限制其再感染。球虫病一般暴发于 3～6 周龄的雏鸡,2 周龄以内的雏鸡很少发病,毒害艾美耳球虫常危害 8～18 周龄的鸡。病鸡排出卵囊达数月之久,

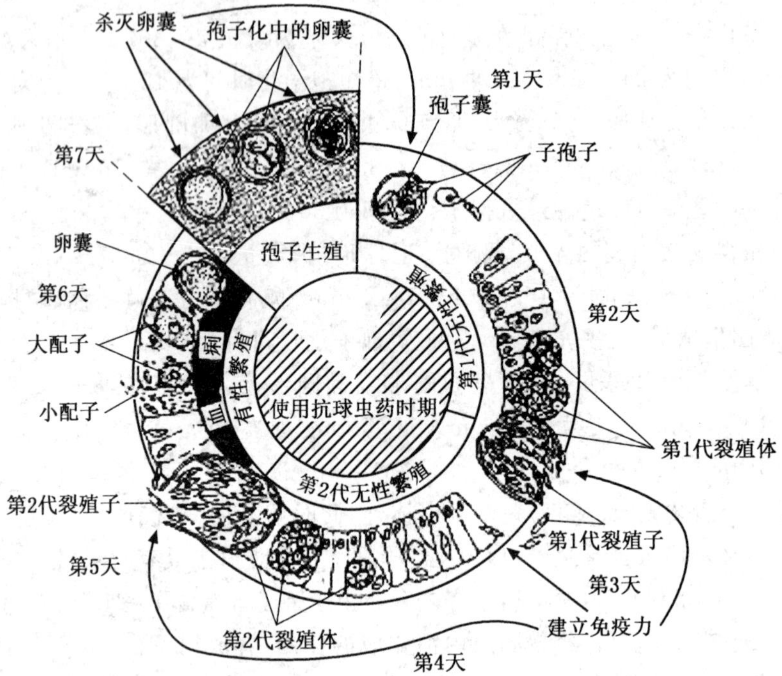

图 12-8　柔嫩艾美耳球虫的 7 d 生活发育史

因而是主要传染源，鸡通过摄入有活力的孢子化卵囊遭受感染，被粪便污染过的饲料、饮水、土壤或器具等都有卵囊的存在；其他动物、尘埃和管理人员，都可成为球虫的机械传播者。

卵囊对恶劣的外界环境条件和消毒剂具有很强的抵抗力。在土壤中可以存活 4～9 个月。温暖潮湿的地区有利于卵囊的发育，在合适的温度、湿度和氧气的条件下，经过 18～30 h 发育为孢子化卵囊，但低温、高温和干燥均会延迟卵囊的孢子化过程，有时会杀死卵囊。

饲养管理条件不良和营养缺乏能促使本病的发生。拥挤潮湿或卫生条件恶劣的鸡舍最易发病。本病多在温暖潮湿的季节流行。我国北方 4～9 月份为流行季节，以 7～8 月份最为严重，而舍饲的鸡场中，一年四季均可发病。

【症状与病变】柔嫩艾美耳球虫又称盲肠球虫，对 3～6 周龄雏鸡致病性最强，病初食欲不振，随着盲肠损伤的加重，出现下痢，血便，甚至排出鲜血。病鸡战栗，拥挤成堆，体温下降；食欲废绝，最终由于肠道炎症、肠细胞崩解等原因造成的有毒物质被机体吸收，导致自体中毒死亡。严重感染时，死亡率高达80%。病变主要在盲肠。严重感染病例，感染后第4天末和第5天，随着裂殖生殖的发展，对肠壁组织的破坏逐渐加剧，盲肠高度肿大，肠腔中充满血凝块和脱落的黏膜碎片。到感染后第6～7天，盲肠中的血液和脱落的黏膜逐渐变硬，形成红色或红白相间的肠芯，在感染后第8天从黏膜上脱落下来。轻度感染时，病变较轻，无明显出血，黏膜肿胀，从浆膜面可见脑回样结构，在感染后第10天左右黏膜再生恢复。而严重感染者，黏膜的损伤难以完全恢复。

毒害艾美耳球虫多感染2月龄以上的中雏鸡，患鸡精神不振，翅下垂，弓腰，下痢和脱水。病变主要在小肠，表现为小肠中部高度肿胀或气胀，有时可达正常时的2倍以上；肠壁充血、出血和坏死，黏膜肿胀增厚；肠内容物中含有多量的血液、血凝块和坏死脱落的上皮组织。感染后第5天出现死亡，第7天达高峰，死亡率仅次于盲肠球虫。病程可延续到第12天。

堆型艾美耳球虫引起的病变主要在十二指肠。轻度感染病变局限于十二指肠袢，呈散在局灶性灰白色病灶，横向排列成梯状。严重感染时可引起肠壁增厚和病灶融合成片。病初黏膜变薄，覆以横纹状白斑，肠道苍白，含水样液体。

布氏艾美耳球虫引起病变主要在小肠至直肠部位，浆膜面可见肠系膜血管和肠壁血管充血，肠道变细，肠壁变薄，肠黏膜出血，肠内容物以黏液和少量血液为主。感染后第5～7天，整个小肠呈现干酪样侵蚀，粪便中有凝固的血液和黏膜碎片。

巨型艾美耳球虫引起的病例临床常见严重的消瘦、苍白、羽毛蓬松、食欲不振和下痢。剖检可见肠腔胀气、肠壁增厚，肠道内有黄色的黏液和血液。感染后第5～8天，引起肠壁充血、水肿，形成淤斑，严重者肠黏膜大量崩解。

和缓艾美耳球虫可引起增重不良和失去色素，剖检病鸡可见小肠下段苍白。

早熟艾美耳球虫致病性不强，病变不明显，但严重感染时可引起饲料转化率降低。

【诊断】可用饱和食盐水漂浮法和直接涂片法检查粪便中的卵囊。由于鸡的带虫现象非常普遍，所以仅在粪便和肠壁刮取物中检获卵囊，不足以作为鸡球虫病的诊断依据。正确的诊断必须根据粪便检查、临床症状、流行病学调查和病理变化等多方面的因素加以综合判断。根据病变位置、特征和卵囊的大小、特征、形状等可初步鉴定虫种。

【治疗】鸡场一旦暴发球虫病，应立即治疗。

(1)磺胺类：如磺胺二甲基嘧啶、磺胺喹噁啉等，按一定比例混入饲料或饮水给药。

(2)氨丙啉:按0.012%~0.024%混入饮水,连用3 d。

(3)百球清:2.5%溶液,按0.002 5%混入饮水,连用3 d。

【预防】传统的方法是药物预防,即从雏鸡出壳后第1天即开始使用抗球虫药,但由于耐药性和药物残留问题的存在,近年来人们愈加重视免疫预防。目前所有集约化养鸡厂都对球虫病进行预防。下面分别介绍药物预防和免疫预防。

(1)药物预防:预防用的抗球虫药主要有以下几种:氨丙啉,按0.012 5%混入饲料,无休药期。尼卡巴嗪,按0.012 5%混入饲料,休药5 d。马杜霉素,按0.005%~0.007%混入饲料,无休药期。沙里霉素,按0.007 5%~0.012 5%混入饲料,休药3 d。莫能霉素,按0.000 1%混入饲料,无休药期。盐霉素,按0.005%~0.006%混入饲料,无休药期。常山酮,按0.000 3%混入饲料,休药5 d。地克珠利,按0.001%混入饲料或饮水,无休药期。氯苯胍,按0.000 3%混入饲料,休药5 d,由于可使禽肉带异味,近年来已基本停用。

抗球虫药连续使用一定时间后,都会产生不同程度的抗药性。但通过合理的使用抗球虫药,可以减缓耐药性的产生,提高防治效果。对肉鸡常采用穿梭用药和轮换用药的方法来防止耐药性的产生。穿梭用药,即在开始时使用一种药物,至生长期时使用另一种药物,常常是将化学药品和离子载体类药物穿梭应用。轮换用药,即合理地变换使用抗球虫药,在不同季节使用不同的抗球虫药,或不同批次的鸡应用不同的抗球虫药。

(2)免疫预防:为避免药物残留对环境和食品的污染以及耐药虫株的产生,免疫预防愈来愈受到重视。目前已有数种球虫疫苗,主要分为两类:活毒虫苗和早熟弱毒虫苗。其中国际上已有4种商品化疫苗大量使用,它们是Coccicox(美国)、Immucox(加拿大)、Paracox(英国)、Livacox(捷克),前两种是由未致弱的活卵囊制成的活毒虫苗,第3种是由早熟虫株制成的弱毒虫苗,第4种是活卵囊和弱毒卵囊混合制成的虫苗。目前已在生产中取得较好的预防效果。国内也有一些单位研制球虫苗,其效果与进口球虫苗相当。

(二)鸭球虫病

寄生于鸭的球虫包括艾美耳属、泰泽属、温扬属和等孢属的多种球虫,目前已报道的有18种球虫寄生于鸭肠道上皮细胞。寄生于我国北京鸭的主要致病种是毁灭泰泽球虫和菲莱氏温扬球虫,寄生于鸭的小肠上皮细胞,致病性以前者最为严重。临床上多为混合感染,其发病率为30%~90%,死亡率为29%~70%,耐过病鸭生长发育受阻,增重缓慢。此外,还有2种鸭球虫,寄生于野鸭的肾脏,也有较强的致病性。

【病原】主要是毁灭泰泽球虫和菲莱氏温扬球虫(图 12-9)。

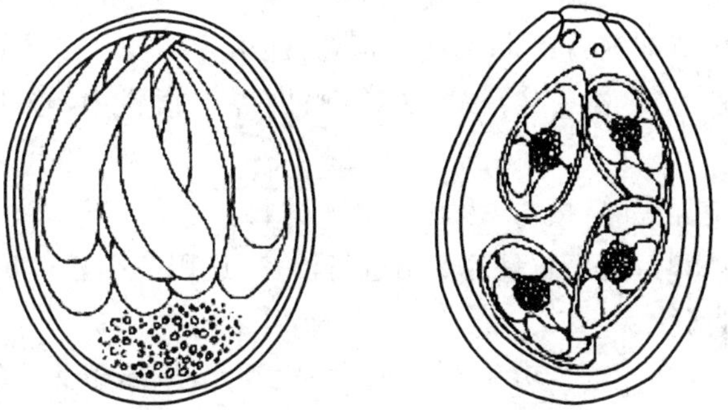

图 12-9 毁灭泰泽球虫和菲莱氏温扬球虫

(1)毁灭泰泽球虫:卵囊呈椭圆形,浅绿色,无卵膜孔,大小为(9.2～13.2) μm×(7.2～9.9) μm,平均为 11 μm×8.8 μm。孢子化卵囊内无孢子囊,8 个裸露的子孢子游离于卵囊内。

(2)菲莱氏温扬球虫:卵囊大,呈卵圆形,浅蓝绿色。卵囊大小为(13.3～22) μm×(10～12) μm,平均为 17.2 μm×11.4 μm,孢子化卵囊内含 4 个孢子囊,每个孢子囊内含 4 个子孢子。

二者均寄生于鸭小肠上皮细胞内,发育过程与鸡球虫类似。

【症状与病变】毁灭泰泽球虫致病性较强,菲莱氏温扬球虫致病性轻微,临床上多为混合感染,对雏鸭危害很大。病鸭表现精神委顿,缩脖,食欲下降,渴欲增加等症状,拉稀,随后排血便,粪便呈暗红色,腥臭。发病当日或 2～3 d 出现死亡,死亡率为 20%～30%,严重感染时可达 80%,耐过病鸭生长发育受阻。成年鸭很少发病,但常常成为球虫的携带者和传染源。

毁灭泰泽球虫常常引起严重的病变,小肠呈泛发性出血性肠炎,尤以小肠中段最为严重。肠壁肿胀,黏膜上密布针尖大小的出血点,或上覆一层糠麸样或奶酪样黏液,或者是红色胶冻样黏液。菲莱氏温扬球虫致病性较弱,仅见回肠后部和直肠轻度出血,上有散在出血点,严重者直肠黏膜弥漫性出血。

【诊断】饱和食盐水漂浮法和直接涂片法检出粪便中的卵囊,结合临床症状、流行病学特点和病理变化等可确诊断。成年鸭和雏鸭的带虫现象极为普遍,所以不能根据粪便中卵囊存在与否来作出诊断,应根据临床症状、流行病学资料和肠道病理变化综合判断。

【防治】加强饲养管理和搞好环境卫生，保持鸭舍干燥、通风和清洁。定期清除鸭粪，防止饲料和饮水及用具被鸭粪污染。此外，可使用磺胺类药物进行预防。

(1)磺胺六甲氧嘧啶：按0.1%混入饲料，连用5 d，停3 d，再用5 d。

(2)复方磺胺六甲氧嘧啶：按0.02%比例混入饲料中，连用5 d，停3 d，再用5 d。

(3)磺胺甲基异噁唑：按0.1%比例混入饲料。

当发生球虫病时，用预防量的2倍进行治疗，连用7 d，停3 d，再用7 d。

(三)鹅球虫病

鹅的球虫病分为肾球虫病和肠球虫病两大类，分别属于艾美耳属、等孢属和泰泽属。寄生于肾小管上皮内的截形艾美耳球虫致病性最强，主要危害3周龄至3月龄的雏鹅，死亡率很高。寄生于肠上皮细胞内的有15种，其中以鹅艾美耳球虫和柯氏艾美耳球虫致病性较强，可引起鹅的消化道症状，其他种无显著致病性。

【病原】截形艾美耳球虫卵囊呈卵形，有卵膜孔和极帽，卵囊壁光滑，通常有外残体。引起肠球虫病的各种球虫寄生区域界限不清，其中致病性较强的鹅艾美耳球虫，其卵囊无色，呈梨形。

【症状与病变】幼鹅感染截形艾美耳球虫后常呈急性经过，临床表现为精神不振，食欲下降，腹泻，粪便白色，消瘦，衰弱，严重者死亡，幼鹅死亡率高达87%。

鹅肠道球虫常混合感染，感染后可引起出血性肠炎，症状类似于鸡球虫病，主要表现为消化系统紊乱、食欲下降、腹泻。

鹅感染截形艾美耳球虫后，可见肾体积肿大，呈灰黑色或红色，上有出血斑或灰白色条纹，病灶内含尿酸盐沉积物和大量的卵囊。

鹅肠道球虫常混合感染，剖检可见小肠充满稀薄的红褐色液体，小肠中段和下段的卡他性出血性炎症最严重。也可能出现大的白色结节或纤维素类白喉坏死性肠炎，假膜下有大量的卵囊和内生性发育阶段虫体。

【防治】幼鹅与成鹅分开饲养，放牧时避开高度污染地区。在流行地区的发病季节，可使用药物对球虫病进行控制。

治疗可使用磺胺类药物，尤以磺胺间甲氧嘧啶和磺胺喹噁啉效果显著，其他药物如氨丙啉、克球粉、盐霉素、尼卡巴嗪等也有较好的疗效。

二、住白细胞虫病

住白细胞虫病是由疟原虫科住白细胞虫属的原虫寄生于鸡的血液细胞和内脏

器官的组织细胞内所引起的一种原虫病。在我国的福建、广东等地区呈地方性流行，近年来山东、河南、河北等北方地区也广泛流行。对养鸡业危害严重，严重影响鸡的生长发育及产蛋性能，甚至可造成大批死亡。

【病原】病原主要有两种，即卡氏住白细胞虫和沙氏住白细胞虫。卡氏住白细胞虫成熟的配子体存在于白细胞和未成熟红细胞中，呈圆形或椭圆形。大配子体大小为 13.05 μm×11.6 μm，细胞质较丰富，核居中，较透明，呈肾形、菱形、梨形或椭圆形，大小为 5.8 μm×2.9 μm。小配子体呈不规则圆形，大小为 10.9 μm×9.42 μm，细胞质少，核几乎占去虫体的全部体积，大小为 8.9 μm×9.35 μm，呈哑铃状或梨状。被寄生的细胞也增大呈圆形，细胞核被挤压成扁平状。

沙氏住白细胞虫的成熟配子体为长形，细胞核呈深色狭长的带状，围绕于虫体一侧，大配子体 22 μm×6.5 μm，着色深蓝，色素颗粒密集，褐红色的核仁明显，小配子体 20 μm×6 μm，着色淡蓝，色素颗粒稀疏，核仁不明显。宿主细胞变形呈纺锤形，大小为 67 μm×6 μm，细胞核被虫体挤压至一侧(图 12-10)。

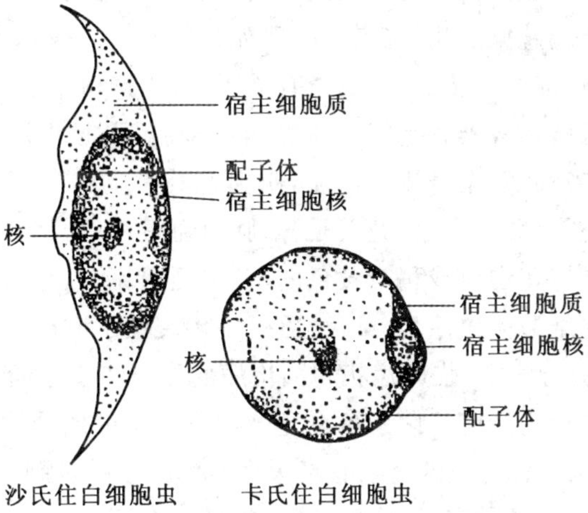

图 12-10　住白细胞虫

【流行病学】住白细胞虫的传播媒介为蠓和蚋。卡氏住白细胞虫的传播媒介为荒川库蠓、环斑库蠓、尖喙库蠓、恶敌库蠓等。库蠓为双翅目蠓科的小型昆虫，体长 1～3 mm，灰黑色，刺吸式口器，翅上无鳞片，但有的部位有翅斑，嗅觉灵敏，飞翔速度快，多在外界气温 20℃以上开始出现，且低压闷热的天气最猖狂。一般以日出前 1～2 h 及日落前 1～2 h 最为活跃，常在鸡舍门窗上空成群飞翔，称群舞，此时雌雄交配，成蠓一般在阴暗潮湿处栖息，雄蠓不吸血，交配后死亡，雌蠓吸血，饱血后产卵，雌蠓以Ⅳ期幼虫或卵的形式越冬，但吸血后雌蠓也可在温暖隙缝或洞穴内生存。

住白细胞虫病的发生有一定的季节性，这与库蠓和蚋的活动季节性相一致。当气温在20℃以上，库蠓和蚋繁殖快，活力强，住白细胞虫的发生和流行也就严重。热带和亚热带地区全年都可发生该病。北方多发生于6～11月份，南方多发生于4～10月份。

一般2～7月龄的鸡感染率和发病率都较高，而8～12月龄的成鸡或1年以上的种鸡，虽感染率高，但发病率不高，血液中虫体较少，多为无症状的带虫者。自然感染的潜隐期为6～10 d。

【症状与病变】雏鸡临床症状明显，死亡率高，感染12～14 d后，可突然因咯血、呼吸困难而死亡，有的呈现鸡冠苍白，食欲不振，羽毛松乱，1～2 d后因出血而死亡。轻症病鸡精神不振，食欲下降，卧地不动，下痢，1～2 d内死亡或康复。本病特征症状是死前口流鲜血、贫血、鸡冠和肉垂苍白。病鸡常因呼吸困难死亡。

青年鸡和成年鸡感染后病情较轻，一般死亡率不高。病鸡主要表现鸡冠苍白、消瘦、拉水样的白色或绿色稀粪，生长发育受阻，母鸡产蛋率下降，甚至停止。

虫体的寄生可破坏各器官组织微血管内皮细胞，引起机体广泛性出血。剖检可见尸体消瘦，血液稀薄；全身皮下出血，肌肉尤其是胸肌、腿肌、心肌有大小不等的出血点；各内脏器官肿大出血，尤其是肾、肺出血最严；肝脾肿大。胸肌、腿肌、心肌及肝脾等器官上有灰白色或稍带黄色的、针尖至粟粒大、与周围组织有明显分界的小结节。将这些结节挑出涂片、染色，可见许多裂殖子散出。

【诊断】根据流行病学、临床症状和剖检病变作出初步诊断。病原检查需要对血液涂片或脏器涂片进行姬姆萨染色在显微镜下发现虫体，即可确诊。

【治疗】目前认为较有效的药物有泰灭净、磺胺二甲氧嘧啶、磺胺喹噁啉等。

(1)泰灭净：为目前最有效的治疗药，其成分为磺胺间甲氧嘧啶，预防时用25～75 mg/kg拌料，连用5 d，停2 d，为一疗程。治疗时可按100 mg/kg拌料连用2周或0.5%连用3 d，再0.05%连用2周。

(2)磺胺二甲氧嘧啶(SDM)：预防用25～75 mg/kg，混入饲料或饮水；治疗按0.05%的比例饮水2 d，然后再按0.03%饮水2 d。

(3)磺胺喹噁啉(SQ)：预防用50 mg/kg，混入饲料或饮水。

(4)乙胺嘧啶：预防用1 mg/kg混入饲料。治疗用4 mg/kg，配合磺胺二甲氧嘧啶40 mg/kg混入饲料，连续服用1周后改用预防剂量。

(5)克球粉:预防用 125～250 mg/kg 混入饲料。治疗用 250 mg/kg 混入饲料连续服用。

磺胺类药物连续服用时,个别鸡因食入量过大,可能会发生中毒现象。为了防止药物中毒,可连续服用 5 d,停药 2～3 d,然后再服用。在同一鸡场,连续多年使用同一药物可能产生抗药性,可改用另一种药物或同时使用两种有效药物,即可获得良好效果。

【预防】本病重点在于预防,可采取综合性的预防措施。

(1)防止库蠓进入鸡舍。①鸡舍建筑应在高燥、向阳、通风的地方,远离垃圾场、污水沟、荒草坡等库蠓滋生繁殖的场所。②在流行季节,鸡舍的门窗风机口等要用 100 目以上的纱布封起来,防止库蠓进入鸡舍。③库蠓出现的季节,鸡舍周围堆放艾叶、蒿枝、烟杆等,以使库蠓不能栖息。

(2)消灭库蠓。①净化周围环境,消除垃圾、杂草,填平污水沟,雨后及时排除积水。②在流行季节对鸡舍环境用 0.1%敌杀死或 0.05%辛硫磷或 0.01%的速灭杀丁定期喷雾。③在每日库蠓出现的时间对鸡舍内部墙壁、门窗及笼具等用 50 mg/kg 敌杀死喷雾消毒,也可在黄昏时用黑光灯诱杀库蠓。

(3)淘汰病鸡。住白细胞虫需要在鸡体组织内以裂殖体形式越冬,故可在冬季对当年患病鸡群彻底淘汰。

(4)药物预防和免疫预防。采用治疗中涉及的几种药物,在流行季节到来之前预防使用,注意药物要轮换使用,以防耐药性的产生。有人研究发现,卡氏住白细胞虫感染鸡后 7～13 d,取脾脏匀浆给鸡接种,再采用一定数量的住白细胞虫子孢子攻击,结果发现有部分鸡只可不感染,说明病鸡脾脏匀浆有一定的免疫原性,可激发机体产生特异性免疫保护力。

三、组织滴虫病

组织滴虫病是由火鸡组织滴虫寄生于禽类的盲肠和肝脏引起的一种寄生虫病,又称盲肠肝炎或"黑头病"。多发于火鸡和雏鸡,也可感染珍珠鸡、孔雀、鹌鹑等野禽。

【病原】火鸡组织滴虫虫体大小不一,形状多样,有近似圆形、卵圆形和变形虫样。寄生于肠壁和肝脏组织中的虫体无鞭毛,呈圆形、卵圆形或变形虫样,大小为 4～21 μm。寄生于盲肠腔内的虫体具有一根鞭毛,呈变形虫样,直径 5～30 μm,可做钟摆样运动(图 12-11)。火鸡组织滴虫以二分裂法繁殖。

【流行病学】火鸡组织滴虫随病鸡的粪便排出体外,在外界的抵抗力不强,可

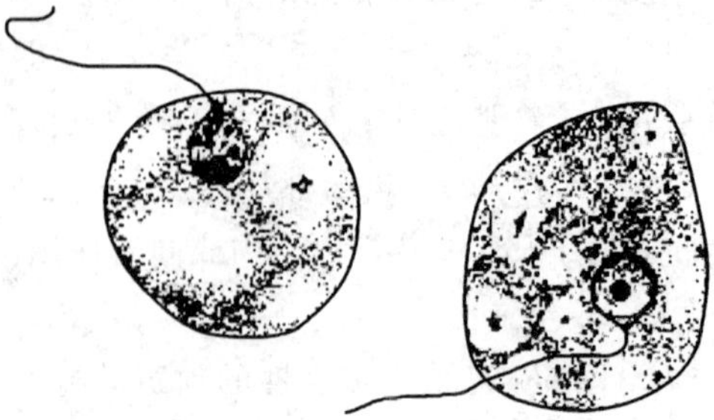

图 12-11　火鸡组织滴虫

迅速死亡。若鸡采食到未死亡的虫体即可感染。另外,鸡可通过食入内含火鸡组织滴虫的异刺线虫虫卵而感染。

自然感染情况下,火鸡最易感,尤其是 3～12 周龄的火鸡。鸡和火鸡的易感性随年龄而变化,鸡在 4～6 周龄易感性最强,火鸡 3～12 周龄的易感性最强。鹌鹑也是火鸡组织滴虫的宿主。

火鸡组织滴虫多与肠道细菌协同致病,单一感染时,多不显致病性。本病多在感染后第 17 天达死亡高峰,第 4 周末下降。鸡常常作为组织滴虫的隐性宿主,可以散播组织滴虫给其他更易感的禽类引起发病。

寄生于盲肠的火鸡组织滴虫被鸡异刺线虫吞食,进入异刺线虫卵内,得到虫卵的保护,能在虫卵及其幼虫中存活很长时间。当鸡感染异刺线虫时,同时感染组织滴虫。

【症状与病变】本病潜伏期 7～12 d,最短 5 d,常发生于第 11 天。雏火鸡易感性最强。禽感染后表现为呆立,翅膀下垂,步态蹒跚,眼半闭,头下垂,畏寒下痢,食欲不振。末期,有些病禽因血液循环障碍,鸡冠肉髯发绀,呈暗黑色,故称“黑头病”。病程 1～3 周,病愈鸡的体内仍有组织滴虫,带虫者可长达数周或数月向外排虫。成年鸡一般不表现任何症状。

病变主要在盲肠和肝脏,表现为盲肠炎和肝炎。剖检可见一侧或两侧盲肠肿胀,肠壁肥厚,内脏充满浆液性或出血性渗出物,渗出物常发生干酪化,形成干酪状的盲肠肠芯或盲肠穿孔,引起腹膜炎。肝脏肿大,紫褐色,表面出现黄绿色圆形、下陷的“铜钱样”坏死灶,直径可达 1 cm,单独存在或融合成片状。

【诊断】根据流行病学和病理变化,发现典型病变即可确诊。检查病原难度较大。检查方法是:在病禽盲肠肠芯与肠壁之间刮取少量病料置载玻片上,再加入少量加温(37～40℃)的生理盐水混匀，加盖玻片后立即在显微镜下检查，发现活动的虫体即可确诊。

【治疗】对鸡组织滴虫病可选用下列药物进行治疗。

(1)甲硝唑：治疗按 250 mg/kg 混饲，每日 3 次，连用 5 d；预防用 200 mg/kg 混饲，休药 5 d。

(2)洛硝哒唑：预防按 500 mg/kg 混于饲料中，休药 5 d。

【预防】鸡和火鸡隔离饲养；成年鸡和雏鸡分开饲养。由于鸡异刺线虫在组织滴虫的传播中起主要作用，因此杀灭鸡异刺线虫卵是预防组织滴虫病的有效措施。利用阳光照射和干燥可最大限度地杀灭异刺线虫虫卵。成禽应定期驱除异刺线虫。

四、隐孢子虫病

隐孢子虫病是一种世界性的人畜共患寄生虫病，可寄生于多种畜禽、野生动物和人，给畜牧业生产带来了严重损失。寄生于家禽的隐孢子虫为贝氏隐孢子虫和火鸡隐孢子虫，寄生于禽类的法氏囊、泄殖腔和呼吸道，火鸡隐孢子虫寄生于禽类的肠道。

【病原】病原为贝氏隐孢子虫和火鸡隐孢子虫，其卵囊在体内孢子化，其内含 4 个月牙形子孢子，围绕着 1 个大的残体(图 12-12)。这两个种均能感染鸡和火鸡，可能尚存在第 3 个尚未命名的感染鹌鹑的虫种。贝氏隐孢子虫的卵囊比火鸡隐孢子虫或感染鹌鹑的另一虫种的卵囊更大或更趋卵圆形。从鹌鹑分离的隐孢子虫不感染鸡或火鸡，因此，依据其宿主特异性区别于火鸡隐孢子虫。

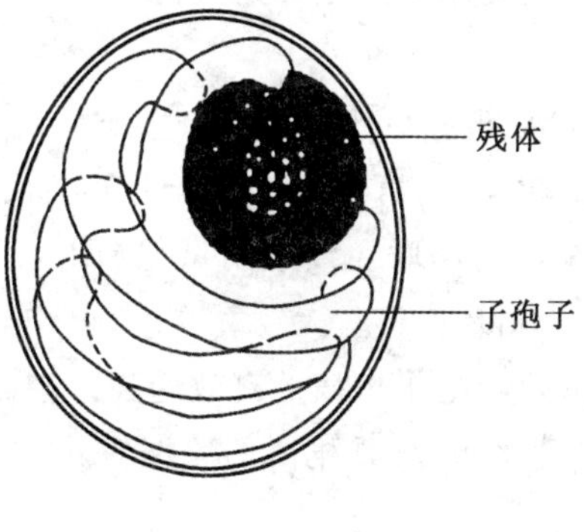

图 12-12 隐孢子虫卵囊

【流行病学】隐孢子虫没有明显的宿主特异性，可感染多种鸟类，如鸡、鸭、鹅、火鸡、鹌鹑、孔雀等。呈全球性分布，我国许多地区均有报道。禽类中以贝氏隐孢子虫流行最为广泛，主要在肉用仔鸡群中流行，火鸡发病更为严重。贝氏隐孢子虫可经消化道和呼吸道引起感染。良好的环境卫生和饲养管理条件对防止隐孢子虫感染极为重要。卵囊对外界环境有很强的抵抗力，在潮湿的环境中可存活数月，对大多数消毒剂有明显的抵抗力，但对高温敏感。隐孢子虫卵囊可随病禽或带虫者的粪便排出到外界，污染食物和饮水，宿主可经消化道或呼吸道感染。

【症状与病变】鸡、火鸡和鹌鹑感染后病情严重。病鸡表现为精神沉郁，呼吸困难，有啰音，咳嗽，打喷嚏，流黏性鼻液。眼排浆液性分泌物，饮食减少或废绝，体重减轻甚至死亡，有时可见腹泻、血便症状，隐性感染时，虫体多局限于泄殖腔及法氏囊。火鸡隐孢子虫病可发展为严重的腹泻，也可见呼吸道隐孢子虫病。鹌鹑隐孢子虫病临床症状为精神沉郁、打喷嚏和呼吸困难，死亡率为10%。

剖检可见结膜囊、鼻腔、气管有大量分泌物，结膜充血、水肿；气囊增厚，含有白色干酪样的渗出物；肺实变，肺泡萎缩；法氏囊出血、萎缩。肠道感染火鸡隐孢子虫时，小肠苍白、肿胀，带有云雾状黏液性液体和气泡。

【诊断】由于隐孢子虫感染多为隐性经过，不表现症状，即使出现症状也是非特异性的，不能作为确诊的依据。确诊须依靠实验室手段观察隐孢子虫的各期虫体，或应用免疫学技术检测虫体的抗原或抗体。

(1)生前诊断：用饱和蔗糖溶液浮集粪便或呼吸道黏液中的卵囊，显微镜下检查，发现典型的隐孢子虫卵囊即可确诊。贝氏隐孢子虫卵囊的大小为6.3 μm×5.1 μm；火鸡隐孢子虫卵囊的大小为4.7 μm×3.9 μm。隐孢子虫卵囊随粪便排出时即含有4个子孢子。

(2)死后诊断：刮取病变部位的黏膜，涂片，姬姆萨染色可见虫体胞浆蓝色，内含致密红色颗粒；萋-尼氏法染色，可见绿色背景上的红色虫体。

(3)免疫学检查：目前已有酶联免疫吸附试验(ELISA)、免疫荧光试验等免疫学方法用于隐孢子虫病的诊断。

【防治】目前，尚无治疗隐孢子虫病的有效药物。控制隐孢子虫病的重点是搞好环境卫生，提高饲养管理水平，增强机体的免疫力。

第四节 牛羊原虫病

一、巴贝斯虫病

牛羊的巴贝斯虫病是由巴贝斯科巴贝斯属的多种虫体寄生于牛羊的血液引起的一种原虫病。我国已报道的牛羊巴贝斯虫有 4 种，其中双芽巴贝斯虫、牛巴贝斯虫和卵形巴贝斯虫寄生于牛，莫氏巴贝斯虫寄生于羊。双芽巴贝斯虫和牛巴贝斯虫在我国广泛流行；卵形巴贝斯虫只在河南局部地区发现，为大型虫体，危害较小；莫氏巴贝斯虫只在四川甘孜等地发现，为大型虫体，传播媒介不详。

牛巴贝斯虫病是由双芽巴贝斯虫和牛巴贝斯虫等寄生于牛的红细胞内引起的。临床上常出现血红蛋白尿，故又称“红尿热”，又因最早出现于美国的得克萨斯州，故又称得克萨斯热，该病由蜱传播，又称蜱热。牛巴贝斯虫病对牛危害很大，各种牛均易感染，尤其是从非疫区引入的易感牛，如果得不到及时治疗，死亡率很高。

【病原】病原主要是双芽巴贝斯虫和牛巴贝斯虫(图 12-13)，均寄生于牛的红细胞内。

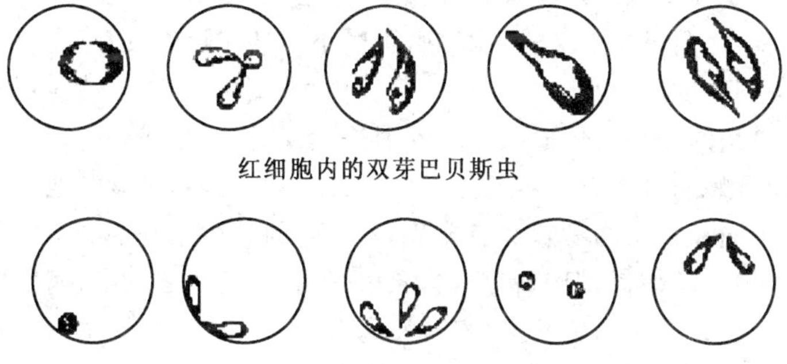

红细胞内的双芽巴贝斯虫

红细胞内的牛巴贝斯虫

图 12-13 双芽巴贝斯虫和牛巴贝斯虫

(1)双芽巴贝斯虫：是一种大型虫体(>3 μm)，虫体的长度大于红细胞的半径，呈梨籽形、环形、椭圆形、变形虫样等。典型的虫体形状是两个梨籽形虫体以其尖端相连呈锐角，每个虫体内有 2 个染色质块，虫体多位于红细胞的中央。

(2)牛巴贝斯虫：是一种小型虫体，虫体形状与双芽梨形虫相似，但较双芽梨形虫小。虫体的长度小于红细胞的半径，典型的形状是尖端呈钝角相连的双梨籽形，位于红细胞的边缘或中央，每个虫体内有一团染色质块，每个红细胞内有 1～3 个虫体。

【生活发育史】牛是双芽巴贝斯虫的中间宿主，硬蜱为终末宿主兼传播媒介。双芽巴贝斯虫在牛的红细胞内以“成对出芽”方式进行繁殖，产生裂殖子，红细胞破裂后虫体逸出，再侵入新的红细胞，反复分裂，破坏红细胞，最后形成配子体。

当蜱叮咬病牛吸血时，双芽巴贝斯虫的配子体随牛的血液进入蜱体内，并经卵传给若蜱(经卵传播)。经发育后，子孢子进入若蜱的唾液腺中，此时在若蜱的唾液腺内见有(2～3) μm×(1～2) μm 的梨籽形虫体，与牛红细胞中的虫体形态相似，当若蜱吸血时，可把子孢子传给健康的牛。

牛巴贝斯虫的生活发育史至今尚未完全清楚，基本与双芽巴贝斯虫相似。但有学者认为，牛巴贝斯虫进入牛体后，子孢子首先侵入血管上皮细胞发育为裂殖体，裂殖子逸出后，有的再侵入血管上皮细胞，有的则进入红细胞内。牛巴贝斯虫也可经胎盘感染胎儿。

【流行病学】在我国双芽巴贝斯虫的传播媒介为微小牛蜱，以经卵传播的方式由次代若虫和成虫传播，幼虫无传播能力。微小牛蜱也可传播牛巴贝斯虫，以经卵传播的方式由次代幼虫传播，次代若虫和成虫无传播能力。

微小牛蜱是一种在野外发育、繁殖的一宿主蜱，主要寄生于牛，每年繁殖 2～3 代，故本病一年之内可暴发 2～3 次。由于微小牛蜱在野外发育、繁殖，故该病多发于放牧牛，舍饲牛发病较少。

巴贝斯虫病的流行与传播媒介蜱的消长、活动相一致，蜱的活动季节主要为春末、夏、秋，而且蜱的分布有一定的地区性，因此，该病具有明显的地方性和季节性。不同年龄和不同品种牛的易感性有差别，2 岁内的犊牛发病率高，但症状较轻，死亡率低；成年牛发病率低，但症状严重，死亡率高，尤其是老弱牛，病情更为严重，纯种牛和从外地引入的牛易感性高，容易发病，且死亡率高，当地牛对该病有抵抗力。

【致病作用】由于虫体迅速繁殖并产生毒素，导致牛大量红细胞被破坏，引起机体贫血和组织缺氧。由于心肌缺氧和毒素的侵害，使心脏衰弱。虫体生命活动过程中产生的毒素使畜体呈现中毒现象，并破坏毛细血管壁，造成出血。由于虫体及其毒素对细胞的危害，致使大量的红细胞破裂，其中的血红蛋白游离出来，在肝脏内转化为胆红素；大量的胆红素沉积于各种组织中而引起黄疸。因肝脏的负担过重，不能将全部血红蛋白分解转化，于是一部分血红蛋白随尿排出，形成血红蛋白尿。由于毒素对中枢神经系统的危害，体温调节中枢功能障碍而出现体温升高。

【症状与病变】双芽巴贝斯虫病的潜伏期为 12～24 d，牛巴贝斯虫病的潜伏期为 10～14 d。双芽巴贝斯虫病比牛巴贝斯虫病症状要严重。

病牛最初表现为高热稽留，体温高达 40～42℃，精神沉郁，食欲减退或废绝，反刍迟缓或停止，脉搏和呼吸加快，喜卧地。便秘或腹泻，有的病牛排出黑褐色、恶臭带有黏液的粪便。乳牛泌乳减少或停止，怀孕母牛常可发生流产。病牛迅速消瘦、贫血，黏膜苍白和黄染。最明显的症状是由于红细胞大量破坏，尿的颜色由淡红变为棕红色至黑红色。重症如不及时治疗可在 4～8 d 内死亡。

慢性病例，体温波动于 40℃上下持续数周，食欲减退，渐进性消瘦和贫血，需经数周或数月才能康复。幼年病牛，中度发热仅数日，心跳略快，略显虚弱，黏膜苍白或微黄。热退后迅速康复。

剖检可见尸体消瘦，血液稀薄如水，血凝不全。皮下组织、肌间结缔组织和脂肪呈黄色胶样水肿状。各内脏器官被膜黄染。肝脏肿大，黄褐色，切面呈豆蔻状花纹。胆囊扩张，充满浓稠胆汁。肾脏肿大，淡红黄色，有点状出血。脾脏肿大，脾髓软化呈暗红色，白髓肿大呈颗粒状突出于切面。皱胃和肠黏膜潮红有点状出血。膀胱膨大，存有多量红色尿液，黏膜有出血点。肺淤血、水肿。心肌柔软，黄红色；心内外膜有出血斑。

【诊断】根据临床症状、流行病学和尸体剖检等可作出初诊。确诊需进行实验室诊断。

在本病的发病季节，患畜出现高热稽留，迅速发生血红蛋白尿，并有贫血、黄疸等症状时，应考虑为本病。此外，应了解当地以往的发病情况及季节，寻找蜱加以鉴定。蜱对本病的传播起重要作用，因此，有上述症状的病畜其生活环境中如有蜱滋生，体表又有蜱寄生，可怀疑为本病。

病原检查是确诊的主要依据。对可疑病畜在体温升高的第 1～2 天，采耳静脉血做涂片，染色镜检，如发现有圆形及变形虫样虫体或在出现血红蛋白尿期间，血涂片中发现典型虫体即可确诊。

免疫学诊断方法主要有间接荧光抗体试验（IFAT）、酶联免疫吸附试验（ELISA）等，可供常规诊断用，主要用于染虫率较低的带虫牛的检出和疫区的流行病学调查。

鉴别诊断：牛的巴贝斯虫病在临床上易与炭疽、出血性败血症相混淆，应加以鉴别，炭疽与出血性败血症的病程急剧，无季节性，黄疸不明显。炭疽天然孔出血，没有血红蛋白尿，有全身出血现象；脾脏特别肿大，脾髓极度软化，呈黑红色煤焦油样，可以从切面流出；血液浓稠，色暗红，凝固不良。出血性败血症多发生于幼畜，脾脏正常，尿不呈红色，无黄疸。

【治疗】对于本病要及早确诊、及时治疗，才可取得好的效果。同时，还应结合对症、支持疗法，如强心、健胃、补液等。常用的特效治疗药物有咪唑苯脲、三氮脒等。

(1)咪唑苯脲(imidocarb):对各种巴贝斯虫均有好的效果。治疗剂量为每千克体重1～3 mg,配成10%溶液肌肉注射。安全性好,增大剂量至每千克体重8 mg,仅出现一过性的呼吸困难、流涎、肌肉震颤、排稀便等副反应,约经30 min后消失。在体内不降解代谢并排泄缓慢,故在动物体内可长期残留,尽管有实验报道认为其在评价公共卫生意义上并无重要性,但有些国家不允许用于肉食动物和奶用乳牛或规定动物,用药后28 d内不可屠宰供食用。

(2)三氮脒(血虫净、贝尼尔):按每千克体重3.5～3.8 mg,配成5%～7%溶液,深部肌肉注射。黄牛偶尔出现起卧不安或肌肉震颤等副作用,但很快消失。水牛对本药较敏感,一般用药一次安全,连续使用易出现毒性反应,甚至死亡。

(3)锥黄素:按每千克体重3～4 mg,配成0.5%～1%溶液,静脉注射。症状未减轻时,24 h后再注射一次,病牛在治疗后的数日内,避免烈日照射。

(4)喹啉脲(阿卡普林):按每千克体重0.6～1 mg的剂量,配成5%溶液,皮下注射。有些牛在注射数分钟后可出现起卧不安、呼吸困难、流涎、肌肉震颤、出汗等副作用,一般于1～4 h后自行消失,严重者可皮下注射阿托品,剂量为每千克体重10 mg。

【预防】预防的关键在于灭蜱。因此,要了解当地蜱的活动规律,有计划地采取一些有效措施灭蜱。

(1)消灭牛体上、圈舍内及圈舍附近的蜱。

(2)避免到大量滋生蜱的草场放牧,必要时改为舍饲。因巴贝斯虫病的传播媒介多为野外蜱。

(3)防止随饲草和用具将蜱带入牛舍。

(4)注射药物或疫苗,进行预防。应用咪唑苯脲进行药物预防时,对双芽巴贝斯虫和牛巴贝斯虫可分别产生60 d和21 d的保护作用。国外有应用巴贝斯虫弱毒虫苗和分泌抗原虫苗免疫易感牛预防该病的报道。

(5)牛只的调动最好选择无蜱活动的季节进行,调动前应用药物灭蜱,当牛群中出现个别病例或向疫区引入敏感牛时,可用咪唑苯脲进行预防。

二、泰勒虫病

泰勒虫病是由泰勒科泰勒属的各种原虫寄生于牛、羊和其他野生动物巨噬细胞、淋巴细胞和红细胞内所引起的一类原虫病的总称。我国已报道的牛羊泰勒虫主要有3种,寄生于牛的为环形泰勒虫和瑟氏泰勒虫,寄生于羊的为山羊泰勒虫。

环形泰勒虫在我国,尤其北方广泛流行,危害很大,传播媒介是璃眼蜱属的残缘璃眼蜱。瑟氏泰勒虫的传播媒介是血蜱属的蜱，我国已发现的有长角血蜱和青海血蜱。瑟氏泰勒虫病发病较少，其症状与环形泰勒虫病相似，但症状和缓，病程较长，死亡率较低。寄生于羊的山羊泰勒虫，在我国四川、甘肃和青海等地呈地方性流行，对绵羊和山羊有较强的致病力，其传播媒介为青海血蜱。

(一)牛泰勒虫病

牛泰勒虫病以高热稽留、贫血和体表淋巴结肿大为特征，发病率和死亡率较高，对养牛业的危害很大。

【病原】病原主要为环形泰勒虫和瑟氏泰勒虫。

(1)环形泰勒虫：寄生于红细胞内的虫体大小为 0.8～2.0 μm，小于红细胞半径。虫体形态多样，有环形、椭圆形、逗点形、杆状、十字形等，其中主要是环形(约占 50%)虫体和椭圆形虫体(约占 30%)。姬姆萨氏染色后，一团染色质居于虫体一侧边缘，呈红色，原生质淡蓝色或着色不明显(图 12-14)。各种形态的虫体可同时出现于一个红细胞内，一个红细胞内的虫体有 1～12 个不等，常见的为 1～3 个，红细胞染虫率一般为 10%～20%，重病者高达 95%。

图 12-14　红细胞内的环形泰勒虫

寄生巨噬细胞和淋巴细胞内的环形泰勒虫，在胞浆内可形成多核的虫体，称为裂殖体。裂殖体呈圆形、椭圆形或肾形，又称为石榴体或柯赫氏蓝体(图 12-15)。用姬氏染色法染色后，胞浆呈淡蓝色，其中含有许多红紫色颗粒状的核。裂殖体有两种类型：一种是大裂殖体，体内含有直径 0.4～1.9 μm 的染色质颗粒，并产生直径为 2～2.5 μm 的大裂殖子；另一种是小裂殖体，含有直径 0.3～0.8 μm 的染色质颗粒，并产生直径为 0.7～1 μm 的小裂殖子。

(2)瑟氏泰勒虫：寄生于红细胞内，除有特别长的杆状形外，其他的形态和大小与环形泰勒虫相似，也具有多型性，有杆形、梨籽形、圆环形、卵圆形、逗点形、圆点形、十字形和三叶形等形状。它与环形泰勒虫的主要区别为各种形态中以杆形和梨籽形为主，占 67%～90%，但随着病程不同这两种形态的虫体比例也有变化。在上升期，杆形为 60%～70%，梨籽形为 15%～20%。圆环形和卵圆形虫体在染虫率高峰期略高，但最高均不超过 15%。其余形态的虫体在下降期和带虫期稍有

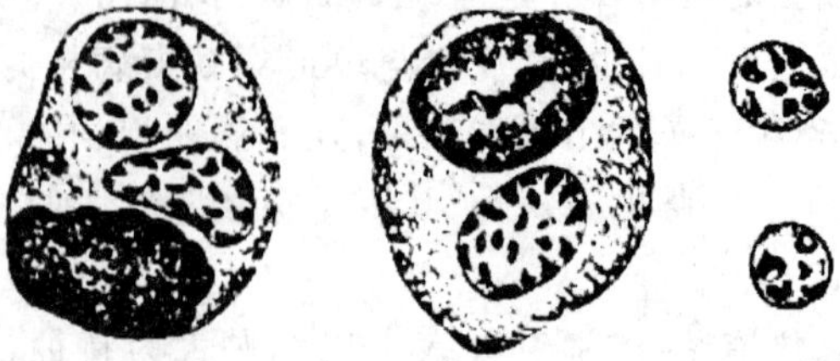

图 12-15 环形泰勒虫裂殖体

增加，但所占比例较小。

【生活发育史】泰勒虫病通过蜱的传播感染牛。蜱附着于牛体吸血时，虫体的子孢子随蜱的唾液进入牛体内，在网状内皮细胞中进行裂殖增殖，先形成大裂殖体。大裂殖体破裂后，产生许多大裂殖子，其又侵入正常网状内皮细胞，重复上述的裂殖增殖过程。裂殖生殖进行数代后，可形成小裂殖体，小裂殖体破裂后，释放出许多小裂殖子进入红细胞内变为配子体。当幼蜱或若蜱在病牛体上吸血时，将配子体吸入胃内，配子体在胃内变为大小配子，二者结合形成合子；合子进一步发育为动合子，当蜱完成其蜕化时，动合子进入唾液腺泡细胞内变为圆形的合孢体，开始孢子增殖，分裂产生许多子孢子，当蜱再次吸血时，子孢子即随蜱的唾液进入牛的体内，使牛感染(图 12-16)。

【流行病学】河南发现环形泰勒虫病的传播者是璃眼蜱属的残缘璃眼蜱，它是一种二宿主蜱，主要生活在牛圈内，因此本病多发生在舍饲条件下。当幼蜱或若蜱吸食了带虫的牛血液后，只有到成蜱阶段，才能把病原体传播给牛，病原体不能经卵传递到下一代。此病在河南西部和北部地区从 5 月下旬开始发生，6～7 月份达高峰，8 月份逐渐减少，这与蜱的生长繁殖及活动有关。从年龄上看，此病多发生于 2～5 岁的牛，患过本病痊愈的牛一般不再重发。此病多发生于丘陵和半山区，但由于近几年牲畜流动性大，深山区和平原区也有发生。由外地引进牛和改良杂种牛易感性强。

我国已发现瑟氏泰勒虫病的传播者是血蜱属的蜱，有长角血蜱和青海血蜱。长角血蜱是三宿主蜱，生活在山野和农区，因此本病主要在放牧条件下发生传播。本病发生于 5 月份，6～7 月份为发病高峰，10 月份停止。

【致病作用】根据本病发展过程可分为 3 个阶段。

第一阶段，泰勒虫随蜱吸血时侵入牛体，首先在局部淋巴结中大量繁殖，在虫体的直接破坏和毒素的刺激下，淋巴结肿胀及疼痛，同时出现体温升高。

第二阶段，虫体经过大量繁殖后，随血液循环转移扩散到全身网状内皮系统进

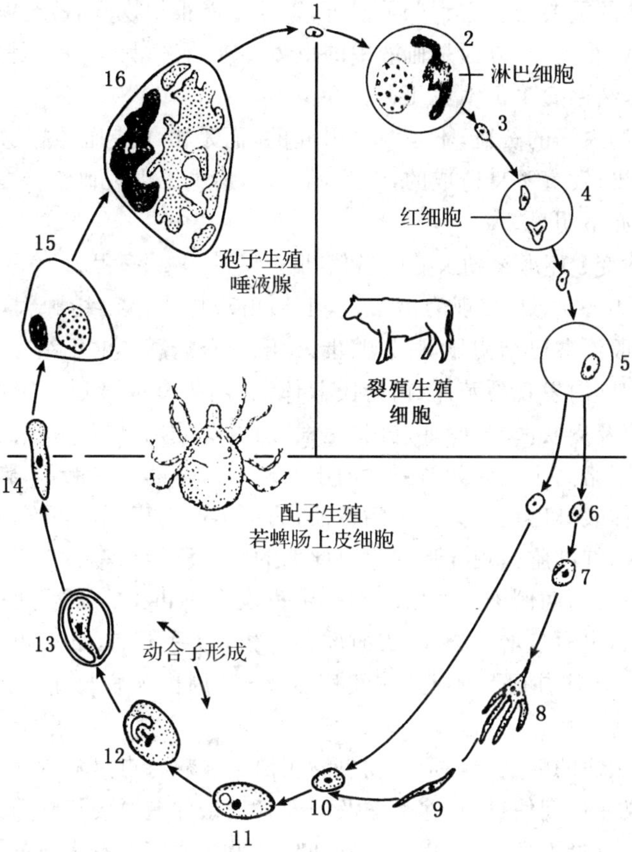

图 12-16 环形泰勒虫生活发育史

1.子孢子 2.裂殖生殖 3.裂殖子 4.双芽增殖分裂 5.配子体
6.大配子和小配子 7.发育着的小配子 8.成熟的小配子
9.小配子 10.受精 11.合子 12.动合子形成开始
13.动合子形成接近完成 14.动合子
15～16.母孢子,内含无数子孢子

行同样的繁殖,使机体许多器官遭到破坏,中枢神经的调节机能进一步紊乱,物质代谢进一步恶化,机体的解毒机能减退,实质脏器营养不良,机能障碍,并在多种因素的作用下,导致血管呈现多孔性变化,发生严重的溢血。在这种情况下,病牛常取急性经过而死亡。

第三阶段,虫体在网状内皮系统进行几个世代的发育后,停止繁殖,机体许多器官不再继续遭受损害,机体的造血机能、解毒机能有所恢复。但由于第二阶段的恶性发展，机体的重要器官遭到严重损害，以致不能很快恢复，甚至病情继续发展，这时临床上可以看到，一方面是血液中的虫体逐渐消失，另一方面是血液的有形成分在继续减少，结果病牛仍不免死亡。

牛环形泰勒虫病的贫血，不是溶血引起的，而是由于造血器官遭受破坏，致使红细胞增生缓慢，发育不良造成的，因此，临床上病牛不出现血红蛋白尿，黏膜和浆膜的黄疸现象亦不明显。

【症状与病变】环形泰勒虫病的潜伏期为 14～20 d，病程为 10～30 d。初期病牛体温升高到 40～42℃，表现为稽留热，继而出现体表淋巴结肿大，疼痛，尤以肩前淋巴结及腹股沟淋巴结明显，肿如鸭蛋大，触压有痛感。淋巴结穿刺镜检可在淋巴细胞、巨噬细胞内发现裂殖体(柯赫氏蓝体)。病牛食欲减退或废绝，呼吸、脉搏加快，可视黏膜及皮肤薄软处(如肛门、尾根、阴囊等处)有粟粒大小的溢血点，有的在整个躯干出现略高于皮肤如黄豆大的出血斑点。有的病牛颌下、胸前、腹下及四肢发生水肿。体表淋巴结肿大为本病特征；病牛迅速消瘦、贫血，血液稀薄，红细胞减少，血沉加快，红细胞出现异形现象。此期的红细胞染虫率一般随着病程的发展而逐渐增高，但有的病例染虫率增高到一定程度即不再上升。后期病牛反刍完全停止，结膜黄白，出血点增多增大；舌质软而无力，口舌不洁，眼半闭，步态蹒跚，尾巴失去活动能力，往往卧地不起，在发病后 1～2 周内死亡。耐过的病牛成为带虫者。

瑟氏泰勒虫病的症状与环形泰勒虫病相似。本病特点是病程较长，症状缓和，死亡率较低；仅在过度使役、长途运输及饲养管理条件差时病情加重。

尸体消瘦，血凝不良，全身皮下、肌肉间、黏膜和浆膜上有大量的出血点和出血斑。全身淋巴结肿大，出血，切面多汁。脾脏肿大 2～3 倍，脾髓软化，甚至呈泥糊状。皱胃的病变具有诊断意义。皱胃黏膜肿胀、有出血点和出血斑，并有暗红色或黄白色结节，结节部有溃疡。心脏内膜和外膜上有出血点，心肌变性、坏死。脾脏肿大、质软，呈棕黄色或棕红色，有灰白色结节和暗红色病灶。胆囊肿大，胆汁浓稠。肺脏肿大、出血。

【诊断】本病的诊断，除与诊断其他梨形虫病相同，即分析流行病学资料(本地是否有此病，是否到过流行区放牧，当地是否有蜱，发病季节是否符合等)，观察临床症状(高热稽留，贫血，体表淋巴结肿大)及血液涂片镜检虫体外，早期还可做淋巴结穿刺检查石榴体。

【治疗】治疗可以用磷酸伯氨喹啉、三氮脒等。治疗病牛时，要防止经输血和注射途径人为传播病原。

由于目前针对本病尚无特效治疗药物，故精心护理、对症治疗和支持疗法十分重要。对症治疗和支持疗法包括强心、补液、止血、健胃、缓泻等，此外，还应考虑使用抗生素以防止继发感染，对严重贫血的病例还应进行输血。

(1)磷酸伯氨喹啉(PMQ)：按每千克体重 0.75～1.5 mg，口服，每天一次，连用 3 d。该药对环形泰勒虫的配子体有较好的杀灭作用。在疗程结束后 2～3 d，可使红细胞染虫率明显下降。

(2)三氮脒(贝尼尔)：按每千克体重 7 mg，配成 7%的溶液肌肉注射，每天一次，连用 3 d，如红细胞染虫率不下降，还可以再用药 2 次。

(3)新鲜黄花青蒿：每头牛每日用 2～3 kg，分 2 次口服。方法是将青蒿切碎，用冷水浸泡 1～2 h，然后连渣灌服，2～3 d 后，染虫率明显下降。

【预防】预防的关键在于灭蜱。

(1)灭蜱。残缘璃眼蜱是一种圈舍蜱，在每年的 9～11 月份和 3～4 月份向圈内的墙缝喷洒药液，或用水泥将圈舍内离地面 1 m 高范围内的缝隙堵死，将蜱封在洞穴内。在蜱的活动季节，采取措施消灭牛体上的蜱。

(2)防止蜱接触牛体，如在有条件的地方，可定期离圈放牧，依各地蜱活动的情况而定，即可避免蜱侵袭牛。

(3)引入牛只时，防止将蜱带入无蜱的非疫区，以免传播病原。

(4)在该病的流行地区，可用泰勒虫裂殖体胶冻细胞苗对牛进行预防接种。接种后 20 d 即可产生免疫力，免疫持续时间为 1 年以上。

(二)羊泰勒虫病

【病原】羊的泰勒虫有两种，即山羊泰勒虫和绵羊泰勒虫，我国羊泰勒虫病的病原为山羊泰勒虫。形态与牛环形泰勒虫相似，有环形、椭圆形、圆点形、短杆形、逗点形等多种形态，以圆形最多见。圆形虫体直径为 0.6～1.6 μm，一个红细胞内一般只有一个虫体，有时可见到 2～3 个。红细胞染虫率 0.5%～30%，最高达 90%以上。裂殖体的形态与牛环形泰勒虫相似，可在淋巴结、蜱脏、肝脏等的涂片中查到。

【流行病学】本病发生于 4～6 月份，5 月份为高峰。我国羊泰勒虫病的传播者是青海血蜱。幼蜱或若蜱吸食了含有山羊泰勒虫的血液，在成蜱阶段传播本病，本病不能经卵传播。1～6 月龄羔羊发病率高，病死率也高，1～2 岁羊次之，3～4 岁羊很少发生。本病呈地方性流行，可引起羊只大批死亡。有的地区发病率高达 36%～100%，病死率高达 13.3%～92.3%。潜伏期 4～12 d。

【症状与病变】病羊体温升高到 40～42℃，可稽留 4～7 d，精神沉郁，食欲减退，呼吸促迫，反刍及胃肠蠕动减弱或停止。有的病羊排恶臭稀粪，杂有黏液或血液。个别羊尿液混浊或血尿。结膜初充血，继而出现贫血和轻度黄染。体表淋巴结肿大，有疼感。肢体僵硬，以羔羊最为明显，有的羊行走时前肢提举困难或后肢僵硬，举步困难；有的羔羊四肢发软，卧地不起。病程 6～12 d。

尸体消瘦，血液稀薄，皮下脂肪胶冻样，有点状出血。全身淋巴结呈不同程度的肿胀，以肩前、肠系膜、肝、肺等处较显著，切面多汁、充血，有一些淋巴结呈灰白色，有时表面可见颗粒状突起。肝、脾肿大。肾呈黄褐色，表面有结节和小点状出血。皱胃黏膜上有溃疡斑，肠黏膜上有少量出血点。

【诊断】根据临床症状、流行病学资料和尸体剖检可作出初步诊断，在血涂片和淋巴结或脾脏涂片上发现虫体即可确诊。山羊泰勒虫和绵羊泰勒虫，两者血液型虫体的形态相似，并均能感染山羊和绵羊。两者的区别点为山羊泰勒虫致病性强，红细胞染虫率高，所引起的疾病称为恶性泰勒虫病，病死率高。在脾脏、淋巴结涂片的淋巴细胞内常可见到石榴体，其直径为 8～20 μm，内含 1～80 个直径为 1～2 μm 的紫红色染色质颗粒。而绵羊泰勒虫红细胞染虫率低，一般都低于 2%，石榴体形态与山羊泰勒虫相似，但仅见于淋巴结中，且需多次检查方可发现。

【治疗】可用三氮脒、硫酸喹啉脲或咪唑苯脲等药物进行治疗。

【预防】要做好灭蜱工作。在发病季节对羔羊可应用三氮脒、咪唑苯脲等进行药物预防。

三、球虫病

球虫可感染多种宿主，牛球虫病的病原文献报道的有 10 多种，感染绵羊的球虫有 14 种，感染山羊的球虫有 15 种。牛羊球虫病是严重危害牛羊的重要的寄生性原虫病。

(一)牛球虫病

牛球虫病以出血性肠炎为特征，主要发生于犊牛。

【病原】牛球虫中寄生于家牛的有 10 余种，如牛艾美耳球虫、奥博艾美耳球虫、怀俄明艾美耳球虫、加拿大艾美耳球虫、邱氏艾美耳球虫、巴西艾美耳球虫、柱状艾美耳球虫、斯密氏艾美耳球虫、椭圆艾美耳球虫、亚球形艾美耳球虫、阿拉巴艾美耳球虫以及阿沙卡等孢球虫。寄生于牛的各种球虫中，以邱氏艾美耳球虫、牛艾美耳球虫和奥博艾美耳球虫的致病力最强，北方常见的为邱氏艾美耳球虫和牛艾美耳球虫。

【生活发育史】牛球虫的发育过程与鸡球虫相同，均为直接发育型。内生性发育过程包括裂殖生殖和配子生殖两个阶段，外生性发育过程为孢子生殖。卵囊只有在外界环境中发育为孢子化卵囊才具有感染性。牛感染球虫的途径为经口感染。

【流行病学】本病多发生于较温暖的夏秋季节，特别是在潮湿的牧场上放牧时，易造成本病的流行，因为潮湿的环境有利于球虫的存活和发育。冬季舍饲期间也能发生本病。

各种品种牛均有易感性，2 岁以内的犊牛发病率高，容易造成死亡。本病的感染来源主要是成年带虫牛及临床治愈牛，它们不断向外排泄卵囊。而且卵囊对外界环境的抵抗力特别强，在土壤中一直可存活半年以上。

饲料、饮水、垫草和母牛乳房被粪便污染时，常可引起犊牛感染。饲料的突然更换、应激，容易诱发本病。机体抵抗力降低时，也容易诱发本病。实验感染证明，感染少量牛艾美耳球虫的感染性卵囊，不至于引起疾病发生，反而能激发一定的免疫力；感染 10 万个卵囊以上，可产生明显的临床症状；感染 25 万个卵囊可致犊牛死亡。

【致病作用与症状】牛球虫在肠上皮细胞内进行裂殖生殖时，可破坏大量黏膜上皮细胞，黏膜下层出现淋巴细胞浸润，并发生溃疡和出血。肠黏膜被大量破坏后，造成了有利于肠道腐败细菌生长繁殖的环境，其产生的毒素和肠道中的其他有毒物质被吸收后，引起全身性中毒，导致中枢神经和各个器官的机能失调。

牛球虫病的潜伏期为 2～3 周，有时可达 1 个月。发病多为急性型，病程通常为 10～15 d，犊牛也有在发病后 1～2 d 内死亡的。病初精神沉郁，体温略高或正常，被毛粗乱无光泽，粪便稀，稍带血液，母牛产乳量减少。约 1 周后，牛精神更加沉郁，体温升高到 40～41℃。前胃迟缓，肠蠕动增强，排带血的稀粪，其中混有纤维性薄膜，恶臭。后期粪呈黑色，几乎全为血液。在恶病质和贫血状态下死亡。

慢性病牛一般在发病后 3～5 d 逐渐好转，但下痢和贫血症状仍持续存在，病程可绵延数月，有的可因极度消瘦、贫血而死亡。

【病变】剖检可见尸体消瘦，可视黏膜贫血，肛门敞开外翻。直肠黏膜肥厚，有出血性炎症变化，淋巴滤泡肿大突出，有白色和灰色的小病灶，同时在这些部位出现直径 4～15 mm 的溃疡，其表面覆有凝乳样薄膜。直肠内容物呈褐色，带恶臭，有纤维性薄膜和黏膜碎片。肠系膜淋巴结肿大和发炎。

【诊断】根据流行病学、临床症状和病理剖检等结合粪便检查综合判断。病牛临床表现血便、粪便恶臭带黏液，病变以出血性肠炎和溃疡为特征，结合粪便或直肠黏膜刮取物镜检，发现有大量球虫卵囊可以确诊。

诊断本病时应注意与牛的副结核性肠炎区分开，副结核性肠炎有间断排出稀糊状或稀液状混有气泡和黏液的恶臭粪便的症状，病程很长，体温不太高，且多发于较老的牛。此外，还应与大肠杆菌病相鉴别，大肠杆菌病多发于生后数天内的犊牛，而球虫病则多发于 1 个月以上的牛，大肠杆菌病的病变特征之一是脾脏肿大。

【治疗】治疗可用氨丙啉、莫能菌素、盐霉素、磺胺喹噁啉（SQ）等药物。此外，临床上应结合强心、补液、止泻等对症疗法。

(1)氨丙啉:按每千克体重 25 mg 口服,每天一次,连用 5 d。

(2)莫能菌素或盐霉素:按每千克饲料 20～30 mg 添加混饲。

【预防】应采取隔离、消毒、药物预防等综合措施。

(1)犊牛与成年牛分群饲养管理,放牧场应分开。

(2)勤清扫圈舍,将粪便和垫草等污物集中运往贮粪池点,进行消毒。

(3)定期用开水或 3%～5%热碱水消毒饲槽、饮水槽、牛栏、地面等,一般每周一次。

(4)饲草、饮水避免被牛粪污染。哺乳母牛的乳房经常擦洗。

(5)药物预防:氨丙啉,按每千克体重 5 mg 混饲,连用 21 d;莫能菌素按每千克体重 1 mg 混饲,连用 33 d。

(二)羊球虫病

羊球虫病是由艾美耳属的球虫寄生于绵羊或山羊肠道而引起的以下痢、消瘦、贫血、发育不良为特征的疾病。

【病原】已报道的绵羊球虫有 14 种,其中阿撒他艾美耳球虫对绵羊的致病力强,绵羊艾美耳球虫和小艾美耳球虫对绵羊有中等的致病力,浮氏艾美耳球虫等对绵羊有一定的致病力。山羊球虫有 15 种,其中雅氏艾美耳球虫对山羊的致病力强,阿氏艾美耳等对山羊有一定的致病力。

【流行病学】本病多发于春、夏、秋三季,温暖潮湿的环境易造成本病的流行。冬季气温低时,不利于球虫卵囊的发育,发病率较低。各种品种的绵羊、山羊均有易感性,羔羊极易感染,时有死亡。成年羊为带虫者,也有因球虫病而死亡的报道。

羊球虫的发育与鸡、牛球虫的发育过程相同。

【症状与病变】本病依感染病原的种类和强度、羊只的年龄、机体的抵抗力以及饲养管理条件的不同而取急性或慢性经过。病羊精神沉郁,食欲减退或废绝,体重下降,被毛粗乱,可视黏膜苍白,腹泻,粪便中常混有血液、脱落的黏膜和上皮,有恶臭,粪便中含有大量卵囊。体温有时升高到 40～41℃。

病变仅见于小肠,肠黏膜上有淡白或黄色圆形或卵圆形结节,如粟粒大至豌豆大,常成簇分布,也能从浆膜上观察到。十二指肠和回肠有卡他性炎症,有点状或带状出血。尸体消瘦,后肢及尾部污染有稀粪。

【诊断】根据临床表现、病理变化、流行病学可作出初步诊断,确诊需要在粪便中检查到大量的卵囊。

【防治】可参照牛球虫病的防治措施。使用氨丙啉,按每千克体重 25 mg 口服,连用 14～19 d,可防治羊球虫的严重感染。磺胺喹噁啉(SQ)和磺胺二甲基嘧啶(SM_2)也具有良好的防治效果。

思　考　题

1. 原虫的生物学特性有哪些？试述原虫的繁殖类型和方式。
2. 试述弓形虫的生活发育史、弓形虫病的诊断方法和防治措施。
3. 试述住肉孢子虫的危害性和防治方法。
4. 试述猪、鸡、牛球虫病的主要症状和病理变化，如何对其进行治疗和预防？
5. 如何诊断和防治禽住白细胞虫病？
6. 试述泰勒虫病和巴贝斯虫病的鉴别诊断。
7. 各种家畜梨形虫病病原体的传播媒介是什么？它们是如何传播病原的？
8. 举例说明掌握生活发育史和流行病学规律对制定防治措施有何指导意义？

第五篇

犬猫常见寄生虫病

第十三章 犬猫吸虫病

一、肝吸虫病

我国犬猫肝吸虫病的病原体主要为华支睾吸虫和猫后睾吸虫，其中以华支睾吸虫最为常见，主要寄生于犬、猫、猪等动物和人的肝胆管和胆囊内，引起以胆管增生、肝肿大等为特征的肝脏病。肝吸虫病为重要的人畜共患寄生虫病。病原主要分布于东南亚等国，我国到目前为止，已有 24 个省份有该病的报道。

【病原】肝吸虫病的病原体主要为华支睾吸虫和猫后睾吸虫(图 13-1)。

(1)华支睾吸虫：虫体扁平、柔软、半透明，呈前端狭小、后端钝圆的叶片状。虫体长 10～25 mm，宽 3～5 mm。口吸盘大于腹吸盘。两条盲肠达虫体末端，两个睾丸呈树枝状，前后排列虫体后 1/3。卵巢呈分叶状位于睾丸前部。睾丸和卵巢之间有一个发达的受精囊。卵黄腺位于虫体两侧。生殖孔位于腹吸盘前缘。

虫卵黄褐色，大小约(29～35) μm×(12～20) μm，形似灯泡，有卵盖、肩峰，卵内含一成熟的毛蚴。

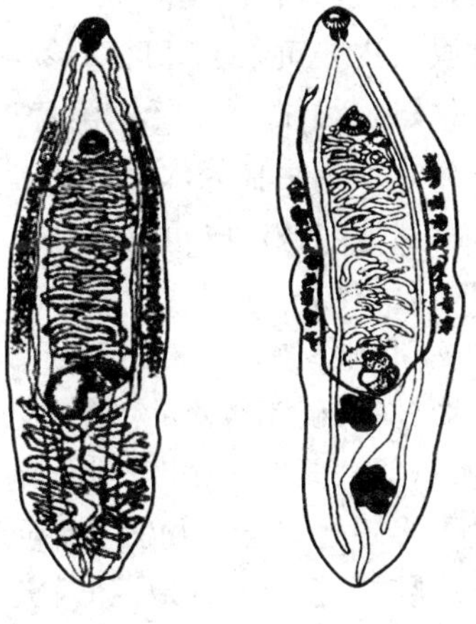

图 13-1 华支睾吸虫和猫后睾吸虫成虫

(2)猫后睾吸虫：成虫形态与华支睾吸虫很相似，但略小。虫体长 7～12 mm，宽 2～3 mm，体表光滑。口吸盘和腹吸盘等径，两侧盲肠达虫体后部。睾丸呈裂状分叶，前后斜列于虫体后 1/4 处。睾丸之前为卵圆形的卵巢和较大的受精囊。卵黄腺于虫体两侧中部。

虫卵与华支睾吸虫卵相似。呈浅棕黄色，长椭圆形，大小为(26～30) μm×(11～15) μm，有卵盖，肩峰不明显，内含一成熟的毛蚴。

【流行病学】本病的流行与感染源的多少、中间宿主的分布、易感动物的饲养管理和粪便的污染等诸多因素有关。

【生活发育史】华支睾吸虫和猫后睾吸虫的中间宿主相同，第一中间宿主均为多种淡水螺,第二中间宿主均为多种淡水鱼和淡水虾。

成虫寄生于终末宿主的肝胆管内,虫卵随粪便排出体外,落入水中或被雨水冲入到水中,被第一中间宿主淡水螺吞食后,毛蚴在淡水螺的消化道中孵化,然后进入螺的淋巴系统发育为胞蚴、雷蚴和尾蚴。脱离螺体的尾蚴在水中遇到第二中间宿主,即侵入其肌肉、鱼鳃和鳞片等组织中,发育为囊蚴。犬、猫等食入第二中间宿主后囊蚴在十二指肠中破囊而出,经总胆管进入胆管,或钻入肠壁经血流到达胆管。

【症状与病变】虫体寄生于胆管及胆囊中,机械性的刺激胆囊及胆管黏膜,引起胆管壁炎症、增生,胆汁排泄受阻,肝细胞变性、结缔组织增生、肝硬化。触诊肝脏增大,质地较硬。剖检可见,肝脏可达正常肝脏的 2～3 倍,且表面凸凹不平,质地坚硬。

感染少量虫体时常无明显的临床症状,严重感染时,导致消化功能紊乱。表现为精神沉部,食欲逐渐减少到不食,消瘦、贫血,呕吐、腹泻。轻度至重度黄疸,可视黏膜及皮肤黄染。肝区叩诊疼痛。

【诊断】根据流行病学特点,结合临床症状和病原检查,进行综合判断。动物有生食或半生食淡水鱼虾史,粪便检查发现虫卵即可确诊。粪便检查常采用水洗沉淀法或醋酸乙醚沉淀法。

【治疗】

(1)吡喹酮:犬猫剂量按每千克体重 50～60 mg,一次给药。

(2)丙硫苯咪唑:犬猫剂量按每千克体重 30 mg,口服,每日 1 次,连用 12 d。

(3)六氯对二甲苯:犬猫剂量按每千克体重 50 mg,每日 3 次,连用 5 d。总剂量不得超过 25 g,以免引起毒性反应。猫若出现反应,应立即停药。

【预防】在流行地区,对犬、猫应定期进行全面检查和驱虫;在疫区禁止以生的或未煮熟的鱼虾喂养犬、猫、猪等;禁止在鱼塘边盖猪圈或厕所。疫区应消灭淡水螺;对犬、猫、猪等动物的粪便加强管理,防止污染水源。

二、并殖吸虫病

并殖吸虫病是由并殖科的卫氏并殖吸虫寄生于犬、猫、人以及多种野生动物的肺组织内而引起的一种寄生虫病,又称肺吸虫病。虫体偶见寄生于脑、脊髓和其他器官。我国东北、华北、华南、西南等地区均有分布。为重要的人兽共患寄生虫病。

【病原】成虫呈椭圆形、虫体肥厚,背侧稍隆起,腹面扁平。活体红褐色。体表披细小皮棘。口、腹吸盘大小相似,口吸盘位于虫体前端,腹吸盘约在虫体腹面中部。两支弯曲肠支延伸至虫体后部。卵巢分 5～6 叶,位于腹吸盘右侧,与子宫左右并列于腹吸盘之后。两个睾丸分支4～6个，并列于虫体后1/3处（图13-2）。

虫卵金黄色，椭圆形，大小（80～118）μm×（48～60）μm，前端稍突，有扁平卵盖，后端稍窄，卵壳厚薄不匀，后端卵壳往往增厚。卵内含有1个卵细胞和10多个卵黄细胞。少数虫卵的卵盖不易察见。

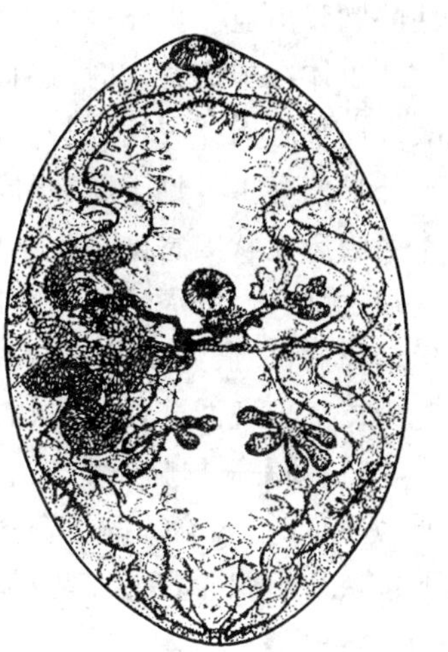

图13-2　并殖吸虫

【流行病学】卫氏并殖吸虫在世界各地分布较广，日本、朝鲜、俄罗斯、菲律宾、马来西亚、印度、泰国以及非洲、南美洲均有报道。在我国，目前除西藏、新疆、内蒙古、青海、宁夏未见报道外，其他省、市、自治区均有报道。

卫氏并殖吸虫病为人兽共患寄生虫病。能排出虫卵的多种肉食类哺乳动物及人均是本病传染源，如虎、豹、狼、狐、豹、食蟹獴猴、果子狸等多种野生动物以及猫、犬等家养动物均可感染。

【生活发育史】卫氏并殖吸虫的第一中间宿主为淡水螺类，第二中间宿主为甲壳纲的淡水蟹或蝲蛄。生活发育史过程包括卵、毛蚴、胞蚴、母雷蚴、子雷蚴、尾蚴、囊蚴、尾蚴、童虫和成虫阶段。

成虫寄生于肺，因所形成的虫囊与支气管相通，虫卵可经气管排出或随痰吞咽后随粪便排出。卵入水中，在适宜的温度下经2～3周孵出毛蚴，毛蚴遇到合适的第一中间宿主淡水螺类即侵入其体内，经由胞蚴、母雷蚴、子雷蚴发育成尾蚴。尾蚴在水中游动，遇到第二中间宿主，即侵入其体内形成囊蚴。犬、猫等终末宿主因食入含有活囊蚴的溪蟹、蝲蛄而感染。中间宿主死后，囊蚴脱落水中，若生饮含囊蚴的水，也可导致感染。

囊蚴进入终宿主消化道后，在消化液作用下，脱囊而出，靠两个吸盘作强有力的伸缩运动和前端腺分泌物的作用，钻过肠壁。童虫在组织中移行并穿行于各脏器及腹腔间。然后再从腹腔穿过膈肌进入胸腔，钻入肺脏，最后在肺脏中发育成熟并产卵。并殖吸虫有到处穿行的习性，除肺部外，还常侵入肌肉、皮下、脑、脊髓等处寄生。自囊蚴进入终宿主到成熟产卵，一般需2～3个月。成虫在宿主体内一般可活5～6年，长者可达20年。

【症状与病变】卫氏并殖吸虫的致病作用，主要表现为成虫和童虫在动物体内组织和器官移行、寄生造成的机械性损伤及虫体的代谢产物等抗原物质导致的免疫病理反应。移行的童虫可以引起嗜酸性白细胞性腹膜炎、胸膜炎、肌炎及多病灶性的胸膜出血。虫卵进入血流中还会引起虫卵性栓塞。

虫体在肺部寄生时可引起慢性小支气管炎、小支气管上皮细胞增生和慢性嗜酸性白细胞肉芽肿性肺炎。成虫主要寄生于肺，但有时会发生异位寄生。虫体的肺外异位寄生可见于脑、脊髓、皮肤、肌肉、睾丸、膀胱、小肠等。

临床症状因感染部位不同而有不同表现。寄生于肺泡部时，动物表现为咳嗽、气喘、湿啰音、胸痛、血痰；在脑部时，表现为头痛、癫痫、瘫痪等；在脊髓时，表现为运动障碍、下肢瘫痪等；在腹部时，表现为腹痛、腹泻、便血、肝肿大等；在皮肤时，表现为皮下出现游走性结节，有痒感或痛感。

【诊断】根据临床症状主要表现为咳嗽，并可伴有咯血、气喘、发热和腹泻。粪便为黑色，结合流行病学资料分析，于痰液和粪便中检出虫卵便可确诊。也可做皮下包块活组织检查，发现虫体即可确诊。

【治疗】

(1)吡喹酮：剂量按每千克体重 50 mg，一次口服。

(2)丙硫咪唑：按每千克体重 50～100 mg，连服 2～3 周。

(3)硝氯酚：按每千克体重 3～4 mg，一次口服。

(4)硫双二氯酚：按每千克体重 50～100 mg，每日或隔日给药，10～20 d 为一个疗程。

【预防】在本病流行地区，禁止以新鲜的蟹或蝼蛄饲喂犬猫等动物。有条件的地区应配合灭螺。人群尽量不要生食或半生食蟹、蝲蛄及其制品。

第十四章　犬猫绦虫病

犬猫绦虫病是由多种绦虫寄生于犬、猫的小肠内而引起的疾病的总称。寄生于犬猫的绦虫种类很多，这些绦虫成虫对犬、猫的健康危害很大，它们的幼虫期多以其他动物（或人）为中间宿主，严重危害动物和人体健康。

一、泡状带绦虫病

泡状带绦虫病是由带科带属的泡状带绦虫（*Taenia hydatigena*）寄生于犬、猫的小肠而引起的一种寄生虫病。猪、羊、鹿等为其中间宿主，其幼虫为细颈囊尾蚴，常寄生于猪、羊等的大网膜、肠系膜、肝脏、横膈膜等处，引起细颈囊尾蚴病，严重感染时可进入胸腔寄生于肺。

【病原】泡状带绦虫新鲜时呈黄白色。体长 60～500 cm，宽 0.1～0.5 cm。头节有 4 个吸盘，分布于周边部。顶突上有两圈大小相间排列的小钩。前部的节片宽而短，向后逐渐加长，孕节长大于宽。睾丸 540～700 个，主要分布在节片两侧排泄管内侧。卵巢分左右两叶。生殖孔不规则地交替开口于节片两侧中部偏后缘处。子宫呈管状，有波纹状弯曲。孕节子宫每侧有 5～16 个粗大分支，每支又有小分支，其间全部被虫卵充满。虫卵为卵圆形，大小为（36～39）μm×（31～35）μm，胚膜厚，有放射状条纹，内含六钩蚴。

【生活发育史】中间宿主猪、牛、羊等因吞食了随终末宿主粪便排出的虫卵或孕卵节片后，六钩蚴钻入肠壁随血流至肝，进入肝实质或移行至肝的表面，发育成囊尾蚴，也有些虫体从肝表面落入腹腔而附着于网膜或肠系膜上，经 3 个月发育成具有感染性的细颈囊尾蚴。终末宿主犬、狼、狐、狮等肉食动物吞食了细颈囊尾蚴后，头节在小肠中翻出，附着在肠壁上经 50 d 左右发育为成虫（泡状带绦虫）。

【流行病学】本虫在世界上分布很广，凡养犬的地方，一般都会有牲畜感染细颈囊尾蚴。我国的犬感染泡状带绦虫遍及全国。根据全国各省市的统计，家畜感染细颈囊尾蚴一般以猪最普遍，绵羊则以牧区感染较重，黄牛、水牛受感染的较少见，在四川有牦牛感染的记录。

【致病作用及临床症状】细颈囊尾蚴对仔猪、羔羊的危害较重。在肝脏中移行的幼虫数量较多时，可破坏肝实质及微血管，形成虫道，导致出血性肝炎。病畜发现不安、流涎、不食、腹泻和腹痛等症状。有时幼虫到达腹、胸腔后引起腹膜炎和胸膜炎，表现体温升高。成虫寄生一般无临床表现。

【诊断】粪便检查虫卵或在粪便中发现孕卵节片，可帮助确诊；必要时可进行诊断性驱虫。死后剖检在小肠内找到虫体即可确诊。

幼虫寄生生前诊断比较困难，可用血清学方法诊断；尸体剖检时发现虫体即可确诊。

【治疗】

(1)吡喹酮：犬按每千克体重 5 mg，猫按每千克体重 2 mg，一次内服。

(2)氯硝柳胺：犬按每千克体重 100～150 mg，猫按每千克体重 200 mg，一次内服。

【预防】吡喹酮对细颈囊尾蚴有一定疗效。本病重在预防，主要措施为：严禁犬类进入屠宰场，禁止将细颈囊尾蚴丢弃喂犬；禁止犬进入猪舍，避免饲料、饮水被犬粪污染；对犬进行定期驱虫；捕杀野犬。

二、豆状带绦虫病

豆状带绦虫寄生于犬科动物的小肠内，其中绦期幼虫（豆状囊尾蚴）寄生于家兔的肝脏、网膜、肠系膜、直肠将膜下等处。

【病原】豆状带绦虫成虫呈乳白色，体长可达 2 m，头节顶突上有 36～48 个小钩。体节边缘呈锯齿状，故又称锯齿带绦虫。孕节子宫有 8～14 对侧枝。虫卵大小为(36～40) μm×(27～32) μm。中绦期为豆状囊尾蚴，呈卵圆形，大小为(6～12) mm×(4～6) mm。

【生活发育史】终末宿主为犬、狼、狐、北极狐等肉食动物，中间宿主为家兔、野兔及其他啮齿类动物。成虫寄生于终末宿主小肠，孕卵节片随粪便排至外界。虫卵随污染的青草、饮水被中间宿主吞食后，卵内的六钩蚴在消化道内逸出，钻入肠壁，随血流到达肝实质中发育 15～30 d，然后移行到腹腔浆膜上发育为成熟的豆状囊尾蚴。当终末宿主吞食了含有豆状囊尾蚴的中间宿主或其脏器后，囊尾蚴即以头节附着于小肠壁上，约经 1 个月发育为成虫。

【流行病学】豆状囊尾蚴是家兔常见的一种寄生虫，分布广泛，并且感染率也常常很高。在流行区，家兔多为农户散养，饲养又以割自野外的青草或废弃的蔬菜为主，同时农村又常有养犬的习惯。由于犬的四处活动，其排出的孕卵节片造成饲草的广泛污染，这种带有虫卵的青草、蔬菜又被直接用于喂兔，就导致了家兔感染豆状囊尾蚴。而在剖杀家兔时，又常将带有豆状囊尾蚴的兔内脏喂犬或随地丢弃而被犬吞食，这就导致了犬感染豆状带绦虫。这种犬和家兔之间的循环感染就造成了本病的流行。

【致病作用及临床症状】轻度感染时致病作用不甚严重。大量感染时，幼虫在肝脏移行，造成肝脏的损伤，严重时可引起突然死亡。慢性病例则表现为消化紊乱、腹部膨胀、消瘦等症状。成虫期一般无临床表现。

【诊断】粪便检查虫卵或在粪便中发现孕卵节片，可帮助确诊。死后剖检在小肠内找到虫体即可确诊。

幼虫寄生生前诊断比较困难，主要靠死后剖检时发现豆状囊尾蚴而确诊。

【治疗】

(1)吡喹酮：犬按每千克体重 5 mg，猫按每千克体重 2 mg，一次内服。

(2)氯硝柳胺：犬按每千克体重 100～150 mg，猫按每千克体重 200 mg，一次内服。

【预防】本病应以预防为主，主要措施有：消灭野犬，对犬可用吡喹酮等药物定期驱虫；防止犬吞食含有豆状囊尾蚴的兔内脏；注意兔的饲料及饮水卫生，禁止用犬粪污染的饲料、饮水喂兔。

三、多头带绦虫病

多头带绦虫病是由带科多头属的多头绦虫寄生于犬科动物的小肠而引起的疾病。

【病原】多头绦虫(*Multiceps multiceps*)。成虫长 40～100 cm，有 200～250 个节片。头节上有 4 个吸盘，顶突上有 22～32 个小钩。孕节子宫有 14～26 对侧支。其幼虫为脑多头蚴，寄生于绵羊、山羊、黄牛、牦牛、骆驼等的脑内，有时也能在延脑或骨髓中发现，人也可偶可感染。

【生活发育史】中间宿主为绵羊、山羊、黄羊、牦牛等有蹄类草食动物，终末宿主为犬、狼、狐等肉食动物。中间宿主随牧草、饲料及饮水吞食了虫卵或孕卵节片后，六钩蚴钻入肠壁血管，随血流被带到脑、脊髓中，经 2～3 个月发育为成熟的多头蚴。终末宿主吞食了含有多头蚴的脑、脊髓后，原头蚴附着于肠壁上，经 41～73 d 发育为成虫。

【流行病学】脑多头蚴的分布很广泛，全国各地均有报道。在西北、东北及内蒙古等牧区多呈地方性流行。

【致病作用及病理剖检变化】当大量虫体寄生时，虫体以其小钩和吸盘损伤宿主的肠黏膜，常引起炎症。虫体吸取营养，给宿主生长发育造成障碍；虫体分泌的毒素引起宿主中毒；剖检后可在小肠发现虫体。

【临床症状】犬轻度感染时常不呈现症状。严重感染时，表现为不定期的腹泻、便秘、流涎，皮毛无光泽，消瘦及发育受阻等。

当脑多头蚴寄生于牛、羊等动物时，有典型的神经症状和视力障碍。

【诊断】对脑多头蚴病的诊断可根据其典型的症状和病史作出初步诊断。也可用X光或超声波进行诊断，尸体剖检时发现虫体即可确诊。近年来有采用ELISA和变态反应（眼睑内注射多头蚴囊液）诊断脑多头蚴病的报道。

【治疗】

（1）吡喹酮：犬按每千克体重5 mg，猫按每千克体重2 mg，一次内服。

（2）氯硝柳胺：犬按每千克体重100～150 mg，猫按每千克体重200 mg，一次内服。

【预防】防止犬吃到含脑多头蚴的牛、羊等动物的脑及脊髓；对野犬、狼等终末宿主应予以捕杀；对牧羊犬进行定期驱虫，排出的粪便应深埋、烧毁或利用堆积发酵等方法杀死其中的虫卵，避免虫卵污染环境。

四、带形带绦虫病

带形带绦虫亦称带状泡尾绦虫，是猫体内发现的最为粗大的绦虫，也是全世界范围内迄今报告的唯一一种寄生于家猫的带属绦虫，寄生于猫的小肠。其中绦期称为带形囊尾蚴或镰尾蚴，寄生于多种啮齿动物的肝脏，兔及人也偶可感染，是一种人兽共患绦虫病。除猫外，带形带绦虫成虫也偶可寄生于人体小肠中。

【病原】带形带套绦虫成虫呈乳白色，体厚，长15～60 cm，头节上有30～50个小钩，排成2圈。头节后方很短窄，无颈节，因此又称为“粗头绦虫”或“肥颈绦虫”。每个成熟节片都有一个侧生殖开口，随机分布于成熟节片两侧面的一面；末端的孕节充满虫卵。虫卵具有带科绦虫虫卵的典型特征，呈褐色，球形，直径31～36 μm，内含六钩蚴，在显微镜下很容易识别。

带形带绦虫的中绦期属镰尾蚴型；头节裸露不内嵌，如同成虫的头节；其后接一假分节的镰体，其末端有球形的泡尾。

【生活发育史】成虫通常寄生于终末宿主猫的小肠，虫体末端的孕节脱落于粪便中，通过猫肠壁括约肌的收缩将其排出体外。通常可见到排出的节片在猫周围蠕动或附在猫的皮毛上。中间宿主是小啮齿动物，幼虫经中间宿主的小肠壁移行至肝脏，在肝脏内发育成镰尾蚴。镰尾蚴在肝内发育近2个月后才具有感染性。一旦猫食入，镰尾蚴的后段部分被消化，而前段部分又开始继续发育，潜隐期为32～80 d。在猫体内持续感染可达7个月甚至34个月以上。猫每天可排出3～4个节片，大部分的节片内含500个或少于500个虫卵。给痊愈猫喂给镰尾蚴可以发生重复感染，而且给尚有成虫的猫喂给镰尾蚴也可以发生重复感染。

【流行病学】带形带绦虫呈全球形分布，与家猫的分布一致。鼠科和仓鼠科啮齿动物是带形带绦虫最典型的中间宿主。在北美和欧洲，偶尔发现兔的肝脏有镰尾蚴，说明兔也可作为带形带绦虫的中间宿主。研究表明，从不同的中间宿主获得的镰尾蚴感染终末宿主猫后所获得的虫卵，对中间宿主的感染性存在差异。

带形带绦虫的节片具有很强的运动性，可自行蠕动很长距离。因此，如果受感染的猫与作为宠物的啮齿动物或兔同居一室，即可对这些动物具有感染的危险。

人可作为带形带绦虫的偶然终末宿主及中间宿主。阿根廷、日本等国已报道从人体驱出带形带绦虫的成虫；也有一篇论文报道一个 77 岁老人不明原因地去世，尸检时发现其肝脏有很多包囊，其中的一个包囊内被证实含有镰尾蚴，但尚不清楚人体是怎样被带形带绦虫感染的。

【致病作用及临床症状】迄今没有关于猫感染带形带绦虫后临床症状的描述，所以认为带形带绦虫对猫的致病性弱，不导致明显的临床特征。

【诊断】如果能从猫粪便中找到典型的节片或通过漂浮法检测到虫卵，就可确诊猫感染了带形带绦虫。检查节片时，可将节片挤压到载玻片上检查虫卵。采用这种方法，有时由于节片已排出大多数虫卵而看到很少或几乎没有虫卵。另外，在猫也可能感染多房棘球绦虫的地区，若粪便中发现脱落的节片则可确诊猫感染的带形带绦虫，而不是多房棘球绦虫。

【治疗】吡喹酮(每千克体重 5 mg)和依喹酮对治疗猫带形带绦虫都有很好的疗效。非班太尔和芬苯哒唑也被批准用于治疗猫带形带绦虫病。也可选用甲苯咪唑和硝硫氰醚。

【预防】应采取综合防治措施，对猫定期驱虫。有镰尾蚴的动物组织器官应销毁，禁止随意抛弃喂猫；严格管理猫，防止猫粪便污染环境和饮水。

五、细粒棘球绦虫病

细粒棘球绦虫病是由带科棘球属的细粒棘球绦虫(*Echinococcus granulosus*)寄生于犬、豺、狼等犬科食肉动物的小肠而引起的一种寄生虫病。中间宿主是羊、牛和骆驼等食草动物和人，幼虫(棘球蚴)可引起中间宿主严重的棘球蚴病(包虫病)。

【病原】成虫体长 2～7 mm。由 1 个头节和 3～4 个体节组成，分别是头节、颈节、幼节、成节和孕节。头节上有 4 个吸盘，顶突上有两圈小钩，36～40 枚，排列整齐呈放射状。成节含雌雄生殖器官 1 套，睾丸 35～55 个。卵巢呈蹄铁状，子宫呈棒状。生殖孔位于体侧中央或中央偏后。最后一节为孕节，其长度超过虫体全长的一半。孕节的子宫具有侧枝和侧囊，TP 内充满虫卵。虫卵大小为(32～36) μm × (25～30) μm，外层是具有辐射状的线纹较厚的外膜，内含六钩蚴。

【生活发育史】成虫寄生于终末宿主的小肠内，以顶突上的小钩和吸盘固着于肠黏膜上，孕节或虫卵随宿主粪便排出体外。中间宿主吞食了虫卵或孕节，六钩蚴在肠道内孵出，钻入肠壁，经血流到肝、肺等器官，经3～5个月发育成直径为1～3 cm的棘球蚴。随着寄生时间的延长，棘球蚴不断长大，最大的可达30～40 cm。终末宿主犬、狼等因食入了含棘球蚴的动物内脏而感染，其所含的每一个原头蚴都可以发育为一条成虫。从感染到发育成熟排出虫卵或孕节约需8周。成虫寿命为5～6个月。

【流行病学】细粒棘球绦虫病呈世界性分布，畜牧业发达的地区较为流行，在我国，主要流行于西北、华北、东北以及西南广大农牧区。动物和人感染棘球蚴的主要来源是野犬和牧羊犬；而牧羊犬由于常吃到含有棘球蚴的动物内脏，造成棘球绦虫在绵羊和犬之间的传播。

【致病作用及病理剖检变化】棘球蚴对动物和人可引起机械性压迫、中毒和过敏等作用，其严重程度取决于棘球蚴的大小、数量和寄生部位。机械压迫使周围组织发生萎缩和功能障碍。代谢产物被吸收后，使周围组织发生炎症和全身过敏反应，严重者可致死，对人的危害尤为明显。成虫对犬的致病作用不明显。

【临床症状】主要以幼虫(棘球蚴)的形式危害中间宿主，引起严重的棘球蚴病(包虫病)。寄生的虫体小，数目不多时呈现消化障碍，呼吸困难，腹水等症状，患畜逐渐消瘦，终因恶病质或窒息死亡。绵羊患本病时死亡率较高，主要症状为消瘦，被毛逆立常常脱落，咳嗽，咳嗽发作后常卧于地面。各种动物都可因囊泡破裂而产生严重的过敏反应，突然死亡。

成虫寄生于犬科动物的小肠，症状不明显，甚至寄生数千条绦虫亦无明显临床表现。

【诊断】动物棘球蚴病的生前诊断较困难，可采用间接血球凝集试验(IHA)和酶联免疫吸附试验(ELISA)。死亡动物在脏器内查到细粒棘球蚴可确诊。

对犬科动物小肠寄生的成虫，可结合粪便检查虫卵结果加以判定。粪便中发现绦虫节片可帮助确诊。

【治疗】

(1)吡喹酮：犬按每千克体重5 mg，猫按每千克体重2 mg，一次内服。

(2)氯硝柳胺：犬按每千克体重100～150 mg，猫按每千克体重200 mg，一次内服。

(3)盐酸丁萘脒：犬、猫按每千克体重50 mg，一次内服，间隔48 h再服1次。

(4)氢溴酸槟榔素：犬按每千克体重1～2 mg，一次内服。

(5)丙硫咪唑：犬按每千克体重10～20 mg，每天口服1次，连用3～4 d。

【预防】对犬进行定期驱虫，驱虫后对犬粪进行无害化处理，以防止病原的扩散，对犬的驱虫，可选用吡喹酮等药物；妥善处理病畜脏器，只有在煮熟后才可以作为饲料喂动物；保持家畜饲料、饮水及畜舍卫生，防止被犬粪污染；常与犬接触的人员应注意清洁卫生，防止从犬的被毛等处污染虫卵而误食；扑杀畜群附近的野犬及其他野生肉食动物以根除传染源。国外已研制出细粒棘球蚴基因工程疫苗，可用于牛、羊等家畜的免疫预防。

六、中绦绦虫病

中绦绦虫病是由中绦科中绦属的线中绦虫(*Mesocestoides lineatus*)寄生于犬、猫的小肠中而引起的疾病，偶尔寄生于人。

【病原】成虫长 30～250 cm，乳白色。头节上有 4 个椭圆形的吸盘，无顶突和小钩。每个成节有一组生殖器官。子宫位于节片中央。孕节内有子宫和一卵圆形的副子宫器，副子宫器内含成熟虫卵。

【生活发育史】线中绦虫的生活生活发育史尚未完全阐明，但已知需要两个中间宿主：地螨为第一中间宿主，在其体内发育为似囊尾蚴；第二中间宿主为各种啮齿类、禽类、爬虫类和两栖类动物，它们吞食了含似囊尾蚴的地螨后，在其体内发育为 1～2 cm 长的、具有 4 个吸盘的四盘蚴，这些中间宿主或四盘蚴被终末宿主吞食后，在其小肠发育为成虫。

【流行病学】线中绦虫呈世界性分布；在我国的北京、吉林、浙江、黑龙江、甘肃及新疆的犬体内，黑龙江的猫及人体内均有发现。

【致病作用及病理剖检变化】虫体寄生时以其小钩和吸盘损伤宿主的肠黏膜，常引起炎症。虫体吸取营养，给宿主生长发育造成障碍；虫体分泌的毒素引起宿主中毒；虫体聚集成团，可堵塞小肠腔，导致腹痛、肠扭转甚至肠破裂。

【临床症状】犬人工感染线中绦虫后，呈现食欲不振，消化不良，被毛无光泽。严重感染时有腹泻。在腹腔内可引起腹膜炎及腹水等。人感染时呈现食欲不振，消化不良，精神烦躁，机体渐消瘦等。

【诊断】粪便检查时，发现 2～4 mm 呈桶状的孕节即可做出诊断。

【防治】可用仙鹤草酚(驱绦丸)和氯硝柳胺驱虫。禁食第二中间宿主可防止感染。

七、曼氏迭宫绦虫病

曼氏迭宫绦虫病是由双槽科迭官属的曼氏迭宫绦虫(*Spirometra mansoni*)(图 14-1)寄生于犬、猫以及虎、豹等肉食动物的小肠内而引起的疾病，对犬猫危害

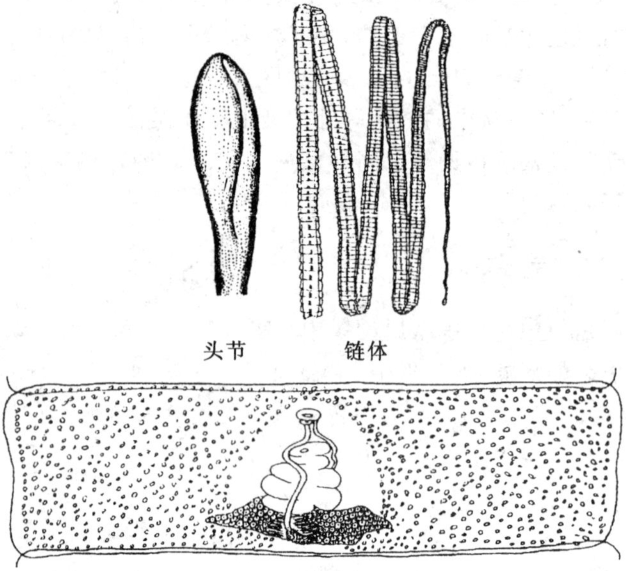

图 14-1 曼氏迭宫绦虫

较大，人偶感染。

曼氏迭宫绦虫的裂头蚴又名曼氏裂头蚴，寄生于蛙、蛇、鸟类和一些哺乳动物包括人的肌肉、皮下组织、胸腹腔等处。

该病呈世界性分布，欧洲、美洲、非洲及澳洲均有报道，但多见于东南亚诸国；我国的许多省市均有记载，尤其多见于南方各省。

【病原】成虫体长 40～60 cm，有的可长达 100 cm 以上，最宽处为 8 mm。头节细小，呈指状或汤匙状，背腹各有一个纵行的吸槽。颈节细长。成熟体节有一组生殖器官，睾丸 320～540 个，为小泡型，散布在体节两侧背面。卵巢分左右两瓣，位于节片后部中央。子宫位于体节中部，作 3～5 个螺旋状盘曲，紧密地重叠，略呈金字塔状。孕节子宫发达、充满虫卵。虫卵呈椭圆形，浅灰褐色，有卵盖，大小为 (52～76) μm×(31～44) μm，内有一个卵细胞和多个卵黄细胞。

【生活发育史】曼氏迭宫绦虫的发育过程需要两个中间宿主：第一中间宿主为剑水蚤，在其体内发育为原尾蚴；第二中间宿主为蛙类（蛇类、鸟类、鱼类、人可作为转续宿主），在其体内发育为裂头蚴。国内报道猪的腹腔网膜、肠系膜、脂肪及肌肉中也发现本虫的裂头蚴。犬、猫等终末宿主吞食了含有裂头蚴的第二中间宿主或转续宿主后，裂头蚴在其小肠内发育为成虫。一般在感染后 3 周可在粪便中检出虫卵。成虫在猫体内的寿命约为 3 年半(图 14-2)。

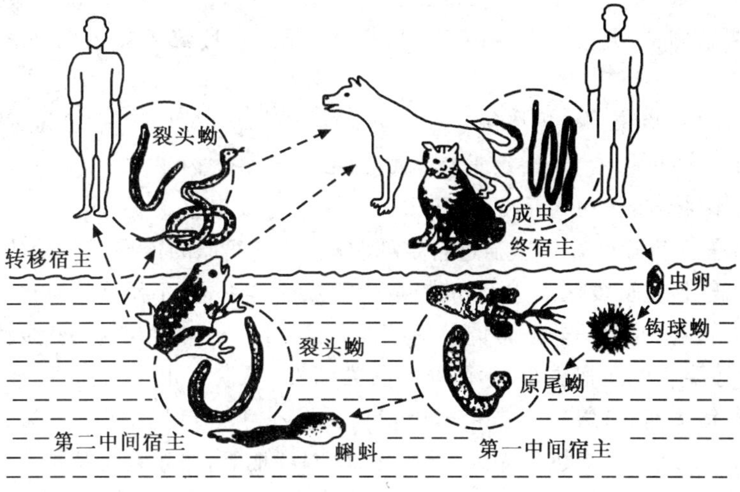

图 14-2　曼氏迭宫绦虫发育史

【流行病学】食肉动物感染成虫主要是捕食蛙类和食肉动物间的互相捕食。家畜和鸡鸭感染裂头蚴可能是吞食了混在水草中的蝌蚪、蛙所致。动物园犬科和猫科动物的感染主要与饲喂生肉有关。

人感染裂头蚴的主要途径和方式有：①用生蛙肉敷贴伤口和眼睛，治疗疮疖和眼炎；②吞食活蛙，有些地方有生吞青蛙或炒食半生蛙肉的习惯；③吃了含有裂头蚴且未煮熟的蛙肉、蛇肉、鸡鸭肉或猪肉等，肉中的裂头蚴移行入人体时引起感染；④误食了感染性的剑水蚤，多因饮用生水或游泳时误饮生水所致；⑤原尾蚴直接经皮肤或眼结膜侵入。

【致病作用及病理剖检变化】当大量虫体寄生时，虫体以其小钩和吸盘损伤宿主的肠黏膜，常引起炎症。虫体吸取营养，给宿主生长发育造成障碍；虫体分泌的毒素引起宿主中毒；虫体聚集成团，可堵塞小肠腔，导致腹痛、肠扭转甚至肠破裂。当其他哺乳动物和人作为中间宿主时，多寄生于内脏器官，引起严重疾病。

【临床症状】犬轻度感染时不呈现症状。严重感染时，表现为不定期的腹泻、便秘、流涎、皮毛无光泽、消瘦及发育受阻等。

【诊断】依据临床症状，结合犬、猫等终末宿主的粪检虫卵结果加以判定。如发现病犬肛门常夹着尚未落到地面的孕卵节片，以及粪便中夹杂短的绦虫节片，均可帮助确诊。必要时可作驱虫观察。

【治疗】

(1)吡喹酮:犬按每千克体重 5 mg,猫按每千克体重 2 mg,一次内服。

(2)氯硝柳胺:犬按每千克体重 100～150 mg,猫按每千克体重 200 mg,一次内服。

(3)盐酸丁萘脒:犬、猫按每千克体重 50 mg,一次内服,间隔 48 h 再服 1 次。

(4)氢溴酸槟榔素:犬按每千克体重 1～2 mg,一次内服。

(5)丙硫咪唑:犬按每千克体重 10～20 mg,每天口服 1 次,连用 3～4 d。

【预防】在流行区,对犬、猫进行定期驱虫,控制病原的传播以减少猪和禽类等动物的感染;禁止从疫区引进犬和猫,或先驱虫后再引进;不用屠宰场的废弃物,特别是未经无害化处理的非正常肉及内脏喂犬、猫,防止食入裂头蚴;猪要圈养,以免吃到蛙类等第二中间宿主;人不用蛙肉贴敷消炎,不饮生水,不食生的或半生的蛙肉、蛇肉和猪禽肉等;屠宰人员接触肉尸要戴防护手套,以防感染裂头蚴;做好防鼠、灭鼠工作,严防鼠类进出圈舍、饲料库、屠宰场地等;注意人身防护。

第十五章　犬猫线虫病

犬猫线虫病主要是由无饰科弓首属的弓首蛔虫、弓蛔属的狮弓蛔虫、钩口科钩口属和弯口属的线虫、丝虫科的犬恶丝虫、吸吮科吸吮属的结膜吸吮线虫等寄生于犬猫体内引起的。

一、蛔虫病

蛔虫病是幼年犬、猫常见的寄生虫病，其病原主要为犬弓首蛔虫(*Toxocara canis*)、猫弓首蛔虫(*T. cati*)和狮弓蛔虫(*Toxascaris leonina*)。寄生于犬、猫小肠内，其中犬弓首蛔虫最为重要，能够引起幼犬死亡。蛔虫病分布于世界各地。常引起幼犬和幼猫发育不良，生长缓慢，严重时可引起死亡。

【病原】犬弓首蛔虫(通称犬蛔虫)和狮弓首蛔虫(通称狮蛔虫)寄生于肉食兽小肠和胃内。猫弓首蛔虫(通称猫蛔虫)寄生于猫的小肠内。虫体呈浅黄色，头端有三片唇，缺口腔，食道简单(图 15-1)。

(1)犬蛔虫：虫体具有狭而长的颈翼膜，在食道与肠管的连接部有小胃。雄虫长 5～11 cm，尾端弯曲，有尾翼膜，尾尖有圆锥状突起物，交合刺等长。雌虫长 9～18 cm，尾端直，阴门开口于虫体前半部。虫卵呈亚球形，大小为(68～85) μm×(64～72) μm，卵壳厚，表面有许多点状凹陷。

(2)狮蛔虫：虫体头端通常向背侧弯曲。无小胃。颈翼两端尖，中间宽，头端呈矛尖形。雄虫长 3～7 cm，雄虫交合刺等长，但无尾翼膜，尾端无圆锥状突起。雌虫长 3～10 cm。雌虫尾端尖细而长直，阴门开口于虫体前 1/3 与后 1/3 交界处。虫卵近似圆形，大小为(49～61) μm×(74～86) μm，卵壳光滑无点状凹陷。

(3)猫蛔虫：虫体近似于犬蛔虫，但其头端颈翼膜前窄后宽，使虫体前端如箭头状。雄虫长 3～6 cm，雌虫长 4～10 cm。虫卵大小为 65 μm×70 μm，表面有许多点状凹陷。

【生活发育史】寄生于于犬、猫小肠内的成虫产卵，卵随粪便排出体外，在适宜的外界条件下，发育为感染性虫卵，感染性虫卵被犬、猫吞食后，在小肠内孵出幼虫，幼虫经血液循环到达肝脏、肺脏，然后经咽回到小肠，发育为成虫。也有一部分幼虫被血液带到其他组织器官内形成包囊，在其内不生长、不死亡，更不能发育至成熟期，如若被其他肉食兽吞食，仍可发育为成虫。犬蛔虫幼虫可经胎盘或母乳感

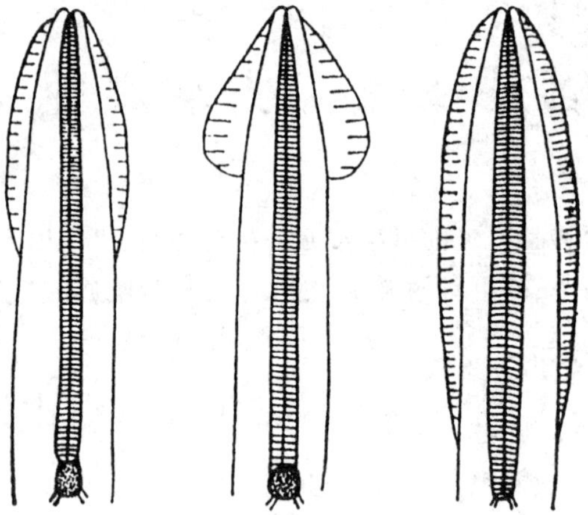

图 15-1 犬蛔虫、猫蛔虫和狮蛔虫(仿宁长申)

染胎儿,仔犬出生后 23~40 d 小肠内即可有成虫寄生。

犬、猫蛔虫的感染性虫卵可被鼠类等转续宿主食入,在其体内形成含第 3 期幼虫的包囊,动物捕食转运宿主即可被感染。

狮蛔虫生活发育史类似鸡蛔虫生活发育史,无体内移行过程。成虫在小肠产卵,随粪排出体外,虫卵在适宜外界环境即可发育到感染期,被宿主吞食后,幼虫钻入肠壁发育后回到肠腔,经 3~4 周发育为成虫。

【症状与病变】幼虫移行可引起腹膜炎、败血症、肝脏的损害及蛔虫性肺炎,严重者可见咳嗽、呼吸频率加快和泡沫状鼻漏,多出现在肺脏移行期。重度病例可在出生后数天内死亡。狮弓蛔虫无气管移行。

成虫寄生于小肠,可引起胃肠功能紊乱、呕吐、腹泻或腹泻便秘交替出现、生长缓慢、被毛粗乱、贫血、神经症状、腹部膨胀,有时可在呕吐物和粪便中见到完整虫体。大量感染时可引起肠阻塞,进而引起肠破裂、腹膜炎。成虫异常移行时可导致胆管阻塞、胆囊炎。

【诊断】应根据临床症状、病史调查,结合病原检查可作出综合诊断。利用饱和盐水漂浮法检查粪便,发现亚球形、棕色虫卵,卵壳厚,表面具点状凹陷可确诊。若粪便中排出虫体或吐出虫体,虫体白色线状,长 20~180 mm,也可确诊。

【治疗】常用的驱线虫药均可驱除犬猫蛔虫。

(1)芬苯哒唑:犬猫均按每天每千克体重 50 mg 的剂量,连喂 3 d。用药后少数病例可能出现呕吐。

(2)甲苯咪唑：犬的总剂量为每千克体重 22 mg，分 3 d 喂服。此药常引起呕吐、腹泻或软便，偶尔引起肝功能障碍（有时可致命）。

(3)哌嗪盐：犬猫的剂量均按每千克体重 40～65 mg，口服。注意计算剂量时要按含哌嗪的量而不按其药物量。

(4)伊维菌素：按每千克体重 0.2～0.3 mg 皮下注射。

(5)双羟萘酸噻嘧啶：犬按每千克体重 5.0 mg 喂服。

(6)左咪唑：按每千克体重 10 mg，一次内服。

【预防】应采取综合性的预防措施：对犬、猫进行定期驱虫；要做好环境、食具、食物的清洁卫生工作，及时清除粪便；母犬在怀孕后第 40 天至产后 14 d 驱虫，以减少围产期感染；幼犬应在 2 周龄进行首次驱虫，2 周后再次驱虫，2 月龄时进一步给药以驱除出生后感染的虫体；哺乳期母犬应与幼犬一起驱虫；阻止犬、猫摄食转运宿主。

二、钩虫病

钩虫病病是由钩口科（Ancylostomatidae）、钩口属（*Ancylostoma*）和弯口属（*Uncinaria*）的线虫寄生于犬、猫的小肠，主要十二指肠而引起的一种寄生虫病。除犬、猫外，也可寄生于狐狸、浣熊、獾和其他肉食兽的小肠。主要虫种有犬钩口线虫（*A. caninum*）、巴西钩口线虫（*A. brazilliense*）和狭首弯口线虫（*U. stenocephala*）。我国各地广泛流行，多发于热带和亚热带地区。

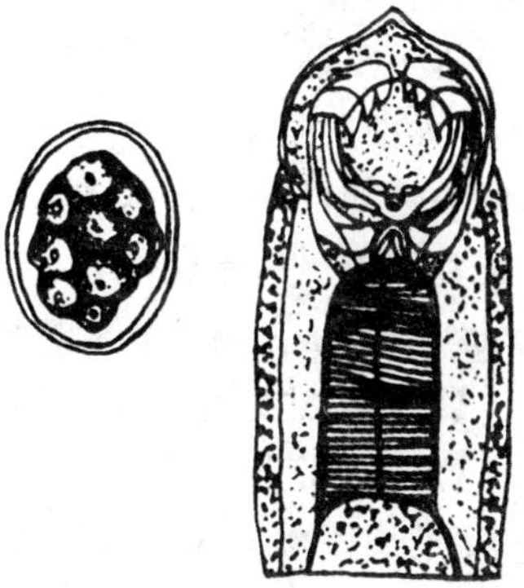

图 15-2　犬钩虫头部及虫卵

（仿宁长申）

【病原】主要有 3 种病原体。犬钩虫头部及虫卵见图 15-2。

(1)犬钩口线虫：为小型线虫，虫体呈淡红色。头端向背面弯，口囊发达，腹侧有 3 对排列对称的大齿，口囊深部有 2 对背齿和 1 对侧腹齿。虫体长 10～16 mm。虫卵钝椭圆形，无色，大小为 60 μm×40 μm，内含 8 个卵细胞。

(2)巴西钩口线虫：虫体口囊腹侧口缘上有 1 对大齿、1 对小齿。虫体长 6～10 mm。卵大小为 80 μm×40 μm。

(3)狭首弯口线虫：虫体呈淡黄色，两端稍细，头弯向背面，口囊发达，腹面前缘两侧各有一半月状切板。雄虫长 6～11 mm。雌虫长 7～12 mm。虫卵和犬钩虫卵相似。

【生活发育史】雌虫在小肠内产卵，卵随粪便排到体外，在适宜的条件下，经1周时间发育蜕化成感染性幼虫。感染性幼虫可经口或经皮肤侵入到犬、猫体内，此外也可经胎盘感染。

经口感染时，幼虫钻入消化道黏膜进入血液循环，经皮肤侵入时，幼虫钻入外周血管进入血液循环，然后随血流经心脏、肺、细支气管、支气管、气管到达口腔，被咽下，经胃进入小肠，固着于小肠壁上发育为成虫。自感染到发育为成虫需50 d左右。

弯口属以经口感染为主，幼虫移行一般不经过肺。

【症状与病变】幼虫侵入、移行和成虫寄生期均可引起临床症状。幼虫侵入皮肤时可引起皮肤炎症、瘙痒，也可继发细菌感染，常发生在趾间和腹下被毛较少处。幼虫移行阶段，一般不出现临床症状，有时大量幼虫移行至肺时可引起肺炎。

成虫寄生阶段，虫体吸着于小肠黏膜上吸血，且分泌抗凝素，延长凝血时间，故可造成大量失血，因此动物临床主要表现为贫血、倦怠、呼吸困难，哺乳期幼犬更为严重。常伴有血性或黏液性腹泻，粪便呈柏油状。动物营养不良，严重感染者可引起死亡。血液检查可见白细胞总数增多，嗜酸性白细胞比例增大，血色素下降。

剖检黏膜苍白，血液稀薄，小肠黏膜肿胀、出血，肠内容物混有血液，小肠内可见有许多虫体。

【诊断】根据流行病学资料、临床症状，结合病原学检查发现虫卵、幼虫或小肠内的虫体即可确诊。本病的主要临床症状是贫血、黑色柏油状粪便、肠炎和有低蛋白血症病史。病原检查方法主要有：饱和食盐水漂浮法检查粪便中的虫卵，贝尔曼氏幼虫分离法分离犬猫栖息地土壤或垫草内的幼虫，剖检查找小肠中的虫体。

【治疗】常见的驱线虫药均可用于犬猫钩虫病的治疗，可参考犬蛔虫病。

【预防】定期驱虫，及时清理粪便，并进行生物热处理；保持犬舍清洁，干燥通风；定期用硼酸盐或酒精喷灯处理犬、猫经常接触的地方，以便杀死幼虫。

三、鞭虫病（毛尾线虫病）

犬鞭虫的学名为狐毛尾线虫（*Trichuris vulpis*），寄生于犬、狐、猫的盲肠和结肠，呈世界分布。本病多发于犬，极少见于猫。

【病原】成虫长40～70 mm，呈乳白色。前端细长，毛发状。寄生时，毛发状前端深陷在盲肠肠黏膜内，后部粗短，游离于肠腔中，虫体粗细过渡突然，形状呈鞭子样，故称鞭虫（*Whipworm*）。雄虫尾部卷曲，交合刺1根，具鞘；雌虫尾部稍有弯曲，后端钝圆，阴门位于粗细交界处。虫卵腰鼓形，黄褐色，两端具塞，处单细胞期。

【生活发育史】寄生于盲肠和结肠内的雌虫产卵，随粪便排出外界，在适宜的条件下发育为感染性虫卵，从刚排出的虫卵发育到感染性虫卵一般需 3～4 周，最适条件下，只需 9～10 d。犬等因食入感染性虫卵而感染。本病最重要的特点是虫卵在犬舍中存活时间可达 3～4 年，为重要的感染来源。

【症状】轻度感染时，一般不表现临床症状；严重感染时，表现精神不振、肠炎、贫血、消瘦、腹泻、便血等，亦继发细菌感染。

【诊断】根据临床症状可做出初步诊断，结合粪便漂浮法检出虫卵或剖检发现虫体即可确诊。

【防治】常用的驱线虫药一般均可用于治疗鞭虫病。预防需定期驱虫，及时清理粪便，注意饮食和环境卫生。

四、犬心丝虫病

犬恶丝虫病是由双瓣科，恶丝属中的犬恶丝虫，又称犬心丝虫寄生于犬的右心室和肺动脉（少见于胸腔、支气管皮下组织）引起循环障碍，呼吸困难及贫血等症状的一种丝虫病，在我国分布很广，除犬外，猫、狼、狐及小熊猫等野生食肉动物也能感染。免疫力低下的人偶被感染，第 3 期幼虫导致患者肺部和皮下出现结节，胸痛和咳嗽。

【病原】犬恶丝虫（*D. i mmitis*）雄虫长 12～16 cm，尾部短而钝圆，有窄的尾翼，有 5 对泄殖腔前乳突，6 对泄殖腔后乳突。有两根不等长的交合刺，左侧的长，末端尖；右侧的短，相当于左侧的 1/2 长，末端钝圆。整个尾部呈螺旋形弯曲。雌虫长 25～30 cm，尾部直。阴门开口于食道后端处。

【生活发育史】犬恶丝虫主要寄生于犬的右心室合肺动脉，严重感染时也可发现于右心房及前、后腔静脉合肺动脉。中间宿主微某些蚊（中华按蚊、白纹伊蚊、淡色库蚊），蚤（犬蚤、猫蚤）。雌虫产出的微丝蚴进入外周血液，在血液中可生存 1 年或 1 年以上，但被中间宿主吞食之前不能进一步发育。夏季蚊子吸血后，微丝蚴进入蚊体中，约 2 周发育成感染性第 3 期幼虫。蚊刺吸犬血时，第 3 期幼虫从蚊口器中逸出，迅速钻进皮肤中，在皮下结缔组织，肌间组织，脂肪组织合肌膜下发育，经第 3、第 4 次蜕皮成为童虫，然后进入静脉，移行到右心室及大血管内，肝静脉，前腔静脉到肺动脉的毗连血管内寄生。在终末宿主体内成虫可以生存 5～6 年并不断产生微丝蚴。

【流行病学】本病呈世界性分布。我国各地犬的感染率很高，感染季节一般为蚊蝇最活跃的 6～10 月份，感染高峰期为 7～9 月份。感染率和年龄成正比，年龄越大则感染率越高。犬的性别、被毛长短、毛色等与感染率无关。饲养环境与感染率有关，饲养在屋外的犬感染率高于饲养在屋内的犬。

【致病作用与症状】成虫寄生于犬的右心室及肺动脉终，由于虫体刺激心内膜，可以引起心内膜炎并继发心肥大和右心室扩张；虫体寄生于肺动脉中，出现动脉内膜炎。严重感染时可因静脉淤血而导致腹水和肝肿大等病变；肺因幼虫的刺激而发炎，造成上呼吸道感染。初期症状是慢性咳嗽，无上呼吸道感染的其他症状，运动时加重。或运动时病犬易疲劳。随着病情的发展，病犬出现慢性支气管炎，心悸亢进，脉细弱并有间歇，心内有杂音，肝区触诊疼痛，肝肿大，胸腹腔积水，全身浮肿，呼吸困难，咳嗽剧烈等症状。无尿或血尿，长期受到感染的病例，肺源性心脏病极为明显。末期由于全身衰弱或运动时虚脱而死亡。常有因输液而死亡的病例。

犬病常伴发有结节性皮肤病，以瘙痒和沿被线分布且易破溃的多发性灶状结节为特征。皮肤结节显示血管中心的化脓性肉芽肿；在化脓性肉芽肿的血管内常见有微丝蚴。经过治疗皮肤可以治愈。

当犬出现肺动脉高压症及肺动脉瓣膜障碍时，X 光摄影可见右心室扩张，主动脉和肺动脉扩张。并发急性腔静脉综合症时，突然出现血色素尿、贫血、黄疸、虚脱和尿毒症等症状。

解剖时可见心脏肥大，右心室扩张，瓣膜病变，心内膜肥厚等。犬恶丝虫的成虫常纠缠成团，也可游离或被包裹而寄生于右心室和肺动脉中，也有个别的寄生于肺动脉支和肺组织中。此外，还可见于皮下和肌间组织中。出现肺脏膨胀不全及肝变，肺动脉内膜炎（由于虫体刺激，右膈叶最明显）和栓塞，脓肿及坏死等症。肝脏右肝硬变及肉豆蔻肝。肾脏实质和间质均有炎症变化，后期为全身贫血，各器官发生萎缩。

猫最常见的症状为食欲减退、嗜睡、咳嗽、呼吸痛苦和呕吐。体重下降和突然死亡，右心室衰竭和腔筋脉综合症在猫较少见。

【诊断】根据病史调查和临床症状观察可以作出初步诊断，确诊在血液中找到微丝蚴。检查微丝蚴的较好方法是改良 KNOTT 氏试验和毛细血管离心法。

（1）改良 KNOTT 氏试验：取全血 1 mL 加入 2%甲醛 9 mL，混合后 1 000～1 500 r/min 离心 5～8 min，弃上清液，取 1 mL 沉渣和 1 滴 0.1%美蓝溶液混合后，在显微镜下检查微丝蚴。

（2）毛细血管离心法：取抗凝血，吸入特指的毛细管内，用橡皮泥封住下端，离心后在显微镜下于红细胞和血浆交界处直接观察微丝蚴，或将毛细管切断，将所要检查的部分血浆置于载玻片上镜检。

（3）离心法：用血液 1 mL 加 7%醋酸溶液或 1%盐酸溶液 5 mL，1 500 r/min

离心 2～3 min 后，倾去上清液，取沉淀物镜检微丝蚴。

动物体内无微丝蚴时难以确诊，感染的犬、猫分别有 25％以上和 80％以上呈隐性感染。对于这些动物，可根据症状结合胸部 X 射线诊断。犬特征性的 X 射线病理变化有肺动脉扩张，有时弯曲，肺动脉明显隆起，尾叶有动脉分布，有心扩张。猫最常见的 X 射线病理变化是肺尾叶动脉扩张。

需要注意的是，虫体尚未成熟或单性成虫寄生则查不到微丝蚴，微丝蚴出现于末梢血中有季节性和定期性。通常春夏检出率高，夜晚较白天检出率高。此外，成虫寄生数量少时，微丝蚴的检出率低。对疑似本病而查不出微丝蚴时，可用超声波、X 射线摄影或免疫方法检查。

【治疗】对于心脏功能障碍的病犬应先给予对症治疗，然后分别针对成虫和微丝蚴进行治疗，同时对患犬进行严格的监护，因犬恶丝虫寄生部位特殊，故药物驱虫具有一定的危险性。

1. 驱除成虫

硫乙砷胺钠：按每千克体重 0.22 mL 静脉注射，2 次/d，连用 2 d。注射时严防药物漏出静脉。该药对患严重心丝虫病的犬较危险，可引起肝中毒和肾中毒。

酒石酸锑钾：按每千克体重 2～4 mg 溶于生理盐水，静脉注射，1 次/d，连用 3 d。

菲拉松：每次按每千克体重 1.0 mg，3 次/d，连用 10 d。

2. 驱除微丝蚴

碘化噻唑氰胺：按每千克体重每天 6.6～11.0 mg，用 7 d，如果微丝蚴检查仍为阳性，则可增大剂量到每千克体重 13.2～15.4 mg，直至微丝蚴检查阴性。因用药后可能有呕吐和腹泻等副作用，应尽量减小剂量以减少副作用。如果微丝蚴血症在治疗后 20 d 仍不见效，可以考虑改换另一种驱虫药。如果应用另一种药治疗后，仍有虫血症，并还有成虫存在，应进行第二次治疗以驱除成虫。

左咪唑：按每千克体重 11.0 mg，1 次/d，口服，用 6～12 d。治疗后第 6 天开始检查血液，当血液中微丝蚴转为阴性时停止用药。用药后，可能出现呕吐、神经症状、严重的行为改变和死亡；治疗超过 15 d，有中毒的危险性；该药不能和有机磷酸盐或氨基甲酸酯合用。也不能用于患有慢性肾病和肝病的犬的治疗。

二硫噻啉：按每千克体重 22 mg，拌料，1 次/d，连用 10～20 d。

【预防】药物预防为本病最有效的预防措施。

(1)伊维菌素：低剂量至少使用 1 个月可以达到有效的预防作用。

(2)海群生：按每千克体重 6.6 mg，在蚊虫活动季节开始到蚊虫活动季节结束后 2 个月内用药。在蚊虫常年活动的地方要全年给药。用药开始后 3 个月时检查一次微丝蚴，以后每 6 个月检查 1 次。

(3)苯乙烯吡啶海群生合剂：按每千克体重 6.6 mg，1 次/d，连续应用可起到预防效果。

(4)硫乙砷胺钠：1 次量为按每千克体重 0.22 mL，2 次/d，连用 2 d。间隔 6 个月重复用药 1 次。对于某些不能耐受海群生的犬，可用该药进行预防，1 年用药 2 次，可在临床症状出现前把心脏内虫体驱除。

五、犬肾膨结线虫病

肾膨结线虫病是由膨结目(Dioctophymata)、膨结科(Dioctophymati dae)、膨结属(*Dioctophyma*)的肾膨结线虫(*Dioctophyma renale*)寄生于犬的肾脏(80%在右肾)或腹腔而引起的。亦可寄生于猪、狐狸、水貂和狼等 20 多种动物，偶尔可以感染人。肾膨结线虫病又称肾虫病。分布于欧洲、美洲和亚洲。

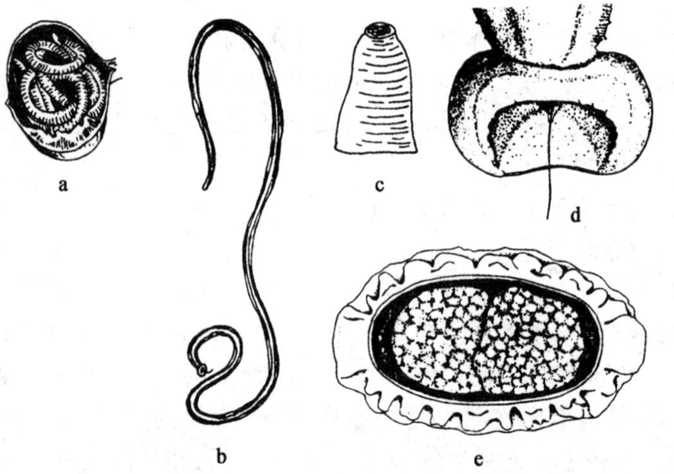

图 15-3　肾膨结线虫(仿汪明等)

a. 肾中成虫　b. 雄虫全形　c. 头端　d. 雄虫尾端　e. 虫卵

【病原】新鲜虫体呈红白色，圆柱状，两端略细。口孔周围有两圈乳突，雄虫(140～450) mm×(3～4) mm，有一钟形交合伞，无肋，交合刺 1 根，长 5～6 mm。雌虫(200～1 000) mm×(5～12) mm。虫卵呈卵圆形，棕色，表面有许多小凹陷，大小为(72～80) μm×(40～48) μm。

【生活发育史】肾膨结线虫为间接型生活发育史。环节动物(蚯蚓)为肾膨节线虫的第一中间宿主，鱼和蛙类可作为其第二中间宿主。在第一中间宿主体内存在的是第2期幼虫,在第二中间宿主体内存在的是第3期幼虫(感染性幼虫)。犬等多因食入含有第3期幼虫的生的或未煮熟的鱼、蛙类等而遭受感染。幼虫进入消化道后,穿过肠壁随血流移行至肾盂发育为成虫。成虫产卵,卵随尿液排出体外。除犬外,多种野生肉食动物也可感染肾膨结线虫,并向外界排出虫卵,作为感染源污染环境,因此野生动物的感染在本病的流行上有重要意义。

【症状与病变】特征性的临床症状是病犬排尿困难,尿尾段带血;少数病例可有腰痛表现。但大多数病例不表现临床症状。病变主要在肾脏,肾实质受到破坏,留下一个膨大的膀胱状包囊,内含一至数条虫体和带血的液体,往往右肾比左肾受侵害的程度高。个别病例,虫体可能出现于腹腔皮下结缔组织。

【诊断】尿液中检出虫卵即可确诊,或死后剖检,在肾脏中找到虫体及相应病变即可确诊。

【防治】本病需要进行手术治疗,取出虫体。预防主要是不让犬吃生的或未煮熟的鱼及其他水生动物。发病动物或带虫动物的粪尿应严格处理,以防病原扩散。

六、吸吮线虫病(眼虫病)

犬吸吮线虫病(眼虫病)是由吸吮科(Thelazii dae)、吸吮属(*Thelazia*)的丽嫩吸吮线虫(*T. callipaeda*)寄生于犬的瞬膜下所引起的一种寄生虫病犬表现结膜炎、角膜炎、视力下降,甚至造成角膜糜烂、溃疡和穿孔。偶见于羊、兔和人。本病多发于夏秋季节,我国各地均有流行。

【病原】虫体呈线状,乳白色,头端有明显口囊,无唇,口缘有内外两圈乳突。体表有许多横纹。雄虫长7～11.5 mm,尾端卷曲,有肛前乳突11个,肛后乳突4个;交合刺2根,长短形状各异。雌虫长7～17 mm。阴门位于食道部。卵椭圆形,壳薄,内含成形的幼虫,并迅速孵化,幼虫带鞘。

【生活发育史】为间接型生活发育史。多种蝇类(家蝇、厕蝇等)均可作为丽嫩吸吮线虫的中间宿主。寄生于犬瞬膜下的雌虫产含幼虫的卵,卵迅速孵出第1期幼虫,蝇在舐食犬眼分泌物时食入幼虫,幼虫在蝇的体内发育为感染性幼虫,并移行到蝇的口器。当带有感染性幼虫的蝇舐食犬眼分泌物时,幼虫进入眼内瞬膜下,发育为成虫。

第十六章 犬猫棘头虫病

棘头虫病是由棘头动物门的虫体寄生于动物和人肠道内所引起的疾病。棘头动物门是动物界中种类较少的一个门，寄生于人和动物的种类亦较少，但虫体寄生时以其前端坚韧的吻钩插入宿主的肠壁，损伤肠黏膜，引起局部出血、发炎、溃疡等，危害严重。在小动物中，犬、猫棘头虫病的流行具有一定的季节性和地区性。

棘头虫是一种左右对称、雌雄异体的虫体，雄虫比雌虫小得多。虫体可分为细短的前体和较粗大的躯干两部分。前体的前端为吻突，其后为颈部。吻突为球形、卵圆形或圆柱形，其上有钩或棘，是附着于宿主肠壁的工具。钩和棘的形状、大小、数目和排列以种类的不同而有差异，是虫体分类的主要依据。吻突可以嵌入吻囊内，或从其中伸出。吻囊是一个肌质的囊，悬系在假体腔内，吻囊内有腔隙液。颈部较短，无钩和棘。躯干的前部较宽，后部较细长。体表平滑，有皱纹，有的种类有小刺。体表常由于吸收宿主的营养，特别是脂类物质，而呈现红、橙、褐、黄或乳白色。躯干部是一个中空的构造，里面包含生殖器官、排泄器官、神经系统以及假体腔液等。棘头虫无消化器官。

棘头虫的发育需要中间宿主，常见的中间宿主为甲壳动物和昆虫。雌虫产出的成熟虫卵随宿主粪便排到外界，卵内含有一个称之为棘头蚴的幼虫。虫卵在外界环境中被中间宿主吞食，棘头蚴在中间宿主的体内先发育为棘头体，再经 1～3 个月进一步发育为具有感染性的幼虫——棘头囊。一些小型哺乳动物或鸟类摄食这种中间宿主后，棘头囊在其体内可保持感染力。当终末宿主摄食含有棘头囊的中间宿主或贮藏宿主后，棘头囊即在终末宿主的肠道内发育为成虫。

寄生于犬、猫的棘头虫主要为巨吻目少棘科钩吻属的犬棘头虫。

犬钩吻棘头虫寄生于犬、猫及一些野山猫和狼的肠道。虫体较小，呈圆锥形，白色，雄虫长度为 6～13 mm，雌虫长度为 7～14 mm，虫体前端的吻突上有 6 排钩。虫卵呈褐色，椭圆形，卵壳较厚，大小为(59～71) μm×(40～50) μm。

犬钩吻棘头虫的生活发育史尚不完全清楚，一般认为，其中间宿主为一种节肢动物，火鸡可作为其贮藏宿主。犬或猫吞食这种带有棘头囊的中间宿主或贮藏宿主而发生感染，并在肠道发育为成虫。目前，国内部分省区的犬有感染的报道。

棘头虫感染的犬、猫大多成为无症状的感染者，很少表现出明细的临床症状。因此对该病的诊断主要依靠粪便检查发现椭圆形、内含棘头蚴的虫卵，或剖检在肠道发现以吻突附着在肠壁上的虫体。治疗可试用丙硫咪唑、左旋咪唑和伊维菌素等药物。防止犬猫吞食带有棘头囊的中间宿主和贮藏宿主可控制感染的发生。

第十七章　犬猫节肢动物病

一、硬蜱

通常将硬蜱科的蜱常称为硬蜱，是寄生于动物体表的一类很常见的外寄生虫。硬蜱的种类很多，已发现有650多种，分属于13个属。硬蜱除寄生于犬、猫在内的各种动物体表直接损伤和吸血外，还常常成为多种重要的传染病和寄生虫病的传播者。

犬、猫常见的硬蜱种类介绍如下。

(1)血红扇头蜱：体型中等，雄虫体长2.7～3.3 mm，宽1.6～1.9 mm。雌虫未吸血时体长约2.8 mm×1.6 mm。为三宿主蜱，其假头基呈六角形，盾板无花斑，盾板上的刻点以细的居多，雌虫侧沟长，伸延至盾板后侧缘，雄虫肛侧板窄长，其内缘突角不明显。有眼，有肛后沟，气门板呈逗点状，为我国的常见种，主要寄生于犬，也可在绵羊等其他动物和人体上发现。该蜱是犬巴贝斯虫和吉氏巴贝斯虫的传播媒介，并有经卵或经变态期传递病原体的能力。

(2)镰形扇头蜱：体型中等，未吸饱血虫体长3～4 mm。须肢第1和第2节腹面内缘刚毛排列紧密。雌虫盾板近似圆形，长宽略等，颈沟伸过盾板的2/3；雄虫盾板上刻点大小不等，疏密不均，肛侧板弯曲成镰刀形，内缘刺突的上方有明显的凹陷。常见于我国南方的山林野地和农区。可感染犬，也可感染水牛、黄牛、羊、猪等家畜。为吉氏巴贝斯虫、水牛巴贝斯虫的传播媒介。

(3)二棘血蜱：雄虫体长约1.96 mm，宽约1.26 mm；雌虫未吸血时体长约2.38 mm，宽约1.40 mm。假头短小，假头基矩形，表面有细刻点，基突强大。须肢向外侧突出成角。雄蜱盾板长卵圆形，中部最宽，表面平滑而有许多微细的点窝，雌蜱盾板略呈圆形。无眼，有肛后沟，有缘垛，雄蜱腹面无几丁质板，气门板卵圆形。主要生活于山野和农区。寄生于牛、羊、马、猪、犬、猫、狮、虎、猴、鸡等动物。

(4)长角血蜱：假头钝楔形，第3节后缘具有一三角形尖刺，口下板齿式为5/5，雌虫盾板亚圆形，中部最宽，雄虫基突强大，末端尖。为温带种，主要生活于次生林和山地。宿主种类广泛，包括牛、马、羊、犬、猪、鹿、熊、狐、兔等野生动物，也能侵袭人，可携带森林脑炎病毒。

对硬蜱的生活发育史、流行病学、诊断及防治详见第十章。

二、犬、猫的螨病

(一)犬疥螨病

犬疥螨病是由疥螨科、疥螨属的犬疥螨引起的犬的一种慢性寄生性皮肤病，俗称“癞皮病”，病犬主要表现为剧痒不安、被毛脱落及皮炎症状。

【病原】犬疥螨成虫呈近圆形，微黄白色，背部隆起，腹部扁平。雌螨平均大小约为 0.38 mm×0.27 mm，雄螨平均大小约为 0.22 mm×0.17 mm。体表面有细横纹、锥突、鳞片和刚毛，假头后面有一对短粗的垂直刚毛，背胸部有一块长方形的胸甲。虫体腹面有 4 对粗短的足。在雄虫的第 1、第 2、第 4 对足和雌虫的第 1、第 2 对足上各有一个吸盘。在雄虫的第 3 对足和雌虫的第 3、第 4 对足上的末端各有一根长刚毛。卵呈椭圆形，大小平均为 150 μm×100 μm。

【生活发育史】疥螨的发育需经过卵、幼虫、若虫和成虫 4 个阶段，全部发育过程都在犬身上进行，一般在 1～3 周内完成。疥螨在犬皮肤的表皮内挖凿隧道，雌虫在隧道内产卵，每个雌虫一生可产卵 20～50 个。卵孵化为幼虫，幼虫有 3 对足，体长 0.11～0.14 mm，幼虫爬到皮肤表面，在皮肤上凿小洞穴，并在穴内蜕化为若虫，若虫钻入皮肤挖凿隧道，并在里面蜕皮为成虫，整个生活发育史 10～14 d。雌虫的寿命 3～4 周，雄虫在交配后死亡。

【流行病学】疥螨病多发于冬季、秋末和春初。因为这些季节光线照射不足，犬毛密而长，特别是犬舍环境卫生不好、潮湿的情况下，最适合螨虫的发育和繁殖，犬最易发病。

【症状与病变】幼犬感染犬疥螨后症状较严重，病变多起始于耳部，病犬剧烈瘙痒，抓耳挠腮，而后波及鼻梁，眼眶、胸部、躯干和四肢。病初皮肤发红有疹状小结，表面有大量麸皮状皮屑，进而皮肤增厚、被毛脱落、表面覆盖痂皮、龟裂。病犬剧痒，不时用后肢搔抓、摩擦，当有皮肤抓破或痂皮破裂后可出血，有感染时患部可有脓性分泌物，并有臭味。

由于患犬皮肤被螨虫长期慢性刺激，犬终日不停啃咬、挠抓、摩擦患部，使犬烦躁不安，影响休息和正常进食。临床可见病犬日见消瘦、营养不良，重者可导致死亡。

【诊断】根据临床症状和实验室检查可进行确诊。

用消毒好的手术刀片在病变皮肤和健康皮肤交界处刮取皮肤采集病料，将病料放置于载玻片上，滴加 50%的甘油水，加盖玻片后，放置显微镜下检查，见到活的疥螨即可确诊。

【治疗】将患部被毛剪掉，清洗患部，去掉痂皮，进行涂擦或药浴。药浴可用

0.25%氯丹悬浮液或0.03%～0.06%林丹悬浮液，1周后再重复药浴一次。或用0.5%的敌百虫液涂擦患部或耳廓内，7 d后重复涂擦一次，防止浓度过高，犬舔食造成中毒。

1%伊维菌素注射液：按每千克体重0.2 mg，背部皮下注射，隔7 d重复一次，2～3次为一疗程，经治疗后大多患犬可治愈。

【预防】主要是隔离患有疥螨病的犬，防止互相感染。注意环境卫生，保持犬舍清洁干燥，对于犬舍、犬床、垫物等要定期清理和消毒。

(二)蠕形螨病

蠕形螨病是由蠕形螨科、蠕形螨属(*Demodex*)的各种蠕形螨寄生于动物和人的毛囊及皮脂腺内引起的疾病。蠕形螨具有宿主专一性，各种动物和人都有其固定的虫种，互不交叉感染。

【病原】犬、猫蠕形螨病的病原分别为犬蠕形螨和猫蠕形螨。蠕形螨虫体狭长如蠕虫样，呈半透明乳白色，一般长0.17～0.44 mm，宽0.045～0.065 mm。全体分为颚体、足体和末体3个部分。颚体(假头)呈不规则四边形，由1对细针状的螯肢、1对分3节的须肢及一个延伸为膜状构造的口下板组成，为短喙状的刺吸式口器。足体(胸)有4对短粗的足，各足分4节。足末端有一对锚状叉形爪。末体(腹)长，呈指状，约占体长2/3以上，表面具有明显的环形皮纹。雄虫的雄茎自足体的背面突出，雌虫的阴门为一狭长的纵裂，位于腹面第4对足基节片之间的后方(图17-1)。

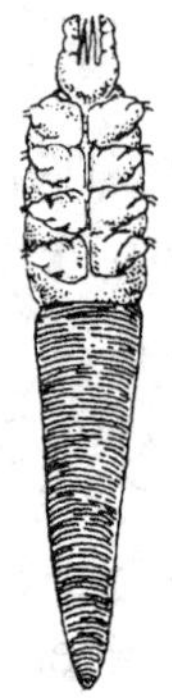

图 17-1 犬蠕形螨

【生活发育史】蠕形螨的全部发育过程都在宿主体上进行，包括卵、幼虫、两期若虫和成虫。雌虫产卵于毛囊内。卵无色透明，呈蘑菇状，长0.07～0.09 mm。卵孵化为3对足的幼虫；幼虫蜕化变为4对足的若虫；若虫蜕化变为成虫，整个生活发育史需24 d。虫体多寄生在皮肤毛囊内，较少寄生于皮脂腺内。据研究证明，犬蠕形螨尚能生活在宿主的组织和淋巴结内，并在该处繁殖。本病主要由于病畜与健畜互相接触，通过皮肤感染。

【症状与病变】蠕形螨钻入毛囊、皮脂腺内，以针状的口器吸取宿主细胞内含物。由于虫体的机械刺激和排泄物的化学刺激使组织出现炎性反应。虫体在毛囊中不断繁殖，逐渐引起毛囊和皮脂腺的袋状扩张和延伸，甚至增生肥大，尚可引起毛干脱落，此外由于腺口扩大，虫体进出活动，易使化脓性细菌侵入而继发毛脂腺炎、脓疱。

患犬开始常为鳞屑型，病变主要发生于头部、眼睑和腿部，患部有1～5个与周围界限明显的红斑，患部脱毛，皮肤增厚，并有糠皮状鳞屑。当化脓菌侵入时，发展为脓疱型，流出脓汁和淋巴液，干涸后成为痂皮，严重者可导致死亡。时常可发现体表淋巴结病变。

【诊断】根据临床症状及切开皮肤上的结节或脓疱，取其内容物作涂片镜检，发现大量的虫体或虫卵即可确诊。

【治疗】患部剪毛，用双氧水或1%～2%呋喃西林溶液清洗干净，然后选用下述方法进行治疗。

(1)伊维菌素：按每千克体重 0.2 mg 皮下注射，间隔 7～10 d 重复用药一次。

(2)双甲醚溶液：按每千克体重 250 mg 患部涂擦，间隔 7～10 d 重复应用。

对脓疱型重症病例还应同时选用高效抗菌药物。对体质虚弱患畜应补给营养，以增强体质及抵抗力。

【预防】保持犬、猫舍内清洁、干燥、通风，保证犬、猫营养均衡。发现患病犬、猫立即隔离治疗，并用杀螨药剂对被污染的场所及用具进行消毒。

(三)耳痒螨病

耳痒螨病是由耳痒螨属(*Otodectes*)的犬耳痒螨(*O. canis*)和猫耳痒螨(*O. cati*)寄生于犬、猫的耳内而引起的一种寄生虫病。

【病原】犬耳痒螨的雄虫体长 0.35～0.38 mm，其第 3 对足的端部有两根细长的毛；雌虫体长 0.46～0.53 mm。猫耳痒螨的雄虫体长 0.32～0.35 mm，雌虫体长为 0.43～0.48 mm。耳痒螨雌虫第 4 对足不发达，不能伸出体边缘，比第 3 对足短 3 倍；雌虫第 3、第 4 对足无吸盘(图 17-2)。

【生活发育史】耳痒螨生活发育史为不完全变态，包括卵、幼虫、若虫、成虫 4 个时期。仅寄生于动物的皮肤表面，以脱落的上皮细胞为食。完成生活发育史约需 3 周时间。

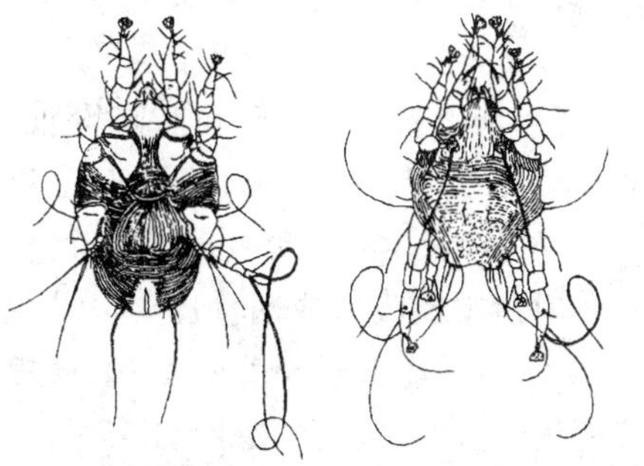

图 17-2　耳痒螨

【症状】犬耳痒螨寄生于犬的外耳道内，以吸食渗出液为食，能生成疮痂，有时由于细菌的继发感染，病变可深入到中耳、内耳及脑膜等处。犬患病后，常有不断摇头与搔抓或摩擦耳部等动作，耳道内有一种暗褐色的蜡质和渗出物，有时有鳞状的痂皮。如侵害脑膜，病犬出现癫狂症状。

猫耳痒螨寄生于猫的外耳道内，其症状与犬耳痒螨病相似。

【诊断】依据临床症状如病犬摇头、搔抓或摩擦患耳可做出初步诊断。用耳镜检查耳道可发现细小的白色或肉色的耳痒螨在暗褐色的渗出物上运动，或在放大镜或在低倍显微镜下检查到耳痒螨即可确诊。

【治疗】应在麻醉状态下，清除耳道内渗出物。清除耳道内渗出物前应向耳道内注入刺激性小的油如矿物油或耳垢溶解剂，并轻轻按摩以助清洁，可杀死许多螨。清洁后应用杀螨剂滴入耳道或用棉签涂搽，每 3 d 一次，直至痊愈。

若存在炎症，应在炎症部位涂抹抗生素软膏，或向耳道内滴注抗生素药液，直到炎症消退为止。

严重病例，应每天应用杀螨药物或药浴处理全身，以杀死不在外耳道内的螨。

三、虱病

犬猫的虱病是由虱目的虱（称兽虱）和食毛目的虱（称毛虱）寄生于体表所引起，前者以血液、淋巴为食，后者不吸血，以毛、皮屑等为食，对犬猫造成危害。此外，犬和猫的毛虱还是犬复孔绦虫的中间宿主。

【病原】在我国发现寄生于犬的虱主要有 2 种，即棘颚虱和犬毛虱。棘颚虱呈淡黄色，刺吸式口器，头呈圆锥形且狭于胸部，腹大于胸，触角短，足 3 对较粗短，雄虱长 1.75 mm，雌虱长 2.02 mm。犬毛虱呈淡黄褐色，具褐色斑纹，咀嚼式口器，头扁圆宽于胸部，腹大于胸，触角 1 对，足 3 对较细小。雄虱长 1.74 mm，雌虱长 1.92 mm。

寄生于猫的虱主要是近喙状猫毛虱。虫体呈淡黄色，腹部白色，并具有明显的黄褐色带纹；咀嚼式口器，头呈五角形，较犬毛虱要尖些，胸较宽；有触角 1 对，足 3 对。

【生活发育史】颚虱和毛虱均属不完全变态。成虫交配后，雄虫死亡；雌虫于交配后 1～2 d 开始产卵，产卵时分泌胶液，使卵黏于被毛上。每个雌虫 1 d 产卵 10 个左右，一生共产卵 50～300 个。卵经 5～9 d 孵化后，幼虫就可以从卵盖钻出，数小时后就能吸血或啮食皮屑。幼虫分 3 期，经 3 次蜕皮变成成虫。幼虫期 8～9 d。从卵到成虫至少需要 16 d，通常是 3～4 周。虱的发育与环境温度、湿度、光线亮度、毛的密度等关系十分密切。

【流行病学】犬猫通过接触患畜或被虱污染的房舍用具、垫草等物体而被感染。圈舍拥挤，卫生条件差，营养不良及身体衰弱的犬猫易患虱病。冬春季节犬猫的体表环境更有利虱的生存、繁殖而易于流行本病。

【症状】虱栖身活动于犬猫体表被毛之间，刺激皮肤神经末梢；犬颚虱吸血时还分泌含毒素的唾液，从而使犬猫剧烈搔痒，引起不安，常啃咬搔抓痒处而出现脱毛或创伤，可继发湿疹、丘疹等。由于剧痒，影响食欲和正常休息，常表现消瘦、被毛脱落、皮肤落屑等。时间稍长，病犬则呈精神不振，体质衰退。有时皮肤上出现小结节、小溢出血点甚至坏死灶，严重时引起化脓性皮炎。严重时幼犬和仔猫的生长发育受阻。

【诊断】虱多寄生于犬猫的颈部、耳翼及胸部等避光处，仔细检查可发现虱和虱卵，据此可作出诊断。

【防治】保持犬舍、猫舍干燥及清洁卫生，并定期搞好消毒工作；经常给犬猫梳刷洗澡；做好检疫工作，无虱者方可混群；发现带虱犬猫，及时隔离治疗。

治疗药物可选用溴氰菊酯、双甲脒、伊维菌素、阿维菌素等，由于药物不能杀死虱卵，2 周左右应再重复用药一次。

四、蚤病

犬猫蚤病是由蚤目、蚤科的蚤寄生于体表所致。成蚤以血液为食，在吸血时能引起过敏和剧烈瘙痒，而且蚤还可传播多种疾病。

【病原】蚤细小无翅，两侧扁平，侧扁的体形是蚤类独有的特征，便于在宿主的毛间活动。呈棕黄色，刺吸式口器，披有坚韧的外骨骼以及发达程度不同的鬃和刺等衍生物。体壁硬而光滑，足发达，善跳，长 1～3 mm。寄生犬猫的蚤主要有犬栉首蚤、猫栉首蚤和东洋栉首蚤。

(1)犬栉首蚤：后足胫节后缘最后切刻以下，一般另有 2 个浅切刻，各有 1 或 2 根短状鬃；后胸背侧区一般有 3 根鬃。雄性抱器柄突末端明显膨大；雌性触角窝后方一般无鬃，仅偶尔有少数细鬃。寄生于犬科动物，以及犬科以外少数食肉类动物。

(2)猫栉首蚤：后足胫节后缘下段只有 1 个浅切刻，其中有鬃 1～2 根或为一小毛代替；后胸背板侧区鬃 1～2 根；雄性抱器柄末段不膨大或仅略为膨大；雌蚤触角窝背方无小鬃或小刺形鬃。该种为广布种，具广宿主性，主要宿主有猫、犬、兔和人，亦见于多种野生食肉动物及鼠类。

(3)东洋栉首蚤：东洋栉首蚤与犬栉首蚤同为短头型，但头短不如后者之甚。颊节第一刺短。抱器柄突末端亦膨大，但亦不如犬栉首蚤之甚。雌蚤具独特特征：触角窝后方有短刺鬃或亚刺鬃 1～8 根，一般为 3～4 根。受精囊头部呈斜方形，后背角较明显或略圆，以此区别犬栉首蚤和猫栉首蚤的圆弧形。寄生于犬等小型肉食动物为主，还可寄生于一些啮齿类、有蹄类(山羊)以及灵长目的猴类和人。

【生活发育史】蚤的发育史属完全变态，一生大部分时间在犬猫身上度过，以吸食血液为生。雌蚤在地上产卵或产在犬猫身上再落到地面；卵孵化出幼虫，幼蚤呈圆柱状，体长 4～5 mm，无足，在犬猫窝垫草或地板缝隙和孔隙内营自由生活，以灰尘、污垢及犬猫粪等为食；然后结茧化蛹，在适宜条件下约经 5 d 成虫从茧逸出，寻找宿主吸血。雄蚤和雌蚤均吸血，吸饱血后一般离开宿主，直到下次吸血时再爬上宿主身上，因此在犬猫窝巢、阴暗潮湿的地面等处所可以见到成蚤，也有蚤长期停留在犬猫体被毛间的。成蚤生存期长，且耐饥饿，可达 1～2 年之久。

由于蚤的活动性强，对宿主的选择性比较广泛，因此便成为某些自然疫源性疾病和传染病的媒介及病原体的贮存宿主，如腺鼠疫、地方性斑疹伤害、土拉菌病等。它们也是某些绦虫的中间宿主，如犬复孔绦虫、缩小膜壳绦虫和微小膜壳绦虫等。

【症状】蚤通过叮咬和分泌具有毒性及变态性产物的唾液，刺激引起犬强烈瘙痒，病犬变得不安、啃咬搔抓以减轻刺激。一般在耳廓下、肩胛、臀部或腿部附近产生一种急性散在性皮炎斑；在后背部或阴部产生慢性非特异性皮炎。患犬出现脱毛、落屑、形成痂皮，皮肤增厚及形成有色素沉着的皱襞，严重者出现贫血，在犬背中线的皮肤及被毛根部附着煤焦样颗粒。

【诊断】确诊本病须在犬体上发现蚤或进行蚤抗原皮内反应试验。对犬进行仔细检查，可在被毛间发现蚤或蚤的碎屑，在头部、臀部和尾尖部附近的蚤往往最多。将蚤抗原用灭菌生理盐水 10 倍稀释，取 0.1 mL 腹侧注射，5～20 min 内产生硬节和红斑，证明犬有感染。

【防治】杀灭犬身上的蚤，可用 0.025%除虫菊酯或 1%鱼藤酮粉，这些药物灭蚤效果快而安全，也可选用双甲脒、伊维菌素等，同时对犬舍、窝巢和用具用药物喷洒灭蚤。平常应保持犬舍的清洁干燥和犬体卫生，做好定期消毒工作。当兽医工作者进行犬防疫注射和诊疗工作时，应当在鞋子、裤子外面及袖口等处撒布鱼藤酮粉以保护不受跳蚤的侵袭。

第十八章 犬猫原虫病

一、弓形虫病

弓形虫病又称弓形体病、弓浆虫病，是由真球虫目、弓形虫科、弓形虫属的刚第弓形虫(*Toxoplasma gondii*)寄生于宿主的有核细胞内引起的一原虫病。宿主种类十分广泛，到目前为止，已证实有45种哺乳动物、70种鸟类和5种冷血动物在自然条件下均可感染本病，其感染率、发病率和死亡率都有逐年上升的趋势，对人和动物的健康危害性严重。孕妇感染弓形虫后导致早产、流产、胎儿发育畸形，是免疫功能低下患者(如AIDS病人等)的主要死亡原因之一。动物感染很普遍，多数呈隐性感染，但猪可大批发病，死亡率高，给养殖业造成巨大的经济损失。

【病原】病原为刚第弓形虫。目前，大多数学者认为发现于世界各地人和各种动物的弓形虫只有一个种，但有不同的虫株。

弓形虫在其全部生活发育史中可出现5种不同的形态：滋养体(速殖子)、包囊、裂殖体、配子体和卵囊。裂殖体和有性生殖阶段虫体可出现于猫和其他猫科动物小肠绒毛上皮细胞内。但与致病性和传播有关的发育期为速殖子、包囊和卵囊。病原及生活发育史详见前面相关章节。

【流行病学】本病分布于全世界，造成广泛流行的原因很多：其生活发育史各阶段皆有感染性；感染方式多样，除经口和损伤的皮肤、黏膜感染外，还可经胎盘感染；中间宿主广泛，可感染140余种哺乳动物；除终末宿主与中间宿主互相交替进行感染传播外，也可在中间宿主之间、终末宿主之间相互传播；包囊可长期生存在中间宿主组织内；卵囊排放量大：且对环境抵抗力也较大，对酸、碱、消毒剂均有较强的抵抗力，室温下可生存3～18个月，在自然界常温、常湿条件下可存活1～1.5年，这也是猫在本病的传播上起着重要作用的原因。

动物感染很普遍，但多数为隐性感染。食肉的哺乳动物主要是吃到另一动物体内的虫体而感染。草食动物主要是吃到被卵囊污染的饲料和饮水及含虫的生肉屑而感染。一般来说，弓形虫病的流行无严格的季节性。

【症状与病变】感染弓形虫后是否发病取决于虫株毒力、感染数量、感染途径及宿主的抵抗力等。引起发病的直接原因是虫体毒素的直接作用、有毒分泌物引起的变态反应以及虫体繁殖时大量破坏细胞的综合作用所致。

犬和猫患弓形虫病的症状，大都与中枢神经系统、视觉、呼吸、胃肠系统有关。据观察，犬的症状类似犬瘟热，包括发热、厌食、精神委顿、呼吸困难、咳嗽、贫血、下痢、妊娠早产或流产、运动共济失调等。

猫的症状包括发热、黄疸、呼吸急促、咳嗽、贫血、运动失调、后肢麻痹、肠梗阻等。也有出现脑炎症状和早产或流产的病例。

急性病例有全身性病变，表现为全身淋巴结、肝、肺和心脏等器官肿大，并有许多出血点和坏死灶。肠道严重充血，肠黏膜上可见扁豆大小的坏死灶。肠腔和腹腔内有多量渗出物。慢性病例主要表现各内脏器官的水肿及散在的坏死灶。

【诊断】可采用直接镜检、动物接种、血清学诊断等多种方法进行诊断。

(1)直接镜检：取肺、肝、淋巴结涂片，用姬姆萨氏液染色后检查；或取患畜的体液、脑脊液涂片染色检查。也可取淋巴结研碎后加生理盐水过滤，经离心沉淀后，取沉渣作涂片染色镜检。此法简单，但有假阴性，必须对阴性猪作进一步诊断。

(2)动物接种：取肺、肝、淋巴结研碎后加 10 倍生理盐水制成混悬液，再加入双抗，室温放置 1h。接种前摇匀，待较大组织沉淀后，取上清液接种小鼠腹腔，每只接种 0.5～1.0 mL。经 1～3 周，小鼠发病，可在腹腔中查到虫体。或取小鼠肝、脾、脑作组织切片检查，如为阴性，可按上述方式盲传 2～3 代。从病鼠腹腔中发现虫体也可确诊。

(3)血清学诊断：国内外已研究出许多血清学诊断法供流行病学调查和生前诊断之用。目前国内常用的有 IHA 和 ELISA 法。间隔 2～3 周采血，IgG 抗体滴度升高 4 倍以上表明感染处于活动期；IgG 抗体滴度不高表明有包囊虫体存在或过去有感染。

(4)PCR 方法：提取待检动物组织 DNA，以此为模板，进行 PCR 扩增，如能扩出已知特异性片段，则表示待检猪为阳性，否则为阴性。但必须设阴阳性对照。

【治疗】急性病例使用磺胺类药物有一定疗效，磺胺药与三甲氧苄氨嘧啶(TMP)或乙胺嘧啶合用有协同作用。

【预防】防止猪的饲料、饮水等被猫粪直接或间接污染；控制或消灭鼠类，以防止猪食入鼠类；不用生肉喂猫，猫粪应进行无害化处理等。

二、肉孢子虫病

肉孢子虫病(Sarcosporidiosis)是由肉孢子虫科(Sarcocystidae)住肉孢子虫属(*Sarcocystis*)的多种原虫寄生于哺乳动物、鸟类、爬行类、鱼类等多种动物和人所引起的寄生虫病。文献记载的虫种有 120 种之多，其中已知生活发育史的有 56 种，寄生于家畜的有 20 余种。各种肉孢子虫均为异宿主寄生，终末宿主是犬、狐和狼等肉食动物，寄生于小肠上皮细胞内；中间宿主是草食动物、禽类、啮齿类和爬虫类等，人也可作为某些肉孢子虫的中间宿主或终末宿主，因此肉孢子虫病也是人畜共患寄生虫病。

【病原】

(1)在中间宿主体内的形态：肉孢子虫寄生于中间宿主的肌肉组织内，形成包囊；包囊的总轴与肌纤维平行，多呈纺锤形、椭圆形或卵圆形，色灰白至乳白；大小为 1～10 mm。包囊外被囊壁，包囊内壁内延伸形成很多隔，将囊腔分成若干个小室。发育成熟的包囊的小室中含有许多肾形或香蕉形的慢殖字，又称为南雷氏小体或囊孢子，囊孢子长 10～12 μm，宽 4～9 μm。囊壁的厚度、突起的形态和构造因种而异，小室的数量，是虫种鉴别的重要依据(图 18-1)。

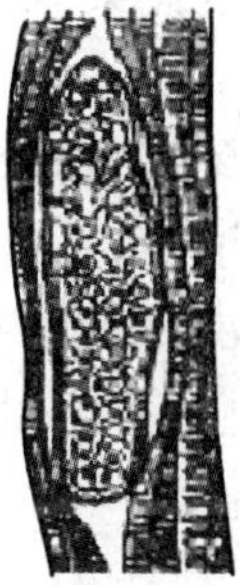

包囊全形

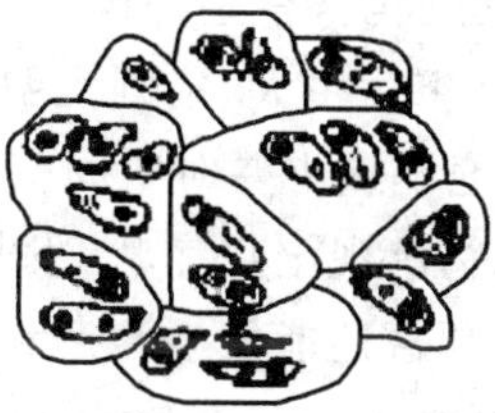

包囊部分结构放大

图 18-1　肉孢子虫包囊

(2)在终末宿主体内的形态：在终末宿主体内进行球虫形态的发育，不同的发育阶段结构不同，已知的结构包括由慢殖子侵入上皮细胞后形成的大小配子体，由大小配子结合形成合子，合子进一步形成卵囊，卵囊在体内孢子化后形成孢子化卵囊，孢子化卵囊内含 2 个孢子囊，每个孢子囊内含 4 个子孢子。终末宿主粪便中含的是由孢子化的卵囊释放出的孢子囊。

卵囊存在于终末宿主的粪便中，已孢子化，内含 2 个孢子囊，每个孢子囊内含有 4 个子孢子。

【生活发育史】肉孢子虫的中间宿主很多包括家畜(猪、马、牛、羊、骆驼、兔等)、鼠类、鸟类、鱼类、爬行类等。终末宿主为肉食动物、犬、猫、人等。

寄生于中间宿主肌肉内的包囊中的慢殖子被终末宿主吞食后，在小肠内越过了裂体增殖期，直接进行配子生殖，最后形成卵囊。卵囊在肠壁上完成孢子化过程，发育为孢子化卵囊。孢子化卵囊内含有 2 个孢子囊，每个孢子囊内含有 4 个子孢子。卵囊壁薄而脆弱，常在肠内自行破裂，因此粪便中常见的为含有子孢子的孢子囊。孢子囊被中间宿主吞食后，子孢子经血液循环到达各脏器，在血管内皮细胞中进行裂体增殖，形成的裂殖子，最后进入肌肉组织，形成肉孢子虫包囊。

【流行病学】各种家畜肉孢子虫的感染情况国内有不少报道，但其感染率差异很大。猪感染肉孢子虫在河南省南部的感染率为 51.3%。交通发达、家畜及其肉品流动量大的地方感染率较高，丘陵地区较山区高发，平原地区又较丘陵地区高发，外来品种猪比当地土种猪高发。

中间宿主吞食了终末宿主粪便中的卵囊和孢子囊引起感染。孢子囊和卵囊的抵抗力很强，4℃下可存活 1 年，与球虫卵囊相似。包囊中的慢殖子也有较强的抵抗力，室温下能存活较长时间，但对高温、冷冻敏感。终末宿主犬、猫以及人均是由于吞食了生的或未煮熟的含有慢殖子的包囊而遭受感染。人类感染多发生在喜食生肉地区。

【致病作用】目前已证实，有些种肉孢子虫具有较强的致病性，严重感染时能引起动物死亡。但对终末宿主犬、猫则无明显致病性。

【症状与病变】肉孢子虫主要对中间宿主造成危害，对终末宿主的危害鲜有报道。严重感染病例，动物出现全身症状，发热、贫血、消瘦、水肿，体表淋巴结肿大，肌肉疼痛无力、颤抖。孕畜还能发生流产和死胎。

剖检肉眼可见肌纤维中有灰白色或乳白色包囊，钙化包囊呈黑色小团块或直杆状，包囊密集部位肌肉变性，色淡如煮肉样。

【诊断】主要在死后肉品检验时，肉眼观察结合镜检肌肉压片发现肌纤维中的包囊和滋养体或钙化结节确诊。免疫学诊断可采用间接血凝试验、酶联免疫吸附试验等方法。

【防治】目前尚无特效药物，可试用盐霉素、莫能霉素、氨丙啉以及磺胺类等药物治疗，但均不能完全控制肉孢子虫病。对于人的肉孢子中病也无有效药物治疗，已知氨丙啉可以减轻人作为中间宿主时的急性感染症状。预防着重在加强肉品卫生检验，无害化处理病猪肉。严禁用含有肉孢子虫的肉喂犬、猫。防止犬、猫粪便污染猪的饲料和饮水。

三、等孢球虫病

犬、猫等孢球虫病是由艾美耳科、等孢属的犬等孢球虫、二联等孢球虫、芮氏等孢球虫和猫等孢球虫寄生于犬或猫的小肠黏膜上皮细胞内而引起的寄生虫病，主要症状为肠炎。前 2 种主要寄生于犬，后 2 种主要寄生于猫。主要危害幼犬和幼猫。等孢球虫为世界性分布。

【病原】等孢球虫的孢子化卵囊内含有 2 个孢子囊，每个孢子囊内含 4 个子孢子。各种等孢球虫的新排出卵囊形态如下。

(1)犬等孢球虫：卵囊呈宽椭圆形或卵圆形，无色，大小为(35～42) μm×(27～33) μm，壁薄而光滑，无微孔。

(2)二联等孢球虫(俄亥俄等孢球虫)：卵囊呈宽椭圆形或球形，大小为(10～14) μm×(10～12) μm，其他形态与犬等孢球虫相似。

(3)芮氏等孢球虫：卵囊呈椭圆形至卵圆形，无色，大小为(21～28) μm×(18～23) μm，壁光滑，有微孔。

(4)猫等孢球虫：卵囊呈卵圆形，粉红色，大小为(32～53) μm×(26～43) μm，壁薄而光滑，其他形态与犬等孢球虫相似。

【流行病学】等孢球虫与其他球虫的发育过程相似，也需经过孢子生殖、裂殖生殖和配子生殖 3 个阶段。一般在温暖潮湿的季节多发，尤其是卫生条件差的圈舍更易发生。

【症状与病变】等孢球虫的致病性较低，轻度感染一般不表现临床症状；严重感染时，在幼犬或幼猫均表现出消化道症状，腹泻，出现水样、黏液性或血性粪便。若继发细菌或病毒感染，临床往往表现为食欲下降、消化不良、消瘦、贫血和脱水，有时轻度发热。若无继发感染，一般不经治疗可自行康复。

【诊断】根据临床症状结合粪便漂浮法检查，发现卵囊即可确诊。

【防治】

(1)氨丙啉：按每千克体重 110～220 mg 剂量混入食物，连用 7～12 d。

(2)磺胺二甲氧嗪：每次按每千克体重 55 mg，用药 1 d。

患球虫病的犬、猫往往继发或并发其他细菌或病毒感染，对症治疗(消炎、输液等)比治疗球虫病本身更为重要。

【预防】搞好犬、猫舍及饮食用具的卫生，及时清理粪便。也可以采用药物预防，即把 1～2 大汤匙 9.6%的氨丙啉溶液混入约 5 L 水内，在母犬产仔前 10 d 内给犬自由饮用。

四、隐孢子虫病

隐孢子虫病是一种世界性的人畜共患寄生虫病，隐孢子虫在分类上隶属于隐孢子虫科、隐孢子虫属，有效虫种目前已达到 13 个，寄生于犬、猫的种类已分别确定为犬隐孢了虫和猫隐孢了虫。这两个种均有从人体分离到卵囊的报道。犬、猫隐孢子虫病多数情况下不表现明显临床症状，但对免疫抑制病人有较大危险性。

【病原】隐孢子虫卵囊呈球形到卵圆形，内含 4 个裸露的子孢子，围绕着一个大的残体。在饱和糖漂浮液中卵囊呈浅红色或玫瑰红色，易于确认。

犬隐孢子虫卵囊见于世界各地的犬粪便中。从隐孢子虫自然感染犬粪便中分离到的卵囊大小为 4.95 μm×4.71 μm，卵形指数（长与宽之比）为 1.05（图 18-2）。

猫隐孢子虫卵囊大小为 5 μm×4.5 μm。

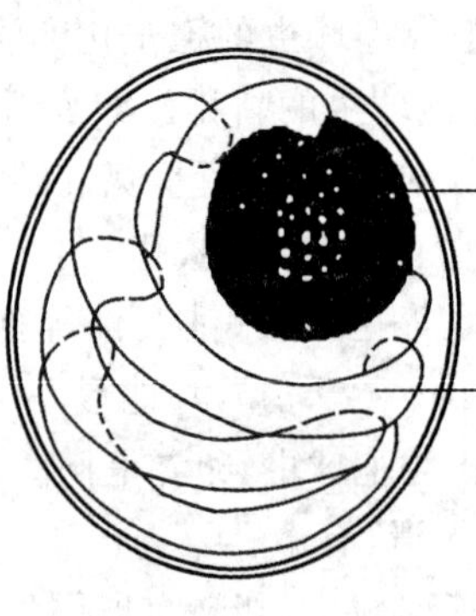

图 18-2　隐孢子虫卵囊

【生活发育史】隐孢子虫的生活发育史区别于大多数其他球虫。隐孢子虫所有发育阶段（无性和有性）出现在同一宿主体内。卵囊被宿主摄入后，在胃肠道脱囊，释放出感染性子孢子，逐渐发育为滋养体，滋养体包裹在带虫空泡内，带虫空泡是肠上皮细胞微绒毛与虫体表膜融合而成的结构。滋养体通过裂殖生殖增殖（无性发育），产生连续的 2 种类型的裂殖体。在 24 h 之内，Ⅰ型裂殖体（含 8 个裂殖子）离开带虫空泡侵入其他的上皮细胞，在此处发育成更多的Ⅰ型裂殖体或Ⅱ型裂殖体（含 4 个裂殖子）。Ⅱ型裂殖体不再进行裂殖生殖而是产生有性繁殖阶段虫体（配子体）。有性繁殖（雌性小配子和雄性小配子之间的配子生殖）形成合子，合子或形成厚壁卵囊（随粪便排出）或形成薄壁卵囊（自身感染），每个卵囊内含 4 个子孢子。

【流行病学】隐孢子虫没有明显的宿主特异性，已发现于 170 多种家畜、野生动物和实验动物。

猫隐孢子虫 1979 年由日本的 Iseki 最先报道，世界性分布，日本、澳大利亚、波兰等国均有发现。犬隐孢子虫感染主要涉及到 6 月龄以内的幼犬。

犬隐孢子虫和猫隐孢子虫均有感染人类的报道。在公共卫生方面具有重要意义。

【症状】

猫：猫隐孢子虫病主要是自限性腹泻。对于免疫抑制猫，致病性无疑更大。

犬：自然发生隐孢子虫病的 1 周龄幼犬在腹泻和呼吸困难一段时间后死亡，而其他感染隐孢子虫的幼犬不表现出症状。与猫一样，免疫抑制犬腹泻症状最严重。

【诊断】由于隐孢子虫感染多为隐性经过，不表现症状，即使出现症状也是非特异性的，不能作为确诊的依据。确诊须依靠实验室手段观察隐孢子虫的各期虫体，或应用免疫学技术检测虫体的抗原或抗体。

(1)生前诊断：用饱和蔗糖溶液浮集粪便或呼吸道黏液中的卵囊，显微镜下检查，发现典型的隐孢子虫卵囊，即可确诊。

(2)死后诊断:刮取病变部位的黏膜,涂片,姬姆萨可见虫体胞浆蓝色,内含致密红色颗粒;萋-尼氏法染色,可见绿色背景上的红色虫体。

(3)免疫学检查:目前已有酶联免疫吸附试验(ELISA)、免疫荧光试验等免疫学方法用于隐孢子虫病的诊断。

【防治】目前,尚无治疗隐孢子虫病的有效药物。控制隐孢子虫病的重点是搞好环境卫生,提高饲养管理管理水平,增强机体的免疫力。

五、小袋纤毛虫病

小袋纤毛虫病是由纤毛虫纲、毛口目、小袋虫科的结肠小袋虫寄生于大肠引起。猪是最常见感染的动物,犬和人也经常感染,但没有猫感染的报道。

【病原】结肠小袋纤毛虫在发育过程中有滋养体和包囊两种形态(图 18-3)。

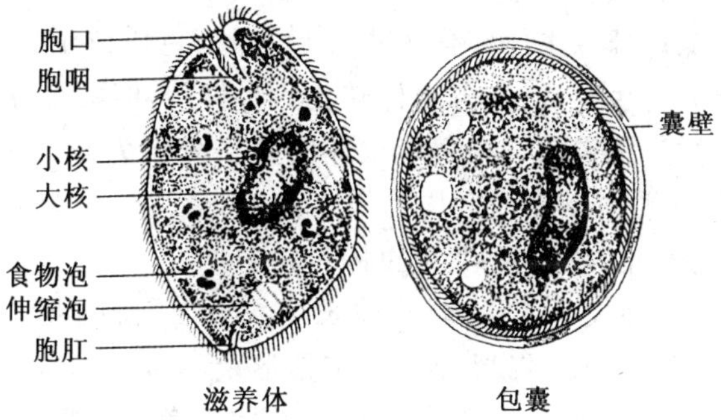

图 18-3　结肠小袋纤毛虫

滋养体能运动,呈卵圆形或梨形,大小为(30～150) μm×(25～120) μm。体前端有一略倾斜的沟,沟的底部为胞口。向下连接一管状构造,以盲端终于胞浆内。主核腊肠样,位于体中部,小核位于其附近。体后端有肛孔。全身覆有纤毛,胞口附近的纤毛较长。

包囊不运动,呈球形或卵圆形,直径 40～60 μm,有 2 层囊膜,囊内含有一个虫体,有时为 2 个处于接合生殖过程中的虫体。

【症状】结肠小袋纤毛虫侵害的主要部位是结肠,其次为直肠和盲肠。最常见的症状是腹泻,粪便恶臭,多带血和黏液。人感染结肠小袋虫后,主要表现顽固性下痢,病情常较严重。

【诊断】在粪便中找到滋养体或包囊即可确诊。滋养体能运动,呈卵圆形或梨形,大小为(30～150) μm×(25～120) μm。包囊不能运动,呈球形或卵圆形,直径约 40 μm，外被 2 层囊膜，内含一个虫体。

【防治】治疗可选用灭滴灵等。预防应以搞好猪场内的环境卫生和粪便的发酵处理为重点。

六、犬巴贝斯虫病

犬巴贝斯虫病是由巴贝斯科、巴贝斯属的犬巴贝斯虫、吉氏巴贝斯虫、韦氏巴贝斯虫引起犬的发热性蜱传播性疾病。我国报道的为吉氏巴贝斯虫，其主要症状为贫血、黄疸、血红蛋白尿。本病在我国江苏、河南和湖北的部分地区呈地方性流行。它对良种犬，尤其是军犬、警犬和猎犬危害很大。

【病原】吉氏巴贝斯虫在红细胞内呈多形性，多位于红细胞边缘或偏中央，以圆点状、指环形及小杆形为最多见，偶尔可见十字形的四分裂虫体和成对的小梨籽形虫体。在感染初期，虫体均呈圆点状，细胞核几乎充满整个细胞，以后胞浆开始增多，核逐渐向边缘。部分虫体转化为指环形，即染色质位于虫体的边缘，着色较深，而虫体的大部分着色较浅；部分虫体转化为小杆形，即两端着色较深，中央着色较浅，呈巴氏杆菌样。圆点状和指环形虫体的直径分别为 0.5～1.5 μm 和 1.5～2.5 μm；小杆形虫体的宽长分别平均为 1.5 μm 和 2.08 μm。在一个红细胞内可寄生有 1～13 个虫体，以寄生 1～2 个虫体者较多见。

犬巴贝斯虫是一种大型的虫体，虫体长度大于红细胞半径，大小为 5.0 μm×(2.5～3.0) μm，其形态有梨籽形、圆形、椭圆形及不规则形等。典型的形状是成双的梨籽形，尖端以锐角相连，每个虫体内有一团染色质块。虫体经姬氏染色后，胞浆呈淡蓝色，染色质呈紫红色。虫体形态，随病的发展而有变化，虫体开始出现时以单个虫体为主，随后双梨籽形虫体所占比例逐渐增多。

韦氏巴贝斯虫多呈圆形、卵圆形和梨籽形，比犬巴贝斯虫小。韦氏巴贝斯虫的有效性尚未得到证实，有人认为它可能是犬巴贝斯虫的变种。

【生活发育史】犬巴贝斯虫病的传播媒介是多种硬蜱。当具有感染性的蜱叮咬犬体时，存在于蜱唾液腺中的具有感染性的子孢子随蜱的唾液进入宿主体内，在犬体内的巴贝斯虫主要寄生于红细胞内，在红细胞内进行裂殖生殖或二分裂法生殖。最多的时候，在一个红细胞内可见 16 个裂殖子，但通常情况下一个红细胞内只有 1 个或 2 个裂殖子。当蜱吸食了含虫血后，巴贝斯虫在蜱的肠上皮细胞内进行有性繁殖，之后穿过肠壁进入血淋巴。由于巴贝斯虫复杂的生活发育史同时包括期间传播和经卵传递，因此推测巴贝斯虫在蜱的下一个变态期或蜱卵胚胎内继续进行繁殖并在感染性阶段时在唾液腺内发育为具有感染性的子孢子。

【流行病学】吉氏巴贝斯虫，最初认为只存在于南非、印度、斯里兰卡、马来西亚等地,近年来,欧洲、美国及远东地区均有报道,事实上,吉氏巴贝斯虫和犬巴贝斯虫常常混合感染,只是由于吉氏巴贝斯虫较小和引起的临床危害较轻而常被忽视。

吉氏巴贝斯虫的传播媒介为长角血蜱、镰形扇头蜱和血红扇头蜱,以经卵传播和期间传播两种方式进行传播。

犬巴贝斯虫分布的地理范围较广,覆盖了大部分的南欧、非洲、美洲以及亚洲的印度等。

犬巴贝斯虫的传播媒介为血红扇头蜱、网纹革蜱、李氏血蜱、安氏革蜱和边缘璃眼蜱。在自然条件下,成蜱是最重要的传播者。但是,幼蜱、若蜱也可传播犬巴贝斯虫。犬巴贝斯虫也是以经卵传播和期间传播两种方式进行传播。

两种犬巴贝斯虫病均可经过胎盘传播。

【致病作用】由于虫体迅速繁殖并产生毒素,导致牛大量红细胞被破坏,引起机体贫血和组织缺氧。心肌缺氧和毒素的侵害致使心脏衰弱。虫体生命活动过程中产生的毒素使畜体呈现中毒现象,并破坏毛细血管壁,造成出血。由于虫体及其毒素对细胞的危害,致使大量的红细胞破裂,其中的血红蛋白游离出来,在肝脏内转化为胆红素;大量的胆红素沉积于各种组织中而引起黄疸。因肝脏的负担过重,不能将全部血红蛋白分解转化,于是一部分血红蛋白随尿排出,形成血红蛋白尿。由于毒素对中枢神经系统的危害,体温调节中枢功能障碍而出现体温升高。

【症状与病变】吉氏巴贝斯虫病常呈慢性经过。潜伏期为 14～28 d。发病初期,患犬精神沉郁,不愿走动,走路时四肢无力,身躯摇晃。体温升高至 40～41℃,持续 3～5 d 后转至正常,5～7 d 后再次升高,呈不规则间歇热型。病犬食欲逐渐减少或废绝,可视黏膜苍白至黄染。尿呈黄色,有时出现血红蛋白尿。部分病犬有呕吐症状,眼有炎性分泌物。触诊脾脏肿大;肾脏(单或双侧)肿大且有痛感。

犬巴贝斯虫病分急性型和慢性型。急性巴贝斯虫病的潜伏期为 2～10 d,病犬初期表现为体温升高,在 2～3 d 内达到 40～43℃,随后食欲降低至废绝,呼吸和脉搏加快,可视黏膜由淡红、苍白,逐渐黄染。部分病犬出现血红蛋白尿。有的病犬脾脏肿大。慢性犬巴贝斯虫病只在初期体温升高,少数病例会出现间歇热。病犬渐进性贫血,但通常无黄疸。尽管食欲正常,但精神不振,极度消瘦。尿中含有蛋白,红细胞可减少至正常值的 1/5～1/4,白细胞数增加。如病犬耐过,贫血可在 3～6 周后逐渐消失。耐过的病犬常常带虫免疫,长者可达 2 年。

【诊断】根据临床症状和流行病学可做出初诊,确诊需进行病原学检查。

采集外周末梢血液制成薄血涂片,甲醇固定后姬姆萨染色镜检,发现红细胞内有特征性虫体,即可得出诊断结论。由于巴贝斯虫具有毛细血管内皮聚集的特性,往往第一滴血具有较高的检出率。

体外培养技术和PCR技术都具有较高的检出率，但只能在有条件的实验室进行。已有多种血清学诊断方法用于犬巴贝斯虫病的诊断，但我国还没有临床推广应用。

【治疗】对于本病要及早确诊、及时治疗，才可取得好的效果。同时，还应采用对症支持疗法，如强心、健胃、补液等。

(1)咪唑苯脲(Imidocarb)：每千克体重5 mg，配成10%溶液肌肉或皮下注射，间隔24 h再用一次。或每千克体重5～7 mg的剂量，配成10%溶液肌肉注射，间隔14 d再用一次。

(2)硫酸喹啉脲：按每千克体重0.25～0.5 mg，皮下或肌肉注射，有时需隔日重复一次。该药有时出现较为明显的副反应，如兴奋、流涎、呕吐等。剂量降低至每千克体重0.3 mg可减轻不良反应。因此可以低剂量多次给药。

(3)黄色素：0.5%黄色素按每千克体重3 mg的剂量，加250 mL生理盐水静脉注射。

【预防】预防的关键在于灭蜱。因此要了解当地蜱的活动规律，有计划地采取一些有效措施灭蜱。当犬进行户外活动时，应注意观察犬体上的蜱，采用人工摘除或化学药物法灭蜱。对于新引进的犬可以注射咪唑苯脲进行预防。也可以给犬带上驱蜱项圈，预防期可达3个月。

在免疫预防方面，法国利用犬巴贝斯虫体外培养可溶性抗原生产的疫苗已经商品化，临床应用的保护率超过80%。我国还没有相关的疫苗。

七、伊氏锥虫病

伊氏锥虫病又名苏拉病，是由锥虫科锥虫属(*Trypanosoma*)的伊氏锥虫(*T. evansi*)寄生于马、牛、骆驼、犬、猫等多种脊椎动物的血浆和造血器官所引起。临床特征为高热、贫血、消瘦、黏膜出血、黄疸和神经症状等。

【病原】伊氏锥虫为单型性虫体，呈柳叶状，前端尖锐，后端稍钝，长15～34 μm，宽1～2 μm。虫体中央有一个椭圆形的细胞核，后端有一点状动基体(或称运动体)，靠近动基体为一生毛体，一根鞭毛由生毛体生出，并沿虫体表面向前延伸为游离鞭毛，鞭毛与虫体之间以波动膜相连(图18-4)。

【流行病学】伊氏锥虫主要寄生于动物血液(包括淋巴液)及造血器官中，并可随着血液进入肝、脾、淋巴结等组织脏器。在动物体内行纵二分裂增殖。

伊氏锥虫宿主范围广，马属动物及犬对伊氏锥虫最易感；牛、水牛、骆驼较弱。多种试验动物及野生动物均有易感性。

伊氏锥虫主要由虻类和吸血蝇类机械性地传播。未严格消毒的手术器械、注射用具等可传播本病，也可经胎盘和消化道伤口感染，犬、虎等食肉动物可因采食带虫动物的生肉而感染。

伊氏锥虫病主要流行于热带和亚热带地区。发病季节和流行地区与吸血昆虫的出现时间和活动范围相一致。本病主要在7～9月份流行。

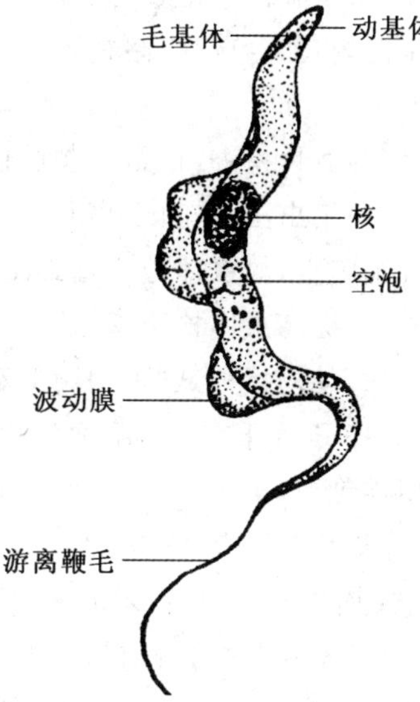

图 18-4 伊氏锥虫

【致病作用】主要是锥虫毒素对机体的毒害作用。虫体侵入机体后，进入血液和造血器官发育繁殖，同时产生和释放大量的毒素，这些毒素作用于中枢神经系统，引起体温升高、精神沉郁和运动障碍；进而侵害造血器官，使红细胞溶解和再生障碍，导致红细胞减少，出现贫血。游离出来的血红蛋白大部分积滞在肝脏中，转变为胆红素进入血流，引起黏膜和皮下组织黄染。心肌受到损，引起心脏机能障碍；毛细血管壁受损，通透性增高，导致水肿。肝功能受损，肝糖不能进行贮存，导致后期出现低血糖和酸中毒。

【症状与病变】犬伊氏锥虫病常呈急性发作，感染后3～5 d即可在血液中发现大量虫体，很快发生死亡，无明显的临床症状。自然感染的犬在发病初期精神沉郁，食欲减退，体温升高到40～41℃，可视黏膜苍白，黄染，皮下水肿。红细胞数随病情加重而急剧减少，血红蛋白也相应减少，血沉加快。病至后期，患犬消瘦，呼吸困难，淋巴结急性肿胀，腹下、胸前及四肢呈游动性的水肿，运动失调，角膜炎、虹膜炎及全身脱毛。

自然感染的猫临床表现为呆滞，无力，昏睡，厌食，眼眶凹陷，共济失调。

【诊断】根据流行病学特点、临床症状，结合血液学检查、病原学检查和血清学诊断即可确诊。也可试用特效药物进行治疗性诊断，如用药后2～3 d内，症状显著减轻即可确诊。近年来采用的血清学诊断方法也很多，如间接血凝反应、酶联免疫吸附试验、乳胶凝集试验、对流免疫电泳等，具有操作简单、敏感性高等优点。

在血液中查出病原是最可靠的诊断依据，但由于虫体在末梢血液中出现有周期性，且血液中虫体数量忽多忽少，故需多次检查才能发现虫体。方法有下列数种。

(1)压滴标本检查:采耳静脉或其他部位血液1滴于干净载片上,加等量生理盐水混匀,加盖玻片,暗视野下,用高倍镜下检查,发现红细胞间有活动的虫体即可确诊。

(2)血片检查:按常规制成血涂片,用姬姆萨或瑞氏染色后,镜检。

(3)集虫法:采血于离心管中,加抗凝剂,以1 500 r/min离心10 min,因虫体轻红细胞重,故虫体位于红细胞沉淀的表面,用吸管吸取沉淀的表层,涂片、染色、镜检,可提高虫体检出率。

(4)动物接种试验:用疑似动物的血液或穿刺液0.1～0.2 mL,腹腔接种小白鼠,2～3 d后开始采尾尖血液检查,每隔1～2 d采血检查1次。如疑似病畜感染有伊氏锥虫,则半个月内可在小白鼠血液内查到虫体。

【治疗】治疗时应注意:治疗要早,用药量要足,观察时间要长,一般临床治愈4～14周后,红细胞数才能恢复到正常。

(1)萘磺苯酰脲:商品名纳加诺、拜耳205、苏拉灭。每千克体重用量1～2 mg,用生理盐水配成10%溶液静脉注射,1周后再注射1次。

(2)喹嘧胺:商品名安锥赛。有两种盐类,即硫酸甲基喹嘧胺和氯化喹嘧胺。治疗多用前者,按每千克体重5 mg,溶于注射用水内,皮下或肌肉注射。

(3)三氮脒:商品名贝尼尔、血虫净。按每千克体重3.5 mg,以注射用水配成7%溶液,深部肌肉注射,隔日1次,连用2～3次。

(4)氯化氮胺菲啶盐酸盐:商品名沙莫林。按每千克体重1 mg,以注射用水配成2%溶液,深部肌肉注射。当药液量超过15 mL时应分两点注射。

上述药物可单独使用,也可两种药物交替使用。除使用特效药物治疗外,还应根据病情,进行强心、补液,健胃缓泻等对症治疗,尤其是应加强护理,改善饲养条件,促进早日康复。治疗后应注意观察疗效,有复发可能时,应再次治疗。

【预防】目前伊氏锥虫病还没有商品化的疫苗,因此犬猫伊氏锥虫病的预防应尽可能地保护犬猫免受吸血昆虫的叮咬,可采用驱避剂,杀虫药熏蒸、喷雾等方法。

八、利什曼原虫病

利什曼原虫病又称黑热病,虫体寄生于网状内皮细胞内,是流行于人、犬和多种野生动物的重要人畜共患病。病症可分为内脏型和皮肤型两种。根据传染源不同,我国黑热病分为3种类型:人源型、犬源型和野生动物型。犬源型多见于丘陵地区,分布于甘肃、青海、陕北、辽宁、北京等地。利什曼原虫是犬临床疾病的常见病因,但猫少见。在利什曼原虫病呈地方性流行的许多国家,感染犬常作为人利什曼原虫病的贮存宿主。

【病原】病原为杜氏利什曼原虫。在人和犬体内寄生时，为椭圆形，长 2～4 μm，宽 1.5～2 μm。姬姆萨染色时，虫体呈深蓝色，核呈深红色(图 18-5)。

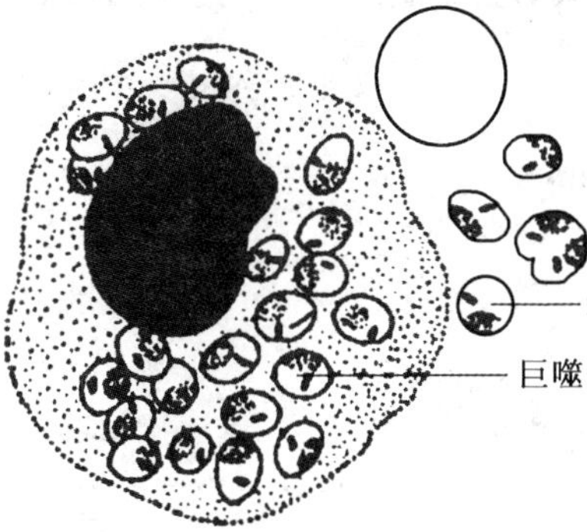

图 18-5　利什曼原虫

【生活发育史】杜氏利什曼原虫寄生于犬的血液、骨髓、肝脾、淋巴结的网状内皮细胞内。在犬体内的虫体称为无鞭毛体，呈椭圆形，瑞氏染色后，胞质呈浅蓝色，胞核呈红色圆形，常偏于虫体一端，动基体呈紫红色细小杆状，位于虫体中央或稍偏于另一端。在传播媒介(白蛉)体内的虫体称为前鞭毛体，呈细长的纺锤形，长 12～16 μm，前端有一根与体长相当的游离鞭毛，在新鲜标本中，可见鞭毛不断摆动，虫体运动很活跃。

当雌性白蛉吸食病犬或其他患病动物血液时，无鞭毛体被摄入体内，在消化道内发育为前鞭毛体，并逐步向白蛉的口器集中，当白蛉在吸食健康犬或其他动物血液时，成熟的前鞭毛体便进入健康犬体内，而后失去游离鞭毛成为无鞭毛体，随血液循环到达身体各部，被巨噬细胞吞噬后，在其中分裂繁殖。

【症状与病变】犬常在感染利什曼原虫数月后才出现临床症状，其症状表现也很不一致。皮肤型利什曼原虫病局限在唇和眼睑部位形成浅层溃疡，一般自愈。内脏型什曼原虫病更为常见，起初由于眼圈周围脱毛形成特殊的“眼镜”，然后体毛大量脱落，并形成湿疹，利什曼原虫大量存在于皮肤中。另外可表现中度体温升高，贫血、淋巴组织增生等。死后剖检可见脾脏和淋巴结肿胀。

【诊断】根据临床症状，结合病原检查，在病变处皮肤的涂片、刮片中或淋巴结、骨髓穿刺液中检出无鞭毛型的利什曼原虫即可确诊。

【防治】治疗可用葡萄糖锑钠，剂量为每千克体重 150 mg，总量不超过 5 g，把总量分成 6 份，配成 10%注射液，每天肌肉或静脉注射 1 次。第二疗程总剂量按第一疗程剂量的 1/6。用药后患犬常有发热、呕吐、咳嗽、腹泻等不良反应，一般可自行消失。预防上需注意，在流行区，加强对犬的管理，定期对犬进行检查，发现病犬应隔离治疗或扑杀。消灭白蛉，应用菊酯类杀虫药定期喷洒犬舍或犬体。

第六篇

畜禽寄生虫病实验诊断技术

第十九章　蠕虫病的实验诊断技术

由于蠕虫病的症状缺少特异性，仅依靠临床症状，很难对畜禽蠕虫病做出准确的诊断。所以要准确诊断畜禽蠕虫病需用实验室检查方法，即在被检家畜的粪、尿、血液等内容中，寻找有虫卵、幼虫、虫体或虫体碎片，并根据对所发现的虫卵等的鉴定以作出正确的诊断。

但仍值得注意的是一个正确的诊断，必须对家畜的全身情况进行全面、综合的分析和考虑。实验室检查时，发现虫卵、虫体或碎片等，只能说明该受检畜体内已有某种寄生虫的寄生，但它是否是被检家畜呈现疾病的主要原因，还需要根据本病的流行季节、临床症状、病理解剖症状等各方面做出综合的分析判断。

此外，对因蠕虫所引起的疾病和一些用虫卵或幼虫检查法检出率比较低的寄生虫病，在诊断时还采用一些免疫诊断方法，但此类方法操作相对麻烦、成本高昂，所以推广比较困难。

一、粪便检查

寄生蠕虫大部分寄生于畜禽的消化道，它们的卵、幼虫和某些虫体片段通常随粪便一起排出。此外与消化道相连的器官（如胰脏、胆囊）中的寄生虫，其所产生的虫卵，也可随粪便排出体外。呼吸道的寄生虫，其虫卵或幼虫随痰液排出，在痰液进入口腔后，多数又被咽下进入消化道，因此也可在粪便中发现虫卵或幼虫。禽类泌尿生殖器官的寄生虫所排出的虫卵等，同样能出现在粪便中。因此粪便检查是诊断蠕虫病的主要方法。

（一）蠕虫虫体检查法

本法是寄生虫病检查最直接的方法，蠕虫常可据此法作出快速诊断。在消化道内寄生的蠕虫常将孕卵节片整节排出体外，此外，一些蠕虫的完整虫体也可因衰老原因或驱虫药作用而排出体外。粪便中的虫体节片或完整虫体，其中大型者肉眼即可发现检出，肉眼不能发现者可先将粪便收集于盆（或桶）内，加入5～10倍清水，搅拌均匀，静置待自然沉淀，而后将上层液体倾去。重新加入清水，搅拌均匀，反复操作，直到上层液体清澈为止。最后将上层液体倾去，沉渣置大玻璃平皿中，先后在白色的背景和黑色背景上以肉眼或借助放大镜寻找虫体，发现虫体则用铁针将其小心挑出检查及鉴别。

(二)虫卵检查法

虫卵检查法是寄生虫病诊断的常用方法,包括直接涂片检查法和集卵法。

1. 直接涂片检查法

此法尽管是最简单和常用的方法,但检出率低,因为检查时被检的粪便数量少,同时也常因体内寄生虫数量不多等原因而不能检出虫卵。

操作时先在载玻片上加一滴50%的甘油水,再用牙签或火柴棍挑取少量粪便加入其中,混匀后,除去较大的粪渣及过多的粪渣,最后使载玻片上有一层均匀的粪液,其浓度要求是将此载玻片放于报纸上,能透过粪便液膜模糊地辨认其下的字迹为宜。在粪液膜上覆以盖玻片,置显微镜下检查。检查时应按"之"字形顺序地查遍盖玻片下的所有视野(图19-1)。

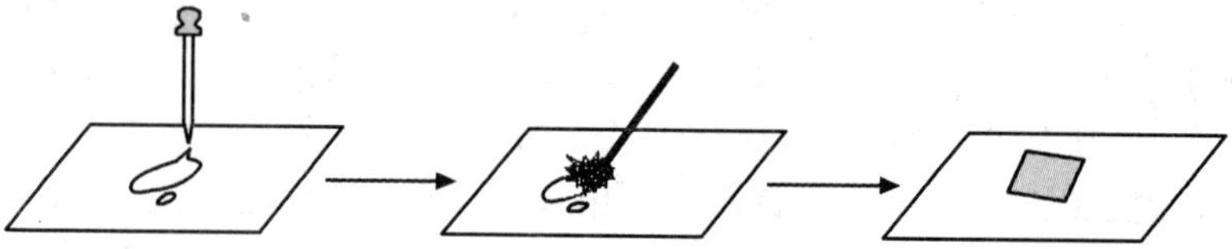

图 19-1　直接涂片法操作步骤

2. 集卵法

其原理是利用各种方法,将分散在粪便中的虫卵集中起来再行检查,以提高检出率。所采用的方法一般有两种类型。

一种是利用虫卵和粪渣中其他成分的比重差异而将虫卵集中。虫卵的比重一般比水略重,但轻于饱和食盐水(在1 000 mL水中加食盐380 g,比重约1.18)。这样,当粪便用饱和盐水稀释时,虫卵则漂浮于溶液表面,而有些较重的粪渣则下沉于底部。这样根据虫卵在不同液体中沉或浮的情况,而采取沉渣或浮起物检查,就可以在其中检查到较多虫卵,从而提高检出率。但各种虫卵常具有不同的比重,一般吸虫卵比重最大,在各种溶液中多数不能浮起,而有些虫卵(如猪的后圆线虫卵)在饱和食盐水中不能浮起,但可以用一些比重更大的溶液如硫代硫酸钠溶液(1 000 mL水中加硫代硫酸钠1 750 g,比重在1.4左右)使之漂浮。此外,曾被采用的还有饱和硫酸镁溶液、饱和硫酸锌溶液、硝酸铅溶液、饱和糖溶液等。但是并非比重大的溶液总是适用的,因为加大溶液的比重会浮起更多的粪内杂质,反而影响检出率,同时比重加大会溶液黏稠度增加,使虫卵浮起的速度减缓,所以适用比重大的溶液只是特殊需要。

但也应注意到,除了特殊的需要外,采用过大比重的溶液也是不适宜的,因为虫卵在溶液中下沉或浮起的时间，受到溶液黏稠度的影响，一般需 20～60 min。为提高效率，可将粪液置离心管中以一定转速离心数分钟，利用离心力加速其中虫卵下沉或浮起。例如利用饱和食盐水漂浮球虫虫卵时，可将粪便食盐水混合液于 3 000 r/min，离心 10 min 即可使虫卵充分漂浮起来。

另一种使虫卵集中的方法是筛滤法，即利用孔径大小不同的金属筛过滤粪液。当用 40～60 目（铜筛的编号一般沿用英制。每 2.5 cm 距离中有 60 孔时称 60 目）筛时，虫卵可通过筛孔，而较粗大的粪渣则被铜筛所截留，这时可取滤液经沉淀或漂浮法处理后检查。目前常采用 58 μm（260 目）的锦纶筛兜过滤粪液，过滤时大部分虫卵被留于筛上，然后取筛内物检查。但较细小的（如球虫卵囊）仍可通过，遇此种情况仍应取滤出液检查。

根据以上两种方式为基础，已有多种具体的方法被采用，较常用的有如下几种。

（1）沉淀法。取粪便 5 g，加清水 100 mL 以上，搅匀成粪液，通过 40～60 目铜筛过滤，滤液收集于三角烧瓶或烧杯中，静置沉淀 20～40 min，倾去上层液，保留沉渣，再加水混匀，再沉淀，如此反复操作直到上层液体透明后，吸取沉渣检查。此法特别适用于检查吸虫卵。

（2）漂浮法。取粪便 10 g，加饱和食盐水 100 mL，搅拌均匀，通过 60 目铜筛，滤入烧杯中，静置 30 min，则虫卵上浮；用一直径 5～10 mm 的铁丝圈，与液面平行接触以蘸取表面液膜，抖落于载玻片上检查。此法又称费勒鹏法（Fulleborn's method）。此法适用于线虫卵的检查。

也可以取粪便 1 g，加饱和食盐水 10 mL，混匀，筛滤，滤液注入试管中，补加饱食盐水溶液使试管充满，上覆以盖玻片，并使液体与盖玻片接触，其间不留气泡，竖直静置 30 min 后，取下盖玻片，覆于载玻片上检查（图 19-2）。

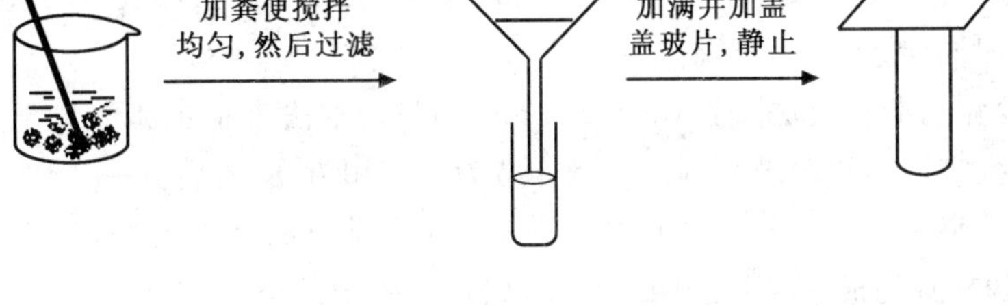

图 19-2　漂浮法操作步骤

在检查比重较大的后圆线虫卵时，则可先将猪粪按沉淀法操作，取得沉渣后，在沉渣中加入饱和硫酸镁溶液，进行漂浮，收集虫卵。

以上沉淀法或漂浮法，均使液体静置待其自然下沉或上浮。但有些方法则将以上粪液置于离心管中，离心，借助离心力以加强和加速其沉或浮的过程。

(3)锦纶筛兜集卵法。取粪便 5～10 g，加水搅匀，先通过 40 或 60 目的铜丝筛过滤，滤液再通过 260 目锦纶筛兜过滤，并在锦纶筛兜中继续加水冲洗，直到洗出液体清澈透明为止，而后挑取兜内粪渣做抹片检查。此法适用于宽度大于 60 μm 的虫卵，通过以上处理，粗大粪渣被铜筛截留，纤细粪渣（直径小于 40 μm）和可溶性色素均被冲洗走而使虫卵集中。

3. 虫卵计数法

虫卵计数法是测定每克家畜粪便中的虫卵数，而以此推断家畜体内某种寄生虫的寄生数量，有时对驱虫药使用前后虫卵数量进行计数对比，来检查驱虫药效果。

虫卵计数所得结果，只能对寄生虫的寄生量做一个大致判断，因为其受多种因素影响。首先是虫卵在粪便内分布不均匀，因此测定少量粪便内的虫卵量来推算全部粪便中的虫卵总量就不会准确，此外宿主年龄、宿主免疫状态、粪便浓稠度、雌虫数量、驱虫药服用等因素，均影响着排出虫卵的数量和畜禽体内虫体数量的比例关系。虽然如此，虫卵计数仍常被用为某种寄生虫感染强度的指标。虫卵计数的结果，常以每克粪便中虫卵数（简称 EPG）表示之，目前常用的两种方法如下。

(1)斯陶尔氏法（Stoll's method）。取带有刻度的 60 mL 大试管，加入 0.4% 的氢氧化钠溶液至 56 mL 处，再加入被检粪便使液体升到 60 mL 处，而后加入一些玻璃珠，振荡使粪便完全破碎混匀；随后立即用 1 mL 的吸管吸取 0.15 mL 粪液，滴于 2～3 张载玻片上，盖上盖玻片，在低倍镜下循序检查（图 19-3），统计其中虫卵总数（注意不可遗漏和重复）。因 0.15 mL 粪液中实际含原粪量是 $0.15\times4\div60=0.01$ g，故计数所得虫卵数乘以 100 即为 1 g 粪便中的虫卵数。本法适用于大部分蠕虫卵的计数。

(2)麦克马斯特氏法（McMaster's method）。本法是将虫卵浮集于一个计数室中。计数室由两片载玻片制成。制作时为了使用方便，常将其一片切去一条，使之较另一片窄一些。在较窄的玻片上刻以 1 cm 见方的划度两个，而后选取厚度 1.5 mm 的玻片切成小条垫于两玻片间，以环氧树脂黏合（图 19-4）。

操作方法：取粪便 2 g，放于研钵中，如为粪球需充分研碎，加水 10 mL，搅拌均匀，再加饱和盐水 50 mL。混匀后，吸取粪液，注入计数室，置显微镜台上，静置

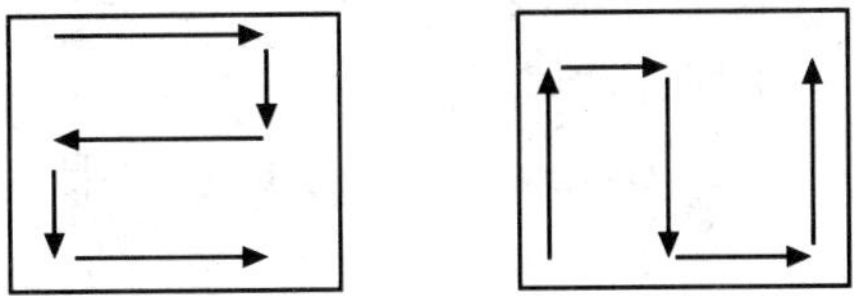

图 19-3　显微镜观察顺序

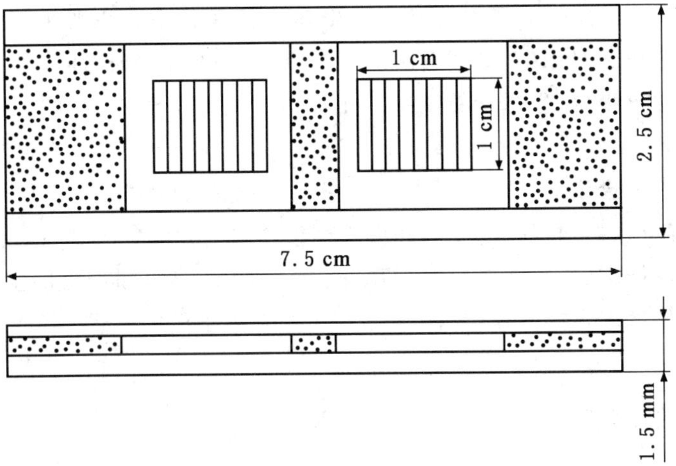

图 19-4　麦克马斯特虫卵计数

1～2 min。而后在镜下计数 1 cm^2 刻度中的虫卵总数。求两个刻度室中虫卵数的平均数，乘以 200 即为每克粪便中的虫卵数。本法只适用于可被饱和盐水浮起的各种虫卵。

(3)片形吸虫卵的计数法。片形吸虫卵在粪便中量少，比重大，因此要求采用特殊的方法，同时牛、羊片形吸虫虫卵计数上也有所不同。

羊片形吸虫虫卵计数，称取羊粪 10 g，置于一 300 mL 容量的瓶中。加入少量 1.6%氢氧化钠溶液，静置过夜。次日，将粪块搅碎，再加入 1.6%氢氧化钠溶液至 300 mL 刻度处。再摇匀后，立即吸取此粪液 7.5 mL 注入到离心管内，在离心机内以 1 000 r/min 离心 2 min，倾去上层液体，换加饱和盐水，再次离心后，再倾去上层液体，再换加饱和盐水，如此反复操作，直到上层液体完全清澈为止。倾去上层液体，将沉渣全部分滴于数张载玻片上，检查全部载玻片，统计其虫卵总数，以总数乘以 4,即为每克粪便中的肝片形吸虫虫卵数。

对牛粪中肝片形吸虫虫卵计数时,操作步骤基本同上,但用粪量改为 30 g,加入离心管中的粪液量为 5 mL,因此最后计得虫卵总数乘以 2,即为每克粪便中虫卵总数。

虫卵计数的结果,常可作为诊断寄生虫病的参考。对马而言,当线虫卵数量达到每克粪便中含卵 500 个时为轻度感染;800～1 000 个时为中度感染;1 500～2 000 个时为重度感染。对于羔羊还应考虑感染线虫的种类,一般每克粪便中含 2 000～6 000 个虫卵时应认为是重度感染;在每克粪便中含虫卵 1 000 个以上,即认为应给以驱虫。对于牛,每克粪便中含虫卵 300～600 个时,即应给以驱虫。

对于肝片形吸虫,牛每克粪便中的虫卵数达到 100～200 个时,羊达到 300～600 个时即应考虑其致病性。

(三)幼虫检查法

有些寄生虫(如网尾科线虫),其虫卵在新排出的粪便中已变为幼虫;类圆属线虫的卵随粪便排出后,在外界温度较高时,经 5～12 h 后,即孵出幼虫。对粪便中幼虫的检查虽可用直接抹片或其他虫卵检查法,但为了提高检出率,常采用漏斗幼虫分离法和平皿法。

1. 漏斗幼虫分离法

亦称贝尔曼法((Baermann’s technque)。取粪便 15～20 g,放在漏斗内的金属筛上(可将金属筛布剪成圆片,放于漏斗中),漏斗下接一短橡皮管,管下再接一小试管(图 19-5)。

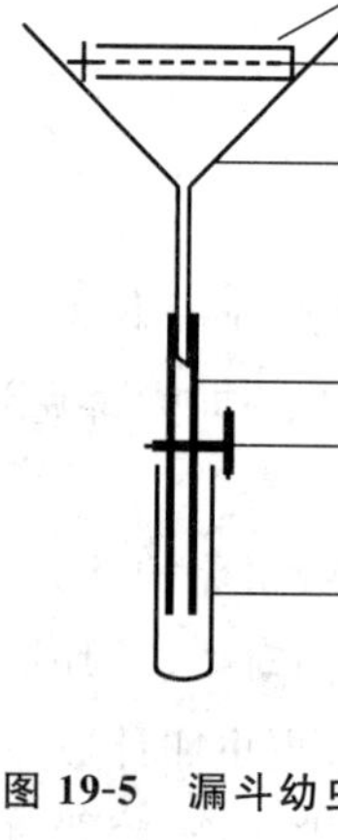

图 19-5 漏斗幼虫分离法装置

将粪便放漏斗内铜筛上,不必捣碎,加入 40℃温水到淹没粪球为止,防止橡皮管内产生气泡,静置1～3 h。此时大部分幼虫游走于水中,并沉于试管底部。用止水夹夹紧链接的橡皮管,拔取底部小试管,取其沉渣,在显微镜下检查。

2. 平皿法

特别适用于球状的粪便,取粪球 3～10 个,放于培氏皿或表面玻璃上,加少量 40℃温水。10～15 min 后,取出粪球,将留下的液体在低倍镜下检查。

用以上两种方法检查时,可见到运动活泼的幼虫,如欲致其死亡,做较详细的观察,可在有幼虫的载玻片上,滴加卢戈氏碘液,则幼虫很快死去,并染成棕黄色。

(四)粪便培养

圆线虫目所属线虫种类很多,其虫卵在形态上又很相似,很难区别。为了区别这些线虫的种类,常将含有虫卵的粪便加以培养,待其中虫卵发育成为幼虫时,再检查幼虫,根据幼虫形态上的差异,加以鉴别。

最常用的方法是在培养皿底部加草纸或滤纸一张,而后将欲培养的粪便加水调成硬糊状,塑成半球形,放于皿内的纸上,并使半球形粪球的顶部略高出平皿边沿,使加盖时与皿盖相接触。然后将此皿置25℃温箱中,注意保持皿内湿度(应使底部的垫纸保持潮湿状态)。经7 d后,多数虫卵即可发育成第3期幼虫,并集中于皿盖上的水滴中。将幼虫吸出置载玻片上,放显微镜下检查(图19-6)。

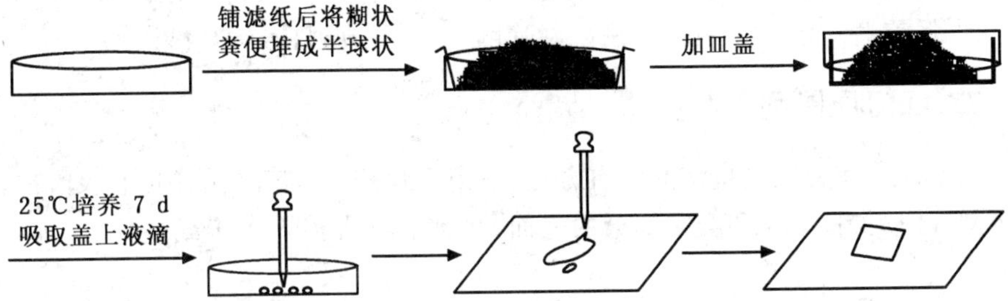

图19-6 平皿法幼虫培养步骤

(五)毛蚴孵化法

本法为诊断分体吸虫病特用的方法。在诊断日本分体吸虫病时,诊断工作应在春、夏、秋各季进行,为了提高诊断的可靠性,应采用三粪六检(即每头牛采粪3次,每次粪样检查2次)。

在工作进行前应先准备用水。洗粪和孵化用水应选取未经工业废水污染的或化肥、农药污染的,pH值为6.8～7.2的水。河水、池水、井水常含有大量水虫,水质较浑,使用前先杀水虫(加温至60℃以上或加漂白粉后待其放出余氯)与澄清(每100 kg水中加明矾6～10 g)。

取新鲜牛粪100 g,置500 mL容器内,加水调成糊状,通过40～60目铜筛过滤,收集滤液。在有260目锦纶筛兜时,可将以上滤液倒入兜内,加水充分淘洗,直到滤出液变清为止,而后将兜内粪渣供孵化用。

在没有锦纶筛兜时,可将以上滤液收集于500～1 000 mL的量杯中,加水,静置20 min,待粪渣和虫卵下沉后,倾去上层液,再换入清水,此后每隔15 min换水一次,直到水清澈为止。当水温在15℃以上时,第一次换水后,应改用1.0%的食盐水洗粪，当水温在18℃以上时，全部洗粪和沉淀用水均应改用1.0%的食盐水，以抑制毛蚴过早孵出。

以上洗净的含有虫卵的粪渣，即可用于孵化。将粪渣倾入500 mL三角烧瓶内，加入温水(不可用盐水)进行孵化。孵化时外界温度以22～26℃为宜，室温在20℃以上时，即无需加温。孵化时应有一定的光线。

样品进行孵化后，第1、第3、第5小时各观察1次，检查有无毛蚴在瓶内出现。毛蚴为灰白色，折旋光性强的菱形小虫，多在距水面下方4 cm以内的水中作水平的或略斜向的直线运动。应在光线明亮处、衬以黑色背景用肉眼观察，必要时可借助于放大镜。观察时应与水虫区别，毛蚴大小较一致，水虫则大小不一，一般略大于毛蚴，显微镜下观察，毛蚴呈前宽后狭的三角形，前端并有一突起，水虫多呈鞋底状。

此外，有些地区尚采用顶管法或试管倒插法，均收到良好的效果。

二、肛门周围刮下物检查

这是诊断马尖尾线虫病的特有方法，采用牛角药匙，蘸取50%甘油水溶液，而后轻刮肛门周围、尾底和会阴部分的表面，将刮取物直接涂布于载玻片上，即可供检查。

三、血液内蠕虫幼虫的检查

有些丝虫目线虫的幼虫，均可在血液中出现，这些病的诊断就依靠血液中幼虫的发现，检查血液中的幼虫可采用下列方法之一：

(1)取新鲜血液一滴于载玻片上，覆以盖玻片，在低倍显微镜下检查，可见微丝蚴在其中活动。

(2)如血中幼虫量多，可推制血片，按血片染色法染色后检查。

(3)如血中幼虫较少，可采血一大滴，在载玻片上稍加涂布，待其自然干燥，使结成一层厚血膜；而后将此玻片反转，血膜面向下，斜浸入一小杯蒸馏水中，待其完全溶血；取出，晾干，再浸入甲醇中固定10 min，取出，干后，以明矾苏木素染色，待白细胞的核染成深紫色，取出以蒸馏水冲洗1～2 min，显微镜下检查。如染色过深，则应以0.42%的盐酸退色30 s，如染色已适度，则自来水中冲洗10 min，而后以1%伊红染液染0.5～1 min，水洗2～5 min检查。明矾苏木素由甲、乙两液合成：甲液以苏木素10 g，无水酒精12 mL配成；乙液以明矾1.0 g溶于240 mL蒸馏水内。使用前临时以甲液2～3滴加入乙液数毫升即成。

(4)如血中幼虫很少，也可采血于离心管中，加入5%醋酸溶液以溶血。待溶血完成后，离心并吸取沉渣检查。

四、尿液检查

寄生在泌尿系统的寄生蠕虫(如有齿冠尾线虫),其虫卵常随尿液排出,可收集尿液进行虫卵检查。最好采取清晨排出的尿液,收集于烧杯中,沉淀 30 min 后,倾去上层尿液在杯底衬以黑色背景,肉眼检查即可见杯底粘有白色虫卵颗粒。虫卵黏性大,如欲将其吸出检查比较困难,须用力冲洗,方能冲下。

第二十章　螨病的实验诊断技术

一、病料的采取

疥螨、痒螨等大多数寄生于家畜体表或皮内，因此应刮取皮屑，置于显微镜下找虫体或虫卵。

刮取皮屑的方法甚为重要，应选择患病皮肤与健康皮肤交界处，这里的螨较多。刮时先剪毛，取凸刃小刀，在酒精灯上消毒，然后在刀上先蘸一些水、煤油或5%的氢氧化钠溶液。将刀刃与皮肤表面垂直，痒螨刮取皮屑检查即可，疥螨由于寄生于皮内，故需刮取直到皮肤轻微出血。将刮下的皮屑集中于培氏皿或试管内备检。

蠕形螨病，可用力挤压病变部，挤出脓液，将脓液摊于载玻片上供检查。

二、检查方法

（一）直接检查法

在没有显微镜的条件下，可将刮下的干燥皮屑，放于培养皿内或黑纸上，在日光下曝晒，或用热水或炉火等对皿底或黑纸底面给以 40～50℃ 的加温，经 30～40 min 后，移去皮屑，用肉眼观察（如在培养皿中，在观察时则应在皿下衬以黑色背景），可见白色的虫体在黑色背景上移动。此法较适用于体形较大的螨（如痒螨）。

（二）显微镜直接检查法

将刮下的皮屑，放于载玻片上，滴加煤油，覆以盖玻片，挤压盖玻片使病料散开，置显微镜下检查。煤油有透明皮屑的作用，使其中虫体易被发现，但虫体在煤油中容易死亡；如欲观察活螨，可用 10%氢氧化钠溶液，液体石蜡或 50%甘油水滴于病料上，在这些溶液中，虫体短期内不会死亡，可观察到其活动。

（三）虫体浓集法

为了在较多的病料中，检出其中较少的虫体，而提高检出率，可采用浓集法。此法先取较多的病料，置于试管中，加入 10%氢氧化钠溶液。浸泡过夜（如急待检查可在酒精灯上煮数分钟），使皮屑溶解，虫体自皮屑中分离出来。而后待其自然沉淀（或以 2 000 r/min 离心沉淀 5 min），虫体即沉于管底，弃去上层液，吸取沉渣检查；或向沉渣中加入 60%硫代硫酸钠溶液，直立待虫体上浮，再取表面液体检查。

(四)温水检查法

将病料浸入 40～45℃的恒温水浴锅,1～2 h 后,将其倾入表面玻璃上,解剖镜下检查。活螨将在温热的作用下,由皮屑内爬出,聚结成团,沉于水底部。

(五)培养皿内加温法

将刮取的干病料,放于培养皿内,加盖。将培养皿放于盛有 40～45℃温水的杯上,经 10～15 min 后,将皿翻转,则虫体与少量皮屑黏附于皿底,大量皮屑则落于皿盖上。取皿底检查,皿盖可继续放在温水杯上,15 min 后,仍可能有虫体黏附于皿盖底部,并可以反复进行如上操作。本法可在镜下收集到与皮屑分离的虫体,供制作玻片标本用。

如欲判断收集到的虫体是否存活(特别是在药物治疗后判断疗效),可采用以上的各法,观察它们是否活动,也可以将收集到的虫体用油浸镜观察,活的虫体则可见其内部淋巴包含物的流动。

第二十一章 原虫病的实验诊断技术

一、病原检查法

寄生于家畜的原虫，根据其寄生部位不同，可分为血液原虫、生殖道原虫、消化道原虫和组织内原虫等，它们的病料采集与检查方法也各有不同。

(一)血液内原虫检查法

一般用消过毒的针头自耳静脉或颈静脉采取血液来检查，此法适用干检查寄生于血液中的伊氏锥虫、焦虫、边虫和住白细胞虫。血液采取后的检查方法有以下各种。

1.鲜血压滴标本检查

将采集的血液，滴在洁净的载玻片上，加等量的生理盐水与之混合，覆以盖玻片，立即置显微镜下用低倍镜检查，如发现有运动的可疑虫体，可再换高倍镜检查。冬季室温过低，应先将玻片在酒精灯上略加温，以保持虫体的活力。由于虫体未染色，检查时应使视野中的光线弱些。本法适用于检查伊氏锥虫。

2.涂片染色标本检查

将采集血液滴于载玻片之一端，按常规推制成血片，并使之晾干。滴加甲醇2～3滴于血膜上，使其固定。然后用姬氏或瑞氏液染色，再用油浸镜头检查。本法适用于各种血液原虫。

(1)姬氏染色法。取姬氏染色粉0.5 g，中性纯甘油25.0 mL，无水中性甲醇25.0 mL。先将姬氏染色粉置研钵中，加少量甘油充分研磨，边加边磨，直到甘油全部加完为止。将其倒入60～100 mL容量的棕色小口试剂瓶中，在研钵中加少量甲醇以冲洗甘油染液，冲洗液仍倾入上述瓶中，边加边洗倾入，直至25 mL甲醇全部用完为止，塞紧瓶塞，充分摇匀，而后将瓶置于65℃温箱中24 h或室温内3～5 d，并不时摇动，此即为原液。染色时将原液2.0 mL加到中性蒸馏水100 mL中，即为染液。染液加于血膜上染色30 min，后用水洗2～5 min，晾干，镜检。

(2)瑞氏染色法。取瑞氏染色粉0.2 g，置棕色小口试剂瓶中，加入无水中性甲醇100 mL，加塞，室温保存，每日摇4～5 min，1周后可用。如需急用，可将染色粉0.2 g，置研钵中，加中性甘油3.0 mL，充分研磨均匀，然后以100 mL甲醇，分次冲洗研钵，冲洗液均倒入瓶内，摇匀即成。

本法染色时，血片不必预先固定，可将染液5～8滴直接加到未固定的血膜上，静置2 min（此时作用是固定），然后加等量蒸馏水于染液上，摇匀，3～5 min（此时为染色）后，流水冲洗，晾干，镜检。

(3)虫体浓集法 上法虽然可以查到血液中的原虫，但血液中的虫体较少时，则不易查出虫体。为此，常先进行集虫，再行制片检查。其操作过程是，在离心管中加2%的柠檬酸钠生理盐水3～4 mL，再加病畜血液6～7 mL，混匀后，以每分钟500 r/min离心5 min，使其中大部分红细胞沉降，而后将含有少量红细胞，白细胞和虫体的上层血浆，用吸管移入另一离心管中，并在血浆中补加一些生理盐水，将此管以每分钟2 500 r/min离心10 min，可得到沉淀物。取此沉淀物制成抹片，按上述染色法染色检查。此法适用于伊氏锥虫病和焦虫病。其原理是锥虫和感染有焦虫的红细胞较正常红细胞的比重为轻，所以在第一次沉淀时，正常红细胞下降，而锥虫和感染有焦虫的红细胞尚悬浮在血浆中。第二次离心沉淀时，则将其浓集于管底。

(二)粪便内原虫检查法

1.球虫卵囊检查法

一般情况下，采取新排出的粪便，按蠕虫虫卵检查的方法，或直接做成抹片检查；或经过浓集法处理后检查，以提高检出率。应注意，卵囊较小，利用锦纶筛兜浓集时，卵囊能通过筛孔，故应留取滤下的液体，待其沉淀后，吸取沉渣检查。

有时需观察孢子形成后的卵囊，以对不同种的球虫进行区别。为此可将浓集后的卵囊，加2.5%的重铬酸钾溶液，在25℃温箱中培育，待其孢子形成。

球虫卵囊可以进行染色以便观察，但不能做封片保存。染色的步骤是：将附有卵囊的抹片，在加温的醋酸中5～10 min固定，而后以0.1%的占纳司绿(Janus green)染色10 min，在水中洗涤，然后以浓的伊红染液染色5 min，再经水洗后检查。

2.结肠小袋(纤毛)虫检查法

当猪等动物患结肠小袋(纤毛)虫病时，在粪便中可查到活动的虫体。检查时取新排出的粪便一小团，在载玻片上和1～2滴加温的生理盐水混匀，挑去粗大的粪渣，覆以盖玻片，在低倍显微镜下检查，即可见到活动的虫体。也可以滴加碘液进行染色。碘液用碘片2.0 g，碘化钾4.0 g和蒸馏水100 mL配成。虫体经碘液染色后，细胞质呈淡黄色，虫体内含有的肝糖呈暗褐色，核则透明。

也可用检查毛滴虫时所采用的苏木素染色法染粪便抹片，封片保存。

（三）组织内原虫检查法

有些原虫可以在动物身体的不同组织内寄生。一般在死后剖检时，取一小块组织，以其切面在载玻片上做成抹片、触片，或将小块组织固定后制成组织切片，染色检查。抹片或触片可用瑞氏染色法或姬氏染液染色。

泰勒焦虫的病畜，常呈现局部的体表淋巴结肿大，采取淋巴结穿刺物，进行显微镜检查以寻找病原体对本病的早期诊断很有帮助。其法是，首先将病畜保定，用右手将肿大的淋巴结稍向上方推移，并用左手固定淋巴结，局部剪毛，消毒，以10 mL注射器和较粗的针头刺入淋巴结，抽取淋巴组织，拔出针头，将针头内容物推挤到载玻片上，涂成抹片、固定、染色（与血片染色法同）、镜检，可以找到柯赫氏蓝体。

家畜患弓形虫病时，除死后可在一些组织中找到包囊和滋养体外，生前诊断可抽取腹水，检查其中滋养体的存在。收集腹水时，猪只可采取侧卧保定，穿刺部在腹白线下侧脐的后方（公畜）或前方（母畜）1～2 cm处。穿刺时先局部消毒，将皮肤推向一侧，针头以略倾斜的方向向下刺入，深度2～4 cm，针头刺入腹腔后会感到阻力骤减，而后有腹水流出。有时针头被网膜和肠管堵住，可用针芯消除此障碍。取得的腹水可在载玻片上抹片，以瑞氏液或姬氏液染色后检查。

二、动物接种试验

有些原生动物，在病畜体内用上述显微镜检查法不易查到，为了确诊常采用动物接种试验。接种用的病料、被接种的动物种类和接种的途径均依寄生虫病的种类不同而异，分述如下。

（一）伊氏锥虫病

试验动物可用小白鼠、大白鼠、豚鼠、兔或犬。其中尤以小白鼠最适用。接种材料用可疑病畜的血液（可加柠檬酸钠以抗凝），血液采取后应在2～4 h内于腹腔或皮下接种，接种量0.5～1.0 mL。接种后的动物应隔离并经常检查。当病料中含虫较多时，小白鼠在接种后1～3 d即可在其外周血液中查到锥虫，故在接种后的第3天起即应隔天检查一次。当病料内含虫量少时，发病时间可能延长，因此接种后至少观察1个月。

（二）弓形虫是多宿主原虫

多种家畜和实验动物均具有易感性，但小白鼠对之特别敏感，常常仅数十个虫体即可使小白鼠感染发病，故可将病料接种于小白鼠以对本病进行诊断。一般取急性死亡的可疑动物的肺、淋巴结、脾、肝或脑组织，以 1∶5 的比例加入生理盐水，制成乳剂，并加少量青霉素和链霉素以控制杂菌感染。吸取乳剂 0.2 mL 接种于小白鼠腹腔，一般急性者在 4～5 d 后发病，病鼠被毛粗乱，食欲消失，腹部膨大，有大量腹水，病程 4～5 d，最后死亡。抽取病鼠或病死鼠的腹水作涂片，染色检查，可见大量游离的滋养体。

第二十二章　寄生虫病的免疫学诊断

寄生虫作为一种病原体，在其寄生过程中，从生长、发育、繁殖到死亡，其分泌物、排泄物以及虫体的崩解产物在宿主体内都起着抗原的作用，促使宿主产生相应的抗体，因此就使我们有可能利用抗原抗体间产生的反应（或是用已知抗原去测定机体内抗体的存在，或是用已知的抗体去测定机体内抗原的存在）来诊断寄生虫病。但由于寄生虫体结构的复杂，寄生虫在不同的生活阶段所产生的不同种的蛋白质均起抗原作用，而抗体形成的时间、抗原抗体的作用方式及抗原抗体结合的最适合时间和条件均还没有完全弄清楚，所以寄生虫病的免疫过程就变得十分复杂。因此，借助免疫反应作为寄生虫病的诊断手段，就不如借发现病原体（成虫或幼虫）来诊断寄生虫病那样可靠。但是当在家畜生前无法证实病原体（如体内幼虫的寄生）或寻找病原比较困难的情况下，免疫反应仍然被视为诊断寄生虫病的有效办法。

随着科学的发展，微生物学中所采用的免疫反应和血清学的诊断方法，均或多或少地被引用到寄生虫病的诊断工作中来，生物化学的发展更给抗原的提纯技术创造了有利条件。而且还有一些是寄生虫病的诊断中所特有的反应。现将寄生虫病的免疫诊断概述如下。

一、变态反应

变态反应是寄生虫病诊断中常用的手段之一，其中以皮内反应最常用。目前，此法的主要问题是抗原（即反应原）的制备和提纯。

（一）抗原的提取

在棘球蚴的诊断中，其抗原可直接采用棘球蚴的囊液，在其他寄生虫病，抗原常需经过加工提纯，其方法有浸出法、三氯醋酸提纯法、酸溶性蛋白质抗原制法、多糖抗原制法等。

（二）可用皮内反应诊断的寄生虫病

目前，已有多种寄生虫病可采用皮内反应进行诊断，如弓形虫病、锥虫病、片形吸虫病、棘球蚴病、多头蚴病、猪囊虫病、冠尾线虫病、马脑脊髓丝虫病、蛔虫病、牛皮蝇蛆病等。现仅将弓形虫病、棘球蚴病皮内反应诊断法简介如下。

1. 弓形虫病的皮内反应

先采集人工感染弓形虫的小白鼠含有弓形虫的腹水，离心浓集虫体，加入蒸馏水，以反复冻融或超声波破碎方法将虫体崩解破坏，而后冻干制成皮内反应抗原。曾有人建议再将抗原用丙酮醚抽提以提纯。

将稀释的抗原 0.2 mL 注射于猪的耳根部皮内，以观察其皮肤反应。反应在 48 h 后出现，当红肿面直径超过 15 mm 时为阳性，10～15 mm 为可疑，9 mm 以下为阴性。

弓形虫的皮内反应阳性，只在猪患本病的晚期才呈现，因此本法只适用于流行病学的调查，以检出慢性、隐性感染的弓形虫病。

2. 棘球蚴病

这是最早用皮内反应作诊断的寄生虫病，1911 年由 Casoni 氏首创，因此又称 Casoni 氏反应。最初以无菌手术抽得的棘球蚴囊液作为反应原。囊液在使用前最好进行一次无菌试验，如囊液混浊，应先离心沉淀或过滤，以达到完全透明。此囊液可加入 0.5%氯仿防腐，有利于保存，保存期达 6 个月。Dennis 提出三氯醋酸提纯法，Orihara(1967)认为将皮内反应抗原经 100℃15 min 处理，可破坏抗原中的宿主成分，因虫体抗原对热是稳定的，这样可增加抗原的特异性和灵敏性。

操作时是将抗原 0.1～0.2 mL，注射于无毛处(或先剃毛)的皮内。阳性反应时，在注射后 5～10 min(最迟不超过 0.5～1 h)注射部出现红肿，红肿直径可达 5～20 mm。以后红肿部周围发生红色圆晕，而后变成紫红色。

二、沉淀反应

感染寄生虫后，家畜的血清中即含有特异性抗体，以此抗体与病原体的抗原相结合，可产生沉淀。据此原理测定家畜体内是否存在抗体，可以检查出家畜是否感染有某种寄生虫。

(一)活体沉淀反应

一般取寄生虫生活的各幼虫阶段或虫卵，放于被检者的血清内，如在幼虫或虫卵周围或某一部位形成沉淀，则表示被检者血清内已含有抗体，亦即说明被检者已受该寄生虫的感染。目前采用这一原理所制定的用于血吸虫病诊断的环卵反应，尾蚴膜反应和蛔虫幼虫的沉淀反应等，虽在兽医临床上尚未实际应用，但已取得了很多的经验。

分体吸虫病的环卵试验，目前所试用的方法是取人工感染日本分体吸虫的兔肝，捣碎后，经分层过滤、离心沉淀或以胰酶消化肝组织，而后将所得虫卵悬液，加福尔马林醛化后，减压低温干燥制成干卵备用。

试验时，在载玻片上滴加被检牛血清一滴，挑取干卵一小团(约100个虫卵)混于血清中，覆以盖玻片，四周用石蜡封固，放于37℃温箱中，24 h后取出检查。阳性者，则于虫卵四周出现泡状、索状、耳状、网状等血清学反应的沉淀物质。判定时，根据反应卵的百分比，反应物的面积和形状为指征。

为了对蛔虫幼虫移行期所致的虫性肺炎进行诊断，可使用幼虫沉淀反应。是用人工感染蛔虫的小白鼠，6 d后自肺内分离幼虫，经生理盐水洗净后，放于数滴被检血清中，置37℃温箱中，24 h后，如在蛔虫幼虫的口部和肛门等处出现沉淀，则判断为阳性。

(二)琼脂扩散试验

目前已用于诊断的琼脂扩散试验有单相单扩散、单相双扩散、双相单扩散和双相双扩散，此外还有借电流力量促使其沉淀发生对流的免疫电泳法。这里主要介绍马锥虫病诊断上所采用的双相双扩散的沉淀反应。

1. 抗原的制备

自病马采取病料，接种于公兔的睾丸实质中，继代数次，当在兔外周血液中检出虫体时，采集血液并接种于犬。

人工感染犬后的第3天，对犬进行摘脾手术，术后检查犬血，当以其外围血作压滴标本检查，600倍镜下，每个视野虫体量达到150条以上时，即可放血，加2%柠檬酸钠生理盐水以抗凝，离心沉淀，沉淀后吸取上层白色含虫层，混悬于生理盐水中，再沉淀，如此反复多次，得较纯的虫体沉淀物。将沉淀物放乳钵中研磨4 h，放入振荡瓶中，加小玻璃珠，在振荡器上振荡8 h。按1∶9比例加生理盐水。最后按其量加入万分之一的硫柳汞防腐，保存于冰箱中，此即为抗原。

2. 琼脂凝胶板的制备

在蒸馏水中加入5%琼脂，高压蒸汽下使溶解，冷凝后，切取上层透明部分，切成碎块，在蒸馏水中漂洗2～3 d，每天换水2～3次，最后将水拧干，保存于冰箱内。

做琼脂凝胶板时，取以上凝胶块150 g，加水500 mL溶解，使其含琼脂1.5%，再加入氯化钠(使其含量达0.85%)、硫柳汞(使其含量达0.01%)。高压灭菌后，倒入平皿内，使琼脂厚度约为5 mm。琼脂凝固后，在琼脂板上以直径8 mm的打孔器打孔。一般在皿的正中打一孔，而后以4 mm的距离在中央孔的周围打6个孔，使孔分布于六菱形角上，然后于酒精灯焰上微加热，使其底部琼脂溶化而将孔底封闭。

3.操作方法

将皿上各孔编号，以吸管吸取抗原 0.2 mL，注入中央孔内，然后向周围四孔加入待检血清 0.2 mL，留下两孔，一孔加已知阳性血清，一孔加已知阴性血清为对照。将琼脂板放入 25～28℃温箱内，24 h 后取出检查，阳性者可在血清孔与抗原孔之间的琼脂上出现一条白色沉淀。

三、凝集反应

凝集反应所用抗原，有活的虫体抗原(多半用于微小的原生动物)和液状抗原。以液状抗原进行本试验时，一般将其吸附于惰性颗粒上，再进行间接凝集试验。用以吸附抗原作为载体的颗粒有：红细胞、卡红(carmine)、炭粉、皂土(bentonite)和乳胶(latex)等。

(一)活抗原凝集反应

马、牛伊氏锥虫病所用的团集反应(agglomeration)即属此。操作时，从锥虫感染的实验动物采血，当血液中有大量虫体时，将所采血液用改良阿氏液稀释(阿氏液组成：葡萄糖 2.05 g，柠檬酸钠 0.8 g，柠檬酸 0.055 g，氯化钠 0.42 g，蒸馏水 100 mL)。当显微镜下观到每个视野中含虫体 30～50 个，同时虫体运动活泼并无自然聚集现象时，吸取被检血清一滴于载玻片上，取上述含活虫液 1 滴加入，混匀，置 37℃温箱中，20～30 min 后取出镜检。虫体在阳性血清中以后端相互靠拢，成菊花状排列，但虫体仍保持活动。

此外，国外有报道活抗原凝集反应还用于牛胎儿毛滴虫病和弓形虫病的诊断。

(二)间接血球凝集反应(简称 IHA)

本法是以绵羊的红细胞为载体，将抗原吸附于红细胞上，再与相应抗体作用，阳性者则出现吸附有抗原的红细胞在抗体的作用下发生凝集。本反应已用于弓形虫病、棘球蚴病和旋毛虫病的实验诊断。现将弓形虫病的间接血球凝集反应介绍如下。

1.材料准备

抗原制备。由人工感染弓形虫的小白鼠采集腹水，收集于生理盐水中，以 2 500 r/min 离心 15 min，弃去上清液，在沉淀中加入 10 倍量蒸馏水，混匀，置 4℃中过夜，再以 10 000 r/min 离心 1 h，取上清液，加等量的 1.7%盐水，分装于小试管中。－20℃下保存备用。

正常兔血清(N.R.S)和正常猪血清(N.S.S)。即取正常兔血清，加入绵羊红细胞，以吸收去其正常凝集素，再以 P.B.S.液配成 1%～3%的溶液，即为 N.R.S，正常猪血清则改用猪血清制备，方法相同。

pH 7.2 和 pH 6.4 磷酸缓冲液（P. B. S.）。pH 7.2 的配方是：0.15 mol/L 的氯化钠液 100 mL，0.15 mol/L 的磷酸二氢钾液 23.9 mL 和 0.15 mol/L 的磷酸氢二钠溶液76 mL 混合而成。pH 6.4 的三液混合比是 100∶67.7∶32.2。

配制含鞣酸 1%的 P. B. S 液。

2. 致敏绵羊红细胞的制作

采集羊血，并加抗凝剂抗凝，加 pH 7.2 的 P. B. S，而后以每分钟 2 000 r/min 离心 15 min，取其下沉的细胞层，再以上层液洗涤，离心，反复进行 3 次，最后以细胞沉淀加 P. B. S 配成 2.5%的细胞悬液，再加入含 1%鞣酸的 P. B. S，使其中鞣酸含量为 1/10 000 或 1/20 000，37℃水浴中 15 min，取出，再离心沉淀，并以 pH 7.2 P. B. S 液离心洗涤 3～4 次，洗去多余的鞣酸，再加 pH 7.2 的 P. B. S 液，做成 2.5%的鞣酸红细胞悬液。

以 2.5%鞣酸羊红细胞悬液 1 份、抗原液 1 份和 pH 6.4 的 P. B. S 液 4 份混合，摇匀，置室温中 15 min，加 1% N. R. S 液，然后离心洗涤 2 次，在沉压细胞中加入 3% N. S. S. 液，做成 2.5%的红细胞悬液，此即为致敏羊红细胞悬液。

3. 操作方法

(1)取被检血清 0.5 mL 置凝集试管中。

(2)在上管中加入 2%N. R. S. 液或 3% N. S. S 液 1.5 mL。

(3)试管置 56℃水浴中 30 min 以灭能。

(4)加入未致敏的羊红细胞悬液 2 mL，放于 4℃冰箱中过夜（吸取其对羊红细胞的非特异性凝集素）。

(5)离心沉淀，吸取其上清液，即为 1∶8 的被检血清。

(6)将上清液做成 1∶8，1∶16，1∶32，1∶64，1∶128，1∶256 等系列稀释。

(7)加入致敏羊红细胞悬液 0.05 mL(1 滴)。

(8)置 4℃中，第 2 与第 24 小时各检查 1 次。

4. 结果判断

将试管取出，观察。

一层红细胞均匀地铺于管底	＋＋＋＋
一层红细胞铺于管底但边缘不整	＋＋＋
红细胞成环状沉于管底，边缘可见小凝集块	＋＋
红细胞于管底形成一小团，但边缘不光滑，有小凝块	＋
红细胞于管底形成小圆团，光滑整齐	－

1：64 的稀释管出“＋＋”者，判断为阳性。

四、其他免疫血清反应

用于寄生虫病的免疫血清学反应有多种，如补体结合试验、荧光抗体试验、中和试验、对流免疫电泳、白细胞游走抑制试验、酶标记免疫吸附试验、幼虫活动抑制试验等。

第七篇

寄生虫标本的采集、保存和观察方法

第二十三章　家畜寄生虫标本的采集方法

采集剖检家畜的全部寄生虫标本并进行鉴定和计数，对寄生虫病的诊断和了解寄生虫的流行情况具有重要意义，根据工作要求的不同，可分为寄生虫完全剖检法，个别器官的寄生虫剖检法。

一、寄生虫完全剖检法

在家畜死亡（或捕杀）后，首先制作血片，染色检查，观察血液中有无寄生虫，而后仔细检查体表，观察有无体表寄生虫，并收集之。随后剥皮，观察皮下组织中有无虫体寄生。

将各内部脏器依次取出，先收集胸水、腹水，沉淀后观察其中有无寄生虫。而后取出全部消化器官及其所附的肝、胰等腺体。取出呼吸系统、泌尿系统和生殖系统各部器官，心脏和大的动脉和静脉血管。

脑部要劈开颅腔检查脊髓；检查眼和结膜腔，检查鼻腔和额窦；检查唇、颊和舌；采取全身有代表性的肌肉进行检查。

各类器官的检查方法，实际可分两种。一种如肠、胃，是有大量内容物的腔道，应在水中剖开，将内容物洗入液体中，而后对黏膜仔细循序检查。洗下的内容物则反复加水沉淀，待液体清澈无色为止，而后取沉渣仔细检查。另一种如肝、肺等实质器官，则首先将其撕碎成小块，置于37℃温水中，待其中虫体自行走出（即贝尔曼氏法原理），而后用手在水中挤压组织块，将其中残留的虫体挤出，最后将液体经过反复沉淀，检查沉渣。

为了检查沉渣中纤细的较小的虫体，可在沉渣中滴加浓碘液，使粪渣和虫体均染成棕黄色，继之以5%硫代硫酸钠溶液脱色，但虫体着色后不脱色，仍保持棕黄，而粪渣及纤维等均脱色，故棕色虫体即易于辨认。

现将各系统的检查法分述如下。

1. 消化系统

先将附着其上的肝、胰取下，再将食道、胃（反刍兽应将四个胃分开）、小肠、大肠，盲肠分别结扎后分离。

食道应剖开，检查食道黏膜下有无虫体寄生，应注意有无筒线虫和纹皮蝇幼虫（牛）；在食道的浆膜面应检查有否肉孢子虫。

胃和各肠段均应分别置于容器内，剖开，加水将内容物洗入水中。洗净的胃、肠黏膜应仔细检查其上是否附有虫体，并用小刀刮取胃肠黏膜，将刮下物置解剖镜下检查。洗下物应多加生理盐水，反复地多次洗涤，沉淀，待液体清净透明后，分批取少量沉渣，洗入大培养皿的清水中，先后放于白色和黑色的背景上，寻找虫体。

肝和胰用剪刀沿胆管或胰管剪开，检查其中虫体；而后将其撕成小块，用贝尔曼氏法分离虫体，并用手挤压组织，最后在液体沉淀中寻找虫体。

2. 呼吸器官

用剪刀将鼻、喉、气管、支气管切开，寻找虫体。用小刀刮气管黏膜，刮下物在解剖镜下检查，肺组织按肝脏处理方法。

3. 泌尿器官

切开肾，先对肾盂作肉眼检查，再刮取肾盂黏膜检查，最后将肾实质切成薄片，压于两玻片间，在放大镜或解剖镜下检查。剪开输尿管，膀胱和尿道，检查其黏膜，并注意黏膜下有无包囊。收集尿液，用反复沉淀法处理。

4. 生殖器官

切开并刮下黏膜，压片检查。怀疑为马媾疫和牛胎儿毛滴虫病时，应涂片染色后油浸镜检查。

5. 脑

先肉眼检查有无多头蚴；再切成薄片，压片检查。

6. 眼

结膜和结膜腔以括搔法处理检查；剖开眼球，将前房水收集于皿中，在放大镜下检查。

7. 心和主要血管

剖开将内容物洗于生理盐水中，反复用沉淀法检查。

8. 膈脚

特别在猪，应先肉眼检查，见有小白点状可疑物，应剪取置玻片间压薄在显微镜下检查。

以上是一般动物剖检时通用的方法，对不同的动物，根据解剖构造上的差异，方法上有所不同。在进行以上剖检前，最好先取粪便进行虫卵检查，初步确定该畜体内寄生虫的寄生情况，对以后寻找虫体时可能有所帮助。

以上剖检法的工作量极大，因此在某些情况下，为了不同的目的，可采取个别器官剖解法和个别寄生虫剖解法。

二、个别器官的寄生虫学剖检法

有时为了特殊的目的（如检查某一地区某一器官中寄生虫寄生的情况），仅对某一器官进行检查，而对其他器官则不进行检查。

三、个别寄生虫的剖检法

为了调查某一地区某种寄生虫的流行情况，或观察某一药品对某种寄生虫的驱虫效果，仅对某一器官中的某种寄生虫进行收集检查。如对日本分体吸虫的收集，应采用专用的方法，具体操作如下：

动物经宰杀停止挣扎后，为避免血液凝固而影响虫体收集，应迅速进行剥皮。然后剖开胸腔及腹腔，分开左右肺找出暗红色的后腔静脉进行结扎。接着，在胸腔紧靠脊柱的部位找到白色的胸主动脉，术者左手将其托起，右手用剪刀沿与血管平行的方向剪一开口，然后将带有橡皮管的玻璃接管以远离心脏方向插入，并以棉线结扎固定。橡皮管的一端与压缩式喷雾器相接，以备进水。在肾脏后方紧贴脊柱处，同时结扎并列的腹主动脉与后腔静脉，以避免冲洗液流向后躯其他部分。在胆囊附近，肝门淋巴结背面，细心地分离出门静脉，向肝的一端紧靠肝脏处先用棉线扎紧，离肝的一端向与血管平行的方向剪一开口（应尽可能靠近肝脏，以免接管进入门静脉的肠支而影响胃支中虫体的收集），插入带有橡皮管的玻璃接管，并固定之。为防止血凝，接管内应事先装满5%的枸橼酸钠溶液，在插入接管时此溶液即倾入血管中。橡皮管的一端接以铜丝筛，以备出水收集虫体。手术结束后，即可启动喷雾器注入0.9%加温至37～40℃的食盐水进行冲洗，虫体即随血水落入钢丝筛中，直至水液变清，无虫体冲出为止。

第二十四章　蠕虫标本的采集、保存和观察方法

一、吸虫

(一)采集

在各脏器中或其冲洗物沉淀中,如发现吸虫时,应以弯头解剖针或毛笔将虫体挑出(注意不应采用镊子夹取,否则镊子夹住的部位,会使虫体损坏变形,影响以后的观察)。挑出的虫体体表常附有粪渣、黏膜等污物,应先放入1%盐水溶液中。较小的虫体可和盐水放入小试管中,加塞塞紧,充分振荡,将污物除去洗净。较大的虫体可用毛笔刷洗。有些虫体的肠管内含有大量食物,可在生理盐水中放置过夜,待其食物消化或排出。

(二)固定

标本洗净后,较小的虫体,可先在薄荷脑溶液中使虫体松弛。薄荷脑溶液是将薄荷脑 24 g 溶于 95%酒精 10 mL 中即成,用时取此液 1 滴,加入 100 mL 水中即可。

在上液中松弛了的虫体,即可投入下述固定液中固定。较大较厚的虫体标本,为了以后制作压片标本的方便,可将虫体先压入两载玻片间,为了不使虫体压的过薄,可在玻片两端垫以适当厚度的纸片,而后以橡皮筋扎紧玻片两端。

固定吸虫时常用的固定液有如下各种。

1. 劳氏(Looss)固定液

适用于小型吸虫。取饱和升汞水溶液(约含升汞 7%) 100 mL 加冰醋酸 2 mL,混合即成。固定虫体时,将虫体放于一小试管中,加入 1/2 试管盐水,充分摇洗,再加入劳氏固定液,摇匀,12 h 后,将虫体取出,移入含碘 0.5%的 70%酒精中,并更换溶液数次,直到碘酒精溶液不再退色为止。而后移虫体到 70%酒精液中保存,若欲长期保存,应在酒精中加 5%甘油。

2. 酒精-福尔马林-醋酸固定液(A. F. A. 固定液)

本液以 95%酒精 50 份,福尔马林(含甲醛 40%) 10 份,醋酸 2 份,水 40 份混合而成。大型的已夹于玻片间的虫体,可直接浸入此固定液内过夜。小的虫体可先放于充满 2/3 生理盐水的小瓶内,用力摇振,待虫体疲倦而伸展时,而后将盐水

倾去1/2，再加入本固定液，放置过夜。次日将虫体取出，保存于加有5%甘油的70%酒精中。

3.福尔马林固定液

取福尔马林1份与水9份混合即得。将小型吸虫虫体或夹于玻片间的虫体投入固定液中，固定24 h即可，较大的夹于两玻片间的吸虫，固定液渗入较难，可在固定数小时后，将两玻片分开，这时虫体将贴附于一玻片上，将附有虫体的玻片继续投入固定液中过夜，最后将虫体置3%～5%的福尔马林溶液中保存。

经以上3种方法中任意一种固定的标本在保存时均应加标签。标签应以铅笔书写，内容应包括标本编号、采集地点、宿主及其产地、寄生部位、虫名、保存液种类和采集时间，将以上内容一式两份书写，一份与虫体一同放于瓶内，一份贴于瓶外。

在采集标本时，尚应有登记本，将标本采集时有关情况，按标本编号，记于登记本上。对虫体所引起的宿主的病理变化也应做详细的记载。

吸虫标本的形态观察，常需制成整体染色装片标本或切片标本。切片标本的制作与组织切片相同。整体装片标本的制法有苏木素法和卡红染色法。

苏木素法常用的为德氏(Delafield)苏木素染液，其配法如下：先将苏木素4 g溶于25 mL 95%酒精中，再向其中加入400 mL的饱和铵明矾(A mmonium Alum)溶液(约含铵明矾11%)。将此混合液曝露于日光及空气中3～7 d(或更长时间)使其充分氧化，然后再加入甘油100 mL和甲醇100 mL保存，并待其颜色充分变暗，滤纸过滤，装于密闭的瓶中备用。染色步骤如下：

(1)将保存于福尔马林溶液中的虫体，取出以流水冲洗；如虫体原保存于70%酒精中，则先后将虫体移经50%和30%酒精中各1 h，再移入蒸馏水中。

(2)向德氏苏木素染液中加蒸馏水10～15倍，使呈浓葡萄酒色。将以上虫体移入此稀释的染液内，染色过夜。

(3)取出染色后的虫体，在蒸馏水中洗去多余的染液，再依次通过30%，50%，70%酒精各0.5～1 h。

(4)虫体移入酸酒精中退色(酸酒精是在80%酒精100 mL中加入盐酸2 mL)，待虫体变成淡红色。

(5)再将虫体移回80%酒精中，然后循序通过90%，95%和100%酒精中各0.5～1 h。

(6)将虫体由100%酒精中移入二甲苯或水杨酸甲酯(亦称冬绿油或冬青油)中，透明0.5～1 h。

(7)将透明的虫体放于载玻片上，滴加拿大树胶1滴，加盖玻片封固，待干即成。

卡红染色法以卡红为原料，常用的染液有盐酸卡红和硼砂卡红等。

盐酸卡红的配制：蒸馏水 15 mL 加盐酸 2 mL，煮沸，趁热加入卡红染粉 4 g，再加入 85%酒精 95 mL，然后滴加浓氨水中和，待出现沉淀，冷却，过滤，滤液即为盐酸卡红染液。硼砂卡红是以 4%翻砂（$Na_2B_4O_7$）溶液 100 mL，加入卡红染粉 1 g，加热使溶解，再加入 70%酒精 100 mL，过滤，滤液即为硼砂卡红染液。染色的方法是：

(1)原保存于 70%酒精内的标本，可直接取出投入染色液中染色。保存于福尔马林液内的虫体标本，应先取出水洗 1～2 h，而后循序通过 30%，50%，70%的酒精各 0.5～1 h，再投入染液中。在染液中过夜，使虫体染成深红色。

(2)自染液中取出虫体，放入酸酒精中退色（酸酒精是以 70%酒精 100 mL 加浓盐酸 2 mL），使颜色深浅分明，即虫体外层呈淡红色，内部构造呈深红色。

(3)虫体移入 80%，95%酒精和纯酒精中各 0.5～1 h。

(4)移入二甲苯或水杨酸甲酯中透明。

(5)已透明的虫体，称置载玻片上，加 1 滴加拿大树胶，加盖玻片封固。

二、绦虫

(一)采集

绦虫大部分寄生于肠管中.并以头节牢固地附着于肠壁上。采集标本时，为了保证虫体的完整，切勿用力猛拉，而应将附着有虫体的肠段剪下，连同虫体浸入清水中，5～6 h 后，虫体会自行脱落，体节也自行伸直。

(二)固定

将收集到的虫体浸入劳氏固定液，70%酒精或 5%福尔马林溶液中固定。准备做瓶装陈列的标本，以福尔马林溶液固定为好。如欲制成染色装片标本以观察其内部结构，则以劳氏固定液或酒精固定为好。

绦虫有时很长（可达数米），易于断裂而又易于相互缠结，固定时应小心。不太长的虫体，可提住虫体后端，将虫体悬空伸长，而后将虫体下放，逐步地浸入固定液内。过长的虫体，可先绕于一玻璃瓶上，连瓶浸入固定液内。亦可在大烧杯中，先放入以固定液浸润的硬纸一张，提取虫体后端，使虫体由头节始，逐步放落在滤纸上，加盖一层湿滤纸，再以同样操作，放上第 2 条虫体，按照此操作，全部放好所有虫体，最后将固定液轻轻注满烧杯内，固定 24 h 后取出。

保存于瓶内的标本应登记并加标签，其注意事项同吸虫。

(三)制片

绦虫虫体较长，因此制片时要切断虫体，根据观察的需要，采取一定部位的节片，染色后装成装片标本。绦虫的头节是决定绦虫种类的重要依据之一，应选为装片标本的材料，此外成熟节片和孕卵节片，亦常各切取 3～5 节，制成染色装片标本。染色和装片方法同吸虫。

三、线虫

(一)采集

在剖检家畜时，按上述寻找虫体的方法，发现虫体后，以弯头解剖针或毛笔将虫体挑出，移入生理盐水中，洗净，寄生于肺部的线虫和丝虫目的线虫，在略为洗净后即应尽快地放于固定液中固定，否则虫体易于破裂。

线虫雌雄异体，雌虫一般较雄虫为大，在虫体鉴定时，常需依雄虫的某些形态特征作为依据，因此采集虫体时不可忽视较小虫体的采集。一些有较大口囊的线虫(如回线虫、夏柏特线虫、钩虫等)和有发达交合伞的线虫，其口囊或交合伞中，常包含有大量杂质，妨碍以后的观察，应在固定前用毛笔洗去，或充分振荡以洗去，而后固定。

(二)固定

可采用酒精或福尔马林固定。用酒精固定时，使用 70%酒精，加热到 70℃左右(在火焰上加热时，酒精中有小气泡升起时即约为 70℃)，将洗净的虫体移入，虫体即在热固定液中伸直而固定，待酒精冷后，将虫体移入含 5%甘油的 80%酒精中，加标签保存。标签的书写内容与吸虫同。

福尔马林固定液是福尔马林 3 mL 加到生理盐水 100 mL 中。固定虫体时也应先将固定液加热到 70℃，再投入虫体。固定后标本即保存于固定液内，也可以移入含 5%甘油的 80%酒精中，加标签保存。

(三)观察与制片

线虫经固定后是不透明的，欲进行线虫形态的观察，必先进行透明或装片。为了能从不同的侧面对虫体形态进行观察，以不做固定压片为好，这样可以在载玻片上将虫体翻动，观察得更仔细。

虫体的透明方法，常用的有以下各种。

1. 甘油透明法

将保存于含 5%甘油的 80%酒精中的虫体，连同保存液倾入蒸发皿放入温箱中，并不断地滴加少量甘油，直到酒精蒸发完，此时留于残存甘油中的虫体即透明，以供检查。

如欲在短时间内完成这一透明过程，可将蒸发皿放于一加有热水的烧杯上，以酒精灯加热，促使蒸发皿中的酒精在短时间内挥发，而达到虫体透明的目的。最后将透明后的标本保存于甘油内。

2. 乳酚(Lacto-phenol)法

乳酚由甘油 2 份，乳酸 1 份，石炭酸 1 份和蒸馏水 1 份混合而成，是一种良好的透明液。虫体自保存液中取出后，应先移入乳酚液与水的等量混合液中，0.5 h 后再移入乳酚液中，数分钟后，虫体即透明，可供检查。检查后，虫体应自透明液中取出，移回原保存液中保存。

3. 石炭酸透明法

虫体自保存液中取出，放于纯石炭酸溶液中(石炭酸原为针毛结晶，纯溶液指含水 10%的溶液)，虫体很快透明。若透明过度，可于检查时，在盖玻片边缘处(盖玻片下是浸在石炭酸中的虫体)滴加无水酒精一滴。此法透明快，透明液对人少有腐蚀性，对虫体也有损害，故观察后宜立即将虫体移回原保存液中，并在短期内更换保存液 3 次，以除去残留的石炭酸，否则虫体将变为棕褐色。

有时为某种需要可将线虫制成装片标本。制作时虫体不染色，直接循序通过 70%，80%，90%，100%的酒精各 0.5 h 脱水，最后在水杨酸甲酯或二甲苯中透明，透明后移在载玻片上，滴加加拿大树胶，拨正所需位置，加盖玻片封固。

如在虫体脱水前，按吸虫制片的方法，将虫体先以苏木素或卡红染色，而后制成装标本，则效果更好。

四、蠕虫卵的保存法

为了教学与研究的需要，常需将蠕虫虫卵保存，留待以后的检查。

(一)虫卵材料的采集

自患畜粪便中收集虫卵，可参照蠕虫卵的各种集卵法。自家畜粪便中收集虫卵的缺点在于多数家畜体内常有多种寄生虫同时寄生，不易获得单一种的虫卵。

将解剖家畜时所采集的每种寄生虫挑入生理盐水中，此时虫体尚未死亡，常可在盐水中继续产出一部分虫卵。而后将虫体取出，将此盐水静置沉淀，待虫卵集中于底部后收集之。

将解剖家畜时所采集的寄生虫虫体按其构造特点，取其虫体中含虫卵部分(吸虫剪取其子宫部，绦虫取其孕节，线虫取其子宫后部)在乳钵中研碎，使虫卵分离，加水，通过铜筛，滤去其粗大的虫体碎片。收集滤液，沉淀虫卵。此法所得虫卵有些尚未完全成熟是其缺点。

后两法所得虫卵因为未经肠道与粪便混合，所以是无色的，与粪便中所见虫卵，在颜色上有所不同，为此可将取得的虫卵混入粪便中，存放数天，使之染色。

（二）虫卵标本的保存

将含有虫卵的沉淀倾入一小烧杯中，加入已加热到 75～80℃的巴氏液，待冷后，保存于小口试剂瓶内，用时吸取沉淀，放玻片上检查。巴氏液是用福尔马林 30 mL，氯化钠 7.5 g，水 1 000 mL 混合而成。在以上操作中，保存液的加热很为重要，否则有些虫卵在保存液中，仍然存活并继续发育或变形。有建议改用下液加入虫卵沉淀中以保存虫卵，其组成为：福尔马林 10 mL，95%酒精，30 mL，甘油 40 mL，蒸馏水 56 mL。

制成虫卵玻片标本。将收集到的虫卵，先在 10%福尔马林热溶液中固定后，移入水中，待其沉淀；吸去上液，在沉渣中加入 30%酒精，待沉淀后，将 30%酒精吸去，换入 50%酒精，再沉淀，再换入 70%酒精，最后使虫卵留于甘油 5 份和 70%酒精 95 份的混合液内。放 50℃温箱中，待 5～6 d 后，酒精完全挥发时，虫卵即留于甘油内。取含虫卵的甘油 1 滴放载玻片上，加 1 滴甘油明胶，覆以盖玻片即成。甘油明胶是用甘油 100 mL，明胶（gelatin）20 g，蒸馏水 125 mL，石炭酸 2.5 g 配成。

也可将已固定的虫卵材料少量，加洪氏液 1 滴，盖上盖玻片封固。洪氏液是以鸡蛋白 50 mL，福尔马林 40 mL，甘油 10 mL 三者混匀于瓶中，加塞振荡，彻底均匀后待其中气泡上升逸去，最后倒入平皿中，置干燥器内吸去其中水分，待液体仅占原容量的 1/2 时，即可取出装入瓶中，密封待用。

第二十五章　昆虫、蜱、螨的采集、保存和观察方法

一、采集

采集标本首先应了解这些采集对象的发育规律和生活习性。有些昆虫常以较长时间寄生于畜体的皮肤和体表，但另一些昆虫仅短时间地附着于畜体上吸血，故采集方法有所不同。

采集昆虫、蜱、螨标本时，还必须记住昆虫、蜱、螨都是雌雄异体的。尤其是蜱，雌雄虫体的大小差异极大，雌虫较雄虫要大得多，如不注意，则采集的结果，将均为大形的雌虫，而遗漏了雄虫。但雄虫却正是鉴定虫体时的主要依据，缺少雄虫将给鉴定带来困难。

(一)禽畜体上昆虫、蜱、螨的采集

在禽畜体表，常有吸血虱、毛虱、虱蝇、蚤和蜱类寄生，在检查发现后用手或小镊子捏取，或将附有虫体的羽或毛剪下，置于培养皿中，再仔细收集。

寄生在畜体上的蜱类常将假头深刺入皮肤，如不小心拔下，则可将其口器折断而留于皮肤中，致使标本既不完整，且留在皮下的假头还会引起局部炎症。拔取时应使虫体与皮肤垂直，慢慢地拔出假头。或以煤油、乙醇或氯仿抹在蜱身上和被叮咬处，而后拔取。

畜体上的蚤类，大多活动性较强，捕捉困难。可以用撒有樟脑(naphthalene)的布将畜体包裹，数分钟后，取下布来，则蚤即落于布内。也可用杀虫药喷洒畜体，待其死亡后采集。

畜体上螨的收集，可参考螨病诊断中的病料采取法。

蝇蛆的寄生阶段多在家畜体内。除牛皮蝇蛆寄生于畜体背部皮下时，可用手挤压而得到标本外，其他蝇蛆多需在家畜死后解剖时，在其寄生局部发现。

(二)周围环境中昆虫、蜱、螨的采集

1. 双翅目吸虫昆虫成虫的采集

在阴暗、潮湿和空气不流通的畜舍内，白天常有大量蚊类栖息，采集时可用一大口径试管扣捕。夜间可在畜体上用试管扣捕。吸血的蝇、虻、蚋可在畜舍内或动物体上用手或试管捕取，也可以用捕虫网在畜舍周围捕取。但捕虫网不应在家畜

附近挥舞，以免造成家畜惊跑。

2. 畜舍地面和墙缝内昆虫、蜱、螨的采集

在畜舍和运动场的疏松潮湿的土中，常可找到牛皮蝇、马胃蝇或羊狂蝇的成熟幼虫（应考虑其季节性）或蛹，可将其收集。如欲获得其成蝇，则应连同沙土收集于广口瓶中，罩以纱布，待其在瓶中羽化。

在牛舍的墙边或墙缝中，可找到璃眼蜱，在鸡的窝巢内栖架上，可找到软蜱和刺皮螨。

3. 牧地上蜱的收集

用白绒布旗一块，长 45～100 cm，宽 25～100 cm，一边穿入木棍，在木棍两端系以长绳，以便拖曳。将此旗在草地上或灌木间拖动，草地或灌木上的蜱，即附着在旗面上。检查并收集于小瓶内。

二、保存

收集到的虫体，根据其种类的不同或今后工作的需要，采用下列方法之一保存。

（一）浸渍保存

本法适用于无翅昆虫等（如虱、虱蝇、蚤、蜱以及各种昆虫的幼虫和蛹）。如采集的标本饱食有大量血液，则在采集后应先存放一定时间，待体内吸食的血液消化吸收后再固定。

固定液可用 70%酒精或 5%～10%的福尔马林。但用专门的昆虫固定液效果更好，其配法是在 120 mL 的 75%酒精中，溶解苦味酸 12 g，待溶后再加入氯仿 20 mL 和冰醋酸 10 mL。当虫体较大时，浸入 70%酒精中的虫体，于 24 h 后，应将原浸渍的酒精倒去，重换 70%酒精。在昆虫固定液中固定的虫体，经过一夜后，也应将虫体取出，换入 70%酒精中保存。在保存标本用的 70%酒精中，最好加入 5%甘油。浸渍标本加标签后，保存于标本瓶或标本管内，每瓶中的标本约占瓶容量的 1/3，不宜过多，保存液则应占瓶容量的 2/3，加塞密封。

（二）干燥保存

本法主要是保存有翅昆虫，如蚊、虻、蝇等的成虫，又分为针插保存和瓶装保存两种。

采集到的有翅昆虫应先放入毒瓶中杀死，氯仿毒瓶的制备如下：取一大标本管（长约 10 cm，直径约 3.5 cm），在管底放入碎橡皮块，约占管高的 1/5，注入氯仿，将橡皮块淹没，用软木塞塞紧（不可用橡皮塞）过夜，此时氯仿即被橡皮块吸收，然后剪取一与管口内径相一致的圆形厚纸片，其上用针刺穿若干小孔，盖于橡皮块上

即可。氯仿用完后,应将圆纸片取出,再度注入氯仿,处理方法同前。使用时,将活的昆虫移入瓶内,每次每瓶放入的昆虫不宜过多。昆虫入毒瓶后,很快即昏迷而失去运动能力,但完全死亡则需待5～7 min之后。随后将死亡昆虫取出保存。

1. 针插保存

本法保存的昆虫,能使体表的毛、刚毛、小刺、鳞片等均完整无缺,并保持原有的色泽,是较理想的方法,其具体步骤如下。

(1)插制。对大型昆虫,如虻、蝇等,可将虫体放于手指间,以2号或3号昆虫针,自虫体的背面、中胸的偏右侧垂直插进。针由虫体腹面穿出,并使虫体停留于昆虫针上部的2/3处,注意保存虫体中胸左侧的完整,以便鉴定。对小型昆虫如蚊、蚋、蠓等,应采用二重插制法。即先将00号昆虫针(又称二重针)先插入一硬纸片或软木条(硬纸片长15 mm、宽5 mm)的一端,并使纸片停留于00号昆虫针的后端,再将此针向昆虫胸部腹面第2对足的中间插入,但不要穿透。再以一3号昆虫针在硬纸片的另一端,针头与00号昆虫针相反而平行的方向插入即成。在缺少00号昆虫针时,可用硬纸片胶粘法,即取长8 mm、底边宽4 mm的等腰三角形硬纸片,在三角形的顶角蘸取加拿大树胶少许,黏着在昆虫脚部的侧面,再将此三角形硬纸片的另端,以3号昆虫针插入。插制昆虫标本,应在新采集到时进行,如虫体已干,则插制前应使虫体回软,以免断裂。

(2)标签。标签用硬质纸片制成,长15 mm,宽10 mm,以黑色墨水写上虫名、采集地点、采集日期等,并将其插于昆虫针上虫体的下方。

(3)整理与烘干。将插好的标本以解剖针或小镊子将虫体的足和翅等的位置加以整理,使保持生活状态时的姿势,而后插于软木板上,放入20～35℃温箱中待干。

(4)保存。将烘干的标本,整齐地插入标本盒中,标本盒应有较密闭的盖子,盒内应放入樟脑球(可用大头针烧热,插入球内,再将其插在标本盒的四角上),盒口应涂防虫蛀油膏。标本盒应放于干燥、避光的地方。尤其在梅雨季节,应减少开启次数,以防潮湿发霉。

2. 瓶装保存

大量同种的昆虫不需个别保存时,可将经毒瓶毒死的昆虫,放在大盘内,在纱橱中或干燥箱内干燥,待全部干燥后,放于广口试剂瓶中保存。在广口试剂瓶底部先放一层樟脑粉,上加一层棉花压紧,在棉花上再铺一层滤纸。将已干的虫体逐个放入,每放入少量则加一些软纸片或纸条,以使虫体互相隔开,避免挤压过紧。最后在瓶塞上涂以防虫蛀油膏,塞紧。在瓶内和瓶外应分别加标签。

三、观察和制片

多数昆虫、蜱、螨的鉴定分类均以其外部形态结构为依据，可直接在解剖镜下或低倍显微镜下观察，也可制成永久装片标本观察。

干燥保存的标本在虫体取出后脆而易碎，应先经过回软（瓶装干燥标本，如再行针插，也应先经过回软）。回软是在玻璃干燥器内进行，在干燥器底部铺一薄层洗净的沙粒，沙中加少量清水，再滴几滴石炭酸，放上有孔的瓷隔板，而后将要回软的标本放在隔板上，加盖，经 2～8 h 后即可达到回软的目的。

（一）直接观察

将浸渍的昆虫标本或回软的干制标本直接放于解剖镜下或放大镜下观察。必要时可在解剖镜镜台上放一小玻皿，内加清水或浸渍液，使被检虫体浸没于液体中，可减少折光，便于观察。

（二）制片

因工作需要，可将小昆虫的整个虫体或昆虫身体的某些局部制成装片标本。制片的准备工作是先将虫体或其局部浸入 10%氢氧化钾（KOH）水溶液中，煮沸数分钟，使虫体内部的肌肉和内脏溶解，并使体表软化透明，便于制片观察。较大的虫体浸入氢氧化钾（KOH）溶液后，尚可用昆虫针在虫体上刺些小孔，以利虫体内部组织的溶出。身体较柔软的昆虫或幼虫，也应浸入 10%氢氧化钾溶液中，待虫体软化透明后制片。经氢氧化钾（KOH）处理后的虫体，应在水中洗去其碱液再行制片。其后的操作如下。

1. 加拿大树胶封片

取已准备好的昆虫虫体或虫体的一部分，经 30%，50%，70%，85%，90%，95%各级酒精逐步脱水，最后移入无水酒精中，使完全脱水。再移入二甲苯或水杨酸甲酯中透明，透明后取出放载玻片上，滴一些加拿大树胶，盖上盖玻片即成。本法经过各级酒精所需的时间，按虫体的大小而有所不同，一般需 15～30 min，较大的虫体所需时间要长一些。

2. 洪氏液封片

取洪氏液（配法见蠕虫卵的制片部分）滴于载玻片上，再取以氢氧化钾处理过并经洗净的小型昆虫虫体，无需脱水，直接移洪氏液中，加盖玻片盖好即成。

3. 甘油明胶封片

甘油明胶是在 6 份水中溶入 1 份明胶，溶后，加入甘油 7 份混匀，并在其中加石炭酸 1%，加温 15 min 制成。

另可用培氏胶液（berlese’s fluld）：阿拉伯胶 15 g 溶于 20 mL 蒸馏水中，再加入葡萄糖浆(每 100 mL 水中含糖 68 g)10 mL,醋酸 5 mL,再加入水化氯醛 100 g,即成。

用以上两种封片剂中的任何一种时,氢氧化钾(KOH)处理过的虫体经洗净后均无需脱水,直接放于载玻片上,除去多余的水分,滴加甘油明胶或培氏胶液,加盖玻片封固即可。

以上各法中,以加拿大胶封制的装片保存较久,其余各法的封固剂时间过久后会失去水分而干裂,有时在盖玻片周围用油漆封闭以减少水分散失,延长保存时间。

第二十六章 原虫标本的采集、制作、保存和观察方法

有关原虫标本的采集、制作和观察，其方法前已有叙述，此处不重述。本节着重叙述原虫病原的保存方法。

自患有原虫病的病畜体分离活的虫体或虫体的某一发育阶段加以保存是很有必要的。保存这些病原并加以繁殖，可以作为某一疾病血清学诊断的抗原制备基础，也可以作人工免疫的免疫原，还可以用于人工复制某些疾病，以进行各方面的观察和研究。各种病原原虫的保存方法介绍如下。

一、伊氏锥虫的保存

虽然有些锥虫可以在人工培养基上培养，但伊氏锥虫却很难在人工培养基上适应与繁殖，故只能用下述方法保存。

(一)在实验动物中保存

最常用的伊氏锥虫保存方法是通过动物接种在实验动物中继代。多种实验动物均可供伊氏锥虫继代，但接种于小白鼠最适宜。可将含有锥虫的血液，接种于小白鼠的腹腔或皮下，一般 2～3 d 后即可在外周血液中发现虫体，此时多在尾尖采血进行检查，查到虫体即应进行再继代。

(二)鸡胚中保存

取 10 日龄鸡胚，将卵直立于置卵器上，在气室上将卵壳锯一小圆孔，挑去卵壳，以眼科镊子剥去卵壳膜，露出绒毛尿膜，将含有锥虫的血液 2～3 滴滴于绒毛尿膜上，而后以熔蜡和盖玻片封住小孔，即接种完毕。

接种完毕后，仍将卵保持竖直状态，继续在孵箱中孵化。第 3 天后，即可在鸡胚血液中出现虫体，第 5～6 天即应采取鸡胚血液再次继代。否则鸡胚死亡，虫体也随之消失。

鸽胚和鸭胚同样可供伊氏锥虫接种用。

二、胎儿毛滴虫的保存

保存胎儿毛摘虫可用葡萄糖-肉汤-血清培养基、牛肝浸汤培养基或牛肉浸汤培养基。一般是采取培养的方法，可将含有胎儿毛滴虫的病料，接种于上述 3 种培

养基之一中。以下介绍葡萄糖-肉汤-血清培养基的制备及使用。

(1)在灭菌的试管中,以无菌操作加入马血清 4～5 mL,放成斜面,在 85℃中加热 30 min,使血清凝成斜面。

(2)在 1 000 mL 热蒸馏水中加入下列成分并使溶解:氯化钠 5 g,磷酸钠 2.5 g,Bacto-tryptose 20 g,葡萄糖 20 g,全部溶解后即成营养液。

(3)将以上所配营养液,加到含有马血清斜面的试管中,使淹没斜面,而后在 100 kPa 压力下高压蒸汽灭菌 10 min,取出后在液体上加无菌液体石蜡一层。

(4)临接种病料前,再在每毫升液体培养基中加入青霉素和链霉素各 100～200 IU。

(5)将带有虫体的病料接种于培养基中,在 37℃温箱内培养。

三、火鸡组织滴虫的保存

火鸡组织滴虫最方便的保存方法是保存在鸡的异刺线虫虫卵中,此外也可以用人工培养基培养。但人工培养基上培养的虫体,易于丧失其致病力,故在此处不介绍。

在异刺线虫虫卵中保存

(1)在病鸡的盲肠中收集异刺线虫。将盲肠内容物在 30 目铜筛中冲洗,使虫体集中于筛上。

(2)采取雌虫,用吸水纸吸去水分,置乳钵中。

(3)将虫体研碎,加水搅匀后通过细铜筛滤去粗大的虫体碎片,收集含虫卵的滤液,放入 500 mL 量杯中,加满水。

(4)沉淀 1 h,弃去上清液,将沉渣移入离心管中,以每分钟 1 500 r/min 离心 3 min,留取沉渣,虫体内分离出的虫卵留于沉渣内。

(5)在沉渣内加入 1%福尔马林溶液,制成虫卵悬液。

(6)以虫卵悬液 10 mL,移入直径 10 cm 的培养皿中,放 27℃温箱中培养21 d,使虫卵发育成含有幼虫的虫卵(可在显微镜下观察虫卵发育情况)。

(7)而后将此混悬液倾入瓶内,探存于 5℃中。

(8)将此虫卵 1 000 个以上饲给幼火鸡,在 14 d 后即可人工感染组织滴虫病。

四、巴贝斯焦虫的保存

巴贝斯虫还未见有人工培养成功的报道,它又具有较强的宿主特异性,因此只能通过其各自的终末宿主和中间宿主进行保存。感染哺乳动物宿主时,在感染前进行脾脏摘除,常能保证感染的成功。在传播者蜱的体内,病原能保存较久的时间。喂养感染有巴贝斯焦虫的蜱，可用一般的实验动物供它们吸血，并不需要对该巴贝斯焦虫有易感性的动物。

五、泰勒虫的保存

(一)动物继代保存

有些泰勒虫也可以通过其自然宿主进行继代保存。环形泰勒虫于病畜体温升高时，采血接种于健康动物，常能成功。

(二)组织培养

泰勒虫尚可用组织培养方法保存和繁殖；我国近年来采用了数种组织培养方法，将其柯赫氏蓝体加以繁殖，制成疫苗，用于人工免疫，取得了优良的效果。经组织培养的虫体，其致病力有减弱的趋势。现将我国所用的一种组织培养方法介绍如下。

配制培养液前应先分别准备以下各液。

1.基础盐液

在 500 mL 去离子水中，加氯化钠 6.8 g，氯化钾 0.4 g，磷酸二氢钠 0.15 g，氯化钙 0.2 g，氯化镁 0.2 g，葡萄糖 1.0 g。配制上述溶液时，除氯化钙外，其余各成分先溶于 400 mL 去离子水中，而后将氯化钙溶于另 90 mL 去离子水中，溶后，边搅拌氯化钙溶液边缓慢地加入前液内，最后以去离子水补充总量使达500 mL。

2.1%酚红溶液

将 10 mL 饱和氢氧化钠溶液加入 90 mL 去离子水中。另称取醇溶性酚红 10 g，置于容量为 100 mL 烧杯内，加上液 20 mL，静置待一部分酚红溶解，将溶解部分注入 1 000 mL 容量的量筒内，再加上液 10 mL 于杯内以溶解剩下的酚红。而后将溶解的酚红再注入以上量筒内，如此反复，直到酚红完全溶解为止。但上液的消耗量不应超过 70 mL。最后在已溶的酚红溶液中补加去离子蒸馏水，到全量 1 000 mL。

3.20%叶酸溶液

以叶酸 10 m g，溶于滴有数滴 0.5 mol/L 氢氧化钠溶液的 50 mL 去离子水中，此液应现配现用。

4.3%水解乳蛋白溶液

取水解乳蛋白 6.0 g 与 200 mL 加热到 80℃的去离子水混合，溶解后立即使用。

5.犊牛血清

取健康小牛，颈静脉采血，分离血清。最好每次用 5 头以上的小牛血清混合。

6. 艾来氏液

先配甲液：取氯化钠 68 g，氯化钾 4.0 g，磷酸二氢钠 1.4 g，碳酸氢钠 22 g，葡萄糖 10 g，溶于 1 000 mL 双蒸馏水中。再配乙液：取氯化钙 2.0 g，氯化镁 1.7 g，溶于 500 mL 双蒸馏水中。取甲液 2 份，乙液 1 份，加双蒸馏水 17 份即为艾来氏液。以过滤法除菌，菌检阴性，保存于 9℃中，保存期 1 个月。

7. 抗生素溶液

溶解青霉素 G 钠盐和链霉素各 100 万 IU 于 100 mL 艾来氏液中，而后按每瓶 3 mL 分装于青霉素小空瓶中，加翻口橡皮塞，－20℃保存。

8. 8.8%碳酸氢钠溶液

称取碳酸红钠 8.8 g，溶解于 100 mL 去离子水中，以 G-6 号玻璃滤器，滤过除菌，按每管 5 mL 分装于无菌试管内，4℃保存。

以上各液配好后，取基础盐液 500 mL，加酚红液 2.0 mL，叶酸液 50 mL 和水解乳蛋白 200 mL，混合后，加去离子水使总量达 1 000 mL。高压灭菌 10 min。临用时以此液 8 份. 加小牛血清 2 份，抗菌素溶液 0.1 份，再以碳酸氢钠溶液调整其 pH 值为 7.2～7.4，即可供培养用。

泰勒焦虫的培养，可采用白细胞或淋巴结组织细胞，其白细胞的培养法如下。

自泰勒焦虫病的病牛颈静脉采血 100 mL，加入 0.5%肝素 10 mL 抗凝。将抗凝血以 3 000 r/min 离心 20 min，弃去血浆，再吸取血细胞沉淀的表层，移于尖底小离心管内，以艾来氏液混悬，再以 2 000 r/min 离心10 min，取其灰白色沉淀，加到 50 mL 上述培养液中，此后将培养液分注于 100 mL 容量的培养瓶中，每瓶 10 mL，置 38℃温箱中培养。

培养 3 昼夜时，虫体和白细胞均大量增殖，即应进行换液。换液时先将培养瓶侧立 1 min，而后将瓶内液体倒出，收集入离心管，以 1 000 r/min 离心10 min，弃去管中上层液，换入新培养液，将沉淀混悬，再倒回原培养瓶中，继续培养。

以后每 4～7 d 换液一次，其法如上。白细胞和虫体在培养液中增殖。到培养液内白细胞数量过多时，可在换入新培养液时，增加新培养液的量，加以稀释。使培养液中白细胞的密度保持在 40 万～70 万/mL。

六、球虫的保存

保存卵囊是保存球虫最常用的方法。将粪便中的卵囊分离后，加入 2.5%的重铬酸钾，置室温中待其孢子形成，孢子形成后的卵囊，可在 5～20℃的常温下保有感染力达 1 年之久。

七、弓形虫的保存

(一)在实验动物中继代

弓形虫易于在多种实验动物内继代。小白鼠、大白鼠、兔、天竺鼠均易于人工接种感染。其中最常选用的是小白鼠,小白鼠很少有自然感染弓形虫者。

可将病料(病畜体内含有弓形虫假包囊的肺、脑或淋巴结的 1∶(5～10)的生理盐水悬液),加少许抗生素,以 0.2 mL 接种于小白鼠腹腔。初次接种因受虫体的毒力,适应性等因素的影响,常不呈现急性发作,也不死亡。此时可于接种后的 20 d 左右,扑杀小白鼠,进行检查,并以其脾、肺等组织再行盲传。如能急性发作,则病鼠即有大量腹水,腹水中可查见弓形虫的滋养体。此时可吸取腹水,重复接种于小白鼠腹腔以继代,此后即可在接种后的 4～5 d 发病。以此重复继代保存。

(二)通过组织培养并保存

通过目前常用的组织培养,弓形虫能在多数组织细胞中继代生长。

(三)在鸡胚中保存

以孵化至 11 日龄的鸡胚,采用绒毛尿囊膜接种或卵黄囊接种,均可继代保存。曾有将虫体保存于 5% 甘油溶液中,在 −70℃ 的低温冷冻条件下,保存活力达 209 d 的报告。

八、结肠小袋纤毛虫的保存

结肠小袋纤毛虫可在人工培养基上生长,繁殖。制备培养基是在 500 mL 的林格氏液中,加入马血清(亦可用兔血清或牛血清)25 mL;以无菌操作分装于无菌试管中,每管约 8 mL,再在每管中加入灭菌的米粉一小撮(可用 5 mm 直径的铂耳,挑取一铂耳),而后将此培养基培养于 37℃温箱中 48 h,检查为无菌,即可保存于冰箱中备用。

接种前应先将培养基加热到 37℃,而后将含有结肠小袋纤毛虫的病料接入,37℃温箱中培养,虫体在培养基底部生长、繁殖。一般 48～72 h 即见繁殖,应每隔 3～4 d 接种新培养基继代。

附录

各种寄生蠕虫虫卵图谱

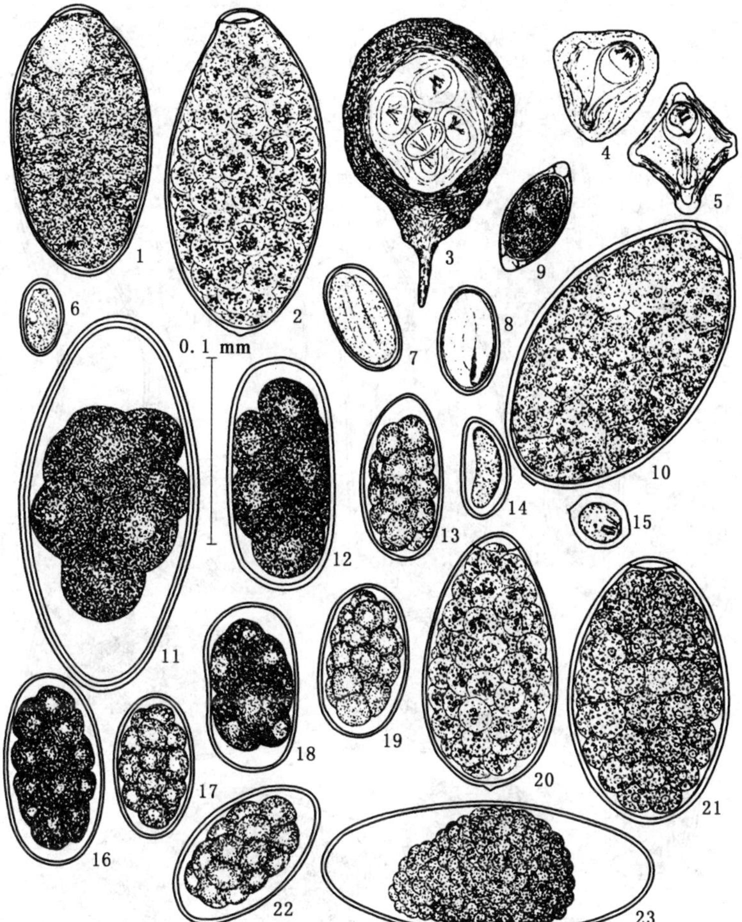

附图 1　绵羊寄生蠕虫卵(Mönnig)

1. *Fasciola hepatica*（肝片吸虫）　2. *Paramphistomum cervi*（鹿前后盘吸虫）　3. *Thysaniezia giardi*（盖氏曲子宫绦虫）　4. *Moniezia expansa*（扩展莫尼茨绦虫）　5. *Moniezia benedeni*（贝氏莫尼茨绦虫）　6. *Dicrocoelium dendriticum*（矛形双腔肝吸虫）　7. *Strongylodies papillosus*（乳突类圆线虫）　8. *Gongylonema pulchrum*（美丽筒线虫）　9. *Trichuris globulosa*（球形鞭虫）　10. *Fasciola gigantica*（大片吸虫）　11. *Nematodirus spathiger*（匙状细颈毛样线虫）　12. *Gaigeria pachyscelis*（厚刺盖格线虫）　13. *Trichostrongylus* spp.（毛样线虫属）　14. *Skrjabinema ovis*（羊蛲虫）　15. *Avitellina centripunctata*（中点无卵黄腺绦虫）　16. *Chabertia ovina*（羊夏柏特线虫）　17. *Hcemonchus contortus*（捻转胃虫）　18. *Bunostomum trigonocephalum*（羊钩虫）　19. *Oesophagostomum columbianum*（哥伦比亚结节虫）　20. *Cotylophoron cotylophorum*（殖盘吸虫）　21. *Fascioloides magna*（大吸虫）　22. *Ostertagia circumcincta*（环颈奥斯他胃虫）　23. *Marshallagia marshalli*（马什胃虫）

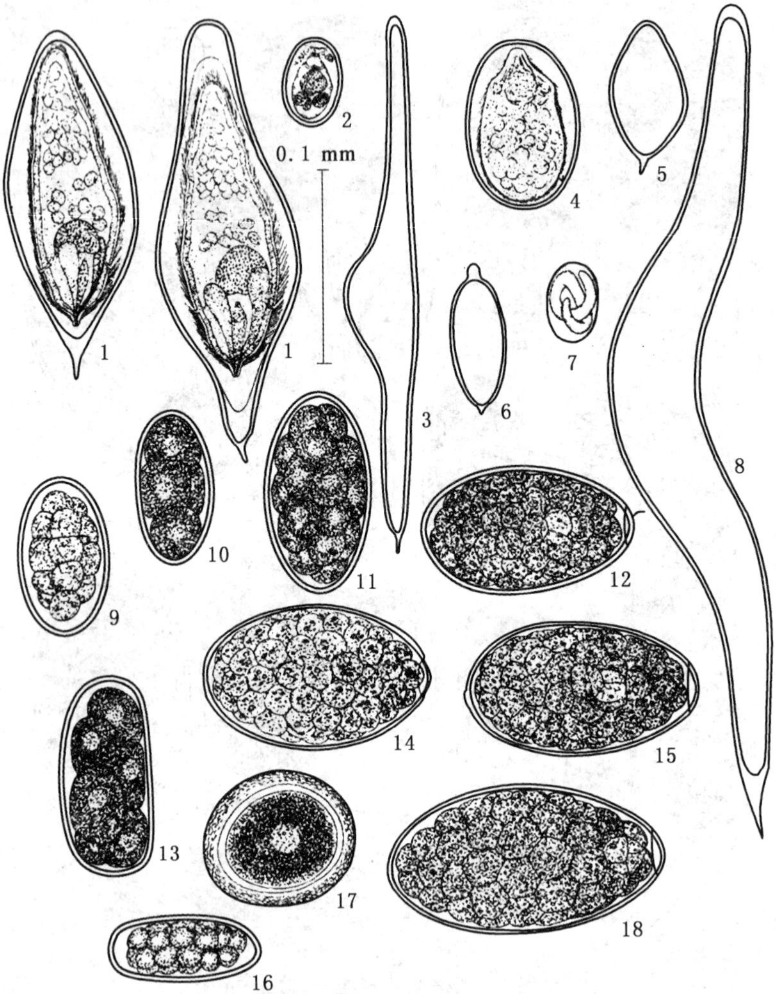

附图 2　牛寄生蠕虫卵(Mönnig)

1. *Schistosoma bovis*(牛血吸虫)　2. *Eurytrema pancreaticum*(胰阔盘吸虫)　3. *Schistosoma spindalis*.(梭形血吸虫)　4. *Schistosoma japonicum*(日本血吸虫)　5. *Schistosoma indicum*(印度血吸虫)　6. *Orientobilharzia turkestanicum*(土耳其斯坦东毕吸虫)　7. *Thelazia rhodesii*(罗氏吸吮线虫)　8. *Schistosoma nasalis*(鼻血吸虫)　9. *Oesophagostomum radiatum*(牛肠结节虫)　10. *Syngamus laryngeus*(喉头开嘴虫)　11. *Mecistocirrus digitatus*(牛捻转胃虫)　12. *Fischoederius cobboldi*(牛双口吸虫)　13. *Bunostomum phlebotomum*(牛钩虫)　14. *Carmyerius spatiosus*(卡妙属前后盘吸虫)　15. *Gastrothylax crumenifer*(腹袋吸虫)　16. *Cooperia pectinata*(梳状古巴毛样线虫)　17. *Toxocara vitulorum*(弓首蛔虫)　18. *Fischoederius elongatus*(长菲策吸虫)

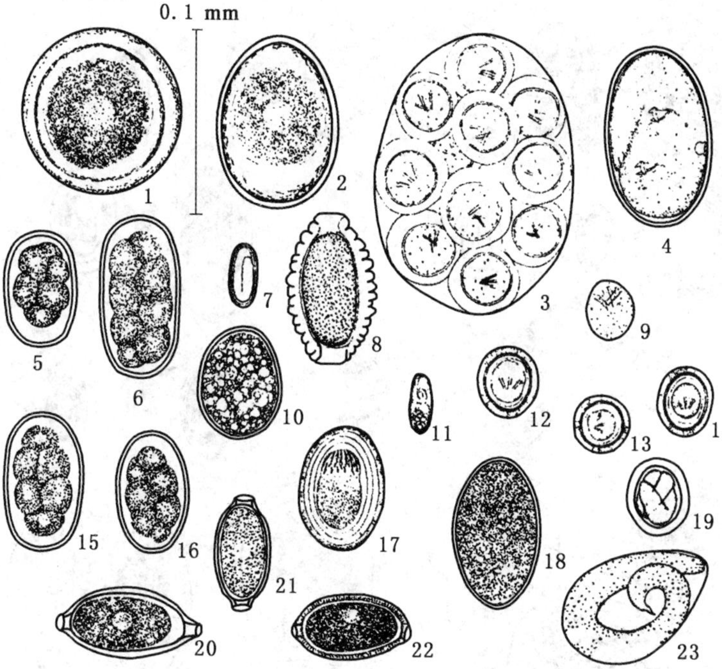

附图3　犬、狐寄生蠕虫卵(Mönnig)

1. *Toxocara canis*(犬弓首蛔虫)　2. *Toxascaris leonina*(狮弓蛔虫)　3. *Dipylidium caninum*(犬复孔绦虫)　4. *Linguatula serrata*(锯齿舌形虫)　5. *Ancylostoma caninum*(犬钩虫)　6. *Ancylostoma braziliense*(巴西钩虫)　7. *Spirocerca lupi*(血色食道虫)8. *Dioctophyma renale*(肾膨结线虫)　9. *Mesocestoides lineatus*(线中殖孔绦虫)　10. *Diphyllobothrium*(阔节裂头绦虫)　11. *Euryhelmis squamula*(阔盘吸虫)　12. *Echinococcus granulosus*(细粒棘球绦虫)　13. *Taenia hydatigena*(泡状带绦虫)　14. *Taenia ovis*(羊绦虫)　15. *Uncinaria stenocephala*(犬狭头钩虫)　16. *Necator americanus*(美洲钩虫)　17. *Onciola canis*(犬钩头虫)　18. *Troglotrema salmincola*(鲑吸虫)　19. *Physaloptera canis*(伪皮囊翼胃虫)　20. *Trichuris vulpis*(犬鞭虫)　21. *Capillaria plica*(皱襞毛细线虫)　22. *Capillaria aerophila*(嗜气毛样线虫)　23. *Filaroides osleri*(奥氏肺虫)

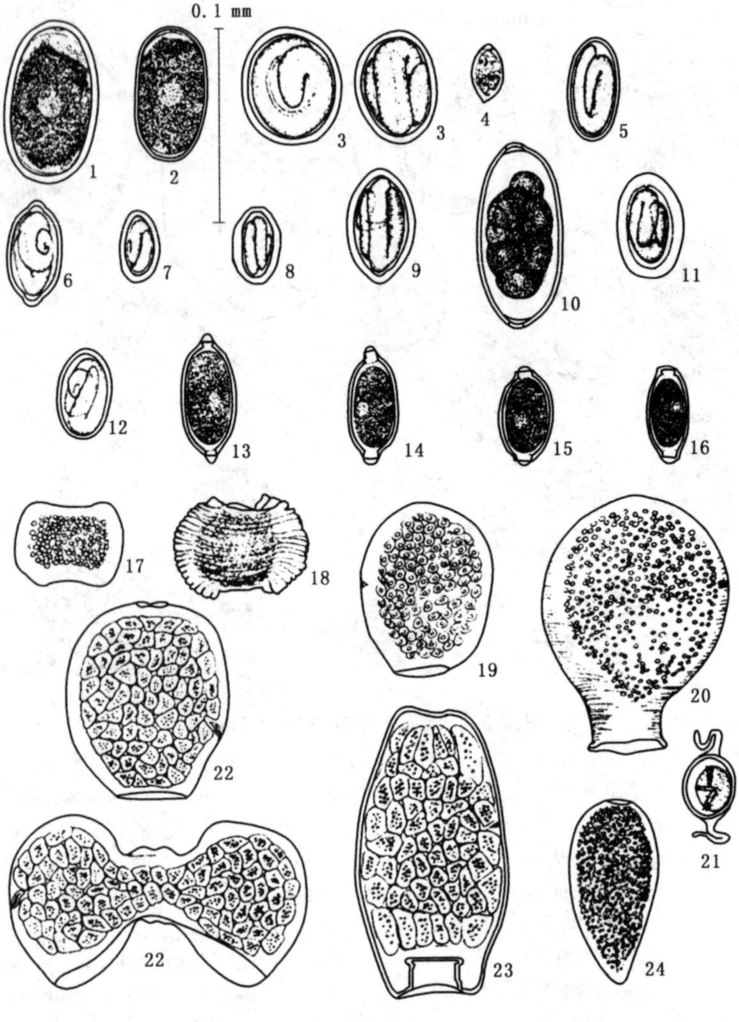

附图 4　禽寄生蠕虫卵(Mönnig)

1. *Ascaridia galli*(鸡蛔虫)　2. *Heterakis gallinae*(盲肠虫)　3. *Subulura brumpti*　4. *Prosthogonimus* sp.(前殖吸虫)　5. *Strongyloides avium*(鸡粪杆线虫)　6. *Terameres Americana*(美洲四棱线虫)　7. *Acuaria spiralis*　8. *Acuaria hamulosa*(鸡胃虫)　9. *Gongylonema ingluvicola*(嗉囊筒线虫)　10. *Syngamus trachea*(气管开嘴虫)　11. *Hartertia gallinarum*(异刺线虫)　12. *Oxyspirura ansoni*(曼氏眼虫)　13. *Capillaria annulata*(环形毛细线虫)　14. *Capillaria retusa*(鸡毛细线虫)　15. *Capillaria columbae*(哥伦比亚毛细线虫)　16. *Capillaria longicollis*. *Ripe segments of tapeworm* (*not drawn to scale*)(长形毛细线虫)　17. *Amaebotaenia sphenoides*(楔状绦虫)　18. *Hymenolepis carioca*(鸡膜壳绦虫)　19. *Raillietina cesticillus*(有轮赖利绦虫)　20. *Choanotaenia infundibulum*(漏斗带绦虫)　21. *Single egg of C. infundibulum*(漏斗带绦虫之单一虫卵)　22. *Raillietina echinobothrida*(棘钩赖利绦虫)　23. *Raillietia tetragona*(四角赖利绦虫)　24. *Davainea proglottina*(短节绦虫)

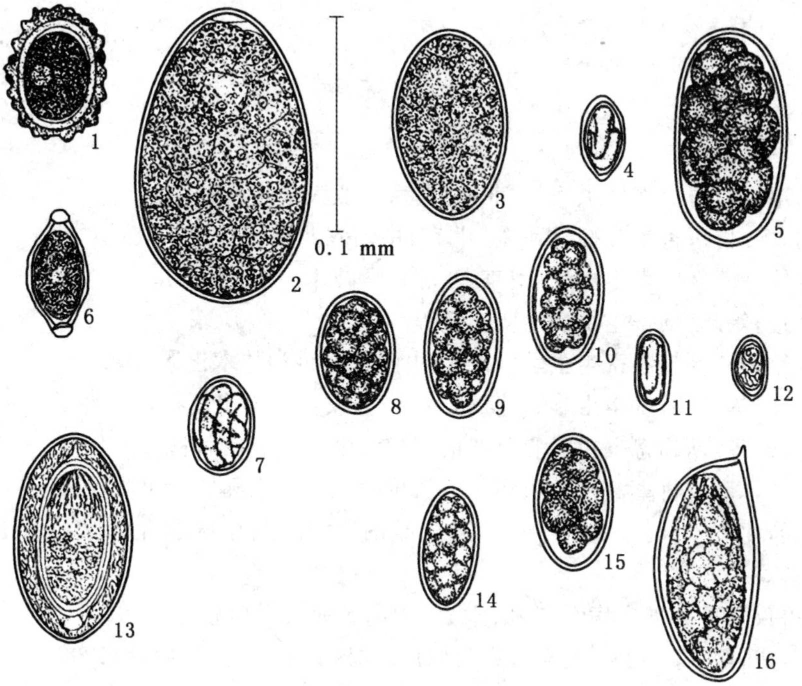

附图 5　猪寄生蠕虫卵(mönnig)

1. *Ascaris lumbricoides*(蛔虫)　2. *Fasciolopsis buski*(布氏姜片吸虫)　3. *Paragonimus westermanii*(卫氏并殖吸虫)　4. *Ascarops strongylina*(猪胃虫)　5. *Stephanurus dentatus*(猪肾虫)6. *Trichuris trichiura*(鞭虫)　7. *Metastrongylus apri*(猪肺虫)　8. *Bourgelatia diducta*(双管鲍杰线虫)　9. *Oesophagostomum dentatum*(有齿食道口线虫)　10. *Hyostrongylusrubidus*(红色毛样线虫)　11. *Physocephalus sexalatus*(六翼泡首线虫)　12. *Brachyaemus suis*　13. *Macracnthorynchus hirudinaceus*(大钩头虫)　14. *Globocephalus connorfilii*(猪钩虫)15. *Necator* sp.(美洲钩虫)　16. *Schistosoma suis*(猪血吸虫)

参 考 文 献

1. 宁长申,等. 畜禽寄生虫病学. 北京:北京农业大学出版社,1995.
2. 汪明,等. 兽医寄生虫病学. 3 版. 北京:中国农业出版社,2006.
4. 王传锋,等. 宠物寄生虫病. 南京:江苏科学技术出版社,2006.
5. 许金俊,等. 动物寄生虫病学实验教程. 河海大学,2007.
6. 朱兴全,等. 小动物寄生虫学. 北京:中国农业科学技术出版社,2006.
7. 孔繁瑶,等. 家畜寄生虫学. 2 版. 北京:中国农业大学出版社,2001.
8. 李祥瑞,等. 动物寄生虫病彩色图谱. 北京:中国农业出版社,2004.
9. 李培合,等. 农村畜禽寄生虫病防治新技术. 北京:中国农业出版社,2003.
10. 黄兵,沈杰. 中国畜禽寄生虫形态分类图谱. 北京:中国农业科学技术出版社,2007.
11. 高得仪,等. 犬猫疾病学. 2 版. 北京:中国农业大学出版社,2002.
12. 潘卫庆,等. 寄生虫生物学研究与应用. 北京:化学工业出版社,2008.
13. 索勋,杨晓野. 高级寄生虫学实验指导. 北京:中国农业科学技术出版社,2005.
14. 李国清,等. 兽医寄生虫学. 北京:中国农业大学出版社,2006.
15. 罗恩杰,等. 寄生虫学与寄生虫学检验. 北京:人民军医出版社,2006.
16. 殷国荣,等. 医学寄生虫学. 北京:科学出版社,2004.
17. 詹希美,等. 人体寄生虫学. 北京:人民卫生出版社,2005.

图书在版编目(CIP)数据

动物寄生虫病防治/夏艳勋,王涛主编.—北京:中国农业大学出版社,2008.10(2017.7 重印)

(高职高专教育"十一五"规划教材)

ISBN 978-7-81117-320-8

Ⅰ.动… Ⅱ.①夏… ②王 Ⅲ.动物疾病:寄生虫病-防治-高等学校:技术学校-教材 Ⅳ.S855.9

中国版本图书馆 CIP 数据核字(2008)第 131683 号

书　　名 动物寄生虫病防治
作　　者 夏艳勋　王　涛　主编

策划编辑 陈巧莲　姚慧敏　伍　斌　　**责任编辑** 王艳欣　韩元凤　李丽君
封面设计 郑　川　　**责任校对** 陈　莹　王晓凤
出版发行 中国农业大学出版社
社　　址 北京市海淀区圆明园西路 2 号　　**邮政编码** 100193
电　　话 发行部 010-62732620,1190　　读者服务部 010-62732336
编辑部 010-62732617,2618　　出　版　部 010-62733440
网　　址 http://www.cau.edu.cn/caup　　**e-mail** cbsszs@cau.edu.cn
经　　销 新华书店
印　　刷 北京时代华都印刷有限公司
版　　次 2008 年 10 月第 1 版　2017 年 7 月第 4 次印刷
规　　格 787×980　16 开本　23 印张　407 千字
定　　价 32.00 元